新型农民实用人才培训教材

新型农民
实用技术读本

新型农民培训教材编委会　组编

中国农业科学技术出版社

图书在版编目（CIP）数据

新型农民实用技术读本／新型农民培训教材编委会组编． 北京：中国农业
科学技术出版社，2013.9
ISBN 978 – 7 – 5116 – 1377 – 6

Ⅰ.①新… Ⅱ.①新… Ⅲ.①农业技术 – 技术培训 – 教材 Ⅳ.①S – 49

中国版本图书馆 CIP 数据核字（2013）第 217723 号

| 责任编辑 | 张孝安　白姗姗 |
| 责任校对 | 贾晓红 |

出 版 者	中国农业科学技术出版社
	北京市中关村南大街 12 号　邮编：100081
电　　话	（010）82106638（编辑室）　（010）82109704（发行部）
	（010）82109709（读者服务部）
传　　真	（010）82106650
网　　址	http://www.castp.cn
经 销 者	各地新华书店
印 刷 者	北京富泰印刷有限责任公司
开　　本	787 mm ×1 092 mm　1/16
印　　张	16.25
字　　数	416 千字
版　　次	2013 年 9 月第 1 版　2014 年 3 月第 2 次印刷
定　　价	39.00 元

序 言

目前，农业正进入由传统农业向现代农业转变的关键时期，现代农业的快速发展，对农村劳动者的素质提出了更高要求。近几年来，中央一号文件都明确提出发展现代农业必须依靠一大批掌握现代科技知识的新型职业农民，要大力培育新型农民和农村实用人才，着力提高他们的生产技能和经营管理水平。从长远看，农业发展和农村进步，关键还是要依靠科技进步，而科技进步的决定性因素是农村劳动者的技能水平，只有把农民培养成能够熟练掌握和运用现代农业科技的新型农民，才能把科技成果真正转化为生产力，为现代农业发展提供智力支撑，现代农业才有希望。

新型农民培育是发展现代农业的重要抓手，培育和壮大种养殖专业大户、家庭农场、农民合作社等新型农业生产经营主体，提高农民群众科技种田的技能水平，是推进农业现代化建设步伐最重要的一环，也是当前的首要任务。为了配合新型农民培育工作的开展，我们组织有关专家编写了本书，作为新型农民培训选用教材，希望对新型农民培训工作有所帮助。

2013 年 8 月

前　言

农民是新农村建设的主体，是新农村建设的直接参与者和受益者。没有农民科技文化素质的提高，没有一大批适应现代农业发展建设需要的新型农民，新农村建设就没有希望。要实现这一目标，必须坚持"以人为本"，切实加强农村实用人才队伍建设，通过多形式、多层次的新型实用技术培训，不断提升农民的科学文化素质、生产经营水平和增收致富能力。

2013 年，党中央在一号文件中提出了"要大力培育新型农民和农村实用人才，着力提高他们的生产技能和经营管理水平"。确保国家粮食安全和重要农产品的有效供给，始终是发展现代农业的首要任务。而培育和壮大种养殖专业大户、家庭农场、农民合作社等新型农业生产经营主体，提高农民群众依靠科技种田的技能水平，是确保国家粮食安全和农产品有效供给最重要的工作手段。为此，我们编写了本书，希望为当前的农民培训工作尽一份绵薄之力。

全书内容共分 7 大部分：种植业、养殖业、农业机械、农业经营与管理、沼气生产与利用、农产品贮存加工与流通、农用生产资料使用常识。重点介绍了主要粮油作物、无公害蔬菜、水果、茶叶的品种和栽培技术以及病虫害防治知识；同时，对农村畜禽水产养殖技术、农业产业化龙头企业经营管理、农民专合组织建设、农村经纪人和乡村生态旅游开发，以及常用农业机械操作与维修、沼气池的建造使用与维护、主要农产品的加工贮存运销流通、种子肥料农药的基本知识等，都作了较为详细的介绍。

本书在编写中以实际、实用、实效为基本原则，偏重讲述生产技能操作知识，深入浅出、简明扼要，便于读者理解和掌握。可以作为农村劳动力"阳光工程"培训、新型农民培训、职业农民培育、农村实用技术培训以及农业科技工作者参考用书。参加本书的编写人员除了编委会成员外，还有王学春、任彪、邹杰、王小松、汪代华、李建华、刘浩、王雪艳、赵功全、王希春等同志。由于编写时间比较仓促，书中难免存在疏漏和不足之处，敬请广大读者见谅并提出宝贵的批评意见。

编　者

2013 年 8 月

目　　录

第一章　种植业

种植业又称农作物栽培业，是以土地为重要生产资料，利用植物的生活机能，通过人工种植、培育以取得粮食、副食品、饲料和工业原料的社会生产部门。种植业是大农业的重要基础，不仅为人类提供赖以生存的食物与生活资料，还为轻纺工业、食品和医药工业提供原料，为畜牧业和渔业提供饲料。种植业的稳定发展对我国国民经济的发展和人民生活的改善均具有重要意义。

种植业主要包括粮食作物、经济作物、蔬菜作物、绿肥作物、饲料作物、牧草、花卉等园艺作物，在我国通常指粮、棉、油、糖、麻、丝、烟、茶、果、药、杂等作物的生产。在专业技术上包含了作物育种、作物栽培、土壤肥料、植物保护、农业工程、农业气象、防灾减灾等多个方面。

第一节　主要粮油作物种植技术

一、粮油作物主导品种介绍

（一）小麦

1. 绵杂麦 168（杂交小麦）

该品种系绵阳市农业科学研究院用 MTS-1/MR168 杂交组配的杂交小麦品种。

[特征特性] 春性，全生育期 182 天左右，比对照早熟 2～3 天。幼苗半直立、绿色，分蘖力较强，叶宽中等，叶耳绿色。植株整齐，株高 94 厘米左右，旗叶长度中等、角度中等。穗长方形，穗层整齐，长芒、白壳，籽粒红色、卵圆形、粉质－半角质，腹沟浅、饱满。小穗数 22 个左右，穗粒数 47 粒左右，千粒重 45 克左右。2007 年经农业部谷物及制品质量监督检验测试中心（哈尔滨）品质测定，平均容重 784 克/升，粗蛋白含量 14.39%，湿面筋含量 30.5%，沉降值 39.9 毫升，稳定时间 3.6 分钟，达到中筋小麦品种标准。

[抗性鉴定] 经四川省农业科学院植物保护研究所鉴定，高抗条锈病，中感白粉病，中感赤霉病。该品种杂交优势强，产量高，品质好，抗病性突出，适应性广泛。

[产量表现] 2005—2006 年度参加四川省小麦区试，平均亩*产 405.7 千克，比对照川麦 107 增产 17.7%，增产极显著；2006—2007 年度续试，平均亩产 346.2 千克，比对照川麦 107 增产 14.2%。两年区试平均亩产 376.0 千克，比对照川麦 107 增产 16.1%。

[栽培要点] ①播种期：四川盆地于 10 月底至 11 月上旬为宜；②用种量 6 千克左右；③基本苗：每亩 10 万～14 万株；④施肥：每亩施纯氮 12 千克左右，配合施磷、钾肥；⑤田间管理：注意排湿、除草，并加强对蚜虫和赤霉病的防治。

---

* 1 亩≈666.7 平方米，1 公顷＝15 亩

[适宜种植地区] 适宜四川平坝、丘陵和低山区种植。

2. 绵麦 1403

绵阳市农业科学研究院选育。

[特征特性] 弱春性，全生育期 188 天左右。幼苗半直立、绿色，分蘖力较强，叶宽中等，叶耳绿色。植株整齐，株高 82 厘米左右，旗叶长度中等、角度中等。穗长方形，穗层整齐，长芒、白壳，籽粒红色、卵圆形、粉质－半角质，腹沟浅、饱满。小穗数为 20 个左右，穗粒数 41 粒左右，千粒重 44 克左右。2005 年、2006 年经农业部谷物及制品质量监督检验测试中心（哈尔滨）品质测定，平均容重 787 克/升，粗蛋白含量 13.49%，湿面筋含量 23.2%，沉降值 25.0 毫升，稳定时间 3.8 分钟。

[抗性鉴定] 经四川省农业科学院植物保护研究所鉴定，高抗条锈病，中抗白粉病，感赤霉病。

[产量表现] 2004—2005 年度参加四川省小麦区试，平均亩产 363.9 千克，比对照川麦 107 增产 12.0%，增产极显著，9 点中 8 点增产；2005—2006 年度续试，平均亩产 394.4 千克，比对照川麦 107 增产 14.5%，增产极显著，10 点中 8 点增产。两年区试平均亩产 379.1 千克，比对照川麦 107 增产 13.3%，19 点次中 16 点次增产。2005—2006 年度在乐山、双流、内江、绵阳、邻水五点进行生产试验，平均亩产 347.9 千克，5 点全部增产，比对照川麦 107 增产 4.5%。

[栽培要点] ①播种期：四川盆地于 10 月 23 日至 11 月 5 日；②基本苗：每亩 12 万～14 万株；③施肥：每亩施纯氮 12～15 千克，配合施磷、钾肥；④田间管理：注意排湿、除草，并加强对蚜虫和赤霉病的防治。

[适宜种植地区] 适宜四川平坝和丘陵地区种植。

3. 内麦 11

内江市农业科学研究所选育。

[特征特性] 春性，全生育期 183 天左右，成熟较早。幼苗直立、深绿色，分蘖力中等，叶较宽，叶耳紫色。株高 86 厘米左右，旗叶长度中等、角度小。植株整齐，茎秆较粗壮，抗倒性好。穗长方形，穗层整齐，长芒、白壳，籽粒白色、卵圆形、半角质、腹沟浅、饱满。小穗数 20 个左右，穗粒数 43 粒左右，千粒重 48 克左右。2007 年经农业部谷物及制品质量监督检验测试中心（哈尔滨）品质测定，平均容重 778 克/升，粗蛋白含量 14.16%，湿面筋含量 27.9%，沉降值 44.8 毫升，稳定时间 4.4 分钟。

[抗性鉴定] 经四川省农业科学院植物保护研究所鉴定，高抗条锈病，中抗白粉病，高感赤霉病。

[产量表现] 2005—2006 年度参加四川省小麦区试，平均亩产 381.0 千克，比对照川麦 107 增产 14.1%，增产极显著；2006—2007 年度续试，平均亩产 356.2 千克，比对照川麦 107 增产 12.1%，增产极显著。两年区试平均亩产 368.6 千克，比对照川麦 107 增产 13.1。2006—2007 年度在双流、绵阳、资阳、射洪、达县进行生产试验，平均亩产 355.7 千克，比对照川麦 107 增产 8.6%。

[栽培要点] ①播种期：四川盆地于 10 月底至立冬为宜；②基本苗：每亩 12 万～14 万株；③施肥：每亩施纯氮 13 千克，配合施磷、钾肥；④田间管理：及时防除杂草，加强对蚜虫和赤霉病的防治，九成黄时收获。

[适宜种植地区] 适宜四川平坝和丘陵地区种植。

4. 绵麦367

绵阳市农业科学研究院选育。

[特征特性] 春性，成熟期比对照川农16晚熟1天。幼苗半直立，苗叶中等宽窄，分蘖力强，生长势旺。株高80厘米左右。穗层整齐，穗长方形，长芒，白壳，红粒，籽粒粉质－半角质，均匀、饱满。平均亩穗数21.7万穗，穗粒数43粒，千粒重为44.9克，蛋白质含量12.12%，面粉湿面筋含量21.4%。

[抗性鉴定] 中感赤霉病、叶锈病，慢条锈病，高抗白粉病。休眠程度比较适中，对穗发芽有很好的抗性。

[产量表现] 2008—2009年度参加长江上游冬麦组品种区域试验，平均亩产374.6千克，比对照川农16增产22.2%；2009—2010年度续试，平均亩产383.5千克，比对照川农16增产5.7%。2009—2010年度生产试验，平均亩产396.1千克，比对照品种增产7.2%。

[栽培技术要点] 播种期霜降至立冬，每亩适宜基本苗14万~16万株，亩施纯氮10~12千克，配合施磷、钾肥。注意防治蚜虫、条锈病、赤霉病。

[适宜区域] 是一个适合丘陵栽培的小麦品种，适宜在西南冬麦区的四川，重庆西部，云南中部和北部，陕西汉中，湖北襄樊地区，贵州中部和西部种植。

5. 川麦42

四川省农业科学院作物研究所选育。

[特征特性] 春性，全生育期平均196天。幼苗半直立，分蘖力强，苗叶窄，长势旺盛。株高90厘米，植株整齐，成株叶片长略披。穗长锥形，长芒，白壳，红粒，籽粒粉质－半角质。平均亩穗数25万穗，穗粒数35粒，千粒重47克。2003年、2004年分别测定混合样，容重774克/升、806克/升，蛋白质含量12.0%、11.5%，湿面筋含量22.6%、22.7%，沉淀值25毫升、26毫升，吸水率54%、54%，面团稳定时间1.4分钟、3.9分钟，最大抗延阻力325 E. U.、332 E. U.，拉伸面积70.0平方厘米、71.8平方厘米。

[抗性鉴定] 秆锈病和条锈病免疫，高感白粉病、叶锈病和赤霉病。

[产量表现] 2002—2003年度参加长江流域冬麦区上游组区域试验，平均亩产354.7千克，比对照川麦107增产16.3%（极显著）；2003—2004年度续试，平均亩产量406.3千克，比对照川麦107增产16.5%（极显著）。2003—2004年度生产试验平均亩产390.9千克，比对照川麦107增产4.3%。

[栽培技术要点] 适期早播，播种期霜降至立冬。每亩基本苗14~18万株，较高肥水条件下适当控制播种密度，防止倒伏。亩施纯氮10千克、磷肥7千克、钾肥7千克，重施底肥（50%），苗施追肥（10%）、拔节肥（20%）。注意防治白粉病、叶锈病、赤霉病和蚜虫。

[适宜区域] 适宜在长江上游冬麦区的四川、重庆市、贵州、云南等省、市及陕西省南部、河南省南阳市、湖北西北部等地区种植。

6. 绵麦228

绵阳市农业科学院选育。

[品种特性] 植株整齐，平均株高81厘米左右。穗长方形，长芒，白壳，红粒，粉质，籽粒卵形、饱满。小穗密度中等，平均有效穗25.1万/亩，穗粒数38.7粒/穗，千粒重45.4克。2011年农业部谷物及制品质量监督检测中心（哈尔滨）品质测定，平均容重730克/升，粗蛋白（干基）含量13.9%，湿面筋含量30.3%，平均沉降值27.2毫升，稳定时间

2.7 分钟。

[抗性鉴定] 经四川省农业科学院植物保护研究所鉴定，中抗条锈病，高抗白粉病，中感赤霉病。

[产量表现] 2009—2010 年度参加四川省小麦区试，平均亩产 403.9 千克，比对照绵麦 37 增产 8.1%；8 点中 7 点增产；2010—2011 年度续试，平均亩产 390.9 千克，比对照绵麦 37 增产 10.1%，7 点中 7 点增产。两年区试平均亩产 397.4 千克，比对照绵麦 37 增产 9.1%。2010—2011 年度在双流、射洪、绵阳、邻水、资阳、内江、巴州 7 点进行生产试验，平均亩产 338.2 千克，比对照绵麦 37 增产 3.2%，7 点中 6 点增产。

[栽培要点] ①播种期：四川盆地于 10 月 25 日至 11 月 8 日为宜；②基本苗：每亩 14 万~16 万株；③施肥：亩施纯氮 10~12 千克，配合施磷、钾肥；④田间管理：注意排湿、除草，加强对蚜虫和赤霉病的防治。条锈病重发区要注意及早防控条锈病。

[适宜种植地区] 四川平坝、丘陵地区。

7. 川麦 104

四川省农业科学院作物研究所选育。

[特征特性] 春性，全生育期 186 天左右。幼苗半直立，苗叶绿色、较窄，叶耳无色。植株整齐，平均株高 90 厘米左右。小穗密度中等，穗长方形，长芒，白壳，红粒，半角 - 粉质，籽粒卵圆形、饱满。平均有效穗 21.8 万/亩，穗粒数 40.6 粒/穗，千粒重 49.9 克。2011 年农业部谷物及制品质量监督检测中心（哈尔滨）品质测定，平均容重 795 克/升，蛋白质含量 14.52%，面粉湿面筋含量 31.7%，沉降值 32.5 毫升，稳定时间 3.5 分钟。

[抗性鉴定] 经四川省农业科学院植物保护研究所鉴定，高抗条锈病，高抗白粉病，中感赤霉病。

[产量表现] 2009—2010 年度参加四川省小麦区试，平均亩产 417.2 千克，比对照绵麦 37 增产 13.0%，差异极显著；2010—2011 年度续试，平均亩产 398.28 千克，比对照绵麦 37 增产 15.4%，差异极显著。两年平均亩产 407.74 千克，比对照绵麦 37 增产 14.1%。2011—2012 年度在双流、射洪、绵阳、达县、内江生产试验，平均亩产 397.46 千克，比对照绵麦 37 增产 15.6%。

[栽培要点] ①播种期：四川盆地于 10 月 25 日至 11 月 8 日为宜；②基本苗：每亩 14 万~16 万株；③施肥：亩施纯氮 10~12 千克，配合施磷、钾肥；④田间管理：注意排湿、除草，加强对蚜虫和赤霉病的防治。

[适宜种植地区] 四川省平坝、丘陵地区。

(二) 水稻

1. 宜香 3728

系绵阳市农业科学院和宜宾市农业科学研究所用宜宾市农业科学研究所育成的不育系宜香 1A 与绵阳市农业科学院育成的恢复系绵恢 3728，组配而成的中籼迟熟优质杂交稻组合。

[特征特性] 该品种全生育期 154.1 天，比对照汕优 63 长 3 天，株高 118 厘米，株型紧凑，剑叶较长，叶色淡绿，叶舌、叶耳无色，分蘖较弱，穗层整齐，成熟转色好，穗长 26.7 厘米，亩有效穗 13.49 万穗，每穗着粒 146.72 粒，结实率 81.99%，千粒重 31.79 克。品质测定：糙米率 79.3%，精米率 71.3%，整精米率 54.1%，粒长 7.1 毫米，长宽比 2.9，垩白米率 15%，垩白度 2.6%，透明度 1 级，胶稠度 82 毫米，碱消值 7.0 级，直链淀粉含量 17.2%，蛋白质含量 8.8%，理化指标达国颁二级优米标准。

［稻瘟病抗性鉴定］2003 年叶瘟 7、6、1 级，颈瘟 5、5、5 级；2004 年叶瘟 4、5、1、5 级，颈瘟 3、5、3、5 级。

［产量表现］2003 年参加四川省优质稻 C 组区试，平均亩产 509.3 千克，比对照汕优 63 减 0.8%；2004 年参加四川省中籼迟熟优质 B1 组区试，平均亩产 559.17 千克，比对照汕优 63 增产 7.63%。两年平均亩产 535.42 千克，较对照增产 3.64%。生产试验平均亩产 578.03 千克，比对照汕优 63 增 6.92%。

［栽培要点］适时播种，培育多蘖壮秧，秧龄 40～50 天，亩栽 1.5 万穴，亩基本苗 11 万～13 万株，双株栽插，重底早施，氮、磷、钾合理配方，补施穗肥，科学管水，及时防治病虫害。

［适宜种植地区］适宜四川省平坝、丘陵地区作一季中稻种植。

2. 宜香 3724

系绵阳市农业科学院用宜宾市农业科学研究所育成的不育系宜香 1A 与自育恢复系绵恢 3724 组配育成的中籼迟熟优质杂交稻组合。

［特征特性］该品种全育期 150 天，与对照汕优 63 相当。株型紧凑，株高 117 厘米左右，穗长 27 厘米，亩有效穗 13.56 万穗，每穗着粒 155 粒，结实率 81%，千粒重 30.1 克。品质分析，糙米率 80.4%，精米率 72.2%，整精米率 54.3%，粒长 6.8 毫米，长宽比 2.8，垩白米率 21%，垩白度 4.5%，透明度 1 级，胶稠度 83 毫米，碱消值 6.7 级，直链淀粉含量 16%，蛋白质含量 9.4%，理化指标达国颁三级优米标准。

［稻瘟病抗性鉴定］2002 年叶瘟 7、2、7、4 级，颈瘟 5、5、5、9 级；2004 年叶瘟 5、6、4、5 级，颈瘟 5、3、1、3 级。

［产量表现］2002 年参加四川省中籼迟熟优米区试，平均亩产 545.8 千克，比对照汕优 63 增产 3.57%；2004 年续试，平均亩产 551.5 千克，比汕优 3 增产 6.14%。两年平均亩产 548.4 千克，比汕优 63 增产 4.74%。2004 年生产试验平均亩产 583.7 千克，比汕优 63 增产 7.26%。

［栽培要点］适时播种，培育多蘖壮秧，秧龄 40～50 天；合理密植，亩栽 1.5 万穴，双株，亩基本苗 11 万～13 万株；重底早追，氮、磷、钾合理配方，补施穗肥；科学管水，及时防治病虫害。

［适宜种植地区］适宜四川省平坝、丘陵地区，作一季中稻种植。

3. 宜香 725

宜香 725 系绵阳市农业科学院利用宜宾市农业科学研究所选育的优质不育系宜香 1A 与本所育成的优质恢复系绵恢 725 杂交组配而成的中籼迟熟优质杂交水稻新组合。

［特征特性］该组合全生育期 151～152 天，比对照汕优 63 长 1～2 天，株型较紧凑，株高 117 厘米左右，穗长 26.39 厘米，亩有效穗 15.81 万穗，每穗着粒 156.37 粒，结实率 78.67%，千粒重 30.24 克。品质鉴定，精米率 73.5%，米粒长 6.9 毫米，胶稠度 68 毫米，整精米率 56.1%，长宽比 3.0，垩白米率 5%，垩白度 1.1，直链淀粉 15.2%，达到国颁三级优质米标准。

［稻瘟病抗性鉴定］叶瘟 4～7 级，颈瘟 3～9 级，对稻瘟病的抗性强于对照汕优 63。

［产量表现］该组合 2002—2003 年参加四川省水稻中籼迟熟优质米组区试，两年平均亩产 535.56 千克，增产 3.58%，增产达显著水平。其中，2002 年平均亩产 543.58 千克，比汕优 63 增产 6.13%，增产达显著水平；2003 年平均亩产 526.21 千克，比汕优 63 增产

0.67%。2003年参加全省生产试验，平均亩产577.17千克，比汕优63增产9.12%。

[栽培要点] 适期播种，培育多蘖壮秧，亩栽1.5万窝左右，亩基本苗11万~13万株，双株栽插，重底早追，氮、磷、钾配合；补施穗肥、科学管水，及时防治病虫害，注意防治稻瘟病。

[适宜种植地区] 适宜四川省平坝、丘陵一季中稻区种植。

4. 川优6203

四川省农业科学院作物研究所用自育不育系川106A与自育恢复系成恢3203组配而成的中籼迟熟优质杂交水稻组合。

[特征特性] 该品种两年区试平均全生育期149.5天，比对照冈优725长0.6天。株高114.1厘米，株型适中，剑叶直立，叶鞘、叶耳绿色，分蘖力中等，亩有效穗14.8万穗，穗长26.5厘米，每穗平均着粒166.1粒，结实率82.7%，穗纺锤形，穗层整齐，后期转色好，易脱粒。谷粒细长、秆黄色，柱头白色，颖尖浅黄色，部分籽粒有芒，千粒重28.2克。该品种被喻为川种优质高产"超级泰米"，这种米口感不亚于泰国香米，重要指标均达到泰米标准；米粒透明度好，有着和泰米相同的细长体型。

[产量表现] 2008年参加四川省水稻中籼迟熟5组区试，平均亩产561.32千克，比对照冈优725增产2.31%；2009年中籼迟熟7组续试，平均亩产552.33千克，比对照冈优725增产3.51%。两年区试平均亩产556.83千克，比对照冈优725增产2.90%，两年区试平均增产点率74%。2010年生产试验，平均亩产532.56千克，比对照冈优725增产3.13%。2011年，四川省农业厅在广汉市连山镇对川优6203产量进行验收，亩产达648.8千克，是泰米的两倍。

[栽培要点] ①适时播种，秧龄40天左右；②合理密植：亩栽1.5万穴左右，基本苗12万株左右；③肥水管理：中等肥力田块，氮、磷、钾配合施用；④根据植保预测预报，综合防治病虫害。

[适宜地区] 四川平坝和丘陵地区。

5. 内香2128

该品种系四川应林企业集团种业有限公司、内江杂交水稻科技开发中心选育，属籼型三系杂交水稻。

[特征特性] 该品种属籼型三系杂交水稻，全生育期平均133.9天，比对照Ⅱ优838长0.2天。株型紧凑，穗层欠整齐，叶片较宽、直挺，每亩有效穗数17.0万穗，株高118.2厘米，穗长24.6厘米，每穗总粒数172.3粒，结实率74.8%，千粒重27.7克。米质主要指标，整精米率61.7%，长宽比3.0，垩白粒率42%，垩白度6.8%，胶稠度66毫米，直链淀粉含量21.4%。

[抗性鉴定] 稻瘟病综合指数5.8级，穗瘟损失率最高9级，抗性频率80%；白叶枯病7级。

[产量表现] 2005年参加长江中下游迟熟中籼组品种区域试验，平均亩产541.6千克，比对照Ⅱ优838增产4.26%（极显著）；2006年续试，平均亩产587.2千克，比对照Ⅱ优838增产6.42%（极显著）。两年区域试验平均亩产564.4千克，比对照Ⅱ优838增产5.37%，增产点比例85.7%。2007年生产试验，平均亩产555.6千克，比对照Ⅱ优838增产4.30%。绵阳境内试验点分别设在三台、涪城、梓潼、江油、安县5个示范县实施，平均亩产562.9千克，比对照冈优725增产10.23%。

［栽培要点］①适时播种，大田每亩用种量 1 千克，培育多蘖壮秧；②中苗移栽、宽窄行为好，每亩栽插 1.3 万~1.5 万穴，每亩基本苗 10 万株左右；③肥水管理上，宜重施底肥、早施追肥，注意氮、磷、钾肥合理搭配，忌偏施氮肥，超高产栽培每亩过磷酸钙施用量不少于 25 千克、钾肥施用量不少于 15 千克。灌浆黄熟期应特别注意水肥管理，忌断水过早影响品质和产量；④注意及时防治稻瘟病、白叶枯病等病虫害。

6. 冈优 188

系乐山市农牧科学研究所用冈 46A 与自育恢复系乐恢 188，组配而成的中籼迟熟杂交稻组合。

［特征特性］该品种全生育期 153.1 天，比汕优 63 迟 1.2 天，株高 120.3 厘米，株型适中，剑叶直立、叶片宽大，叶鞘紫色。分蘖力中等，亩有效穗 13.92 万穗，每穗着粒数 187.4 粒，结实率 79.1%，千粒重 28.9 克，谷粒黄色，粒形椭圆形。后期较色好，易脱粒。品质测定，糙米率 80.8%，精米率 72.9%，整精米率 61.6%，粒长 6.0，长宽比 2.1，垩白粒率 55%，垩白度 10.7%，透明度 1 级，碱消值 6.1 级，胶稠度 74 毫米，直链淀粉含量 24.9%，蛋白质含量 9.2%。

［稻瘟病抗性鉴定］2003 年叶瘟 2、3、6 级，颈瘟 3、3、7 级；2004 年叶瘟 4、4、5、6 级，颈瘟 5、5、7、9 级。

［产量表现］2003 年参加四川省中籼迟熟 C1 组区试，平均亩产 552.36 千克，比对照汕优 63 增产 7.2%；2004 年四川省中籼迟熟 A2 组续试，平均亩产 565.68 千克，比对照汕优 63 增产 6.72%。两省区试平均亩产 559.89 千克，比对照汕优 63 增产 6.92%。2004 年四川省生产试验，平均亩产 583.76 千克，比对照汕优 63 增产 9.01%。

［栽培要点］①适时播种，培育多蘖壮秧，秧龄 35 天左右；②合理密植，亩栽 0.8 万~1.2 万穴；③合理施肥，基肥、分蘖肥及穗肥比例 4:4:2 为宜；④水肥管理宜采用浅水栽秧，寸水返青，薄水分蘖，保水扬花，干湿交替灌溉方式；⑤及时防治病虫害。

［适宜种植地区］四川平坝和丘陵地区作一季中稻种植。

（三）玉米

1. 绵单 581

绵阳市农业科学研究院选育，系四川省绵阳市农业科学研究院用自育系绵 723 作母本、自育系绵 715 作父本，于 2003 年组配育成的玉米单交种。

［特征特性］春播出苗到成熟全生育期 114 天，比对照川单 13 长 2 天，株高 251 厘米左右，穗位高 94 厘米左右。花药浅紫色，花丝浅紫色，果穗长 17.5 厘米左右，穗行数 18.3 行，行粒数 35 粒，籽粒黄色马齿型，千粒重 267 克，穗轴白色。品质测试结果，容重 730G/L，赖氨酸含量为 0.37%、粗蛋含量为 11.9%、粗脂肪为 4.1%、粗淀粉为 75.2%。

［人工接种鉴定］中抗大斑病、小斑病、纹枯病，感丝黑穗病，高感茎腐病。

［产量表现］2005 年参加四川省玉米区域试验，平均亩产 495.8 千克，比对照川单 13 增产 10.7%，增产点率 88%；2006 年续试，平均亩产 499.2 千克，比对照川单 13 增产 6.7%，增产点率 70%。两年参加省区试，平均亩产 497.5 千克，比对照川单 13 增产 8.7%。在 2006 年的生产试验中，平均亩产 470.8 千克，比对照川单 13 增产 8.5%。

［栽培要点］适宜春播；净作每亩种植 3 200 株为宜；施肥和管理同一般单交种，施足底肥，轻施苗肥，重施攻苞肥，增施有机肥和磷钾肥。

［适宜种植地区］四川平坝、丘陵区。

2. 成单 30

该品种系四川省农业科学院作物研究所用自选系 2142 作母本、自选系自 205 – 22 作父本，于 2001 年组配而成。

[特征特性] 春播全生育期 119 天。苗期长势强，整齐度好。株高 276 厘米，穗位高 110 厘米。株型半紧凑。雄穗分枝 4 ~ 7 个，分枝较长，花粉量大。雌穗花丝白色。果穗长柱型，穗长 19 厘米，穗行数 16 行，行粒数 35.3 粒，穗轴淡红色，籽粒黄色中间型，出籽率 87.0%，千粒重 282.1 克，容重 774 克/升，粗蛋白含量 9.7%，粗脂肪 3.8%，粗淀粉 67.3%，赖氨酸 0.31%。

[接种鉴定] 抗大斑病、纹枯病、茎腐病，中抗小斑病、丝黑穗病。

[产量表现] 2002—2003 年度参加四川省玉米新品种区域试验，平均亩产 506.4 千克，比对照成单 14 增产 16.3%。2003 年生产试验，6 点平均亩产 557.7 千克，比对照成单 14 增产 17.8%。

[栽培要点] 宜春播，也可夏播；春播以 3 月上旬至 4 月上旬为宜；每亩密度 3 400 ~ 3 600 株；重施底肥、多施苗肥和拔节肥，重施攻穗肥。

[适宜种植地区] 适宜四川平丘及低山区种植。

3. 正红 311

四川农业大学农学院用自育系 K236 作母本，以四川农业大学玉米所育成的 21-ES 作父本组配选育而成。

[特征特性] 春播全生育期 124 天，与对照川单 15 号相当。全株叶片数 19 片左右。幼苗长势强，根系发达，茎秆坚韧，叶色浓绿，活秆成熟。株高 290 厘米，穗高 134 厘米，穗上部叶片较疏朗，株型较好。雄穗分枝 14 ~ 18 个，颖壳绿色有紫条，颖尖紫色，花药紫色，散粉性好；花丝紫色，吐丝整齐。果穗长筒型，白轴，穗长 20 ~ 25 厘米，穗行数 16 ~ 18 行，每行 36 ~ 45 粒。籽粒黄色，半马齿型，千粒重 310 ~ 330 克，出籽率 85% 左右。品质化验分析，籽粒容重 763 克/升，粗蛋白质 10.8%，粗脂肪 5.4%，淀粉 75.1%，赖氨酸 0.30%，加工品质优。

[人工接种鉴定] 中抗大、小斑病和纹枯病，感茎腐病，感丝黑穗病。抗倒、耐旱、耐粗放能力强。

[产量表现] 两年省区试平均亩产 519.3 千克，比对照川单 15 号平均增产 17.5%。在两年 18 个试点中点点增产，连续两年均居区试第一位。四川省生产试验平均亩产 532.6 千克，比对照川单 15 号增产 17.41%。

[栽培要点] 春播和夏播均可；每亩种植密度 2 800 ~ 3 000 株，间套作可适当降低密度，高原地区种植则需增加密度；重施底肥，增施有机肥，氮、磷、钾配合，轻施苗肥与拔节肥，猛攻穗肥。

[适宜种植地区] 适宜四川山区种植。

4. 川单 189

四川农业大学玉米研究所、中国农业科学院作物科学研究所玉米中心、四川川单种业有限责任公司联合选育，以 SCML203 为母本，SCML1950 为父本杂交组配而成。

[特征特性] 四川春播全生育期 117 天，株高 222 厘米，穗位高 86 厘米，花药黄色，花丝绿色，穗长 20.2 厘米，穗行数 16.3 行，籽粒橙黄色，马齿型，穗轴红色，千粒重 270 克，容重 713 克，赖氨酸含量为 0.27%、粗蛋含量为 8.7%、粗脂肪为 5.1%、粗淀粉

为 77.5% 。

[接种鉴定] 抗纹枯病, 中抗大斑病、茎腐病和丝黑穗病, 感小斑病。

[产量表现] 2007 年四川省杂交玉米区域试验, 平均亩产 452.2 千克, 比对照川单 13 增产 9.81%, 9 个试点中 8 点增产; 2008 年区试, 平均亩产 490.0 千克, 比对照川单 13 增产 7.0%, 在 10 个试点中, 点点增产。倒伏率 3.3%。2008 年四川省玉米杂交种生产试验, 平均亩产 564.9 千克, 比对照川单 13 增产 19.3%, 5 个试点, 点点增产。

[栽培要点] 春、夏播均可, 净作密度在 3 200 ~ 3 500 株/亩为宜; 施肥和管理同一般单交种; 在排水不畅的低洼地块慎种, 以免发生茎腐病而不能发挥其增产潜力。

[适宜种植地区] 四川平坝、丘陵区。

（四）油菜

1. 绵油 63

绵阳市农业科学研究院选育的甘蓝型核三系双低组合。

[特征特性] 株高 209.6 厘米, 单株有效果 701.1 个, 每果 15.1 粒, 千粒重 2.79 克。种子芥酸含量 0.13%, 商品菜籽硫苷含量 22.43 微摩尔/克饼, 含油率 39.57%。自然条件下, 成熟期抗（耐）病毒病能力强于对照蜀杂 6 号, 不及对照川油 21; 抗（耐）菌核病能力强于两个对照。与对照相比, 两年植保鉴定结果表现为低感 – 低抗病毒病、低抗菌核病。平均主序不实果率 7.8%, 耐寒性强于对照。花期未发生根倒。全生育日数 223 天, 同蜀杂 6 号, 比川油 21 晚熟 2 天。

[产量表现] 两年 18 点次试验, 16 点增产, 平均亩产 158.9 千克, 分别比对照蜀杂 6 号增产 9.8%, 比对照川油 21 增产 5.9%。2007 年生产试验, 该组合 5 点试验一致增产, 平均亩产 155.6 千克, 比川油 21 增产 9.5%。

[栽培要点] ①播种期: 育苗移栽 9 月 13 ~ 20 日, 直播 10 月 5 ~ 10 日; ②密度: 育苗移栽亩植 7 000 ~ 9 000 株, 直播 9 500 ~ 12 000 株; ③施肥: 参照当地甘蓝型油菜高产栽培管理; ④适时防治病虫害。

[适宜种植地区] 四川省油菜主产区。

2. 德油 6 号

系德阳市科乐油菜研究开发有限公司, 以"双低"不育系"508A"为母本, "双低"品系"川 18-1"作父本配制的杂交组合。

[特征特性] 属甘蓝型、半冬性、中熟、隐性细胞核雄性不育两系"双低"杂交油菜品种。经省区试统一扦样测定, 芥酸含量 0.25%, 商品菜籽硫苷含量 27.29 微摩尔/克饼, 平均含油率 39.04%。株高 200 厘米左右, 绿茎, 叶色深绿, 叶缘有锯齿, 叶、茎多蜡粉。匀生分枝, 一次有效分枝 9 ~ 11 个, 二次有效分枝 5 个左右, 分枝部位 65 厘米左右。主花序长约 75 厘米, 花瓣中等大小平展、重叠、黄色, 雌雄蕊发育正常, 花粉量充足。角果直生, 单株有效角果平均 476.9 个, 每角果粒数 13.7 粒, 千粒重 3.21 克。全生育期 215 天, 与对照蜀杂六号相当, 属中熟种。与对照蜀杂六号相比低抗病毒病, 中抗 – 低感菌核病, 抗寒力和抗倒力均较蜀杂六号强。

[产量表现] 2002 年、2003 年参加四川省油菜新品种区域试验中熟 A 组试验。两年 16 点次德油 6 号平均亩产 152.2 千克, 比对照蜀杂六号增产 9.73%。2003 年生产试验, 4 点一致增产, 平均亩产量为 157.8 千克, 比对照种"蜀杂六号"增产 16.1%。

[栽培要点] ①在川西、川北地区育苗移栽的适宜播期为 9 月 15 日左右, 中苗移栽苗

龄 25～30 天，直播种植的适宜播期为 9 月中、下旬；②平坝地区和土壤肥力较高的田块亩栽 6 500～7 000 株，丘陵区亩栽 7 500～8 000 株，直播田亩植 12 000～15 000 株；③一般亩施纯氮 10～12 千克，磷肥 40～50 千克，钾肥 10 千克，硼肥 1 千克；④应注意在苗期和青荚期防治蚜虫。

［适应地区］该杂交油菜适宜四川省平斤地区种植。

3. 德油 9 号

什邡市阳光农业科学研究所四川省农技推广总站甘蓝型油菜隐性核不育两系中熟双低杂交种。

［特征特性］该组合株高 220 厘米，一次有效分枝 9～12 个，单株有效果 504.6 个，每果 13 粒，千粒重 3.6 克，全生育期 220 天，种子芥酸含量 0.28%，商品菜籽硫苷含量 26.78 微摩尔/克饼，商品菜籽含油率 36.6%。植保鉴定结果与对照蜀杂 6 号相比，表现为低抗－高抗病毒病，低感－中抗菌核病，自然条件下抗（耐）菌核病和病毒病能力、耐寒力和抗倒力较强。

［产量表现］在 2003、2004 年的四川省区试中，该组合两年 17 点次试验平均亩产 144.9 千克，比双低对照蜀杂 6 号增产 7.72%，其中，15 点次增产。在 2004 年的生产试验中，该组合 5 点试验一致增产，平均亩产 164.2 千克，比双低对照蜀杂 6 号增产 11.9%。

［栽培要点］①川西平原区育苗移栽适宜播期 9 月 16～20 日，10 月中、下旬移栽；直播 9 月 28 日至 10 月 3 日播种；②育苗移栽亩植 6 000～6 500 株，直播密度为每亩 8 000～12 000 株；③川西平原亩施纯氮 13 千克，重底早追，氮、磷、钾、硼肥配合施用。立春前视情况灌水 1 次；④苗期防治虫害，花薹期防治菌核病。

［适应区域］适宜四川省大部分平丘区种植。

4. 得油 16

四川得月科技种业有限公司选育的甘蓝型两系双低组合。

［特征特性］株高 205.2 厘米，单株有效果 560.6 个，每果 14.8 粒，千粒重 3.78 克。种子芥酸含量 0.40%，商品菜籽硫苷含量 24.30 微摩尔/克饼，含油率 41.9%。自然条件下，成熟期抗（耐）病毒病能力强于对照；抗（耐）菌核病能力强于对照蜀杂 6 号，与对照川油 21 相当。与对照相比，两年植保鉴定结果表现为低抗病毒病、低抗菌核病。平均主序不实果率 8.0%，耐寒性略比对照强。抗倒性与对照相当。全生育日数 223 天，同蜀杂 6 号和川油 21。

［产量表现］两年 17 点次试验，增产点 13 个，4 点减产，平均亩产 161.2 千克，分别比对照蜀杂 6 号增产 15.6%，比对照川油 21 增产 8.0%。在 2007 年的生产试验中，该组合 5 点试验一致增产，平均亩产 163.9 千克，比川油 21 增产 18.4%。

［栽培要点］①播种期：育苗移栽 9 月下旬，直播 10 月上旬至中旬初；②密度：育苗移栽亩植 7 000～9 000 株，直播 9 500～12 000 株；③施肥：参照当地甘蓝型油菜高产栽培管理；④适时防治病虫害。

［适宜种植地区］四川省油菜主产区。

5. 蓉油 11 号

四川省成都市第二农业科学研究所选育细胞质雄性不育三系杂交种。

［特征特性］甘蓝型半冬性，全生育期平均 233 天。叶色深绿，叶片较大，裂叶 2 对，叶缘波状，叶柄较长，无刺毛，心叶绿色，幼苗半直立，茎秆绿色，花瓣较大，黄色、平

展、侧叠，角果枇杷黄，近直生，中等大长，种子褐色、圆形。株型扇形，匀生分枝，平均株高 160 厘米，一次有效分枝数 8 个，主花序长度 70 厘米，单株角果数 452.5 个，每角粒数 22 粒，千粒重 3.2 克。该品种菌核病平均发病率 19.80%，病指 8.59，病毒病平均发病率 16.07%，病指 6.46，低抗菌核病和病毒病，抗倒性较强。经农业部油料及制品质量监督检验测试中心区试抽样检测，芥酸含量 0.26%，硫苷含量 28.99 微摩尔/克饼，含油量 43.54%。

［产量表现］2002—2003 年度参加长江下游组油菜品种区域试验，平均亩产 146.44 千克，比对照中油 821 增产 25.02%；2003—2004 年度续试，平均亩产 186.99 千克。比对照中油 821 增产 18.99%。两年区域试验平均亩产 166.72 千克，比对照中油 821 增产 21.57%。2003—2004 年度生产试验平均亩产 171.89 千克，比对照中油 821 增产 14.87%。

6. 绵油 88

绵阳市农业科学研究院用核不育两系不育系绵 103AB 与恢复系绵恢 98-4034 杂交选育而成。

［特征特性］属甘蓝型两系杂交春油菜，全生育期 112～118 天。苗期，叶缘浅锯齿，半直立，茎和叶有蜡粉无刺毛。蕾薹期，株高 124.4～149.3 厘米，分枝部位 29.7～53.26 厘米，一次分枝 5.1～6 个。花期茎绿色上部略带紫色。主花序长 43.22～80.3 厘米，花黄色。全株有效角果 153～188.5 个，角果长度 6.6～7.2 厘米，角果粒数 27～28.3 粒，千粒重 3.84～4.2 克，含芥酸 0.013%，硫苷 22.49 微摩尔/克饼，含油率 49.55%。

［产量表现］在 2007—2008 年度甘肃省油菜品种区域试验中，平均亩产 249.81 千克，较对照增产 16.59%。2009 年参加了甘肃省油菜品种生产试验，平均亩产 218.23 千克，比对照增产 13.65%。

［栽培要点］春油菜区播期在 4 月中旬左右。用种量为 0.4～0.5 千克，亩留苗 1.2 万～1.8 万株。氮、磷、钾、硼肥合理搭配，亩施氮 12 千克左右，氮：磷：钾比例为 1：0.5：0.5，硼肥 1 千克左右，深施作底肥，干旱地区在初花前叶面喷施一次硼肥。看苗情追施一次尿素（5 千克左右）。注意防病治虫，在整个生育阶段看苗治虫，初花期防病。

［适宜区域］适宜在甘肃省漳县、天祝、临夏、渭源、民乐等地种植。

（五）花生

1. 天府 23 号

四川省南充市农业科学院杂交选育而成的中间型中大粒品种，2009 年通过国家品种鉴定。

［特征特性］该品种属中间型早熟中大粒种，株型直立，连续开花。主茎高 45.0 厘米，单株总分枝数 8.5 个。荚果普通形，百果重 194.2 克，百仁重 81.6 克，出仁率 72.7%。籽仁含油量 52.74%，蛋白质含量 25.39%，油酸含量 53.6%，油亚比 2.07。春播全生育期 130 天左右，夏播 110 天左右。荚果大小适中，丰产潜力大、稳产性好，中抗叶斑病，中抗锈病，高感青枯病，抗旱性和抗倒性中等，种子休眠性强。

［产量表现］2008—2009 年度全国长江流域片 26 点次区域试验，荚果平均亩产 334.83 千克、比对照增产 19.23%。2009 年全国长江流域片 13 点生产试验，平均亩产荚果 271.48 千克，比对照品中花 4 号平均增产 13.93%。

［栽培技术要点］①播种期：3 月下旬至 5 月上旬，麦套栽培在麦收前 30 天左右播种为宜；②密度：每亩 8 500～10 000 窝，每窝播两粒。单株栽培每亩 14 000 株左右。种植方式

以大垄双行栽培或宽窄行栽培为好；③施肥：每亩施氮素（N）6~9千克、磷素（P_2O_5）5~6千克、钾素（K_2O）5~6千克，紫泥土重N轻K，沙土重K轻N，底肥注意种肥隔离，追肥不宜迟过初花期；④及时中耕除草、防治叶部病害和地下害虫。

「适宜推广地区」对长江中上游花生产区的土壤和栽培制度均能适应，但不宜在青枯病地区种植。

2. 天府21号

南充市农业科学院用92系-66×天府10号杂交选育而成。

[特征特性]春播全生育期130天左右、夏播110天左右。株型直立，连续开花。荚果普通形和斧头形，种仁椭圆形和圆锥形，种皮粉红色。主茎高37~42厘米，侧枝长45~50厘米，单株有效果枝数6.9~7.7个，单株成果数15.1~16.3个，饱果数12.3~12.4个，单株产量23.40~26.3克，双仁百果重174.4~192.8克，百仁重80.4~87.5克，出仁率74.3%~79.6%。籽仁含油率49.7%（干基），油酸含量44.2%，亚油酸含量34.5%，油亚比1.28，蛋白质含量24.8%。抗倒力强，耐旱性较强，耐叶斑病，感青枯病。种子休眠性较强。荚果性状和品质性状优良，适于加工"天府花生"等盐脆花生制品。

[产量表现]2007—2008年度参加四川省花生新品种区试。2007年5点试验一致增产，平均亩产荚果303.57千克，比对照天府14号增产11.79%（极显著）；2008年5点试验一致增产，平均亩产荚果357.47千克，比对照天府14号增产11.34%（极显著）。两年试验平均亩产荚果330.52千克，比对照天府14号增产11.55%。2008年在南充、乐至、内江和苍溪四个试点进行生产试验，平均亩产325.5千克，比对照天府14号增产18.8%。

[栽培要点]①3月下旬至5月上旬播期；②春播密度每亩8 500~10 000窝，每窝播2粒，单株栽培每亩14 000株左右，种植方式以大垄双行栽培或宽窄行栽培为好；③亩施纯氮（N）6~9千克、磷素（P_2O_5）5~6千克、钾素（K_2O）5~6千克，底肥注意种肥隔离，追肥不宜迟过初花期；④及时中耕除草、防治叶部病虫害和地下害虫。

[适宜地区]四川花生产区种植，不宜在青枯病常发区种植。

3. 天府20

南充市农业科学院用933-15×836-22杂交选育而成。

[特征特性]春播全生育期130天左右、夏播110天左右。株型直立，连续开花。荚果普通形和斧头形，种仁椭圆形和卵圆形，种皮粉红色。主茎高36~45厘米，侧枝长42~53厘米，单株有效果枝数8~8.8个，单株成果数15.5~20个，饱果数12.6~13.4个，单株产量24.0~25.0克，双仁百果重176.7~185.9克，百仁重78.0~80.0克，出仁率72.6%~76.5%。籽仁含油率50.9%（干基），油酸含量45.4%，亚油酸含量33.6%，油亚比1.35，蛋白质含量23.9%。抗倒力强，耐旱性较强，耐叶斑病，感青枯病。种子休眠性较强。

[产量表现]2007—2008年参加四川省花生新品种区试。2007年5点试验平均亩产荚果294.77千克，比对照天府14号增产8.55%（极显著）；2008年5点试验平均亩产荚果373.47千克，比对照天府14号增产16.32%（极显著）。两年试验平均亩产荚果334.12千克，比对照天府14号增产12.76%，达极显著水平。2008年在南充、乐至、内江和苍溪四个试点进行生产试验，平均亩产330.5千克，比对照天府14号增产20.6%。

4. 天府18

南充市农业科学院以92系-66作母本、TR594-8-4-3作父本，杂交选育而成。

［特征特性］株高 34 厘米，总分枝数 8.2 个，结果枝 6~7 个，单株总果数 14.1 个，饱果数 11.2 个，饱果率 79.43%，双仁百果重 178 克，百仁重 75.5 克，出仁率 78.8%，粗脂肪含量 51.74，粗蛋白含量 26.4%。春播全生育期 135 天，夏播生育期 110 天。在自然条件下中抗叶斑病，不抗青枯病，抗倒力强。

［产量表现］2003—2004 年度省区试两年平均亩产 286.2 千克，比对照天府 9 号增产 9.2%，两年参试点次 14 点，增产点次 9 个；报废或缺试点次 5 个；2004 年生产试验平均亩产 320.3 千克，比对照天府 9 号增产 17.5%。

［栽培要点］①长江流域 3 月下旬至 5 月上中旬播种，麦套花生以麦收前 30 天左右播种为宜；②亩植 8 000~10 000 窝，每窝播 2 粒，单株栽培亩植 14 000 株；③亩施纯氮（N）5~8 千克，磷素（P_2O_5）4~6 千克，钾素（K_2O）4~6 千克；④适时防治病虫害，特别注意防治青枯病。

［适宜地区］在四川省花生生产产区均可种植。

二、优质高产栽培技术简述

（一）水稻机械化育插秧技术

水稻育插秧机械化使水稻生产全程机械化在栽种这一关键环节取得突破，解决了制约水稻生产全程机械化的瓶颈问题，开拓了水稻生产全程机械化的新路子。毫不夸张地说，水稻生产全程机械化是水稻生产领域的一次重大革命。

机械化插秧的关键是能否育成适宜机械栽插的健壮秧苗，它是机械化插秧技术的重要环节。要育好秧，必须把好 5 个环节，即：营养土配备消毒关、精做秧田关、品种选择关、精量播种关、肥水管理关。

1. 作业流程

细土过筛 → 细土消毒 →拌肥堆沤→ 秧板田消毒→精做秧板田→铺放空盘 → 软盘消毒 → 匀撒营养土 → 均匀播种 → 覆土→ 竹片搭拱 → 灌秧沟水→盖膜保温→揭膜炼苗→田间管理→起盘移栽

2. 育秧准备

（1）营养土和盖种土的准备：营养土的选择，最佳是菜园土，其次是耕作熟化的旱地中性沙壤土。注意所选营养土地块必须半年内未喷洒过除草药，并且杂草较少。采用孔径不大于 5 毫米的筛子过筛。每亩大田备足过筛细土 100 千克，其中，营养土 80 千克，盖种土 20 千克。营养土配制比例为：过筛细土：敌克松：壮秧剂 =100：0.02：0.05。营养土配制要求混拌均匀。可先取少许细土与敌克松、壮秧剂进行混拌，然后再配以所需的细土，用铁铲翻拌 4 遍以上，在有阳光能充分排水的地方盖上薄膜封严进行堆沤。堆沤的营养土水分应保持在 25%~30%，手感为手捏成团，落地即散，堆沤 10 天左右。土质较肥时可适当降低复合肥的配制比例。注意盖种土只能用营养土同等比例的敌克松消毒，并且与营养土分开堆沤。

（2）秧田准备：应选择地势平坦、排灌分开、运秧方便、背风向阳、邻近大田、便于操作管理的田块做秧田。秧田土质要求为沙壤土，土质过黏时影响起秧。按照大田面积与秧田面积（80~100）：1 留足秧田。在播种前 15 天左右翻耕（可旋耕 2~3 遍），炕田 2~3 天，然后灌水泡田耕耙。同时，施用适量底肥（每亩秧田施用粪水 15~20 担，35% 复合肥 20 千克），整细耙平，开沟做厢。秧板规格为厢宽 1.4~1.5 米，秧沟宽 0.4 米，秧沟深 0.2

米，四周开围边沟宽0.5米，深0.25米。同时，在四周开好平水缺。秧田需做到沟直板平，达到深沟高厢，以利方便灌水、保水、排水。视实际情况在播前3～5天排水晾板，使板面沉实。播前一天铲高平低，填平裂缝，并充分拍实，使板面达到"实、平、光、直、硬"。

为了方便管理，建议秧厢长度控制在20米以内，每厢育秧在140盘以内。秧田过长时，可中间扎埂，尽量顺东西方向做厢。

（3）附件的准备：

①农膜的准备：每亩大田准备2米宽拱膜5米，具体应该根据秧厢长度准备，两头各加1米。薄膜厚度在1厘米左右为宜。②软盘育秧：每亩大田需准备软盘22～25张。③拱棚竹片的准备：每亩大田应准备长2.2米宽3厘米的竹片5～6片。

（4）种子的准备：

①品种选择：根据不同茬口、品种特性及安全齐穗期，选择适合种植的优质、高产、分蘖中等、抗性强的穗粒并重型品种，一般应选择中早熟品种。②确定播种量：每亩大田应备足发芽率在95%以上，发芽势90%以上的优质稻种1.4～1.5千克。③种子处理：浸种前晒种1～2天，用3%～5%的盐水选种，捞出病粒、空壳，再用清水冲洗种子。然后用0.1%强氯精液浸泡12～24小时，用清水洗净后泡种2～3天，每天换清水1～2次。

3. 精量播种

（1）确定播种期：机插育秧与常规育秧有明显的区别：一是播种密度高，其密度超过两段秧的10倍；二是秧苗根系基本上集中在2～2.5厘米的薄土层中生长，仅有少量根系通过秧盘透气孔从秧田中吸收营养，秧龄弹性小。因而应根据水稻生育期和前茬作物成熟收获期科学推算播种时间，绵阳市播种期一般应在4月3～15日为宜，秧龄应控制在35～42天。否则秧龄过长，会造成肥、水供给不足，秧苗素质下降，甚至由于气温逐渐回升，若管理不善，会出现烧苗的现象。

（2）催芽：催芽应做到"快、齐、匀、壮"。"快"是指2天内催好芽；"齐"是指要求发芽势达85%；"匀"是指芽长整齐一致；"壮"是指幼芽粗壮，根芽比例适当，要求根长达稻谷的1/3，芽长达稻谷的1/5～1/4，颜色鲜明，气味清香，无酒味。因此，要求将浸泡好的稻种，用机电一体化稻种催芽机催芽。

（3）精细播种：

①秧厢消毒：用65%敌克松1000倍液均匀喷洒在厢面上。②铺放秧盘：先将秧盘（硬盘或软盘）整齐铺放在秧板上，为了确保秧盘铺放整齐一致，建议在秧板中间预先拉一直线。③秧盘消毒：用65%敌克松1000倍液均匀喷洒秧盘。④铺放底土：匀撒营养土，底土厚度2～2.2厘米为宜，用木板刮平（每盘铺放底土2千克左右）。⑤定量播种：每盘播种量以50～60克干种为宜，有利于培育壮秧，即每盘播种芽谷65～80克。如果采用人工撒播，可以按每厢分组，均匀撒播3～4遍后，再对个别缺种地方适当补种。⑥匀撒盖种土：播种后，均匀抛撒没有添加复合肥和壮秧剂的盖种土覆盖种子（切忌用营养土覆盖种子），以利立针出苗，厚度以种子半露为宜。注意：盖种后，灌秧沟水前的营养土总厚度必须在2～2.5厘米，否则过厚或者太薄都会影响育秧质量，插秧机作业时影响起秧和插秧。⑦灌秧沟水：播种好后应马上灌秧沟水，初次应满灌，待营养土全部浸透（注意：水面绝对不能漫过营养土），排至半沟水或排干水。⑧搭拱盖膜保温：每间隔0.5～0.7米拱一竹片，然后盖膜，且四周封严。

注意：厢面、底膜、秧盘以及营养土等都必须严格按规定消毒。

4. 苗期管理

培育适合机插的健壮秧苗，是推广水稻机械化插秧成败的关键。搞好秧苗的田间管理，又是培育适合机插健壮秧苗的关键，为此，必须抓好以下环节。

（1）高温高湿促苗齐：播种到出苗期一般为棚膜密封阶段，当中午棚内温度超过35℃时可适当揭开拱膜两头降温，注意两头或中间可交错揭开，确保秧苗长势整齐一致。若床土发白秧苗卷叶时，应在17时以后适量灌秧沟水，确保厢面湿润。

（2）揭膜炼苗：秧苗在一叶一心期时，即播种后6～7天秧苗立针现青后，根据气温情况确定揭膜炼苗，通常最低气温稳定在15℃以上时，方可揭膜炼苗。按照晴天傍晚揭，阴天上午揭；若遇寒朝低温，宜推迟揭膜的原则，做到日揭夜盖，并保持表土湿润。若遇极端天气，温度过高，应搭遮阳网降温。

（3）苗期分阶段管理：

①立针前的管理：立针前主要抓好水分的管理，秧沟保持半沟水，如表土发白可在晴天上午喷温水（30～35℃）1～2次，保持厢面湿润。立针后，厢沟保持满沟水，确保厢面湿润。②二叶期前后的管理：继续保持厢沟湿润管理；注意病虫害的发生和防治，可喷施65%敌克松1 000倍液加以防治立枯病或青枯病，注意观测其他病虫害。③科学管水：机插育秧水的管理非常重要，其基本原则是只要能够保持厢面湿润，水越浅越好，充分达到以水调气、以水调肥、以水调温、以水护苗的目的。若秧苗中午出现卷叶，可在傍晚或次日清晨人工喷水1次。④肥料的管理：二叶一心期（播后10～12天）每亩（2 000盘秧苗）无渣腐熟清淡粪水4担加尿素1.5～2千克（每盘1克）对清水10担（500千克左右）泼施断奶肥，施后用秧沟水清洗秧苗。以后每隔4～5天追施一次肥料，每亩（2 000盘秧苗）每次可用尿素3～4千克适当加无渣腐熟清淡粪水对水泼施；追肥时厢面保持花花水，并尽量用清水洗苗。注意每次追肥不宜过多（每盘不超过2克尿素），坚持"少吃多餐"原则，总追肥次数应控制在3～4次内，追肥时间应选择在傍晚为宜，切忌中午当阳追肥，次日早上放低秧沟水。

（4）看苗用好多效唑：在三叶期（播种后15～20天）用300毫克/千克的多效唑1克药液对500克水喷施，要求在晴天无露水最好在下午均匀喷施，每亩（2 000盘秧苗）用药80～100克，以利将苗高控制在20～25厘米，根据秧苗长势可在5～7天后（或者栽前7～10天）以同样用量再喷施一次。

5. 栽前准备

（1）适时控水：在栽前一周应控水，以利起秧栽插。控水方法为：晴天保持半沟水，若中午秧苗卷叶时可在傍晚采取洒水补湿，阴雨天气应排干沟积水，特别是在起秧栽插前要盖膜遮雨，防止盘土含水率过高而影响起秧栽插。

（2）坚持带药移栽：起秧前5～10天，亩用92%杀虫单粉剂100克或20%井冈霉素粉剂100克，对水50千克喷施。

（3）正确起秧移栽：应做到尽量减少秧块搬运次数，确保秧块尺寸（能减少机插秧时出现缺窝断条），做到随起、随运、随栽。

6. 机械化插秧

机械化插秧环节是夺取水稻高产的基础。对此，应把握"三个"原则：即重底早追原则，田平浅水浅插原则，合理的栽植窝数和足够的基本苗原则。

（1）大田准备：

①大田施肥：建议亩用尿素 15 千克（或碳铵 40 千克，猪尿粪水 20 ~ 30 担，磷肥 40 千克，钾肥 10 千克），具体标准根据田块肥力和往年用肥习惯来确定。②大田耕作：视情况炕田 1 ~ 2 天，再灌水泡田，采用旋耕机耕作后或用水田埋草驱动耙作业，注意要尽量浅耕，达到地表平整，水面控制在 0.5 ~ 2 厘米，田整好后自然沉实 1 ~ 2 天后方可插秧，整田的基本要求是必须保证田平浅水适合机械化插秧。要求耕翻次数不宜过多，如果整地太绒时，宁可延长沉实时间，也不要盲目插秧。

（2）插秧机作业：机械化插秧最基本的技术要求可概括为："不漂不倒，越浅越好"，以利充分发挥其低节位分蘖优势。

①插秧作业准备：一是保养调试好插秧机；二是将插秧机转移至稻田；三是调整插秧深度：调整的原则是立苗率只要能够达到 90%，越浅越好；四是调整亩植窝数（即调整株距）和窝取秧量（坚持合理的栽植窝数和足够的基本苗原则是机械化夺取高产的又一关键技术）。大麦田、小麦田、油菜田（5 月 20 日前栽插的田块），亩植 1.4 万 ~ 1.6 万窝，亩基本苗 2.5 万 ~ 3 万株；其余迟栽田块每亩窝数应保证不低于 1.6 万株，亩苗数不低于 3 万株。上述指标主要是通过插秧机株距和取秧量的调试来实现。具体就是 5 月 15 日以前插秧调至中等偏上，5 月 15 日以后插秧调至较大值，直至最大值。②插秧机作业：一是选择合理的插秧行走路线。可根据田块大小以及田块是否方正具体确定行走路线，秧田四周应留好插秧机转弯空余地待最后插秧，不能重插或漏插，机器不能插秧的边角人工补栽；二是上秧。在秧块不足 10 厘米长时，应该补秧，注意将补给秧苗与剩余秧苗对齐（防止漏插），注意必须让秧厢移动至两端才能上秧；三是插秧时应严格按照使用说明书操作步骤进行，特别是最初工作行程是整块稻田插秧的基准，既要选准位置，又要直，并且要求插秧均匀。③操作过程中的注意事项：一是视秧苗情况，调整好栽插密度，确保基本苗；二是在插秧过程中随时注意观察有无漏插现象；三是手扶式插秧机操作者要注意不踩已插秧苗，步行在中间位置上；四是在田埂边操作时，要避免插秧机导轨碰在田埂上；五是转弯或田间转移时，首先应降低发动机转速，断开插秧离合器，将液压操作手柄拨到"上升"位置；六是插秧机作业时液压手柄应在"下降"位置。

7. 机械化插秧的大田管理技术

机插水稻的大田生长发育规律和手插秧大体一致，但也有其自身的特点。为此需针对机插的生育特性，采取相应合理的管理技术措施，实现机插水稻的高产和稳产，把好"三关"，即追肥关、管水关、病虫草害防治关。

（1）合理施肥：肥的管理是机械化插秧能否多分蘖，分大蘖的重要一环。施肥的基本原则是多施有机肥，控氮增磷、钾肥。因机插的分蘖发生节位低，分蘖期长，分蘖肥重点应放在改进分蘖肥的施用时期，以调节分蘖节位和控制中期群体。适宜的分蘖肥施用方法应在移栽 5 ~ 7 天秧苗返青后，开始施用分蘖肥。中等肥力的田块，追肥亩用碳铵 15 ~ 20 千克（或尿素 4 ~ 5 千克）。

穗肥既有利于巩固穗数，又有利于攻取大穗，但需视苗情施用，一般在抽穗期亩用尿素 4 ~ 6 千克，如叶色较深也可不施。

（2）科学排灌：水分管理对于提高水稻产量和质量具有十分重要的意义。生产前期的水分管理旨在控制无效分蘖，提高成穗率，后期的排灌措施是要提高根系的活力。其关键措施是提早晒田控苗。因此，机插秧在栽插后至晒田控苗前应采用浅水浇灌，薄水分蘖技术措施。每次灌水深度应控制在 3 厘米左右为宜，待自然落干后再灌水，如此反复，才能够达到以水调肥，以水调气，以气促根，水气协调的目的，促分蘖早生快发，植株嫩壮，根系发达。当亩苗数达到18万~20万时，开始晒田控苗，对苗情好的稻田进行重晒，晒田的标准应达到"田开鸡脚裂，白根向上翻，叶片要直立，风吹嗖嗖响，叶色稍退淡"；对苗情差的稻田进行轻晒。然后以5~8厘米深水淹灌2~3天，以后采取浅水灌溉直到"半穗黄落干"，湿润管理到蜡熟。

（3）病虫草害综合防治：秧苗期主要防治一代螟虫和青枯、立枯病。大田主要防治二代螟虫、稻包虫及稻瘟病和纹枯病。

（4）除草：除草也是比较关键的一环，要求在插秧后7~9天施用除草药。病、虫、草防治时间和方法应根据农业预报来确定。

（二）水稻超高产强化栽培技术

水稻超高产强化栽培技术是四川省近年在借鉴国外水稻栽培研究新成果和新理念的基础上，通过试验研究而自主创新的一项增产潜力最大、增收效果最明显、抗灾作用很突出的规范化集成水稻栽培技术；具有增产幅度极大、省种、优质、节水等优点；与免耕、杂糯间栽等技术结合，技术优势更加显著，效益更高。

1. 技术特点

与传统栽培技术比较，水稻超高产强化栽培技术有以下特点。

（1）嫩秧早栽：在冬水田地区可移栽2~3叶龄的秧苗，在两季田地区可移栽3~5叶龄的秧苗，与传统技术相比，移栽秧苗减少了2~4片叶，有利于早生快发，提高分蘖成穗率。

（2）稀植壮株：每亩本田栽插6 000~9 000窝，比传统技术少栽5 000~7 000窝，有利于分蘖和单株生长，有利于形成高产群体结构，促进穗大粒多。

（3）湿润强根：移栽后田间实行以湿润灌溉为主的灌溉技术，与传统技术相比，大幅减少用水量，有利于根系的生长发育。

（4）控苗壮秆：中期晒田，控制无效分蘖和促进有效分蘖的生长，实现壮秆大穗。

（5）足肥高产：增加施肥量，纯氮比常规技术增加1~2千克，强调施用有机肥。施肥方法上采取"减前增后，增大穗、粒肥用量"的原则，底肥以有机肥为主，速效化肥为辅，施足追肥和穗肥，满足高产的营养要求。

2. 增产机理

据研究，该新技术体系高产优质的主要机理是通过嫩秧早栽，配合稀植和"湿、晒、浅、间"灌溉技术，可以促进分蘖，大量早生快发，有利于强健根系的建成和植株的健壮生长，"有机无机肥配合"与"减前增后"施肥技术延缓了生育后期根、叶早衰，显著提高了后期的光合强度和光合产物积累，从而达到"足穗、大穗、大粒"而高产，且有利于稻米品质的改善和稻田灌溉水的节省。

3. 栽培技术规程

（1）适用范围：本技术规程适用于四川及类似生态区、水源基本有保证的冬闲田及麦—稻、油—稻、菜—稻两季田。

（2）选择适宜的高产优质杂交稻品种：选择分蘖、抗倒伏能力较强、穗形偏大的高产优质杂交稻品种。如宜香725、协优527、D优527、冈优188、丰优香占、宜香3728等。

（3）培育适龄壮秧：采用塑料软盘旱育秧或湿润保温育秧，视秧龄长短确定播种量并精细播种，加强肥水管理，培育适龄壮秧。塑料软盘旱育秧和湿润保温育秧按相应的技术规程进行。

（4）适时嫩秧早栽：

①冬水田：移栽2~3叶龄的秧苗；②两季田：移栽2~5叶龄的秧苗。前作收获后稻田可实行免耕或翻耕。

（5）耕作方式：

①免耕：前作收获后及时泡水、平田、施底肥，等水自然落干2~3天后栽秧；②翻耕：前作收获后及时泡水、翻耕、耙细整平后施底肥，再耙一次后保留浅水栽秧，亦可按一定规格（1.5米左右）开厢抱沟。

（6）合理稀植：

①肥力较低的稻田：移栽规格（25~30）厘米×（25~30）厘米；②肥力中等的稻田：移栽规格以30厘米×30厘米左右；③肥力或施肥水平较高的稻田：移栽规格可以采用（35~50）厘米×（35~50）厘米。

（7）改革移栽方式：

①三角形种植：以30厘米×（30~50）×50厘米的移栽密度、单窝3苗呈三角形栽培（苗距6~10厘米），做到稀中有密，密中有稀，促进分蘖，提高有效穗数。②正方形种植：行、窝距相等呈正方形栽培，可以改善田间通风透光条件，促进单株生长。

（8）合理平衡施肥：

①施肥种类：有机肥和化肥配合施用的增产效果最佳，且兼有提高肥料利用率、培肥地力、改善稻米品质等作用，有机肥比例占总施肥量的20%~30%。②施肥量：视稻田肥力而定，一般亩施纯氮10~14千克，氮、磷、钾配比2：1：2。③施肥方式：原则是"减前增后，增大穗、粒肥用量"。氮肥中底肥、分蘖肥、穗肥比例5：3：2。底肥：以有机肥为主，速效化肥为辅，按亩施纯氮5~7千克、五氧化二磷5千克，氧化钾为10千克，优质农家粪为800~1 000千克。分蘖肥：在移栽后5~25天分2~3次追施。穗肥：在晒田复水后施用。粒肥：抽穗后10~15天亩施尿素2~3千克。要求做到"前期轰得起（促进分蘖早生快发，及早够苗），中期控得住（减少无效分蘖数量，促进有效分蘖生长），后期稳得起（养根保叶促进灌浆）"

（9）节水高产技术：

①前期（分蘖期）：分蘖前期湿润或浅水干湿交替灌溉促进分蘖早生快发；分蘖后期"够苗晒田"，即当全田总苗数（主茎＋分蘖）达到每亩15万~18万时排水晒田，如长势很旺或排水困难的田块，应在全田总苗数达到每亩12万~15万时开始排水晒田。②中期（幼穗分化至抽穗扬花）：浅水（2厘米左右）灌溉促大穗。③后期（灌浆结实期）：干干湿湿交替灌溉，养根保叶促灌浆。

（10）病虫草害：综合防治。

（11）收获：当全田达九五成黄时，及时收获。

（三）油菜免耕直播机收技术

油菜免耕直播机收技术有利于解决农村劳动力紧缺，农民焚烧农作物秸秆以及污染环境的突出问题。该技术具有"三省"（省人工、省肥料、省成本）、"一增"（即增产）、"一提升"（即提升土壤有机质）的优点。油菜机收是集收割、脱粒、清选、装袋作业一次性完成，秸秆粉碎还田提升土壤有机质，减少了因焚烧秸秆造成能源浪费和对环境的污染，有利于实现农业节能减排。

该项技术采取重施底肥、加大用种量等技术措施，充分发挥油菜的主轴优势，成熟期整齐一致、籽粒饱满，达到增产增收的目的。

1. 深沟高厢、浅留稻桩

水稻收获时尽量浅留稻桩，稻桩过高的田块盖草前应铲掉或扯除，有利于均匀覆盖稻草。水稻收获后立即开好"三沟"排除田间积水，消除田间湿害。

2. 化学除草、施足底肥

播种前3～5天用克芜踪等触杀性除草剂进行化学除草。底肥每亩用油菜专用配方肥40～50千克盖草前均匀撒施于田间。

3. 均匀盖草、适时播种

亩用300千克左右的干稻草均匀覆盖，注意覆盖过厚易形成高足苗，覆盖过少不利于油菜出苗和有效抑制田间杂草。也可以在稻谷收获后立即将湿稻草的70%左右均匀覆盖于田间，其好处是能好地保持田间湿度、避免杂草生长、稻草腐熟快、不易形成高足苗、不须晒草节约劳力等。

经几年的播期试验表明，免耕直播机收油菜在适宜播期范围内播种越早，越容易达到"秋发"的标准，产量越高，还有利于提早成熟收获，满足两熟稻区茬口衔接要求。绵阳市最佳撒播期，中熟品种（如绵油11号、绵油15号）于9月25日至10月3日播种为宜。亩播种子200克，将种子与2～2.5千克炒死灭去活力的商品油菜籽或新鲜尿素10千克混合均匀，分成四等份来回重复四次后，全田均匀撒播。

4. 匀密补稀、肥水管理

三叶间间匀堆堆苗，五叶期间匀密补稀。因直播油菜密度大、长势旺，越冬期易出现脱肥，11月中、下旬追施一次苗肥，以清粪水对适量碳铵或尿素泼施；蕾薹期结合春灌补施一次肥，亩用10千克尿素在晴天叶片上无露水的下午撒施。

5. 病虫防治、机械收获

十月份如遇干旱高温可能发生菜青虫、蚜虫为害，要注意防治；"双低"油菜应进行种子包衣，防止地下害虫为害。免耕直播油菜因密度大，分枝少，主轴角果比重大，成熟期比较一致，能满足机械化收割的要求。

（四）玉米膜侧节水高产栽培技术

采用膜侧节水高产栽培技术，能够提高地膜增温保墒功能，抑制杂草；利于蓄水纳墒，提高移栽成活率；进一步增强玉米的抗倒伏能力；减低用膜成本，提高地膜利用效率等。膜侧节水高产栽培技术可最大限度地减少棵间土壤水分蒸发，有效地集纳降水，变大田土壤水分蒸发为植株蒸腾节水增产。

1. 增产效果

经多年试验示范，膜侧节水高产栽培技术比传统的育苗移栽（对照）亩增产83.33千克，增幅为17.65%；比传统的平盖膜栽培增产42.7千克，增幅为8.3%。

2. 主要措施

（1）规范开厢：小麦播种时，规范开厢，实行"双三〇"、中厢带种植或"双五〇"、"双六〇"种植，预留玉米种植带。

（2）科学施肥：玉米播种或移栽前，在玉米种植带正中挖一条深20厘米的沟槽（沟两头筑挡水埂），按亩施磷肥50千克、尿素10.5千克、人畜粪1 000千克对水500千克作底肥和底水全部施于沟内。结合沟施底肥和底水后覆土，挖一个高于地面0.2米，垄底宽0.4～

0.5 米的垄，垄面呈瓦片形。

（3）适时盖膜：春季持续 3~5 天累计降雨 20 毫米或下透雨后，立即将幅宽 0.4~0.5 米的超微膜盖在垄面上，并将四周用泥土压严，保住降水。将符合要求的玉米苗移栽于盖膜的边际，每垄两行玉米。种植规格为窄行距 0.5~0.67 米，窝距 0.33~0.4 米，亩植 3000 株左右。

在玉米生长期，由于季节性降雨与季节性的干旱交替发生，使玉米根区处于干湿交替状态，从而促进了根系的生长，增强了玉米耐旱能力，达到避旱救灾增产的目标。

（五）"麦/玉/豆"旱地新三熟栽培模式

1. 定义

"麦/玉/豆"旱地新三熟模式是在集成于免耕、秸秆覆盖、作物植播等技术条件下，以大豆代替原旱三熟"麦/玉/苕"模式中的红苕，而进行连年套种轮作多熟种植的一种耕作制度。

2. 好处

（1）抗旱避灾：大豆是一种抗旱力非常强的作物，在播后较长时间内如土壤墒情差，也不会影响活力。

（2）省工省力：种大豆与种其他作物进行比较，由于方法简单，省工省力效果非常明显，在目前农村劳动力缺乏的情况下很实用。

（3）改土肥地：因大豆根系附有根瘤菌，能将大气中的游离氮素吸附固定下来，是天然的氮肥工厂，种植一季大豆土壤含氮量可增加 20%。

（4）节本增效：种大豆，很少施用化学氮肥，病虫害较少，生产成本的投入较低。

（5）增产增收：旱地新三熟制以大豆代红苕后，每亩可实现增收 200 元以上。如果大豆在颗粒饱满以后，就摘下卖青黄豆，效益更可观。

（6）播期弹性大：大豆的播期可从 3 月播到 8 月初，不像其他作物，一错过最佳播期产量损失就很大。

（7）促产业发展：大豆可作粮、菜、饲料，是人们生活和养殖业的重要原料，加工增值空间大，又耐贮藏，不存在市场风险。

3. 技术要点

（1）选用良种：在采用旱地新三熟模式时，选用品种上一定要注意三季作物的时空合理搭配。小麦上选用高产抗病中熟品种；玉米选用优质、高产、三抗（病虫、干旱、倒伏）性强的中迟熟品种；大豆则宜选主茎发达、秆强抗倒、粒大、有限结荚习性的中迟熟品种为主。目前，最好的品种是贡选 1 号、南豆 12。

（2）规范开厢，分带轮作：根据绵阳市目前目前改制的规格和模式看，一般最好选用"三○二五"或"双三○"中厢带植（2 米）左右开厢为主，1 米（0.83 米）小春种 5 行小麦。1 米（0.83 米）种经济作物或留空，大春在 1 米（0.83 米）内种 2 行春玉米，小麦收后将原习惯栽红苕改为种植大豆 3 行。

（3）适时播种，合理密植："麦/玉/豆"新三熟制模式的播期与密度。小春小麦和大春玉米按常年的最佳播期和密度，小麦最佳播期在 10 月底到 11 月初，密度基本苗 8 万左右。玉米最佳播期在 3 月中下旬育苗，亩栽密度 3000 株左右。大豆在小麦收后播种，可直接免耕挖窝或撬窝直播，密度为行距 0.33 米，窝距 0.27~0.33 米，每窝播 2~3 粒。

（4）科学施肥：除小麦和玉米的施肥按要求外，大豆一般播种时不需施氮素化肥作底肥，主要以农家肥为主。如需施化肥作底肥，最好选用豆科作物类专用的配方肥，30 千克左右即可，到大豆初花期每亩再撒施尿素 3~5 千克或专用配方肥 5~10 千克即可。

（5）防治病虫：大豆虽然病虫为害较其他作物轻，但并不是说不防治就可收到较高产量。大豆常见的病害有立枯病、根腐病、霜霉病、炭疽病等，虫害有豆荚螟、大豆食心虫、大豆蚜虫、红蜘蛛、蓟马等，一旦发生造为害如不进行防治，也会对产量造成巨大损失。因此，也要对病虫害进行防治，特别是对虫害的防治不可忽视。

（六）稻麦油免耕秸秆覆盖栽培技术

1. 稻田小麦免耕覆盖栽培技术要点

（1）技术流程：水稻"散籽"时放干田水——收获水稻——将整草或机收碎草均匀平铺在厢面——亩施腐秆灵 1 千克——开（理）沟作厢——施足底肥——撒播（或窝播、条播）小麦种——田间管理（追肥、病虫防治）——收获小麦——小麦秸秆还田——免耕栽培水稻

（2）核心技术：

①稻草还田，施用腐秆灵：水稻收获时将整草或机收碎草均匀平铺全田或厢面（已开沟作厢田块），亩施腐秆灵 1 千克促进秸秆腐烂。②化学除草：免耕田未经翻耕，杂草多，尤其是在高温的暖冬年，杂草生长快，大量消耗养分，因此，在小麦播种前必须进行一次化学除草，防止草欺苗。具体操作每亩选择 20% 克芜踪水剂 150~200 毫升播种前 3~5 天施药，或用 10% 草甘膦水剂 750 毫升对于播种前 20 天施药。③免耕开（理）沟作厢：根据田块土壤质地和排水情况确定作厢规格。采用 2.25 米或 4.25 米作厢，厢面宽 2 米或 4 米，沟宽 0.25 米，沟深 0.3~0.4 米。同时，在距田埂 1.5 米处开边沟，距背坎 0.8 米处开背沟，土壤质地黏重和较宽的田块，边沟和背沟之间可增设横沟，全田沟沟相通，便于排水。并保持厢面平整一致。④撒施底肥：将底肥撒施在稻草面上或土壤表面上。⑤窝播或条播、撒播小麦：直接将种子播种在稻草或厢面上，小麦种子实行包衣或用药剂拌种以防鼠雀为害，比正常播期提早 2~3 天播种，播种量比常规播种量增加 15% 左右，亩用种 10~12 千克。使基本苗达到 12 万~15 万株。⑥平衡施肥：施肥方法与常规种植基本相同。采取有机、无机相结合，氮、磷、钾配合施用，增施有机肥磷钾肥。采用重底早追，一般亩用小麦专用肥 1 袋（40 千克），在小麦二叶一心时，亩用清粪水 500~1 000千克、尿素 10~15 千克作追肥，促根增蘖。⑦加强田间管理，防治病虫害：及时疏通"四沟"排渍水，避免湿害。小麦播种前用"粉锈灵"拌种，控制菌源，降低发病率。穗期用"一包药"防治小麦锈病、赤霉病、白粉病、纹枯病、麦蜘蛛、麦蚜等，确保优质小麦高产。

2. 稻田油菜免耕覆盖栽培技术要点

（1）技术流程：水稻"散籽"时放干田水——收获水稻——将整草或机收碎草均匀平铺在厢面——亩施腐秆灵 1 千克——开（理）沟作厢——移栽油菜（适时早播育苗）——施用底肥——撬窝移栽或直播油菜——田间管理（追肥、防治病虫）——收获油菜——油菜秸秆还田——免耕栽培水稻。

（2）核心技术：

①稻草还田，施用腐秆灵：水稻收获时将稻草均匀平铺全田或厢面（已开沟作厢田块），亩施腐秆灵 1 千克促进秸秆腐烂。②免耕开（理）沟作厢：水稻收获后立即免耕开（理）沟作厢，采用深沟高厢，根据田块土壤质地和排水情况确定作厢规格。采用 2.25 米或 4.25 米作厢，厢面宽 2 米或 4 米，沟宽 0.25 米，沟深 0.3~0.4 米。同时，在距田埂 1.5 米处开边沟，距背坎 0.8 米处开背沟，土壤质地黏重和较宽的田块，边沟和背沟之间可增设

横沟，全田沟沟相通，便于排水，并保持厢面平整一致。③化学除草：以禾本科杂草为主的田块，在杂草 3～4 叶期，亩用精喹禾灵或高效盖草能等除草，以阔叶草为主的田块，在杂草 2～3 叶草除灵除草，也可以与禾本科除草剂混用，提高除草效果。④撒施底肥：将底肥撒施在稻草面上或土壤表面上。⑤撬窝移栽或直播油菜：育苗移栽油菜，顺厢沟方向，实行宽行窄距或宽窄行免耕撬窝移栽油菜苗。直播油菜，用 0.2～0.25 千克的油菜种子与尿素混拌均匀，直接将种子撒播在稻草上或浅旋后直播。

3. 小麦/油菜田水稻免耕覆盖技术

（1）技术流程：小麦/油菜人工收割留高桩不翻土壤或机收浅旋——将秸秆均匀撒布全田——亩施腐秆灵 1 千克——淹水泡田——施足底肥——抛（钉）秧或机插秧——田间管理（追肥、病虫防治）——收获水稻——水稻秸秆还田——免耕油菜。

（2）核心技术：

①秸秆还田，施用腐秆灵：小麦/油菜收高留桩（40 厘米）将秸秆均匀撒布全田，或机收秸秆切细，均匀撒在田内，施腐秆灵后浅旋、泥草相混、亩施腐秆灵 1 千克促进秸秆腐烂。②淹水泡田：不浅旋的整块田，只将田边翻耕 0.5 米左右糊田埂，以利保水。平坝地区田坎一般不开沟，丘陵地区根据田块大小开灌沟一条或开十字沟，沟宽 20 厘米，深至犁底层即可，然后放水淹田，保水田 1～2 天。③施足底肥并化学除草：待田水自然落干至开花时施底肥，一般亩施水稻专用肥 1 袋（40 千克）。在抛栽前 3 天喷一次广谱灭生性除草剂除草。④带泥定抛栽与密度：在底肥施后的第二天（绝不能在施底肥的当天）起苗抛栽，起秧时单苗带土 50 克左右，采用单穴定抛方式，抛秧密度以每亩 1.5 万～2 万穴为宜。这样，因抛栽秧苗带有较多泥土，使抛栽后易立苗成活，无明显返青期，有利分蘖早生快发，解决了免耕抛秧发根成活慢的技术难题；同时，定抛有利于构建均匀合理的群体结构，为高产打下基础。⑤本田管理：秧苗抛后一般应保持田面无水层，沟内满水，但遇晴天要保持厢面水，防止秧苗遭晒致死。抛秧后 5～7 天（田间观察扎根为准）要使田面保持浅水，同时追施分蘖肥，亩用尿素 3～5 千克，以利于分蘖和促进秸秆分解腐烂。由于该技术秧苗分蘖早，分蘖多，应在抛秧 15 天后随时观察田间苗数，提早控苗。此后的田间管理与一般生产相同。

（七）春马铃薯栽培技术

1. 实行轮作

马铃薯适宜轮作，不宜连作，也不宜与茄科作物如茄子、番茄、烟草、海椒等作物连作，最好与禾本科、豆科等作物轮作，否则会加重青枯病、晚疫病、病毒病以及蚜虫等病虫害的为害，严重影响马铃薯产量。土壤选择方面，选择耕作层深厚、结构疏松排透水性强的轻质壤土和沙壤土为最佳。

2. 适时早播

适时播种是实现春马铃薯高产增收的前提。视其海拔高度和气候特点，春马铃薯播种时间一般在 1～3 月份（其中，1 月上旬至 2 月上旬播种，5～6 月收获的为小春马铃薯；2 月下旬至 3 月下旬播种，6～8 月收获的为大春马铃薯）。平坝浅丘区主要种植小春马铃薯，应在立春前播完；海拔较高山区主要种植大春马铃薯，一般在解冻后播种。

3. 因地制宜选用良种，大力推广脱毒种薯

种植马铃薯，首先要根据种植季节、气候条件、生产需求等来选择适合的优质、高产、抗病、适应当地栽培的品种。春马铃薯由于播种时期气候冷，可播种时间随意性较大，大部分地区种薯已通过休眠期，品种选择范围较宽，播种技术也较易掌握。推广川芋 56、川芋

早、川芋6号、川芋8号、川芋10号、凉薯8号、凉薯17、米拉等品种，扩大种植费乌瑞它、大西洋、坝薯10号、坝薯9号、中薯系列、HP系列等，特别是积极引进、试验加工专用新品种。

在选择对路品种的同时，有条件的要大力推广脱毒种薯。生产上使用脱毒种薯，一般可增产30%左右。在没有脱毒种薯情况下，应到就近高山区域调购种薯，这是保证春马铃薯高产的关键措施。

提倡选用30~50克小整薯作种，以避免切口传病和利于保苗，提高产量。播种时湿度较大、雨水较多的地区，不宜切块。切块时，一般应采取自薯顶至脐部纵切，每个薯块重20~40克，带有1~2个芽眼。要注意切刀的消毒和切块的处理，以防烂种（切刀每使用10分钟后或切到病、烂薯时，应用35%的来苏水溶液或75%酒精浸泡1~2分钟或擦洗消毒，提倡两把切刀交替使用。切块后立即用草木灰拌种，或在阳光下晾晒并吸去伤口水分，使伤口愈合，勿堆积过厚）。

4. 开厢垄作，合理密植

春马铃薯种植模式有净作和间套种植，其中，马铃薯与玉米等作物间套带状种植是主要模式。马铃薯净作或间套种植都应提高整地质量，起垄垒厢，采取适当深播、厚盖土、地膜覆盖等御寒措施，确保一次性全苗。合理密植，带状种植每亩3 000~4 500窝，净作每亩4 500~6 000窝，可根据气候条件、土壤肥力、生产用途和栽培方式等作适当调整。

5. 科学施肥

马铃薯生育期较短，施肥应坚持以有机肥为主、化肥为辅，重施底肥，增施磷钾肥，不施或少施、早施追肥的原则，以免造成后期茎叶生长旺盛而不结薯。

①底肥：80%以上的肥料应作底肥用，以农家肥渣肥、厩肥等为主，配合氮、磷、钾无机化肥混合施用。结合整地一般底肥亩施有机渣肥2 000千克左右，配施25~50千克过磷酸钙和适量氮、钾肥（草木灰100千克、尿素5~10千克）作底肥，并用2 000千克左右人畜粪水浸窝播种。②追肥：视苗情追肥，追肥宜早不宜晚，以促进壮苗早发。追肥宁少毋多。即在齐苗后轻施一次以氮肥为主的促苗肥，并再培土一次（当苗高10~15厘米时每亩追施人畜粪1 500千克，硫酸钾10千克）。收获前20天，植株封行或开花后不宜再进行追肥。

6. 加强病虫害防治

春马铃薯田间管理着重加强对以晚疫病、青枯病和蚜虫为主的病虫害防治工作。

①晚疫病防治：马铃薯晚疫病是一种真菌病，是四川马铃薯生产上影响产量最重的病害，当年减产可达到20%~50%。要大力宣传、普及对马铃薯晚疫病的防治工作。加强观察，及时防治。当田间发现中心病株，应立即拔除或摘下病叶销毁，并用25%的瑞毒霉锰锌600倍液，或用72%克露700~800倍液等喷雾植株进行防治，隔7~10天防治1次，连喷2~3次。②青枯病防治：马铃薯青枯病是一种细菌病。苗期注意防除青枯病，发现田间病株及时拔除，并要注意把病薯挖净。在发病初期每亩用72%农用链霉素可溶性粉剂14~28克4 000倍液，或用3%中生菌素可湿性粉剂800~1 000倍液，或用77%氢氧化铜可湿性微粒粉剂0.15~0.2千克400~500倍液灌根。③蚜虫防治：可用黄板诱杀蚜虫，即每亩悬挂30~40块黄板（25厘米×40厘米）。也可用50%抗蚜威可湿性粉剂2 000~3 000倍液，或10%吡虫啉可湿性粉剂1 500倍液喷雾防治。

（八）免耕种植秋洋芋（马铃薯）高产栽培技术

秋洋芋是晚秋生产的重点，是弥补大春粮食生产的有效途径，适宜在水稻制种田和未栽秧的田块大面积种植。充分利用杂交水稻制种收获期较早，距种植小春有一定间隙期的苴门优势种植秋洋芋，既能增加农民经济收入、稳定增加粮食有效播面，又能稳定杂交水稻制种基地面积。杂交水稻制种田种植秋洋芋具有种植简便、培肥地力、调温保墒、抑制杂草、省工省力、增产增收等优点，经农业部门多年多点试验示范，平均每亩鲜薯产量 500 千克，纯收入可达 350 元左右。现介绍如下。

1. 选熟期短品种

在杂交水稻制种收获前，选择地势较高、排水方便的地方进行；认真作好规划，留足稻草（种植 1 亩秋洋芋需要 2~3 亩稻草），分户登记造册；及时调剂熟期早，丰产性、抗病性好的品种（川芋 56、川芋 5 号等）直接供应到农户。

2. 适期整薯播种

在日平均气温降至 25℃ 时开始播种。绵阳市正常年份在 8 月 26 日至 9 月 5 日选择小洋芋（30 克左右/个）亩用 150 千克整薯播种；为了减轻烂种，主要选择小洋芋进行整薯播种，播种前用清凉井水浸泡 2 分钟后捞出滤干，在太阳下晒干水后播种。

3. 开理深沟排湿

针对秋雨多、田间湿度大、容易烂种的现状，严重影响出苗和产量，因此，要求农户采取深沟高厢，严格排除和降低田间湿度，这是保证出苗和夺取高产的关键，一是选择地势较高、排水方便的地方进行；二是在水稻制种收获后，按水稻制种开厢 3 米，及时深理父本厢沟，沟深最少达到 0.26 米以上，并理好四周边沟，边沟深 0.33 米以上，并将理沟的泥土打细均匀铺盖在厢面。

4. 浅窝密植播种

在每厢母本厢面上挖窝（窝深 0.03 米左右）播种（将洋芋种放在窝内）4 行洋芋，每行行距 0.75 米，窝距 0.18 米，每亩 4 500 窝左右；也可采取免耕牵绳播种，先牵绳，再按规定的行距和窝距将洋芋种摆放在田面，用手稍压洋芋种，使其与土壤接触即可。在 10 月中、下旬采用宽窄行套栽油菜，即在每行洋芋行内栽 2 行油菜，2 行油菜的行距为 0.21 米（为窄行），窝距 0.21 米，每亩 7 500 窝左右，洋芋收后，洋芋行就成了油菜的宽行，宽行行距为 0.51 米。11 月中、下旬收获洋芋，洋芋与油菜的共生期 30~35 天，最长不超过 40 天。

5. 施渣肥盖严草

在洋芋播种后，用干渣肥把洋芋种盖严，再亩用高效复合肥 25 千克左右撒在离洋芋行的 0.03 米处，做到种肥隔离；用稻草覆盖洋芋播种行，盖草宽度为 0.18 米左右，盖草厚度为 0.09 米左右，最后亩用猪粪水 20 担左右泼施在稻草上。出苗后对弱苗可用猪粪水追肥，一般不施追肥和其他肥料。

（九）地膜花生高产栽培技术

1. 整地施肥

花生最好选择土层较厚的壤土、黄泥夹沙土、上年未种过花生的地块。上季收获后及时翻耕，耙细整平，起垄开厢，按每厢 80 厘米的规格，逢中挖好施肥沟，沟深 15~20 厘米。每亩施花生专用配方肥 40~50 千克，优质堆肥 1 000~1 500 千克，粪水 40~45 担，所有肥料均匀施入施肥沟内，然后刨沟盖肥平厢，厢面宽 50~60 厘米，楼平厢面粗土、硬物和秸秆残体即可。

2. 选用优良品种，实行地膜覆盖

①种子准备：选用优质、高产、抗性强的花生新品种天府 23 号、天府 21 号、天府 19

号、天府 18 号等。每亩备足带壳种子 15 ~ 18 千克。②地膜覆盖：积极推广农用生物降解膜，减轻白色污染。覆盖前先将厢面整平、拍实、理好厢沟，喷除草药。盖膜时将膜理平拉直，使膜面紧贴厢面，用细土压紧膜边，封闭破口，春播需经 5 ~ 7 天预热方可播种，夏播应盖膜当天播种。③播种：春播地膜花生的最佳播期为 3 月 20 日至 4 月 5 日，夏播为 5 月 5 ~ 15 日。播种前两天剥壳晾晒催芽，粉嘴后即可播种。密度为每厢两行，株距 17 ~ 20 厘米，采用撬窝点播，每窝播种 2 粒，播后及时用细土盖种，每亩播 9 000 ~ 10 000 窝。

3. 田间管理

出苗后，及时清窝理苗，凡有土壤结块压苗、枝叶未伸出膜外的，应揭除土块，将枝叶理出膜外，重新用细土封窝固苗。在初花期，用多效唑进行控苗，有利于花生下针结实，减少嫩籽，提高产量。

4. 病虫防治

①药液拌种：每 50 千克花生种子用 50% 多菌灵可湿性粉剂 0.15 ~ 0.25 千克，加清水 2 千克配成药液，用喷雾器分别喷洒在花生种子上，使每粒花生种子都均匀地沾上药液，晾干后即可播种，可预防花生根腐病、根颈腐病等病害。②化学除草：亩用 96% 金都尔乳油 100 毫升对水 50 千克，在花生播种前进行芽前除草。在花生苗期亩用高效盖草能 30 毫升对水 50 千克，防除花生地禾本科杂草。③防病控苗：亩用 5% 多菌灵可湿剂 100 克或 10% 世高水分散粒剂 30 克对水 50 千克防治花生褐斑病、叶斑病；初花期用多效唑控苗，促进花生地上营养向地下转化。

5. 适时收获、晾晒

花生成熟后避开雨天适时收获，为防止霉变，晾晒需采用竹席垫底，以阴干、风干或间歇晾晒为宜，切忌暴晒。

（十）"千斤粮万元钱"、"吨粮五千元"粮经复合栽培模式

1. 意义

农业发展面临"双高、双紧"趋势愈加明显。"双高"就是高成本、高风险，"双紧"就是资源环境约束趋紧、青壮年劳动力紧缺，"谁来种田"的问题已非常突出。种植业比较效益低，广大基层干部和农民群众对改善农业基础设施、加快耕地流转扩大种植规模、增强粮食和农业生产社会化服务的期盼越来越迫切。这种栽培模式既保证了粮食的供应，又提高了农民收入，做到了"国家要粮有保障，农民要钱有效益"。既撑起国家的"粮袋子"，又鼓起农民的"钱袋子"。

发展"千斤粮万元钱"粮经复合产业基地，是深化现代农业产业基地建设的重要举措，是充分发挥高标准农田的基础性作用增加农业产出的有效途径，是适应农村适度规模经营、标准化生产和发展家庭农场的必然趋势。

2. 经济指标

稻田亩产粮食达到 500 千克、年产值超过 1 万元，旱地亩产粮食达到 1 吨、年产值超过 5 000 元。

3. 主要示范推广的模式

为水稻—秋冬菜—春菜模式，水稻—大蒜模式，玉米—药材（麦冬）模式，水稻—食用菌模式，秋洋芋—春洋芋—夏菜模式（旱地）、春鲜食甜糯玉米—夏菜—早秋菜模式（旱地）等。

模式一：菜—稻—菜模式

在四川绵阳一带的壤土、沙壤土自流灌溉区域，适合蔬菜种植的地区可推广水稻—秋冬菜—春菜模式。

（1）茬口安排：

①水稻：3月底至4月初播种。②秋菜：7月中旬至9月下旬播种育苗，9月中旬待前茬水稻收割完毕，即可整地定植，次年2月前采收完毕。③春菜：9月下旬至10月上旬播种育苗，待秋菜采收后定植，5月下旬采收完毕。

（2）品种选择：

①水稻：选择中早熟品种（如辐优838、中优177）等。②秋冬菜：选择莴笋、白菜、萝卜、莲花白、芹菜、花菜、黄瓜（大苗定植）、秋四季豆、秋茄子（大苗定植）、秋辣椒（大苗定植）等品种。③春菜：选（茄子、番茄、辣椒）茄果类、（黄瓜、苦瓜、冬瓜、丝瓜）瓜类、豇豆、四季豆等品种。

（3）关键技术：

①水稻：选择中早熟品种，运用旱育秧、抛秧技术，小苗早栽，提早排水。②秋菜：选择耐热、耐湿，对高温长日照不敏感，生长期较短的早、中熟品种；因秋菜的播种育苗时间多在6、7月份，故苗期应注意遮阳，莴笋和芹菜种子播种前应先进行低温处理，建议采用穴盘、营养钵育苗；采用深沟高厢栽培，注重排水降湿；适时定植，壮苗移栽，栽植密度应比春季的大一些；莴笋要进行地膜覆盖；茄子、辣椒、黄瓜、西葫芦采用大苗移栽、大棚种植技术，晚秋初冬应搭棚盖膜增加保温设施。③春菜：选择耐低温弱光、抗病害的早中熟品种；茄果类蔬菜在2月上中旬酿热温床或电热温床育苗，并适当早播；瓜类蔬菜1月底至2月上大棚加小拱棚育苗，大棚定植；采用营养杯、穴盘育苗；为保证春菜提早上市，采用地膜加小拱棚加大棚栽培技术。

模式二：水稻—大蒜模式

根据大蒜收获的产品不同，又有两种模式之分，一是水稻—蒜苗—蒜薹—蒜头；二是水稻—蒜苗—早春菜。

（1）茬口安排：

①水稻：3月底至4月初播种。②蒜苗：8月下旬播种，分批采收至次年2月初。③早春菜：9月中下旬至10月上旬播种育苗，次年2月上中旬蒜苗采收后大棚定植，5月中下旬采收完毕。④蒜头（蒜薹）：8月下旬至9月中旬播种栽植，不同品种分别于3月上旬至4月上旬收蒜薹，4月下旬~5月上旬收蒜头。

（2）品种选择：

①水稻：选择辐优838、中优177等早熟品种。②大蒜：采收蒜苗的应选用软叶子、云顶早、雨水早，作蒜薹、蒜头栽培的可选云顶早、雨水早、二水早、彭县正月早、成蒜早2~4号系列品种、温江红七星等。③早春菜：选茄子、番茄、辣椒、瓜类或豆类等品种。

（3）关键技术：

①水稻：选择早熟品种；采用旱育秧、抛秧技术；小苗早栽；提早排水。②蒜苗：选择蒜瓣小的早熟品种或大蒜瓣软叶子苗用品种；采用"潮蒜法"进行种蒜处理，以打破休眠；提早播种；苗高20厘米即可陆续分批采收。③早春菜：采用大棚设施栽培，其技术参照水稻—春菜—秋菜模式中的春菜栽培技术内容。④蒜薹、蒜头：选择早熟、中熟品种；栽培采用免耕直播，覆盖稻草。

模式三：水稻—食用菌模式

（1）茬口安排：

①水稻：3 月下旬播种；②食用菌：播种在 9～10 月进行，出菇季节为 10 月至次年 4 月。

（2）品种选择：

①水稻：选择宜香 3728、宜香 3724、川优 6203、川香 9838 等中迟熟品种；②食用菌：可选双孢菇、大球盖菇、姬菇等。

（3）关键技术：

①水稻：选中晚熟品种；采用旱育秧、抛秧技术。②食用菌：栽培田上季未种植过食用菌；水稻收割完后，立即开沟排水，晒土，搭建塑料大棚栽种。

模式四：麦 + 菜/玉/豆 + 菜模式

（1）茬口安排：小麦和蔬菜套作，蔬菜收获后种植玉米，小麦收获后种植大豆，玉米收获种植蔬菜。

（2）品种选择：

①小麦：绵麦 367、川麦 104；②玉米：绵单 581、正红 311、东单 80；③大豆：贡选 1号、南豆 12；④蔬菜：选择莴苣、青菜等。

（3）关键技术：旱地改制，间套种植；适期播种；玉米实行育苗移栽；蔬菜实行订单种植；搞好病虫防治。

第二节 蔬菜栽培新技术

一、无公害蔬菜生产技术

（一）无公害蔬菜的概念

从狭义上讲，无公害蔬菜是指没有受到有害物质污染的蔬菜，也就是说在商品蔬菜中不含有某些规定不准含有的有毒物质，而对有些不可避免的有毒物质则要控制在允许的标准之内。

从广义上讲，无公害蔬菜应该是集安全、优质、营养为一体的蔬菜的总称。安全主要指蔬菜不含有对人体有毒、有害的物质，或将其控制在安全标准以内，从而对人体健康不产生危害，具体讲要做到三个"不超标"：一是农药残留不超标，不含有禁用的高毒农药，其他农药残留不超过允许量；二是硝酸盐含量不超标，一般在 432 毫克/千克以下；三是"三废"等有害物质含量不超过规定允许量。优质主要是指产品质量。要求个体整齐、发育正常、成熟良好，质地口味俱佳，新鲜无病虫危害，净菜上市。营养是指蔬菜的内含品质。由于蔬菜种类繁多，各具特色，在营养上差异很大，但蔬菜类的共同性是提供人们膳食纤维、维生素和矿物元素的主要来源，应围绕这三类成分的含量及各种蔬菜的品质特性来评价它们的营养高低。

总之，无公害蔬菜是指按照规定的环境条件、规定的生产技术生产的，质量达到产品标准的，食用安全的蔬菜。换句话说是蔬菜中有害物质含量控制在国家规定的范围内，产品由农田到餐桌实行全程无公害管理，并经质量检测部门检测认定，食用后对人体健康不造成危害的蔬菜。它是最基本的蔬菜产品安全质量标准，不符合无公害蔬菜标准的蔬菜产品不能进入市场流通领域。

（二）无公害蔬菜的质量标准

无公害蔬菜作为一种产品，就必须有质量标准。只有达到这个质量标准才能称无公害蔬菜。一般来说，质量标准包括感官质量指标和卫生质量指标两类。

1. 感官质量指标

①叶菜类：包括白菜类、甘蓝类和绿叶菜类的各种蔬菜。属同一品种规格，肉质鲜嫩，形态好，色泽正常；茎基部削平，无枯黄叶、病叶、明显机械伤和病虫害伤；无烧心焦边、腐烂等现象，无抽（菜心除外）；结球的叶菜应结球紧实；菠菜和本地芹菜可带根。花椰菜、青花菜属于同一品种规格，形状正常，肉质致密、新鲜，不带叶柄，茎基部削平，无腐烂、病虫害、机械伤；花椰菜、花球洁白，无毛花、青花菜无托叶，可带主茎，花球青绿色、无紫花、无枯蕾现象。②茄果类：包括蕃茄、茄子、辣椒等。属于同一品种规格，色鲜，果实圆整、光洁，成熟度适中，整齐，无烂果、异味、病虫和明显机械损伤。③瓜类：包括黄瓜、瓠瓜、丝瓜、苦瓜、冬瓜、毛节瓜、南瓜、佛手瓜等。属于同一品种规格，形状、色泽一致，瓜条均匀，无疤点，无断裂，不带泥土，无畸形瓜、病虫害瓜、烂瓜、无明显机械伤。④根菜类：包括萝卜、胡萝卜、大头菜、芜菁、芜菁甘蓝等。属于同一品种规格，皮细光滑，色泽良好，大小均匀，肉质脆嫩致密。新鲜，无畸形、裂痕、糠心、病虫害斑，不带泥沙，不带茎叶、须根。⑤薯芋类：包括马铃薯、薯蓣、芋、姜等。属同一品种规格，色泽一致，不带泥沙，不带茎叶、须根，无机械和病虫害斑，无腐烂、干瘪。马铃薯皮不能变绿色。⑥葱蒜类：包括葱、韭菜、大蒜、洋葱等。属同一品种规格，允许葱和大蒜的青蒜保留干净须根，去老叶，韭菜去根去老叶，蒜头、洋葱去根去枯叶；可食部分质地幼嫩，不带泥沙杂质，无病虫害斑。⑦豆类：包括豇豆、菜豆、豌豆、蚕豆、刀豆、毛豆、扁豆等。属同一品种规格，形态完整，成熟度适中，无病虫害斑。食荚类：豆荚新鲜幼嫩，均匀。食豆仁类：籽粒饱满较均匀，无发芽。不带泥土、杂质。⑧水生类：包括茭白、藕、荸荠、慈菇、菱角等。属同一品种规格，肉质嫩，成熟度适中，无泥土、杂质、机械伤，不干瘪，不腐烂霉变，茭白不黑心。⑨多年生类：包括竹笋、黄花菜、芦笋等。属同一品种规格，幼嫩，无病虫害斑，无明显机械伤。黄花菜鲜花不能直接煮食。

2. 卫生质量标准（表 1-1）

表 1-1　蔬菜卫生质量指标

项　目	条件	指标（毫克/千克）
铬（以 Cr 计）	≤	0.5
镉（以 Gd 计）	≤	0.05
汞（以 Hg 计）	≤	0.01
砷（以 As 计）	≤	0.5
铅（以 Pb 计）	≤	1.0
铜（以 Cu 计）	≤	10
硝酸盐	≤	600（瓜果类） 1200（叶菜、根茎类）
亚硝酸盐（$NaNO_2$）	≤	4.0

项　目	条件	指标（毫克/千克）
氨基甲酸酯类	≤	4.0
甲胺磷等禁用农药及除草剂	≤	不得检出
六六六	≤	0.2
倍硫磷	≤	0.1
乐果	≤	0.05
敌敌畏	≤	0.2

注：未列项目的卫生指标按有关规定

（三）蔬菜污染产生的主要原因

1. "白色"污染

地膜覆盖栽培技术的广泛应用，导致地膜残片在土壤中的残留量越来越大。这些残片不易降解，在土壤中阻碍养分和水分的输送，制约作物根系的发展和对水分、养分的吸收，从而影响蔬菜产量和质量。

2. 不科学施肥对土壤和蔬菜的污染

近年来，随着氮肥施用量增大和不加选择地施用叶面肥、硝态肥等，造成土壤板结、酸化，蔬菜中硝酸盐含量高，导致蔬菜产品污染。

3. 滥施农药造成蔬菜污染

由于蔬菜生产周期短，病虫害相对较重，而农药的大量施用和滥用，造成施用区水质土壤被污染，天敌减少，病虫抗性增强，生态平衡被破坏，蔬菜产品中有毒有害物质严重超标，在人体中富集量增加，对人们的生命安全造成潜在威胁，由此引发许多疾病。

4. 大量使用激素，追求高产量而忽视了蔬菜品质

激素的过量过频使用，虽然达到催长催熟的目的，也会对蔬菜造成污染。

（四）无公害蔬菜病虫防治技术

1. 病虫防治对策及措施

（1）加强疫情监测，指导菜农科学防病治虫：于对蔬菜生产区的有关主管部门，应从植保科技人员中确定1~2名人员专门从事蔬菜病虫疫情监测，采取定点、定时对有代表性的蔬菜主要病虫进行调查，并将结果进行分析，结合天气预报资料及历史资料发布病虫预报，指导菜农进行防病治虫。

（2）健全监控体系，开展农药残留监测：做好农药残留监控工作，是增强农产品在国内外市场竞争力、保障人民身体健康和增加农民收入的大事，各有关部门有责任、有义务，按照《我国农产品农药及有害元素残量限量》国家标准执行，严格把关。

（3）加大培训力度，提高菜农科学用药水平：各相关职能部门要密切配合，采取多种形式（包括现场会、讨论会、培训会），进行技术培训，利用报刊、广播电视、音像等宣传媒体传播病虫防治知识，提高菜农科学用药水平，改进施药技术，减少用药次数，提高病虫防治效果。

（4）合理使用农药，生产无农药污染蔬菜：按照《无公害污染农产品质量》（DN 51/

328.2—2001）和《无农药污染蔬菜病虫综合防治（IPM）技术规程》（DB 51/T328.4—2001）的要求，所有蔬菜禁止使用高毒高残留农药，水生蔬菜禁止使用菊酯类农药；严格按照农药使用间隔期限，安全使用农药；大力宣传高效低毒低残留农药，选择具有安全性好、易于降解、不易积累、用量少、污染小等特点的低毒低残留农药，其主要代表品种有世高、金雷多米尔锰锌、绿色功夫、杀毒矾等。

2. 病虫防治的用药原则

（1）大力应用生物农药：生物农药在蔬菜上应用后无污染、无残留，是一种无公害农药。

（2）尽量施用植物性农药：植物性农药来源广，制作简单，不仅防病杀虫效果好，而且无副作用。如用鲜苦楝树叶1.5千克捣烂加水1.5千克，过滤后去渣制成原液，1千克原液加水40千克喷雾，可防治菜青虫、菜螟虫。用臭椿叶1份加水3份，浸泡12天，将水浸液过滤后喷雾，可防治蚜虫、菜青虫等。另外，大蒜、辣椒、鱼藤、蓖麻、洋葱等植物都含有对害虫有抑制作用的物质，只要稍作处理即可用来防治蔬菜病虫。

（3）合理施用化学农药：药剂防治是综合防治的主要手段。必须严格按照国家《农药安全使用标准》和《农药合理使用准则》施用农药，要合理地、有节制地使用，应从控制护益的原则出发，尽可能减少施药次数和施药面积，减轻农药对环境的污染和对天敌的杀伤。推广高效、低毒、低残留农药，禁止使用国家和省明文规定的高毒、高残留农药，确保农产品农药残留不超标。

一是在蔬菜生产上禁止使用高毒、高残留农药品种。禁止在生产上使用的农药有：水胺硫磷、甲胺磷、甲基对硫磷（甲基1605）、甲基异柳磷、久效磷、磷胺、地中磷（大风雷）、氧化乐果、速扑杀、呋喃丹（克百威）、灭多威（万灵）、涕灭威、三氯杀螨醇、3911、苏化203、1059、杀螟威、异丙磷、三硫磷、磷化锌、磷化铝、氯化物、氟乙酰胺、砒霜、杀虫脒、西力生、赛力散、溃疡净、五氯酚钠、氯化苦、二溴氯丙烷、二溴乙烷、氯丹、敌枯双、普特丹、培福朗、18%蝇毒磷乳粉、汞制剂、赛丹益舒宝、铁灭克、速介克、治螟磷乳油、万铃灵乳油、增效甲胺磷、奎硫磷、高渗硫磷等。

二是对症选用高效、低毒，低残留农药品种，如世高、金雷多米尔—锰锌、杀毒矾、绿色功夫、爱苗、适乐时、晶体敌百虫、辟蚜雾、普力克、病毒A、百菌清、速克灵、多菌灵、植病灵、速灭杀丁等较为安全的农药。

三是严格控制药液的浓度、每亩用药量和施药次数。

四是准确掌握采收安全间隔期，最后一次用药至收获的间隔期应在10～15天，确保达到无公害蔬菜的标准。

3. 无公害蔬菜病虫综合防治技术措施

（1）农业防治：

一是选用抗病虫良种。不同蔬菜品种，其抗病虫能力不同：选用什么品种是建立无公害蔬菜基地必须考虑的问题。各种蔬菜均有针对主要病害抗性的品种，但兼抗多种病害的品种不多，抗虫品种甚少。基地应针对其种植蔬菜的主要病虫害，结合品种的生物学特征，进行试种、示范与推广。在引种时，要按照国家颁布的法令和条例，到植检单位进行检疫，避免和防止带入危险病虫杂草传播蔓延。以及通过杂交、嫁接、转基因等方式提高作物抗病虫能力。

二是采用无病种子或进行种子消毒。无公害蔬菜基地应从无病疫的留种田采制种源，并进行种子消毒。常用的方法有温水浸种（如黄瓜，其种子可用55℃湿水浸15分钟或50℃温水浸20～30分钟）；或采用药剂拌种和种衣剂等方法进行种子处理。

三是培育无病壮苗，防止苗期病害。育苗场地应与生产地隔离，防止生产地病虫传入。育苗前，苗床需彻底清除枯枝残叶和杂草。可采用营养钵育苗，营养土要用无病土，同时施用高温腐熟的有机肥。加强育苗管理，及时处理病虫植株，最后淘汰病苗、弱苗，选用无病虫壮苗移植。

四是轮作倒茬、嫁接防病。蔬菜连作是引发和加重病虫为害的一个重要原因。在生产中，应按不同蔬菜种类及品种实行有计划轮作，这是减少土壤病原积累、减少为害的有效技术措施。

（2）生态防治：

一是高温闷棚。可减轻设施栽培蔬菜病虫为害程度，例如，35～40℃高温闷棚（午后2小时左右）可控制黄瓜霜霉病蔓延。利用温度、湿度双因子或单因子控制，迫使病原孢子或菌丝不能顺利萌发和侵入，可减轻霜霉病、黑星病为害。

二是性信息素应用。分别用斜纹夜蛾、甜菜夜蛾、小菜蛾等3种性信息素引诱雄蛾，对三种害虫种群动态、蛾量进行监测、预测预报和控制种群数量，对减少田间施药次数有明显作用。

三是光色味昆虫行为控制杀灭法。防治斜纹夜蛾、甜菜夜蛾。使用频振式杀虫灯，利用斜纹夜蛾、甜菜夜蛾等害虫对光、色、味（性信息素）的偏好，进行诱杀。灯的黄色外壳和味（性引诱剂）相结合，引诱害虫扑灯，灯外配以频振高压电网触杀，达到杀灭成虫、降低田间落卵量，压缩害虫基数，控制其为害的目的。

四是防虫网隔离技术。在使用网纱隔离前须清除田间杂草、枯枝残叶，有条件进行漫灌，以清除残留虫源（病源）；翻晒土地，可以杀死部分地下害虫；在播种或移栽前用乐斯本、高思本、超乐等处理土壤，防治地下害虫；宜采用大、中棚覆盖，且播种密度不宜太高；在防虫网隔离期间，尽量少揭网，以免成虫飞入，密切注意及时清除产在网纱上的卵块，以免卵孵化后低龄幼虫钻入网内。使用的网纱目数应根据具体情况而定，太密，不宜通风透光，太疏，小虫害易进入，一般以20～30目为宜，颜色以白色为佳。

五是地膜覆盖防治技术。用塑料薄膜覆盖地面，其原理是切断一些须入土化蛹虫的虫源，防止羽化成虫出土。地膜覆盖只能作为一种辅助性的措施，很难隔离成虫的迁飞和移动。

六是滴灌防治生理性病害。滴灌区土壤15厘米深处平均含水量达29%，比传统水区增加62.9%。滴灌区土壤良好的含水状况能直达蔬菜根系，十分有利于植株对水分和营养的吸收促进作物生长，增强抗性，有效控制生理性病害发生。如大白菜干烧心病是因"缺水生长"和营养吸收障碍引起，应用滴灌技术，对大白菜干烧心病的防治效果可达96.8%。

七是色板诱杀技术监测控制害虫。利用害虫特殊的光谱反应原理和光色生态规律，用色胶板诱杀害虫。从作物苗期和定植期开始使用，尤其在害虫可能爆发的时间持续使用，可以有效控制害虫发展。

（3）生物防治：

一是以菌除虫。目前，世界各国普遍应用苏云金杆菌，即Bt制剂，防治为害十字花科叶菜类的菜青虫、小菜蛾、菜螟、银纹夜蛾等重要害虫。

二是以病毒除虫。利用颗粒体病毒、多角体病毒防治菜青虫、斜纹夜蛾等。

三是以菌治菌。近几年来，农用抗菌素类农药有很大发展，农用链霉素、新植霉素可防治细菌性病害。

四是以天敌控虫。菜地栽培作物种类多，病虫复杂，各种捕食性天敌和寄生性天敌十分活跃，由于长期大量使用有机磷、拟除虫菊酯类等广谱性杀虫剂，天敌数量逐年减少，寄生率下降，害虫猖獗。囚此尽可能地降低用药量、减少用药次数，避免使用对天敌杀伤力大的农药。科学用药是保护天敌、提高其自然控制能力的重要途径。

五是使用昆虫生长调节剂和特异性农药。这一类农药并非直接"杀伤"作用，而是扰乱昆虫的生长发育和新陈代谢作用，使害虫缓慢而死，并影响下一代繁殖。因此，这类农药对人畜毒性很低，对天敌影响小，环境相容性好，将是今后大力发展的农药。目前，大量推广使用，或正在推广的品种有除虫脲、氯氟脲（定虫隆、抑太保）、特氟脲（农梦特）、氟虫脲（卡死克）、噻嗪酮（扑虱灵）、蚊蝇醚、抑食肼、丁醚脲（保路）、米螨、虫螨腈（除尽）等。

（4）化学防治：

随着城市生活水平的不断提高，人们对清洁无污染蔬菜的消费需求不断增长。由于蔬菜生产周期短，病虫害相对较重，农药的施用次数和数量较大，有毒有害物质在蔬菜中残留也较高，因此，对人类的威胁特别大。据资料记载：农药残留的主要成分是有机磷，对消化系统、神经系统、血液循环都有慢性影响，会导致头晕、乏力等症状，严重的直接影响肝、肾脏功能。大量滥用农药还会造成施用区水质土壤被污染，害虫天敌减少，病虫抗性增强，生态平衡破坏，蔬菜产品中有毒物质严重超标，从而严重危害人类健康，引发许多疾病。

一是禁止使用高毒高残留农药。这部分农药毒性大，残留量高，对生态环境和人体健康威胁大。

二是严格按照农药使用间隔期限安全使用农药。绝大多数农药品种都有间隔使用期限，要严格按照说明使用。同时，在收获前 7～12 天要禁止使用化学农药。

三是不能超标使用农药。农药使用量越大，在土壤和蔬菜中的残留量也越大，对人体健康的危害也越大。因此，要严格按照安全使用量施用农药。

四是控制和减少激素的使用。少数菜农过分追求利益，不惜以牺牲产品质量为代价来提高产量，过量过频地施用赤霉素、乙烯利等生物激素，大大降低了蔬菜品质并影响食用安全性。因此，在蔬菜生产上应尽量减少激素的施用量和次数。

（五）无公害蔬菜施肥技术

蔬菜中少量的硝酸盐不影响食用安全，但含量过多时经微生物作用可被还原成危害性很大的亚硝酸盐，后者与人体血红蛋白结合，使之失去载氧功能，造成高铁血红蛋白症，长期摄入亚硝酸盐会造成智力迟钝。另外，亚硝酸盐还间接与次级胺结合，形成强致癌物质亚硝酸，进而诱导消化系统癌变，如胃癌、食道癌和肝癌，诱癌时间随摄入量而缩短。人体摄入的硝酸盐 81.2% 来自蔬菜，而蔬菜是人类不可缺少的食物，因此，控制蔬菜中硝酸盐含量十分重要。

无公害蔬菜生产中施肥应做到"底肥足、勤追肥"，增施磷钾肥，不施用未腐熟的肥料，特别是叶菜类蔬菜，禁止使用硝态氮肥，以避免硝酸盐的积累。使用其他氮素肥料，要控制使用量和使用次数；要以底肥为主、有机肥为主，并做到深施覆土。叶菜类施用铵态氮肥时，亩用量不得超过 30 千克，严禁叶面喷施氮肥。

1. 控制化肥施用量

由于蔬菜中硝酸盐含量高低与氮肥用量呈极显著正相关。因此，在保证蔬菜产量的同时要控制化肥的施用量。特别是氮肥，每亩应控制在 30 千克内，且 70%～80% 应作基肥全层深施（12～15 厘米），20%～30% 作苗肥早施；蔬菜地不宜施用硝酸铵、硝酸钾及含硝态氮的复合化肥；冬春光照弱，容易积累硝酸盐，应不施或少施氮肥；高肥菜地富含腐殖质，蔬菜中的硝酸盐含量高，应禁施氮肥。应用局部施氮、分次施氮、后期控氮技术，既可以提高氮肥利用率，又可降低蔬菜中硝酸盐含量。

2. 重施有机肥

有机肥营养全面，肥效持续时间长，有利改良土壤结构。因此，在蔬菜生产上要多施有机肥。有机肥在施用时最好经高温腐熟，可减少病虫害的传播。特别倡导施用经过沼气池转化后的有机肥，沼渣、沼液，其肥效高，是无公害蔬菜的首选肥料。

3. 叶类菜不能叶面施肥

叶面喷施直接与空气接触，铵离子易变成硝酸根离子被叶片吸收，硝酸盐积累增加，影响蔬菜品质，且不耐贮运。

4. 不同种类的蔬菜，施肥有选择

①叶菜类蔬菜生长期需氮肥最多，但大型的结球叶菜如甘蓝、大白菜等在结球期应增施钾、磷肥，以促进结球。②根茎类蔬菜苗期需氮肥较多，其次为钾、磷肥；在根茎膨大时，则需钾肥较多，其次是氮、磷肥。③果菜类生长前期需氮肥较多，钾磷肥吸收相对较少；进入生长中后期磷钾肥需求量大增。

总之，应根据蔬菜种类和土壤类型配方施肥，但在收获前 30 天应停止施用。

（六）无公害蔬菜生产技术

无公害蔬菜生产，要求成品蔬菜中农药残留量、硝酸盐含量和其他有害物质的含量不得超过允许标准。因此，必须把好蔬菜基地的选址关和种植过程的无害化关。其生产的技术路线应该是：以农业防治为基础，协调应用化学防治技术和其他防治技术；采取控制农药、化肥、重金属污染的技术和管理措施，使蔬菜中农药残留量、硝酸盐含量和其他有害物质和含量低于国家规定标准。

1. 选择环境条件达标的地区建立无公害蔬菜基地

在环境条件达到规定标准的地区建立无公害蔬菜生产基地，是防治蔬菜污染的关键性措施。应根据环保部门提供的资料，切实把好水质关、大气关、土壤关。建立基地的基本条件是基地的灌溉水源应符合国家《农田灌溉用水标准》，空气条件应低于《保护农作物的大气污染物最高允许浓度》之下，基地周围没有排放有害物质的污染源，距公路主干线 50 米以上，相对集中成片，有利于规模化生产。

2. 采用合理的生产栽培技术措施

采用合理的农业生产技术措施，是提高蔬菜抗逆性，减轻病虫危害，减少农药施用量，防止蔬菜被污染的重要环节。

（1）因地制宜选用抗病品种和低富集硝酸盐的品种：尤其是对于尚无有效防治方法，易感病害的蔬菜种类，必须选用抗病虫品种；硝酸盐含量在不同植物间存在着差异，一般情况是根菜类＞薯芋＞绿叶菜类＞白菜类＞葱蒜类＞豆类＞茄果类＞多年生类＞食用菌类，推广品种首先选择优良抗病的茄、瓜、豆类等。

（2）做好种子处理和苗床消毒工作：对于带菌种子及易受土壤传播毒害影响的蔬菜，

要严格做好种子和苗床消毒,降低苗期病害程度,减少成株期的用药量。

播种前,要检验种子纯度、净度、干粒重、发芽率、水分和种子带菌情况等。

①种子处理:温水浸种,将种子放入 50~55℃(即 2 份开水对 1 份冷水)的温水中浸种,边浸边搅拌,随时补充热水保持温度 10~15 分钟,然后加冷水降低温度。②药剂处理:用福尔马林 50~100 倍液浸种 20~30 分钟,取出种子密闭熏蒸 23 小时,再用清水冲洗干净,可防治黄瓜炭疽病和枯萎病;用硫酸铜 100 倍液浸种 10~15 分钟,取出用清水冲洗干净,可防治黄瓜炭疽病和枯萎病。③苗床消毒:用 40% 的福尔马林 50~100 倍液于播种前 3 周用喷雾器均匀喷洒在苗床上,用塑料薄膜盖严密闭 5 天,然后除去薄膜 2 周,等药性挥发完后播种。

(3)适时播种:蔬菜播期与病虫害发生关系密切,要根据蔬菜的品种特性和当年的气候状况,选择适宜的播种期。

(4)培育壮苗:采用护根的营养钵、穴盘等方法育苗,适期苗龄,及早炼苗,带土多栽,以减轻苗期病害,增强抗病力。

壮苗的标准是:枝叶完整、无损伤、无病虫、茎粗、节短、叶厚、叶柄短、色浓绿、根系粗壮、侧根及吸收根发达、苗龄适当,达到定植要求标准。

(5)合理布局,实行轮作、间作:精心选择栽培品种,避免同种蔬菜连作,有条件的地区实行水旱轮作或其他轮作方式。前作蔬菜收获后,应及时清除旧叶、残渣,翻耕炕土,保持田园清洁,减少残留的病菌及虫卵,降低病虫基数和为害程度。

(6)加强田间管理,改进栽培方式:提倡深沟高厢栽培,避免田间积水,利于通风透光,降低植株间湿度,及时清除病虫株,病残株,以控制病虫害的发生。

(7)采用设施栽培的方式:通过大棚覆盖栽培,可以明显的减少降尘和酸性物沉降,减少棚内土壤中重金属的含量。在大棚内采用无土栽培的方式,通过人为控制水、肥供应,杜绝病虫害的发生,从而避免施用农药和重金属的污染,并有效地控制蔬菜产品的亚硝酸盐,使用商品菜达到无公害食品的标准。

3. 采用综合防治病虫害的技术措施

(1)首先选择效果好,对人、畜、自然天敌都无害或毒性极微的生物农药或生化制剂。

(2)选择杀虫活性很高,对人畜毒性极低的特异性昆虫生长调节剂。

(3)选择高效、低毒、低残留的农药,科学规范地采用化学方法防治病虫害。

(4)严格控制施药时间,一般在成品菜采收前 7 天(叶菜为前 12 天)内,严禁施用农药。

4. 采用科学合理的配方施肥技术措施

(1)重视有机肥的施用:土壤中氮的浓度和施用氮的类型直接影响作物的抗病性、商品性和硝酸盐的含量,因此,使土壤保持疏松、肥沃,是使作物减少病虫害获得优质、高产的关键措施。随着菜地长期施用无机肥、致使土壤严重缺乏有机磷、钾,土壤养分失去平衡,土壤中残留大量酸根,易引起土壤板结酸化,使作物抗逆性下降,病虫害增加,品质变劣。所以,在蔬菜生产上,应重视有机肥的使用,无机化肥必须与有机肥合理搭配。

无公害蔬菜允许使用的有机肥料种类有:农家肥料(含有大量的生物物质、动植物残体、排泄物、生物废物等物质的肥料。主要有堆肥、沤肥、厩肥、沼气肥、绿肥、作物质枯秆、饼肥等)、商品肥料(商品有机肥、腐殖酸类肥、微生物肥料、有机复合肥、无机(矿质)肥、叶面肥)。此外,城市垃圾要经过无公害化处理,质量达到国家标准后才能限量使用,每年每亩用量,黏性土壤不超过 3 000 千克,砂性土壤不超过 2 000 千克。

（2）科学合理地施用化肥：不合理施肥是导致蔬菜硝酸盐污染的主要因素，在无公害蔬菜生产中，除大力提倡增施有机肥外，还必须科学施用化肥，实行不同作物按氮、磷、钾的比例配方施肥。

一要掌握适当的施肥方法。化肥应深施，既可减少肥料与空气接触，防止氮素的挥发，又可减少氨离子被氧化成硝酸根离子降低对蔬菜的污染。根系浅的蔬菜和不易挥发的肥料宜适当浅施；根系深和易挥发的肥料宜适当深施。如根系发达的茄、芋、根菜类等，就需将肥料深施在 12~15 厘米土下为好；二要掌握适当的施肥时期。在成品菜采收时间前，不能再施用各种肥料。尤其是直接食用的叶类蔬菜，防止化肥和微生物的污染，最后一次追肥必须在收获前 30 天进行。

（七）无公害蔬菜的采收处理技术

1. 适时采摘

应根据蔬菜不同品种的生物特性和市场需求及时采收，不得滥用激素人为催熟、催红。

2. 成品菜的整理

果类蔬菜应避免碰伤，根茎菜不带泥沙、黄叶和须根；结球类叶菜需剥净外叶、削平茎基；花菜类不带茎叶。

3. 及时清洗

整理后，用无污染、清洁水清洗。不仅可以洗尽灰尘、泥土，还可减少有害元素含量。通过清洗后，氟的含量，叶菜类可减少 53%~77%，根菜可减少 17%~37%，果菜可减少 19%~25%。番茄、黄瓜等瓜果类生食蔬菜，清洗后其大肠杆菌数目要少于 30 个/100 克致病菌，不得检出寄生虫卵。

4. 严格包装

包装中应避免二次污染。瓜果类宜采用托盘以保鲜膜包装，叶菜类以保鲜膜包装为好。装运需采用清洁、干燥、牢固、透气、无污染、无异味、无霉变的容器（塑料筐），防止碰伤而影响蔬菜外观品质。

二、早春大棚蔬菜标准化栽培技术

（一）设施蔬菜生产的基本知识

1. 设施蔬菜生产的概念

设施蔬菜生产是指在不适宜蔬菜生长发育的寒冷或炎热季节，利用防寒增温保温或遮光降温及防虫驱虫设备，人为地创造有利于蔬菜生长发育的小气候及环境条件，从而获得高额稳定优质产品的一种保护性生产方法。和露地栽培相比较，设施栽培具有下列特点。

（1）具有足以改善自然气候条件：有利于蔬菜生产发育的保护性设施，如温室、温床，塑料大、中、小棚，遮阳网、防虫网、电加温设备等。

（2）有特定的环境条件：在设施栽培中，除了具有优越得多的环境条件外，还有一些因素是在露地条件下，不能出现或很少出现的。

①照度低：由于设施的采光材料性质不同，它们又很容易被灰尘、水滴等污染，因此使透入棚室内的光质和光量都受到影响，设施的架材及建造的方位、角度不合适都可能降低太阳光的入射率。所以，一般棚室内的照度都比较低，不利于某些喜光蔬菜的生长。②温差

大：棚室的小气候特点之一是昼夜温差大，在较暖和晴天的中午可能出现 40~50℃ 的高温，而夜里可能出现 0℃ 以下的低温，昼夜温差可达 30~40℃，过大的昼夜温差对蔬菜生长是不利的。③湿度大：尤其是在密闭塑料棚里，空气相对湿度通常在 90% 以上，这样大的持续高湿对大多数蔬菜生长不利，而且为多种病害的发生和蔓延提供了条件。④气流缓慢：在密闭的棚室里，空气的流动几乎为零，气流的相对静止状态会严重地妨碍蔬菜作物吸收 CO_2 进行光合作用。⑤土壤盐分含量高：由于棚室里土壤很少受到雨水冲刷；过多地施用化肥；土壤蒸发量大，土壤中的矿物盐随水向上运动而聚积在上层土壤里等原因，使土壤溶液浓度增大，而且栽培的时间越长，盐分积累就越多。

（3）需要严格的栽培管理技术：蔬菜设施栽培，是研究设备、环境条件与蔬菜生长需要三者之间复杂关系的一门科学，需要用农业工程、农业气象、植物生理生化、土壤肥料、植物保护、蔬菜栽培等方面的现代科学知识来指导，才能取得最佳的效益。

2. 保护地蔬菜设施的建造

当前主要采用简易竹架大棚、覆盖塑料三膜（大棚膜套中心拱棚套地膜）两网（遮阳网或塑料架网）、冷床温室三种栽培方式。该类大棚具有构造简单、操作方便、投资少的特点，有利于在蔬菜基地大面积推广。建棚阶段在每年 10 月至次年 4 月，具体依据栽培时间而定。先在大棚两端画出大棚四边线，标示出主柱位置，各排立杆高度 2.2 米，高度应保持一致，选择直径在 4~5 厘米的立柱，立柱下应垫砖并踏实稳固，再在上面固定好纵向拉杆。所用拉杆、拱杆都应修理掉节间毛刺后再使用。拱杆应选直径 1.5~2.0 厘米，长度 5~7 米的箭竹，在小头处连接按长度 7.8~8 米长固定在纵向拉杆顶部，大头插入土中，使其自然弯成弧形，拱杆与拱杆之间距 90~100 厘米。连接处用塑料薄膜包好，防止磨坏薄膜。

一般情况下，大棚的覆盖面积越大，冬季保温性越好，温度越稳定。但面积太大，会造成通风不良。大棚面积一般以 200~300 平方米为宜，长度 35~40 米，宽度 5.2 米，顶高 1.8~2.2 米，边高 1.2~1.5 米为好。棚与棚之间，间距 100 厘米，建好棚后，开好四周及棚与棚之间的排水沟。

3. 蔬菜壮苗培育技术

壮苗的标准是苗龄适宜，叶片肥厚、浓绿、节间短、茎粗壮、根系旺。

（1）适期播种：根据不同的栽培季节，不同栽培品种调节最佳播期。

（2）主要蔬菜的发芽温度与周期（表 1-2）

表 1-2 发芽温度与周期

名称	浸种时间（小时）	发芽适温（℃）		界限温度（℃）		出苗时间（天）
		始期	后期	最高	最低	
黄瓜	4~6	30~25	25	35	15	1~2
番茄	4~6	28~25	25	35	10	3~4
辣椒	10~12	30~28	25	35	70	5~6
茄子	20~24	30	28~25	35	10	6~8
冬瓜	25~30	30~28	30~25	35	15	7~10
苦瓜	25~30	30~28	30~25	35	15	7~10
西葫芦	4~6	25	25	35	12	3~4
豆荚	2~3	25				直播

（3）苗床管理：

①温度管理：掌握三高三低，三高即出苗前夜高 25～30℃、晴天高 25℃、白天高 18℃；三低即出苗后低 15～18℃、阴天低 15～16℃、夜间低 15～18℃。②水分管理：掌握有多有少。即底水多浇，苗水少浇；晴天多浇，阴天少浇；高温多浇，低温少浇或不浇。以减轻苗床空间温度，一般要求空气相对湿度 60%～70%，避免猝倒病、立枯病、早疫病的发生。③培育壮苗：当苗子 70% 破土出苗时，拆去地膜层。齐苗后要注意揭盖小拱膜和大棚两端门膜，使苗床通风换气适宜，防止徒长，假植、移栽前的菜苗，应进行变温管理，促进健壮生长，在移栽前 1 周，白天应揭膜、炼苗，增强幼苗的抗逆能力。④防治霜冻：遮盖双层遮阳网，同时，采用压膜线，压膜紧实，防止大风吹破塑料，防止幼苗遭受风、雪、雨冻害。

（二）早春大棚辣椒栽培技术

1. 辣椒生理特性

辣椒是茄科辣椒属，一年或多年生草本植物。果实通常成圆锥形或长圆形，未成熟时呈绿色，成熟后变成鲜红色、黄色或紫色，以红色最为常见。辣椒的果实因果皮含有辣椒素而有辣味。辣椒生长适宜温度 20～30℃，适宜地温 20℃。辣椒喜湿热但不耐涝，适宜在 pH 值为 7 的中性壤土栽培。

2. 产量指标

株行距：（38～45）厘米 ×（62.5～67.5）厘米，亩产 4 000～5 000 千克。

产量构成：菜椒单株坐果 15～20 个，亩栽 2 500～2 900 株，单果重 50～150 克；条椒单株坐果 50～120 个，亩栽 2 300～2 600 株，单果重 15～25 克。

3. 生育进程

发芽期：4～6 天，胚芽露出—破心。

幼苗期：120～150 天，破心—3～4 叶片。

开花期：7～8 天，第一朵花授粉坐果—果实成熟。

采收期：50～60 天，第一批门椒成熟—最后一批椒采收完。

4. 栽培管理技术

（1）优良品种：在绵阳地区宜选择福诚先红、全兴红牛、辣美 28 等青红条椒品种以及全兴青帝、福诚青娇等菜椒品种。

（2）育苗：育苗播种时间掌握在上年的 10 月上、中旬。播种苗床应选择在向阳、排灌方便、三年以内未种植过茄果类蔬菜的地块，要求床面精细，在做床时还应随整地一同施入过磷酸钙（每 10 平方米 1.5 千克）和适量地虫克（每 10 平方米 100 克），以预防地下害虫；施入肥料和农药后还需翻耙一次，使其充分均匀。播种前苗床应先浇足底水，待明水全部渗下去后再播种。两段育苗。辣椒以每平方米 2～3 克为宜，播后及时盖上无菌细土 0.5 厘米厚，覆土后加盖一层地膜，再加盖小拱棚，同时，四方压实。当辣椒出土达 70% 左右时，应揭去下面的地膜，揭膜后要注意床土墒情，如发现缺水时应及时补水，当齐苗后，两片子叶完全展开时，要及时进行通风降湿。然后根据实际情况，尽量增加通风，使其苗壮。一般白天温度控制在 23～25℃，夜间 15～17℃，有利子叶肥大。

（3）假植：一般在二叶一心或三叶一心时进行，分苗前 5～7 天应将拱膜全部揭开，进行炼苗。在炼苗期间还要注意天气预防霜冻。一般采用 7 厘米 ×7 厘米或 8 厘米 ×8 厘米营养钵。分苗应在晴天进行，要注意栽苗的深度，以子叶露出床面为宜。在分苗时必须逐株灌足水分。

（4）耕地、施肥作厢：选择1~2年未种过茄科作物的地块，深耕25~30厘米，耙平整细，结合整地，亩用充分腐熟农家有机肥1 500千克，油枯50~70千克，磷肥50~70千克，尿素18~23千克，氯化钾15~20千克。硼肥2千克。先起施肥沟，沟深20~25厘米，将所需肥量一次施入沟中，再加灌人畜粪水。再作厢，沟心中到中125 135米开厢，厢面保持85~95厘米，厢面整细，整平，沟宽35~40厘米，沟深20~30厘米，然后铺上地膜，把两侧压实，这样可以蓄足底墒，土壤过干的应在移栽前10天作厢，浇一次透水，以保墒情。

（5）定植：一般在2月上、中旬进行。每厢两行，窝距以采收青椒为主的按38~41厘米栽培，以红椒为主的按42~45厘米，密度安排要与土壤肥力、施肥量、品种选择进行适度调整。

（6）田间管理：

①水肥管理：定植初期，浇过定根水后，短期内不要浇水，特还苗后缺水再视墒情补浇。进入开花期和结果期的浇水，不宜过勤，水量不宜过大，避免植株徒长。在施足底肥的情况下，前期不需要追肥，在门椒和对椒进入膨大期后，如需补肥可结合浇水适量补施速效氮肥。施肥后应加大放风，以防氨气损坏叶片。第一批果采收后，加强肥水管理，总追肥量150~200千克，氮、磷、钾比例为5：4：1。②整枝搭架：辣椒以门椒以上的各次分枝结果为主。门椒以下的叶腋间分枝，即侧枝均清除，在清除侧枝时，应待主茎上枝芽达到3~5厘米时，一次性摘除，千万不要保留。待辣椒植株长到50厘米以上时，应及时搭支撑架以防倒伏。

（7）采收装运：用于鲜食和炒食的青椒，应在果实充分膨大、已定形、果肉增厚、质地脆嫩、果色变深具有光泽，并具有辣（或甜）味纯正清鲜时采收；门椒、对椒、四门斗椒都应及早采摘，以利于以后第三、第四、第五层果实的迅速膨大和继续开花坐果。在采收辣椒时，应在辣椒叶柄中部或2/3处剪断分离，万万不可弄断辣椒叶托，不利于耐久运输。另外，由于鲜椒怕挤压，容易损伤，不可压实装运，最好用箩筐装运，以免机械损伤影响产品的美观。

（8）病虫草害防治：辣椒病虫草害防治采取农业综合措施防治，以及时预防为主，治杀为辅。严重时，摘除病虫株果，结合间隔5~7天连续2~3次药剂施用，效果更佳。具体选药施用以正规农技人员指导为准。

（三）早春大棚茄子栽培技术

1. 茄子生理特性

茄子是茄科茄属一年生草本植物，热带为多年生。其结出的果实可食用，颜色多为紫色或紫黑色，也有淡绿色或白色品种。形状上也有圆形、椭圆、梨形等各种类型。食用部分包括果皮、胎座及心髓部位。均由海绵状薄壁组织所组成，其细胞间隙较多，组织松软。喜光温，生长适温为25~30℃。一般选择以含有机质多、疏松肥沃、排水良好的沙质土壤栽培生长最好，尤以在微酸性至微碱性（pH值6.8~7.3）土壤上产量较高。

2. 产量指标

（1）株距：38~42厘米，亩产4 500~7 000千克。

（2）产量构成：亩栽2 400~2 700株，单株结果13~21个，单果重200~500克。

3. 生育进程

（1）发芽期：30℃左右6~8天。

（2）发芽开始至破心：20℃以下15~20天。

（3）幼苗期：90~100天，破心至门茄现蕾。

（4）开花结果期：90~100天。

4. 栽培管理技术

（1）优良品种选择：全兴早壮黑丰、黑霸30、黑先锋、春秋黑钻、福诚黑马等品种。

（2）育苗：在上年的10月上旬播种育田苗，亩用种量30~50克，播种前进行种子消毒处理，将种子放入55℃水中，不断搅拌直到温度降至室温，或用高锰酸钾1 000倍液处理15~20分钟，茄子可在浸种时搓洗种子，把黏液除掉，以加快吸水和呼吸，促进发芽。浸完种后，用清水洗干净。播种应适当稀播，每平方米施种1.5克。先将选好的苗床，进行提前翻炕，按1.4~1.6米开沟作厢。厢面保持在1~1.2米，整平作细，作床将按比例一同混入地下害虫、土壤病菌防治药剂，将苗床浇透水，再播种，播后覆盖0.5厘米厚的营养细土，上覆盖一层地膜，床面支撑小拱棚。出苗达70%时揭去地膜，齐苗后注意放风，降低苗床湿度。幼苗期茄子易感猝倒病，除降低湿度外，在第一片真叶伸长之前至两片真叶期应对苗期病害防治2~3次。

（3）假植：茄苗在长至3~4片真叶时，开始分苗假植，用8厘米×8厘米营养杯进行、在营养杯的底部可铺垫一层稻草。稻草能起到隔寒、保温、滤湿的作用。营养杯的摆放以1.2米宽适宜，避免在加盖小拱棚后触及边苗。装好后苗床四周应培细土、固定营养杯、再浇足头水、要逐个灌浇，然后加盖小拱棚。假植应在11月下旬前全部结束。假植完后应将大棚、小拱棚、闭棚5~7天以利返苗。返苗后视情况要进行适当放风，降低空气湿度。白天温度维持在20~25℃、夜间10~15℃，水分以厢面见干见湿为原则，冬季正常生长情况下一般不需要施肥。

（4）耕地：施肥作厢选2~3年以上未种过茄子的地块、富含有机质、排灌方便、保水保肥力强的土壤，亩施入充分腐熟农家有机肥2 500~3 000千克，油枯100~150千克，磷肥10~100千克，钾肥50~100千克，尿素20~30千克，硼肥2千克，深翻25~30厘米，整平耙细、作厢，沟心中到中125~130厘米，厢宽85~90厘米，沟宽35~40厘米，沟深20~30厘米，再加盖地膜，亩用全新白色超微膜约5千克，提前10~15天扣棚。

（5）定植：在定植前2周应加大放风，对苗子进行变温处理，增加苗子对外界环境的适应能力。移栽所需壮苗为8~9片真叶展开，株高18~20厘米、茎粗0.5~0.7厘米叶片肥厚、根系发达。棚内地湿稳定达到10℃以上，大棚内白天气温达20℃，选冷尾暖头晴天进行，定植时埋土不宜过深，以苗坨与土表齐平为宜，定植后及时补水；定植后1周内不通风或少通风、提高地温、待缓苗恢复后，应通风降温，防止苗子徒长。

（6）田间管理：

①返苗后1周应浇水一次小水。保证苗子成活率，待门茄开始膨大时，结合浇水可施入少量速效化肥、每10天左右结合浇水冲施肥1次。每亩每次可用尿素15~20千克或蔬菜冲施肥10~15千克。摘完门茄，加大肥水追施，总追肥量250~500千克，氮、磷、钾比例为5∶3∶2。②大棚内湿度大，温度不稳定、授粉不良、早茄子必须采用激素处理才能坐果。一般可采用40% 2,4-D水处理，一般5~10毫升/千克即可。茄子要打掉门茄以下的杈芽，一般门茄坐稳后还要打去部分下部老叶、脚叶。当茄苗达到70厘米以上高度时还要搭好支架、避免倒伏。

（7）采收装运：采收判断标准是，茄子萼片与果实相连接的环状带趋于不明显或正在消失。果实光泽度好，采收时间最好选择下午或傍晚进行。上午枝条脆，易折断，中午含水量低，品质差。采收时要防心折断枝条或拉掉果柄，在茄子叶柄中部或2/3处折断，最好用修剪果树的剪刀采收。装运最好按长短等级区分开来，用箩筐装运，避免因挤压等机械损伤影响商品外观。

（8）茄子病虫草害防治：采取农业综合措施防治，以预防、及时为主，治杀为辅。严重时，摘除病虫株果，结合间隔5~7天连续2~3次药剂施用，效果更佳。具体选药施用以正规农技人员指导为准。

茄子常见病虫害有：茄子猝倒病、黄萎病、立枯病、灰霉病、茶黄螨、红蜘蛛、蚜虫等。

（四）早春大棚萝卜栽培技术

1. 萝卜生理特性

萝卜，十字花科，一二年生草本植物。萝卜要求天气清凉，生长发育适宜温度15~25℃，肉质根生长适宜温度13~20℃，怕高温，要求光照充足其需水量大，怕积水，在腐殖质含量多、土层深厚、排水良好的沙壤土种植效果最佳。

2. 产量指标

（1）窝行距：（20~25）厘米×（28~32）厘米，亩产3 000~4 500千克。

（2）产量构成：亩植8 000~10 000窝，每窝一个，单个重150~450克。

3. 生育进程

（1）发芽期：4~6天，种子萌动到两片子叶展开。

（2）幼苗期：15天左右，第一片真叶展开到破肚。

（3）肉质根生长期：50~60天，植株由肉质根破肚到收获。

4. 栽培管理技术

（1）选择优良品种：选择抗抽薹、生长期短、后期较耐热、外观与内在品质优良、根形整齐、畸形根少、产量较高的春播品种，如精品今春红、春秋胭脂红、春不老等系列品种。

（2）耕地、施肥作厢：选择前茬未种植过同科作物的土壤，尽量选择土壤肥沃、排灌方便、向阳的地块种植。萝卜根系弱，吸收能力差，对土壤的要求较高，在播种前，应深翻土壤，改良土壤的耕层，在播种前20天将土壤耙细、整平，在整地时，可随耙地将所需底肥一次施入，亩施入充分腐熟农家有机肥1 000千克，磷肥40千克，油枯10~15千克，钾肥5~10千克，硼肥1.5千克，尿素10千克，撒施均匀，翻耙于土壤中。作厢可根据所建棚的规格而定，沟心到中120~130厘米，厢宽80~90厘米，沟宽40厘米，沟深20~25厘米，浇足底水播种。

（3）播种：窝播，每窝2~3粒，播后加1厘米的细土，播种后覆盖地膜，同时，盖好大棚，四周并压实。

（4）田间管理：一般播后4~6天开始出苗，当有3~4片叶片时定苗，每窝留苗一株。萝卜在肉质根形成期视具体情况实施追肥2~4次，每次用30%尿素混2%人畜粪水液浇灌。

（5）采收装运：肉质根达到采收成熟期时，一般表现为心叶呈黄绿色，外叶稍有枯黄，果实光亮，个头肥大。应及时收获。

（6）病虫草害防治：采取农业综合措施防治，以预防为主，治杀为辅。严重时，摘除病虫株果，结合间隔5~7天连续2~3次药剂施用，效果更佳。具体选药施用，以正规农技人员指导为准。

萝卜常见病虫害有：黑斑病、黑腐病、菌核病、灰霉病等。

（五）早春大棚黄瓜栽培技术

黄瓜属葫芦科一年生蔓生或攀援草本、喜温喜湿植物。生育适温为18~32℃，适宜的空气相对湿度为70%~90%，土壤湿度为85%~95%。黄瓜根系浅，应选择富含有机质、透气性好的腐殖质壤土栽培。土壤应为弱酸性到弱碱性。

1. 产量指标

（1）株距：32~38厘米，亩产4 500~6 500千克。

（2）产量构成：亩栽3 200~3 600株，单株结果5~7个，单果重250~400克。

2. 生育进程

（1）发芽期：2~4天，子叶出土微展。

（2）幼苗期：30~35天，三叶一心。

（3）开花结果期：55~65天。

（4）采收期：48~60天。

3. 栽培管理技术

（1）优良品种：选择择耐低温、早熟、优质、丰产、适应性强的杂交一代品种，如津育早优1号、瓜王01、神绿一号、神绿翠美等品种。

（2）育苗：一月中下旬为大棚黄瓜最佳播期。制作培养土，70%无菌土和30%腐熟农家肥混匀。为预防苗期病害，移栽时，每亩大田所用营养土拌100克甲基托布津消毒。把营养土装入8厘米×8厘米营养杯内，播种时浇透底水。亩用种子150克。播种前2~3天，将种子放在太阳下翻晒，以提高种子活力。然后用55℃温水浸种10分钟，不断搅拌，待水温降低后再浸种4~5小时，捞出种子用清水淘洗一遍，用纱布包好，甩掉多余水分，置于25~30℃下催芽12~15小时，当有70%种子出芽即可播种于营养杯内，每杯一粒，覆盖1.5厘米厚细土，最后铺上地膜并加盖小拱棚。播种后，白天温度控制在22~25℃，晚上18~20℃；出苗后白天20~22℃，晚上15~16℃；子叶展平、真叶显露时适当降低温度，防止徒长，白天16~18℃，晚上12~14℃。保证苗床土湿润，只要天气不是特别寒冷，10~12时都要揭开小拱棚两头通风，炼苗，增强抗逆性，使苗子长势健壮。苗龄30~35天，苗高12~15厘米即可定植。

（3）选地耕地、施肥作厢：选择能排、能灌，前茬未种过瓜类的地块，深耕、耙细。亩施入充分腐熟农家有机肥1 000~1 500千克，油枯100~125千克，过磷酸钙50~75千克，钾肥15~20千克，尿素15~20千克，硼肥2千克，全田撒施作底肥，将肥料均匀耙入土里。然后搭建大棚。棚子大小根据搭建材料不同可搭4~8米宽，长短根据田块情况决定。大棚建好后做厢，沟心中到中120~130厘米，厢宽35~40厘米，沟宽35~40厘米，沟深20~25厘米，在苗子移栽前盖上地膜、大棚膜，亩用全新白色超微膜约5千克。

（4）定植：2月中下旬定植。定植前2~3天，用75%百菌清600倍液加灭扫利2 000倍液对水在苗床上喷施一次预防病虫害。选择冷尾暖头定植，株距32~38厘米，栽后及时浇透定根水，并盖上小拱棚。

（5）田间管理：

①温度：定植后密闭大棚保温。5~6天后，生长点有嫩叶长出，表示已经缓苗。可在晴好天气时揭开大棚和小拱棚两头通风。白天保持在20~50℃，晚上13~15℃。随着苗子

的长大以及棚外气温升高，适量增大放风面积和放风时间。苗高35厘米以后撤除小拱棚，外界气温稳定在22℃左右撤除大棚膜。②肥水：定植半个月后用清淡粪水对少量复合肥轻提苗一次，搭架前再追肥1次。因大棚内气温较低，要适当控制水分，不旱不浇水，根瓜坐住后要加强肥水管理，亩用清淡人畜粪1 000千克加高效复合肥10～15千克浇施。结瓜后要充分保证田间湿润，卜雨后要及时排除田间积水，以免生病。③植株调整：小拱棚撤除后要及时搭×字架或吊绳绑蔓，绑蔓时摘除卷须和畸形瓜。中后期摘除下部老黄叶，以利通风透光，减少病害发生。

（6）采收装运：大棚黄瓜在4月中旬当瓜重250克左右即可采收。根瓜适当早收，盛果期每天都要采摘，以利植株生长，提高产量。

（7）黄瓜病虫草害防治：采取农业综合措施防治，以预防、为主、治杀为辅。严重时，摘除病虫株果，结合间隔5～7天连续2～3次药剂施用，效果更佳。具体选药施用以正规农技人员指导为准。黄瓜常见病虫害有：白粉病、枯萎病、霜霉病、炭疽病、细菌性角斑病、黄瓜疫病、黄守瓜等。

（六）早春大棚番茄栽培技术

番茄别名西红柿、洋柿子。番茄为茄科一年生或多年生草本植物，根系发达且分布广。其形状、大小、颜色因产地品种而有差异，果实通常为圆形、扁球形、长椭圆形，色泽以红色为主，表面光滑、多汁。番茄茎蔓生或半直立，开花后40～50天成熟，喜温，不耐霜冻。茎叶生长适宜温度20～25℃，结果期25～28℃，温度低于15℃或高于30℃会影响正常授粉，引起落花，低于7℃易形成畸形果。番茄耐涝力差，但生长期也需要充足的水分，一般控制土壤湿度60%～80%，空气湿度45%～50%为宜。

1. 产量指标

亩产8 000～15 000千克。单株单枝栽培，亩栽2 800株～3 200株；单株双枝栽培亩产1 700～1 800株。每枝结果8～10穗，每穗3～4个，单果重150～250克。

2. 优良品种选择

石头016番茄、帅格、尔玛红玉、美国非度等品种。

3. 播种育苗

四川盆地及绵阳周边地区，早春大棚番茄一般在上年11月下旬至12月上旬播种，两叶一心时进行假植栽培，2月下旬至3月中旬进行大田移栽，5月中旬开始采收。

大棚番茄苗分两段育苗，一般以高架、硬果型品种为栽培对象的，每亩用种在8～20克。苗床可作垄厢式，床面保持在1～1.1米宽，以便作业。所需苗床在播前应进行深耕翻炕，整平作细。整地的同时施筛细磷肥，同防治地下病虫害的药一同混拌均匀施用。在播种前必须浇足底水，以保证出苗前不浇二次水。播种密度以每平方米用种2克为宜，均匀撒播，然后盖过筛细土0.5厘米厚，播种后每平方米用8克50%多菌灵可湿性粉剂拌上细土均匀薄撒于床面上，可以防止幼苗猝倒病发生。春冬季育苗在播完种后加盖一层地膜，再加盖拱膜，当出苗达到70%左右揭去地膜，齐苗后应加大揭膜放风，使幼苗生长健壮。夏秋季育苗床床面上需覆盖遮阳网或稻草，待有70%幼苗顶土时撤除覆盖物。

4. 假植及定植

当番茄苗生长3叶期可进行假植。假植前一周应揭膜炼苗，假植时可选用8厘米×8厘米营养杯。营养土渊可采用70%的肥沃无菌过筛细土加20%农家自然腐熟渣肥、3%草木灰、3%筛细磷肥、2%三元复合肥，同时，混2%的多菌灵粉剂等，应在使用前15～20天备好混均匀、堆沤，使用前翻拌一次。假植后要及时浇足水后控制水分，以见干见湿为宜。育苗期相比辣椒、茄子应加大放风力度，以免徒长，如出现徒长应降水控温。

番茄的种植地应选用排灌方便，土壤肥沃，2~3 年未种过同科作物的地块，前茬收获后及时深翻 25~30 厘米，炕地 30 天以上，施入底肥，大棚内按沟心中到中 130~140 厘米，做成深沟高厢。定植前 1 周应揭小拱膜进行炼苗，增加棚内通风时间，定植前 4 天补水一次以免散坨。春季大棚套小棚栽培于一月下旬、二月上旬左右抢冷尾暖头定植，春季保护地早熟栽培于二月中下旬抢冷尾暖头定植，定植规格宽行 70~80 厘米，厢面上为窄行 55~60 厘米，单株单枝亩栽 3 200 株左右，单株双枝亩栽 1 700 株左右，铺设地膜。

5. 田间管理

（1）去侧枝疏果：在侧枝生长至 2 厘米左右时都应及时去掉，以后见权就打。待番茄果坐稳后要进行疏果，每序花留 3~4 个。对于高架番茄还应及时绑蔓上架，避免倒伏。

（2）稳花稳果：植株前期生长旺盛，容易落花落果。待第一台花序开放 50% 时，可用 30~40 毫克/千克 的番茄灵浸花，随后随温度升高而将使用浓度逐步下降。

（3）去叶除杂：中后期及时摘掉下部老、病、黄叶及绑蔓等工作，及时清除田间杂草。

6. 配方施肥

每生产 100 千克 番茄需要氮 0.4 千克、磷 0.45 千克、钾 0.44 千克。依据土壤肥力条件，综合考虑环境养分供应，适当减少氮磷化肥的用量。老菜棚要注意多施含秸秆多的堆肥，少施鸡粪、鸭粪等禽类粪肥，这样可以恢复地力，补充棚内二氧化碳，对除盐、减轻连作障碍等也有好处。施肥应与合理灌溉紧密结合，有条件的建议采用膜下沟灌、滴灌等。

番茄施底肥的使用方法，应该在翻耕土地前采用全层撒施的方式进行。亩施入充分腐熟的农家有机肥 3 000 千克，油枯 100 千克，过磷酸钙 50~75 千克，氯化钾 20~30 千克。

番茄的追肥，应在插架前施一次提苗肥，以清淡人畜粪水为主，可根据苗情增施尿素 4~5 千克/亩，下部三台果膨大后，可根据苗情再进行追肥，一般以高效冲施肥 + 人畜粪水对水一并施入。

7. 病虫害防治

（1）病害的防治：番茄在生长过程中，常会出现早疫病、晚疫病、灰霉病、病毒病等病害。

一般采用 8% 的宁南霉素 600~750 倍液进行防治番茄病毒病，50% 异菌脲 500 倍液进行防治番茄灰霉病，72% 的霜脲·锰锌 200~250 倍液进行防治番茄的疫病。在实际生产过程中要合理密植，大棚时常通风，预防害虫等作为媒介传播病害，做到病害以防为主。

（2）虫害的防治：番茄在生长过程中，常遭受蚜虫和螨虫的为害。蚜虫可用韶关霉素 200 倍液，加上 0.01 克中性洗衣粉，或用 0.65% 苗蒿素 200 毫升，加水 60~80 千克进行喷洒。螨虫可喷 20% 复方浏阳霉素 800~1 000 倍液，隔 6~7 天喷 1 次，连喷 2~3 次，或者采用诱蚜黄板诱杀蚜虫，太阳能诱虫灯诱杀害虫。

8. 注意事项

（1）番茄耐涝力差，土壤忽干忽湿易形成裂果。

（2）在施入有机肥前，一定要将有机肥充分腐熟后才能使用。

第三节　果园建立与管理

一、科学建园

建园是果树栽培的一项基础工程。果树是多年生木本植物，一旦定植以后，往往有十几年甚至几十年的经济寿命，即在同一地理条件下生长、结果多年。因此，建园要综合考虑果树自身的特点及其对环境条件的要求，结合当地的地理、社会、经济条件，适地适栽、科学建园，并且还要预测未来的发展趋势和市场前景。

（一）园地选择

1. 园地的类型和果树生态

果树的建园地点分为平地、丘陵地和山地。对各类园地进行分析和评价，是科学选择园地的基础。

（1）平地：平地是指地势平坦或是向一方稍微倾斜且高度起伏不大地带，可分为冲积平原和泛滥平原两类。

冲积平原是大江大河长期冲击形成的地带，一般地势平坦，地面平整，土层深厚，土壤有机质含量较高，灌溉水源充足，减员成本较低，果园管理方便。在冲积平原建立商品化果品基地，果树生长健壮，结果早，果实大，产量高，销售便利，因而经济效益较高。但是，在地下水位过高的地区，必须降低地下水位在1米以下。

泛滥平原指河流故道和沿河两岸的沙滩地带。一般土壤贫瘠，且大部分盐碱化，土壤理化性状不良，加之风沙移动易造成植株埋根，埋干和偏冠现象，对果树生长发育有不良影响。但沙地导热系数高，昼夜温差较大，果实含糖量较高。沙荒地建园应注意防洪排灌设施建设，要增施有机肥；盐碱化地区应排碱洗盐改良土壤理化性状。

（2）山地：山地空气流通，日照充足，昼夜温差较大，有利于糖的积累和果实着色。山地果园排水良好，果树根系发达，有利于养分的吸收。因此，山地果园果实的色泽、含糖量、耐贮性、光洁度等方面通常优于平地果园。但山地建园成本高，管理不便，水源缺乏，水土易流失等。另外，山地气候还具有明显的垂直分布和小气候特点，主要表现为：一是随着海拔高度的变化，往往出现气候和土壤的垂直分布带。一般是气温随着海拔增加而降低，而降雨增加。由于气候的垂直分布，引起山地植被和土壤垂直分布带的形成。二是由于坡形、坡向、坡度的变化，使山地气候垂直分布带的变化也趋于复杂化。

（3）丘陵地：一般相对海拔高度在200米以下的地形称为丘陵地，是介于平地和山地之间的过渡性地形。一般没有明显的垂直分布带，并难以形成小气候带。

2. 园地基本情况调查

通过调查，写出调查分析报告，参照果树的环境要求，提出适宜发展的树种和品种。调查内容主要包括以下几部分。

（1）社会经济发展情况：周边人口、劳动力、技术水平、经济发展水平、收入和消费、企业发展状况和城镇化程度；发展预测，贮存加工能力、交通、能源，市场前景等。

（2）果树生产现状和预测：历史、变迁、趋势、现状、规模、树种和品种、效益、管理水平。

（3）气候特点：年均温、最高温、最低温、生长期积温、休眠期低温量、无霜期、日照时数、降水和分布、灾害性天气等。

（4）地形和土壤条件：海拔、垂直分布、小气候、坡度坡向，土壤类型、土层厚度、有机质、主要营养、地下水、酸碱度、自然植被、前作。

（5）水利设施条件：水源、灌排设施。

（二）果园的规划和设计

1. 园地规划

大中型果园建园时必须进行合理的规划，确保取得好的经济效益。土地使用和规划应保证果树生产用地的优先地位，尽量压缩其他附属用地。一般大型果园的果树栽植面积占80%～90%，防护林5%左右，道路3%～4%，绿肥基地2%～3%，排灌系统1%，其他2%～3%。园地规划内容包括生产小区的规划、道路系统、排灌系统、防护林建设、附属设施、绿肥和养殖基地等。

（1）小区规划：

①小区划分的依据：一是同一小区内气候，土壤条件，光照条件基本一致（山地的坡向和坡度，局部小气候）；二是有利于水土保持（山地和丘陵地）；三是便于预防自然灾害（霜冻，风害，雹灾等）；四是便于运输和机械化管理，提高劳动效率。②小区的面积：因地理条件不同而不同，一般平地、气候、土壤、较为一致的园地，考虑防护林的防护效果，大型果园小区面积5～10公顷，中小型果园3～5公顷。地形复杂气候土壤变化大的应小一些，一般1～2公顷；梯田、低洼地可一个台面为一小区。小区面积应因地制宜，大小适当，过大管理不便，过小不利于机械化作业，非生产用地增加。③小区形状：一般采用长方形，长边与短边之比（2：1）～（3：1）。减少农机具转弯次数，提高效率。平地果园小区长边应与当地主要有害风向垂直，果树的行向与长边平行。山地和丘陵果园小区一般为带状长方形，长边与等高线平行，随地势波动，同一小区不要跨越分水岭和沟谷。

（2）道路规划：道路系统由主路，支路和小路组成。

①主路：宽5～8米，并行两辆卡车或大型农用车。位置适中，贯穿全园，山地果园主路可环山而上，呈"之"字形，坡度小于7°。要外连公路，内接支路。②支路：宽4～6米，能通过两辆农用作业运输车，支路一般以小区为界，与干路和小区相通。③小路：即小区作业道，宽2～4米，能通过田间作业车，小型农用机具；分布在小区内；一般为宽行；小型果园为减少非生产用地，可不设立主路；道路一般结合防护林，排灌系统设计。

（3）灌排系统规划：

灌溉系统设计：果树灌溉技术主要有地面灌溉、喷灌和滴灌三类。地面灌溉是目前我国主要的灌溉方式。

地面灌水系统包括水源（小型水库，堰塘蓄水，河流引水，钻井取水）和灌溉渠道。果园地面灌溉渠道分为干渠，支渠和毛渠。

干渠：将水引入果园并贯穿全园。

支渠：将水从干渠引入果园小区。

毛渠：将渠的水灌到果树的行间和株间。

灌溉渠道的设计，要综合考虑地形条件，水源位置，与道路，防护林，排水系统设置的关系。一般应遵循节约用地、水流通畅、覆盖全面、减少渗漏、降低成本的原则。

排水系统的设计：一是明沟排水，由集水沟，小区边缘的支沟和干沟组成。要保持0.3%～0.5%的比降；二是暗沟排水，是通过埋设在地下的输水管道进行排水。优点是不占用行间的土地,不影响机械作业,但修筑投资大。

(4)附属建筑物建设:果园的附属建筑包括办公室、财会室、车库、工具室,肥料农药库、配药场,果品贮藏库、职工宿舍、积肥场等。

2. 树种和品种的选择

(1)树种和品种选择条件.

①具有独特的经济性状:所选树种要求产量、品质、抗性等方面具有明显的优点,并具有良好的综合性状。②适应当地的气候和土壤条件:任何优良品种都有其特定的适应范围,只有在适宜的立地条件下,优良品种才可能表现出其固有的经济性状。在立地条件中,气候和土壤是影响生产成败的关键因素。由于人类还无法在大范围内改变自然气候条件,因此选择适宜的立地条件建园是果树生产的基本要求。③适应市场的需要:果树是商品,在市场经济条件下,要接受市场和消费者的检验。因此,根据市场的需求,选择树种和品种是果树生产的基本出发点。④发展的规模,趋势,前景预测。

(2)树种、品种选择和配置:

①选择依据:科学的选择适宜的树种和主栽品种,是现代果树生产的重要决策之一。选择的依据有:一是果树种类和品种的生物学特性;二是果园的经营方针和目标;三是当地的立地条件、交通状况、技术水平、劳动力素质;四是果树栽培历史和现状;五是野生果树和近缘植物生长发育状况。一般选择当地原产或已经试种成功,栽培时间较长,经济性状较好的树种和品种。从外地引进新的树种和品种时,必须了解其生物学特性,特别是对立地条件的要求。一般应经过试种后才能大规模发展。②配置的基本要求:树种和品种的配置,原则上要求主栽的果树种类和品种应具有优质、高产、多抗和耐贮运等特性。在山地、地形、土壤和小气候条件较复杂时,要因地制宜地配置与之相适应的树种和品种。在同一果园内,应以一种果树为主。在同一树种内,应适当考虑早熟、中熟、晚熟品种的搭配,主栽品种一般要占70%以上。③授粉树的配置:果树存在着自花不实现象,如仁果类中的苹果、梨,核果类中的李、甜樱桃,坚果类中的板栗等,均有自花不实现象;部分樱桃、李品种即使异花授粉也有不结实的现象;银杏、杨梅、猕猴桃、柿子等果树常常雌雄异株;有些果树如桃、龙眼、枇杷及部分甜柿品种,虽然自花结实,但异花授粉明显提高结实率和果实品质。有些树种和品种能自花结实,但由于雌雄异树,不能正常授粉。因此,生产中多数树种和品种建园时需要配置授粉树。需注意的是,有些果树种类和品种,不需要授粉即可以结出无籽果实(单性结实),如柿子、葡萄的一些品种,就不需要配置授粉树。

授粉树应具备的条件:与主栽品种花期一致;与主栽品种生长势,寿命基本一致;与主栽品种同期进入结果期,无大小年现象;花量大,能形成大量有生活力的花粉;本身有较高的经济价值;最好与主栽品种能相互授粉。

授粉树配置方式主要有以下几种:中心式,比例1:8;行列式,比例(1~4):(4~5);分等行配置、不等行配置、等高行列式(山地)等配置方式。

二、果树栽植

(一)栽植前的准备

1. 土壤改良

一般在山地、丘陵地、沙地等理化性状不良的土地上发展果树生产,为实现优质、高产和高效益的目标,在果树栽植前应深耕或深翻改土,并同时施用腐熟的有机肥或新鲜的绿肥。

2. 定点挖穴（沟）

在修筑好水土保持工程和平整土地以后，按预定的行距、株距标出定植点，并以定植点为中心挖定植穴。定植穴直径和深度一般均为 0.8～1 米；密植果园可挖栽植沟，沟深和沟宽均为 0.8～1 米，无论挖穴或挖沟，表土和心土应分开堆放。原心土与粗大有机肥和行间表土混合后回填于 50～70 厘米 的下层；行间穴外表土与有机肥混合后回填于 20～50 厘米的中层（根系主要活动层，要求匀）；原表土与精细有机肥混合后回填在苗木根系周围，也不要将肥料深施或在整个栽植穴内混匀，重点要保证苗木根际周围的土壤环境。此外，回填沉实最好在栽植前 1 个月完成。

3. 苗木和肥料准备

（1）苗木准备：在栽植前，进一步进行品种核对和苗木分级，剔除劣质苗木。经长途运输的苗木，应立即解包并浸根一昼夜，待充分吸收后再行栽植或假植。

（2）肥料准备：按每株 50～100 千克 的标准，将优质有机肥运至果园分别堆放。

（二）果树栽植

1. 栽植时期

果树苗木一般在地上部生长发育停止或相对停止，土壤温度在 5～7℃ 以上时定植。常绿果树宜在地上部生长发育相对停止时定植，一般秋植以 9～11 月和次年 2～3 月为最佳；落叶果树从落叶后到次年 3 月均可定植，但越早越好。

2. 栽植方式

（1）长方形栽植：这是最常见的一种栽植方式。其特点是行距宽而株窄，有利于通风透光机械化管理和提高果实品质。

（2）等高栽植：适用于坡地和修筑有梯田的果园，是长方形栽植在坡地果园中的应用。这种栽植方式的特点是行距不等，而株距一致，且由于行向沿坡等高，便于修筑水平梯田或撩壕，有利于果园水土保持。

3. 栽植密度

树种、品种、立地条件、栽培管理水平不同，其栽植密度不同。定植密度要根据果园功能、树种品种和栽培管理水平来确定。矮化密植是目前果树建园的趋势，便于管理，但应在保证果品品质和产量的基础上合理密植。

4. 栽植技术

（1）栽植方法：①回填土，灌透水沉实，上部堆成丘状；②放苗，舒展根系，扶正，横竖对齐；③填土，踩实，提苗；④栽植深度；⑤做树盘，灌小水。

（2）栽后管理：①灌水保墒；②覆地膜；③定干；④套袋；⑤检查成活和补栽；⑥中耕除草，松土保墒；⑦病虫害防治；⑧夏剪，控制后秋旺长；⑨追肥和叶面补肥；⑩越冬防寒。

三、果园管理

（一）加强土壤管理

1. 保持土壤疏松肥沃

应经常性开展土壤的中耕除草工作，每隔 2～3 年开展一次深翻土壤，让其熟化。

2. 合理间作

在幼龄果树行间，严禁种植深根高秆作物，以免与果树争光争肥水。可以种植蔬菜、瓜类、豆类、花生、药材等经济作物，既能合理利用土地，又能增加经济收入。

（二）合理灌水控水

一是在果树的需水临界期萌芽开花期，应及时灌一次透水，以保证当年果树萌芽开花的正常进行，提高花芽质量和坐果率。

二是在果实膨大期应及时灌水，以保证果实正常发育生长。在旱期应及时灌水，防止果树萎蔫，失水落果。

三是在果树进行花芽生理分化期，应控制灌水，适当干旱，有利于花芽分化。

（三）掌握施肥时期

1. 幼年果树

在整个生长季节，每15天施一次清淡粪水，实行少吃多餐，促进树冠迅速成形，早结果。

2. 成年果树

应在3、5、7、9月各施肥一次。具体做法如下。

3月果树萌芽开花期间，应以施速效性的氮、磷肥为主，以提高花的质量，提高当年坐果率。

5月为枝梢生长与果实发育争夺养分矛盾较突出的时期，应施一次速效性的氮、磷、钾肥，以减少果实脱落。

7月是果实膨大期，应施一次绿肥（青草、蒿秆、各类瓜藤等）加磷、钾肥。

9月应施一次基肥，促进次年果树的花芽分化，形成足够数量的有效花。以土杂肥、厩肥、猪牛粪水等迟效性肥为主，施肥量占全年施肥量的40%以上。

四、加强果树病虫防治

（一）抓好冬季果树病虫防治

冬季防治果树病虫害可达到事半功倍的目的。一是病虫越冬场所集中，利于集中消灭；二是休眠期的果树，抗药性强，不易产生药害，可提高喷药浓度，增加防治效果；三是果树落叶后，药喷在枝干上，省药且喷得均匀周到，防治效果好；四是防治病虫害的时间长。

冬季防治病虫害主要采取以下6种方法。

一清，即清园扫叶。有很多的果树病虫，如潜叶蛾、红蜘蛛等以及早期落叶病类、白粉病、霜霉病等病原菌，均在园内枯枝落叶和园周围的杂草中越冬，如将它们集中扫除烧毁，可有效地消灭这些越冬害虫和病菌。

二翻，即秋冬耕翻，多结合施基肥进行。在土壤封冻前，把整个果园耕翻1遍，既能把在土内越冬的蛹或老熟幼虫翻到地表冻死被鸟类啄食，又能把在地表越冬的害虫翻到深土下闷死。另外，深翻还可将土壤表面带有病菌的病残体翻到土壤深层，使其上的病原菌不再出现重复感染。可有效地消灭桃小食心虫、苹果舟形毛虫、红蜘蛛、葡萄白腐病等病虫。

三刮，即刮冬树皮。刮树皮可在冬季土壤冻结以后到来年惊蛰前进行。刮皮方法是用刀仔细地把粗皮、裂皮刮除，以不留害虫潜藏场所为宜。苹果宜轻刮、浅刮，梨、枣可刮得稍深一点。刮皮对防治腐烂病、轮纹病以及在老皮中越冬的害虫有很好的防治效果。刮皮后注意涂抹杀菌剂如石硫合剂原液。刮下的树皮要带出果园外烧毁或深埋。

四剪，即剪除病虫枝。一般结合冬季修剪进行。除剪去徒长枝、重叠枝、密生枝、下垂枝外，更重要的是剪除病虫枝，如轮纹病、腐烂病、天牛、蝉等病虫危害的枝。剪去的病虫枝和摘除的残果、套袋要带出园外处理。较大的剪口可用农抗 120 等药液涂抹保护。

五涂，即树干涂白。涂白不但可防日烧和冻害，还能兼治病虫害。老树涂白一般在刮皮后进行。配方：生石灰 10 份，石硫合剂 2 份，食盐 2 份，黏土 2 份，水 38 份，老树涂白可加点杀虫剂。涂白时以不流失、干后不翘不脱落为宜。涂白后的树干要随时检查腐烂病。

六喷，即喷洒农药。早春发芽前，苹果、桃、葡萄等可喷 3 ~ 5 波美度石硫合剂，对防治红蜘蛛、黑痘病、干腐病、白粉病等有特效。若有小叶病，可用 3% ~ 5% 的硫酸锌喷枝干，再加 5% 尿素，防治效果会更好。

（二）抓住关键期喷药保护

如梨树病害种类多，发生时期早而危害时间长。早春在气温达 10℃、降雨达 5 毫米时黑星病菌即开始活动，侵染花、果、叶，危害持续至收获；轮纹病是在果实阶段进行侵染的病害，前期侵染，后期表现症状，危害持续至贮藏期；黑斑病、煤污病则是中后期病害。梨树病害发生的这一特点对药剂选择的要求是：广谱高效，持效期长。

病菌孢子传播到植物上，在一定温度湿度条件下，从气孔、皮孔、伤口入侵。在未进入组织内部前，称之为侵入期。当病菌入侵表现病症这一时期，称之为潜育期。一般黑星病潜育期 3 ~ 26 天，轮纹病潜育期可达 60 天以上。早春是黑星病发生的关键时期，潜育期长，常因选药不当，病害未根除，春风吹又生，造成后期病害猖獗。同时，开春后梨树不断生长，常为病菌入侵造成有利机会。根据这些特点，对药剂选择的要求是，内吸传导作用好，治疗效益优。

在早春开花及幼果阶段，正是防治黑星病的关键时期，此时也是梨树对药剂最为敏感，容易造成药害的阶段。在选择药剂时的要求是安全第一，为此特别推荐一种新型的广谱杀菌剂"世高"，按 500 倍均匀喷施。根据梨树病虫害发生特点和"世高"的特点，将世高用在二个关键时期最为适宜。第一次用在梨树谢花 80% 至幼果期；第二次用在套袋前。第一次与第二次用药间，可选用常规药剂交替使用。但当降雨多病害流行时，还可用世高严控病虫猖獗。

五、果实采收及商品化处理

（一）果实采收

果实采收是果树生产的最后一个环节。采收的时期和方法不但关系到果实产量和品质，而且还影响果品的商品价值和贮藏。因此，只有适时、合理采收，才能获得优质耐贮藏的果品，提高果实的商品价值。

1. 采收期

采收期取决于果实的成熟度与果实采收后的用途。若过早采收，不但果实的大小、重量达不到最大程度，而且果实内部营养成分达不到要求，色、香、味均欠佳，达不到品种固有的优良性状和品质；采收过迟，果实已经完全成熟，接近衰老，失去商品价值。果实成熟度划分为以下 3 种。

（1）可采成熟度：该时期果实基本成熟，达到本品种的要求，但不等于鲜食，需经过一定时期的贮藏，完成其后熟过程。此时期采收的果实适于长途运输和贮藏。

（2）食用成熟度：此时果实充分表现出本品种特有的外形色泽、风味，可溶性固形物高，质地好，风味浓。此时采收的果实适于食用和就地销售加工，但不适于长途运输和长期贮藏。

（3）生理成熟度：果实此时在生理上已达到充分成熟。种子充分成熟，果肉变软，失去食用价值。采集种子或以种子食用的板栗、核桃等干果，需在生理成熟时采收。

2. 果实采收标准

根据树种品种特性、用途确定采收标准。

（1）产地鲜销的成熟度要求达到该品种（品系）的固有色泽、风味、香气、可溶性固形物、固酸比的标准。

（2）不耐贮运的早熟品种或有后熟过程的品种及运往外地的鲜销果实，应比产地鲜销的果实提前采收，采收时间可根据运输的时间推算。出口外销的鲜果应根据进口国和地区的要求确定。

（3）采后贮藏的果实可在果面着色2/3、果实未变软、接近成熟时采收。留树贮藏的果实须根据市场需要，随采随销。

3. 采收方法

（1）人工采收：采摘人员应剪平指甲，戴上手套。采收时遵照从下到上、由外向内的采收原则，严格采用"一果二剪"法：一手托果，一手持剪，第一剪离果蒂1～2厘米处剪下，再齐果蒂复剪一刀，剪平果蒂，保持萼片完整；采下的果实不可随地堆放避免日晒雨淋。采收时不可拉枝拉果，注意轻拿轻放，减少人为损坏和机械划伤；果枝等杂物不要混在果筐中。

（2）机械采收：不同的树种有不同的采收机械，按机械的操作规程说明进行采收。

4. 采收的外部条件

采收时应注意天气条件，阴雨、露水未干或浓雾时勿采收，此时采收易造成机械损伤，并且果实表面潮湿，易感染病害。晴天的中午或午后采果，果实体温过高，不易散发，容易造成烂果。采收最好在晨露消退、天气晴朗的午前进行。还应注意采前禁止灌水，并准备好采果需要的果箱、果袋、果剪及运输工具等。

（二）果品商品化处理

果品商品化处理包括预冷、清洗、选果、防腐保鲜、分级、包装和商标打印。

1. 初选

宜在果园进行，主要是剔除畸形果、病虫果和新伤果。

2. 预冷

果实采后应尽快预冷，以消除果实的田间热量。预冷方法可根据各地实际情况，因地制宜。一般预冷方法有阴凉通风处预冷、强制通风预冷、冰水预冷和真空预冷。

3. 清洗

清洗时禁止用污水清洗。

4. 防腐保鲜

目前，主要有物理和化学方法2种，分别控制水果腐烂的外界因素和自身因素。物理方法主要有：低温贮藏、气调贮藏、减压贮藏、电磁辐射贮藏等，这些保鲜方法虽然应用广泛，但是需要特殊的设备、操作复杂、成本高、大范围内使用有一定的困难。

5. 分级

分级是根据果品的大小、重量、色泽、形状、成熟度、新鲜度和病虫害、机械伤等商品性状，按照一定的标准进行严格挑选、划分等级，除去不满意的部分。

分级方法包括人工方法和机械方法。

（1）人工方法：将果实散布在席子或选果桌子上进行人工选剔。

（2）机械方法：在包装室中用电子操纵传送带进行选果、打蜡、包装。分级机械按工作原理可分为果实大小分级机、果实重量分级机、光电分级机等几种。

我国出口的果品，先按规格要求进行人工挑选分级，再用分级板按果实横径分级；机械分级都是根据果实果径的大小进行形状选果或根据果实的重量进行重量选果。

6. 包装

包装应科学、经济、美观、牢固、方便、适销，有利于长途运输，使果品在运输、贮藏和销售过程中减少因相互摩擦、碰撞和挤压等造成的损失，还可减少水分蒸发和病害蔓延，使产品新鲜饱满，延长贮藏时间；还能提高产品的商品价值，增强其竞争力。瓦楞纸箱是目前常用水果包装箱，具有较好的保鲜功能。

7. 贮运

一般采用常温贮运和低温贮运两种。常温贮运一般只适用于短途、短时间运输，如从果园或收购点运到加工厂，或者是运到临近的市场，时间不超过 1 天；低温贮运即利用有制冷能力的冷藏车（包括机械列车、冷藏汽车）、船、冷藏集装箱来运输。

（三）果树留树保鲜技术

果树留树保鲜技术又称为延迟采收贮藏，是将果实留在树上保鲜，以延期采收的贮藏方法。一般在晚熟品种或二次果上施用植物生长调节剂、避雨设施、薄膜覆盖、简易大棚等来防止果实脱落、延缓果实着色和衰老。目前在柑橘上应用较多，在葡萄、龙眼、梨、苹果等果树上也有应用。

1. 园地和植株选择

选择背风的南坡果园，洼地、北坡及坡顶的果园易受冻害，不适宜。一般选择管理水平较高、树势强健、结果 5 年以上的成年果园，选果形正、无机械损伤、无病虫害、果个中等的树冠中下部和内膛果实进行留树保鲜。

2. 加强果园管理

留树保鲜的果实继续生长，树体消耗养分较多，如果营养跟不上，就会影响第二年产量。因此，必须加强肥水管理，如柑橘园改采后施用基肥。为秋季提早施肥，可提早到 10 月上、中旬施肥。结合修剪做好果园清园，减少病虫害，提高稳果率。

3. 保果与树冠覆盖

（1）生长调节剂保果：10 月下旬至 11 月上中旬结合病虫防治，加 20～30 毫克/千克的 2，4-D 喷雾减少落果。

（2）覆膜与套袋：在冬季霜雾和低温来临前，完成树冠覆膜或树冠覆膜结合果实套袋；也可只进行果实套袋，防止冬季霜冻。覆膜可采用单行、单株或双行。

六、几种主要水果栽培技术简介

（一）提高枇杷品质技术

枇杷树龄在 10～15 年，正处于生长结果高峰期。但因管理粗放，树体快速趋向衰弱、老化，大小年结果明显。枇杷园进行技术改造，取得明显经济效益。现将主要技术措施介绍如下。

1. 间伐

枇杷种植密度在 80~100 株/亩，应通过间伐，使每亩株数控制在 50~60 株。虽对当年产量有较大影响，但第二年树冠体积得到增加，内膛结果枝组增加，单株结果枝数量增加，日照充足，产量和品质都得到提高。

2. 高接换种

3 月上旬至 4 月下旬，用"大五星"、"龙泉一号"接穗，采用"切接法"或"劈接法"，进行多头高接。每株嫁接 20~30 枝，尽可能使树冠高位枝与低位枝、外围枝与内膛枝合理搭配。适当保留 1/3 枝梢，以便在夏秋季遮挡阳光。高接 15 天后，及时检查成活率，采取破除绑扎薄膜、去萌、护干等方式，提高嫁接成活率，促进伤口愈合和新梢生长，并增施氮肥，以利扩大树冠，第二年可结果。

3. 大枝修剪

将主枝和侧枝适当整理，凡生长过长枝，回缩剪截。对交错重叠、严重影响树型的骨干枝从基部锯除，重截压顶。对于多年放任生长、树体高大、主干直拉形树形，采取"夏剪为主，春秋剪为辅"的原则。6 月上旬至 7 月上旬果实采摘后，进行重剪，首先锯（剪）去上部立性主枝，剪口要光滑，有斜面，并涂上一层杀菌剂（托布津、多菌灵混合液）。其次通过拉枝、撑枝增加枝干角度，并留好 4~5 个分枝，使主干形变成杯状形。剪去密生枝、衰弱枝、病虫枝和枯枝，适量短截徒长枝、弯曲衰弱枝。2~3 年完成树体改造，降低树冠高度，促使内膛下部枝梢抽发，可造成立体结果树表。修剪时要随树造型，避免过分重剪，根据树形特点，达到主次分明、疏密有致的目的。

4. 疏花疏果

10~11 月疏去树冠生花穗，疏穗宜早不宜迟，结果母枝上有 3~4 穗的疏 1 穗，4~5 穗的疏两穗。树冠顶部要多疏，中下部应尽量保留，疏花穗量占总花穗 20% 左右。11 月底至 1 月上旬，摘除早开花，保种迟开花蕾，可防止幼果面茸毛蔫萎，种胚死后受冻果，再疏去畸形果、病虫果及发育不良果，种胚坏死后受冻果，再疏去畸形果、病虫果及发育不良果。可相隔 15 天，分 3 次进行。一般每穗留果 2~3 个。疏果务必在"清明"前完成。

5. 合理施肥

采取"三改"改重施采后肥为采前肥。果实采收前一周施肥，迅速恢复树势，并促发夏梢，使其于 8 月中下旬能顺利进行花芽分化，成为良好的结果母枝。改单施化肥为增施有机肥。果实膨大期控制氮肥，增施磷、钾肥，特别是多施草木灰、猪牛粪、栏肥，减轻果，增加糖分。改土施为地面肥和根外追肥结合。3~5 月，每隔 15 天用 0.2% 尿素 +0.3% 磷酸二氢钾 +0.1% 硼砂喷施。

6. 套袋

套袋时要结合最后一次疏果，以"留大去小，留健去弱"为原则，疏掉多余幼果。疏果定果后，对全园进行一次全面的病虫防治，重点防治叶斑病、炭疽病和黄毛虫。施药后 2~3 天便可套袋，袋口果柄处适当扣紧即可，松紧度以雨水不能渗入为度，不宜过紧。平均每人每天可套 800~1 000 个袋，每亩需套袋 13 000~17 000 个果袋，一般用牛皮纸或旧报纸作袋，采用单果套袋和整穗套袋。

7. 适时采收

枇杷的采收期比较短，要及时采收。果实达到八九成成熟、果面有光泽、皮易剥可溶性固物达到12%以上有香气、着色均匀，即可采收。采熟留青，成熟一批采收一批。采摘时抓住果柄用剪刀剪下，轻轻放入果篮中，切不可用手直接抓捏、强接、硬扯，造成果实损伤，影响贮藏和品质。

8. 抗灾管理

枇杷幼果最易受冻，早开的花冻害比较严重，应疏花疏穗，适当延迟花期。10～11月增施磷、钾肥，结合根外追肥，促进树势强健，增强耐寒力。地膜覆盖，保持土壤温度，既可抗寒又可抗旱。此外，还可培土、铺草、灌水等以利抗寒抗旱；提倡生草覆盖或覆盖草、稻草，减少地面水分蒸发。开深沟、及时引水抗旱、排水防涝。果实采摘期遇到旱后雨季或阴雨绵绵，可用薄膜盖树冠，减少裂果。

9. 病虫防治

夏秋季结合整枝修剪，冬季清园，消除和烧毁病虫枝、落叶、落果。3～5月果实膨大期，雨水较多，可每隔15天喷0.5%～0.6%等量式波尔多液或5%托布津500～600倍液（或50%多菌灵800～1 000倍液）防止炭疽病、叶斑病。

（二）水晶梨丰产栽培新技术

水晶梨是高档梨品种，平均单果重400克，果形扁圆或圆形，果皮成熟后呈乳黄色，表面晶莹透亮，切开后有透明感，形似水晶。果肉细脆甜，品质特优，其丰产栽培技术要点如下。

1. 选用壮苗

要求苗木根系发育良好，嫁接部位愈合牢固平整，嫁接部以上5厘米处的直径在1厘米左右，无病虫害。定植前需进行深翻改土，按株行距等要求挖深宽各1米的条带。亩施优土杂肥5 000千克。株行距（2～2.5）米×（3～3.5）米，亩栽76～110株，以南北行为宜，定植后灌足水，以便提高成活率。

2. 肥水管理

该品种坐果率高，树势易衰弱，对土肥水条件要求较高。按每生产1 000千克果需纯氮5～5.8千克，磷1.5～2.1千克，钾3～4.1千克进行施肥，采收后，结合深翻改土，亩施有机肥3 000千克。1年进行3次施肥，即萌芽前10天追氮肥；花后至花芽分化前（5月中旬到6月上旬）追多元素复合肥；果实膨大期（7～8月）追钾肥，适当配合施磷。在萌芽开花前、新梢快速生长期、采果后的越冬前时期要适当灌水，雨季注意排水，以免水分过多影响品质。

3. 整形修剪

树形宜采用自由纺锤形或扁形垂直平面形。栽植当年发芽前，从树干距地面50厘米左右处向北拉平，促使背上芽抽生中旺枝。夏末秋初将1米以上的枝拉向两侧和南部，角度小于45℃，枝间距30～40厘米，过密枝疏除，不足的缓放，利用腋花芽结果。第2年修剪，将所有强旺枝疏除，保留中、矩和叶丛结果，第3～4年的修剪，注意控制顶端优势，利用拉枝充分占用空间，增加结果部位，行间保留50厘米宽的作业道。成形后的树高一般在2米左右。采用先放后缩法培养枝组。缓放枝结果后，形成大量短果枝群，应适当回缩，使结果部位尽量靠近骨干枝，并对其细致修剪，疏去密枝、弱短枝，同时，保护潜伏芽萌发的营养枝，以便培养新的结果枝组。

4. 疏花疏果

在花序分离和初花期，每隔20~25厘米留一个花序，每个花序保留2~3朵边花，疏果在花后20天内完成，每隔20~25厘米留一个果形端正、下垂边果，每平方米树冠投影面积保留25~30个果实为宜。也可按叶果比留果，叶果比在（20~30）：1时，平均单果重191克，250克以上果占30%左右；（40~50）：1时，平均单果重229.7克，250克以上果占65%；（60~70）：1时，平均单果重325克。掌握旺树多留，弱树少留；枝组多留，营养枝少留；一个枝组的上部多留，下部少留；侧面背后下垂果多留，背上果少留或不留。

5. 套袋栽培

果实套袋能使果点小，无果锈，果面细腻洁净，色泽美观，果实呈现半透明状，提高商品价值；还能减少污染和农药的残留量，预防病虫、鸟害，防止果实枝叶擦伤，提高商品果率。套袋以选择150毫米×195毫米的双层遮光袋效果最好。套袋前喷一遍70%甲基托布津1 000倍加灭多威1 000倍液，待药液晾干后即可套袋。谢花后30天内必须套完。果实采收前不必除袋，可连同果实一起采收。

6. 防治病虫害

主要病虫害：黑星病、黑斑病、轮纹病、梨木虱、梨小食心虫等。

防治措施：发芽前喷波美5度石硫合剂；在梨树谢花80%至幼果期，用世高5 000倍液均匀喷雾，在套袋前用世高5 000倍液加阿克泰600~750倍液均匀喷，可有效地防治梨黑星病、黑斑病、轮纹病、煤污病及梨木虱的危害。

（三）桃早结丰产栽培技术

1. 芽前追肥

3月上旬每株环状沟施腐熟人粪尿25千克，促使开花整齐，促进新梢初期生长。

2. 延迟修剪

延至3月下旬修剪，可缓和修剪反应，调整花量，尤其可缓和幼树长势，提高坐果率明显。按自然开心形整形时，要平衡各主枝的长势，修剪以短截为主，预备枝就应为果枝总数的20%。

3. 根外追肥

4月下旬起，用0.3%尿素加0.2嘲莘酸二氢钾根外追肥，每隔10天1次，连续5次。

4. 扭梢

5月上旬起，对长30厘米以上的新梢，距基部15厘米处进行扭梢，扭向树冠内空间大的方位，隔7天1次，共两次。重点是树冠上中部生长过旺的新梢和剪口芽发的旺梢，主枝延长枝不扭梢。

5. 采前追肥

5月20日左右，即采果前1个月，每株树环状沟施人粪尿15千克，促果实发育和新梢充实。

6. 稻草覆盖

6月初每株用稻草10千克覆盖树盘，以减少杂草生长，减少地面水分蒸发，降低土温，促进根系和有益微生物活动，增加土壤有效钾。

7. 防桃蛀螟

5月底起，每隔10天喷1次80%敌敌畏乳油1 000倍液，共喷两次。可杀死成虫和卵，做到基本上无虫伤果。

8. 摘心

6月初至6月底，对长度达30厘米的副梢摘心，隔5天1次，共3次，以使副梢发育充实，花芽分化好。

9. 采果

根据果实成熟度，分期分批采收。

10. 采后追肥

每株环状沟施人粪尿25千克，尿素0.15千克，腐熟菜枯1.5千克，促使及时恢复树势，利于花芽分化和积累营养。

11. 剪梢

8月上旬疏剪树冠上部、外部徒长性枝梢，回缩抽副梢的新梢，留2~3个副梢，二次副梢一般均疏除。通过剪梢可控制和维持树形，避免冬季修剪旺枝引起抽枝和大量徒长枝，促使旺梢形成优良结果枝，使结果枝组靠近骨干枝，并可改善光照，促使内膛枝发育，实现立体结果。

12. 耕翻基肥

11月中旬前全园垦翻，采用分条沟层深施基肥，每株施人粪尿15千克，尿素0.1千克，腐熟菜枯1.5千克拌和过磷酸钙0.5千克，10千克火土灰和经覆盖树盘的稻草10千克。早施基肥可使受伤根系很好的愈合并促发新根，利用肥料的吸收利用，恢复树势，增加树体内贮藏营养。

（四）葡萄栽培技术

1. 园地建设

（1）园地土壤改良：葡萄根系需氧气量较大，定植前要进行土壤改良。一般可用秸秆深埋栽植行，表层施入腐熟有机肥，改良土壤。采用聚土垄作分层填施有机肥方式，垄高30~40厘米，垄宽200~220厘米，沟深0.4米、宽1.0米，垄厢施入大量有机肥及农家腐熟肥。每亩埋生物有机肥2 000~3 000千克、腐熟鸡粪1 000千克、磷肥50千克、锯末面1 000千克，为葡萄生长提供充足养分。

（2）灌排水设施：葡萄怕涝，要开好排洪沟，沟宽80厘米，深100厘米，可"U"形槽安砌或条石、卵石衬砌，并配建沉沙池；田间按自然台位高差，修建数条排湿渠，渠宽60厘米，深80厘米，与排洪沟连通排湿，渠用"U"形槽安砌。面积较大的葡萄园还要规划安装滴灌系统，其水源引用无污染水质进行灌溉。

（3）棚架构建：葡萄架形以通透性强、光照利用率高为基本要求，同时，要根据栽培品种的生物学特性，规划架形，一般长势强的品种采用"高、宽、垂"水平架，长势较强的品种规划"V"形架。根据绵阳市气候特点，适宜采用避雨栽培模式，一般常采用避雨架棚构造。

2. 品种与苗木选择

（1）品种选择与布局：选择抗性强，适宜当地生态条件的优良品种，早、中、晚熟品种配搭，延长鲜食葡萄的成熟采摘期，实行品种区域化布局，晚熟品种布局在易于管护的区域，管护困难的区域布局早熟品种。

（2）苗木选用：选用2~3个以上饱满芽、6条以上发育良好根系、苗木基部粗度0.8厘米以上，适合当地气候与自然条件的无病虫害的高抗砧木绿枝嫁接的健壮苗木。

3. 定植

（1）定植时间：每年秋季落叶后至早春萌芽前。

（2）定植密度：行距 2.5~3.0 米、株距 1~1.5 米，每亩定植 148~230 株。一般采用等行距栽植，也可实行宽行栽培。

（3）苗木消毒：定植前用 3 波美度石硫合剂喷雾枝条后栽植。

4. 园区管理

（1）中耕：土壤每年中耕 2~3 次，春季萌芽前，夏季 6 月上旬，秋季落叶期中耕与除草结合，还可与施肥灌水结合进行。

（2）施肥：增钾、稳磷、控氮、补充微肥，以有机肥（腐熟）为主，矿物肥为辅。秋末施基肥，腐熟有机肥 2 000~3 000 千克/亩；追肥每亩用尿素 25 千克、过磷酸钙 150~180 千克、硫酸钾 30~35 千克、硼肥和锌肥各 1 千克、高浓缩腐殖酸汁肥 10~15 千克，分 3 次施入土壤中。

（3）管水：葡萄对水的需求和灌水一般在萌芽期，幼果膨大期，适量灌好萌芽水，重灌幼果膨大水。灌水量视其土壤含水量而确定。开花坐果后结合施壮果肥、着色肥，秋季施基肥后分别灌水 1 次。

（4）除草：根据园内杂草生长情况，及时人工或机械除草，禁止使用任何除草剂。

5. 树体管理

（1）抹芽与摘心：抹除主干上的芽和结果母枝上萌发的双芽。现花期及时摘除新梢顶端，在枝梢中下部叶 1/3 大的叶片处摘心；随后留 5 叶摘心、3 叶再摘心。

（2）修剪：因品种不同修剪留梢有差异。如巨峰以中、短梢修剪为主（留 4~6 芽）；夏黑以中、长梢修剪为主（留 6~10 芽）。新梢在架面上保持 20 厘米一枝，使梢叶不重叠

6. 花果管理

（1）疏花：花前 10 天左右疏花，根据品种粒重、穗重的特点，一般有核、大粒品种留 10~12 个小穗轴，坐果后留 30~40 粒。无核、小粒品种留 12~15 个小穗轴，坐果后留 60~80 粒。每亩产量控制在 1 500 千克左右。

（2）果实套袋：坐果后及时疏果，果粒花生米大小时套袋。套袋前喷药，待药液干后立即套袋。难着色的红色品种采收前 10~15 天除袋，容易着色；无色品种带袋采收。要不定期对套袋进行抽查，发现果实萎蔫时要剥开果袋底部，防袋中高温高湿烧果。

7. 病虫害防治

（1）冬季（12~2 月）：防治越冬病虫，修剪后喷石硫合剂波美 2~3 次。

（2）春季（3~5 月）：主要防治穗轴枯萎病，灰霉病和黑痘病，可交替喷雾福星 1 500~2 000 倍液，或用世高 1 500 倍液；波尔多液 1:0.7:240 半量式；大生 M45 1 000 倍液。喷椿象绝杀 1 500~2 000 倍液防治椿象（5 月下旬）。

（3）夏季（6~8 月）：喷 1:0.7:240 半量式波尔多液；托布津 1 000 倍液，防治螨类害虫和褐斑病、霜霉病。

8. 果实采收

品种不同，成熟期各异，果实生理成熟期即为采收期。葡萄采摘要用采果（穗）剪采摘，并轻拿轻放，保护果粉，去除病、虫果。采摘时将果穗贴近母枝下，果穗长度留 3 厘米左右，剪下后将果穗放入衬垫 3~4 层纸的筐内。

第四节　茶叶生产与加工

一、茶园生产管理技术

要实现茶园高产、优质、高效，茶园的科学栽培与管理技术是关键。它主要涉及茶树品种的选择、幼龄茶园的管理、投产茶园的生产管理等方面。

（一）新建茶园的品种选择

现在新建茶园一般不采用种子繁殖茶苗建园，而是推广无性系良种茶苗。无性系良种茶苗一般具有投产快、生长势旺盛、抗逆性强、适制各类名优茶叶、品性一致、便于机采的特点。四川目前推广适制绿茶的无性系良种茶苗有名山131、福鼎大白茶、福选9号、蒙山11号、乌牛早、龙井长叶、龙井43、中茶108、梅占等品种。适制红茶的品种有早白尖5号和蜀永2号。

（二）茶园新建及幼龄茶园的管理技术

1. 宜茶地选择

（1）气候条件：茶园适宜选择在年均气温 >13℃，年降雨量 > 1 000毫米，茶树生长期间3~9月的月平均雨量在100毫米以上的地区。

（2）土壤条件：要求酸性土壤，pH值4.0~6.5。土层深，厚度50厘米以上，土质肥沃且以壤土为宜。

（3）地形地势：如果在坡地人工新建茶园，坡度应 <25°。在15°~25°的坡地选址，应建成水平梯级茶园。海拔高度不宜超过1 200米。

2. 种植规格

现在一般采用"双行错窝条植"，即大行距150厘米、小行距45厘米、窝距20厘米，每窝1株，亩栽6 000株。

3. 茶苗移栽

移栽前1个月左右，在新建茶园地按种植规格要求，挖好种植沟，打足底肥。种植沟要求挖宽60~70厘米，深50厘米左右，再用腐熟的农家肥一层肥一层土的方式回填进种植沟，并高于地面5~10厘米，让其自然夯实1个月。每亩用农家肥1 500~2 500千克，并拌和50~100千克磷肥。如果没有农家肥，也可用油菜饼肥，亩用量200~300千克。

移栽茶苗的适宜时间为9月中旬至10月下旬。移栽时，按种植规格要求用绳索放好种植线，沿种植线挖深10厘米的种植沟，并按窝距放好（双条错窝）茶苗。栽植时，无性系茶苗的根系一定要舒展，逐层用细土踩紧踏实（紧实是栽植茶苗的关键），栽植完毕，浇足定根水。

4. 幼龄茶园管理技术

幼龄茶园的管理是建成高产优质茶园的关键环节。其技术重点在抗旱保苗、浅耕锄草、肥培管理和定型修剪。

（1）抗旱保苗：茶苗栽植后，要经常保持土壤湿润，一周内如无降雨，必须及时浇水以保苗。如有条件，一是可在茶行间铺上稻草，在稻草上再覆盖细土，以保持湿度；二是可在茶行间（大行距间）种上三叶草、紫花苜蓿等具有固氮作用的牧草，既可用作养殖，又可肥沃土壤，但注意种植时一定离茶苗根茎部在30厘米以上。

（2）间苗补苗：新建茶园一般都会有不同程度的死苗，一定抓紧时间及时补苗，不能出现缺窝断行。

（3）浅耕除草：茶园幼龄期，由于茶行间空间大，茶蓬还未形成，行间易生杂草，影响茶苗正常生长，所以必须及时浅耕锄草，茶苗30厘米范围内的杂草尽量用手拔除，避免伤根。一年除3~4次。

（4）肥培管理：栽植后，第一次肥料最好用清粪水（50升水对3瓢猪粪尿），离茶苗20厘米左右挖8厘米深的沟，顺沟灌入，再覆盖上土。由于茶树幼苗期，营养生长较快，以后每年的春前、夏前、秋前及秋后各施一次速效肥，一次的亩用量为2千克左右尿素，也是挖沟施肥。

（5）定型修剪：定型修剪是今后形成高产、优质茶园树冠的关键技术。幼龄茶园共分三次定型修剪。①第一次定型修剪：当80%以上的茶苗长到30厘米以上时，就可进行第一次定型修剪，即离地20厘米用整枝剪剪去上部主枝（保留侧枝），剪口光滑，剪面倾斜；②第二次定型修剪：第一次修剪后第二年，在上一年剪口基础上，提高15~20厘米用水平剪修剪（离地35~40厘米）；③第三次定型修剪：在第二次定型修剪后的第二年进行，在上一次剪口上再提高10厘米左右用水平剪将茶蓬剪平即可。此时茶苗骨干枝已形成，茶树高45~50厘米。

（三）投产茶园管理技术

1. 肥培管理

投产茶园的施肥分为深施基肥和追肥。

（1）基肥：保证茶树越冬所需营养。以农家肥作基肥，一般亩用量1 500~2 000千克，并拌和50千克磷肥（过磷酸钙）一起深施，施用时间是茶树进入休眠期后，即每年的10月至11月初。

（2）追肥：在茶树生长期施用。每年3~4次（春前、夏前、秋前、秋后），亩用氮肥（尿素）30~40千克，也可用高含量复合肥50千克，以春、夏、秋或秋后按4：3：3或4：2：2：2分期施用。施用方法是在茶树茶蓬滴水线下挖15~25厘米的沟施入，再覆盖上土。

2. 茶园耕锄技术

（1）浅耕：可以改变土壤通透性，消除杂草。一般一年浅耕3~4次，并结合施追肥进行，浅耕深度10~15厘米。

（2）深耕：其作用是改良和熟化土壤，投产茶园的深耕深度一般在20~30厘米，并结合深施有机肥进行。一般深耕时要距离茶树基部30~40厘米以上，以免伤过多的茶树根系。改造低产茶园的深耕深度可在30~50厘米，也结合施用有机肥一并进行。

3. 茶园修剪技术

修剪技术有轻修剪、深修剪、重修剪、台刈4种方法。

（1）轻修剪：轻修剪每年进行一次，多以秋后轻修剪为主，也可在春茶结束后进行轻修（主要生产名茶的茶园）。修剪方式是在头年修剪剪口上提高3~5厘米用水平剪剪去蓬面枝梢，或用修剪机修剪，修成弧形或水平形。轻修剪宜轻不宜重，一般只剪去当年秋梢和小部分夏梢，保留大部分夏梢和春梢。

（2）深修剪：茶树经过多年采摘和轻修剪后，树冠产生许多浓密的细小分枝，俗称"鸡爪枝"，这种枝梢影响茶树育芽能力，产生过多的对夹叶，降低芽叶质量和产量。一般每5年进行一次深修剪，剪尽茶蓬上部10～15厘米深的鸡爪枝，修剪时间春茶后或秋茶后进行，剪后必须留养一季夏茶或春茶不采。

（3）重修剪：适用于半衰老或未老先衰的茶树，这种茶树一般树冠矮小，分枝稀疏，采摘面零乱，树势衰弱，产量和质量都下降，重修剪是对其更新复壮。剪的方法是离地30～45厘米，剪去树冠1/3或1/2。修剪一般在春茶后进行，当年夏梢和秋梢不采，秋后再进行一次轻修剪，第二年春茶和夏茶适当留叶采，秋后再进行一次轻修剪，待树高长到70厘米以上才可以正式投产。

（4）台刈：是对茶树树势十分衰老的，才进行台刈。离地5～10厘米剪去上部全部枝梢，要求剪口一定光滑，台刈后茶园的管理基本按幼龄茶园进行。

修剪从另一方面来讲是对茶树的损伤，但要更新复壮，使其依然保持旺盛的生命力又必须修剪，所以每一次修剪后，就必须对茶园进行营养补充，进行施肥，修剪越重施肥量越大，剪后施肥这一点至关重要。

4. 茶园采摘技术

总原则是"按标准、及时分批、留叶采"。所谓按标准采即是按茶叶加工厂收购标准或所制作茶叶的质量原料标准进行的采摘，不能大小老嫩一齐采，更不能带马蹄；及时分批采就是整片茶园有10%～15%的芽叶达到标准，就及时开采，每隔4～6天再采一批次；留叶采就是留适当新叶不采，一般春茶留鱼叶采，夏秋茶留一叶采。

二、茶叶加工技术

我国茶叶分为绿茶、红茶、青茶、黄茶、黑茶、白茶六大茶类，每个茶类的加工技术都不一样。一个茶类中，由于生产地域不同，加之原料和所生产产品品质特点的差异，加工技术也有差别。

四川省北川、平武山区是绿茶产区之一。在20世纪70年代以前，主要以生产黑茶（茯砖、方包茶）和晒青绿茶为主。20世纪70年代以后，随着绿茶加工新技术和茶叶加工机械的引进和应用，炒青绿茶和烘青绿茶的加工技术逐渐取代了晒青绿茶，成为绿茶加工的主要生产应用技术。近几年，国内红茶消费市场逐渐红火，红茶的加工技术也在一些茶叶企业逐渐得到广泛推广运用。下面主要介绍绿茶初制和红茶初制的基本加工技术。

（一）绿茶初制加工技术

1. 绿茶的品质特点

判断绿茶的品质好孬，一般从它的形、色、香、味四方面进行评价。品质好的炒青绿茶的特点为条索紧结，色泽绿润；香气高长持久；汤色绿亮；滋味浓醇爽口。

2. 绿茶的基本工艺流程

鲜叶摊放→杀青→揉捻→干燥→装包入库

3. 绿茶的加工技术

（1）鲜叶摊放：鲜叶下树后，一般要进行一段时间的摊放。

摊放的目的，一是蒸发鲜叶中部分水分，减少细胞张力，使叶子柔软，利于杀青；二是促进茶叶中部分化学成分的生化变化，提高香气和品质。摊放的时间一般掌握在5～8个小时，每1.5～2个小时就必须翻动一次，以免烧堆。摊放的场所要求在室内清洁、阴凉、通风的地方，鲜叶放置在篾垫上。摊放的程度一般掌握在鲜叶含水量70%，叶色由翠绿转为暗绿，叶子表面失去光泽，叶质较柔软，青草气基本消失，花果香显现为摊放适度。

（2）杀青：鲜叶摊放好后，便进入杀青工序。杀青的主要目的是破坏鲜叶中酶的活性，制止多酚类物质发生酶促氧化反应，从而形成绿茶品质。它的另一个作用是进一步散失鲜叶的水分。

杀青有 3 个原则。一是"高温杀青、先高后低"，高温杀青就是要快速提高鲜叶的叶温，达到 80℃，尽快制止鲜叶中酶的活性温度，钝化酶活性的温度就是在 80℃ 以上；二是"嫩叶老杀、老叶嫩杀"，所谓嫩杀就是杀青时间适当短 点，叶子失水适当少一点，与此相反就叫老杀。嫩叶的含水量较高，酶活性较强，所以就要老杀，老叶的含水量较低，酶活性较弱，适当嫩杀有利于形成条索，减少碎末茶；三是"多抛少闷，抛闷结合"，抛就是散失水分，降低叶温，闷就是保持叶温。杀青的过程就是一个失水过程，闷得过多，就容易把杀青叶闷黄，影响绿茶品质，抛得过多，就达不到快速升温，制止酶活性的目的。

现在一般大宗绿茶的杀青都用 50 型、60 型、70 型、80 型滚筒式连续杀青机，也有的在用 90 型滚筒式杀青机。

杀青的温度一般掌握在 250～280℃（筒内壁温度），时间控制在 1.5～2 分钟，投叶量要根据杀青程度的掌握和筒体转速来定，一般 50 型的连续式杀青机台时产量为 80～150 千克，60 型为 150～200 千克，70 型为 200～350 千克，80 型为 250～400 千克。

杀青要求杀匀、杀透。其程度掌握为：杀青叶的含水量为 60% 左右，手捏叶子能成团，无红梗红叶，茶嫩秆折曲不断，叶面完全失去光泽，青草气消失，青香气显露即为杀青适度。

（3）揉捻：杀青叶下锅后，要及时摊凉，再进入揉捻工序。揉捻的目的一是塑造茶叶的形状，使茶叶能基本成条成索；二是破坏茶叶的细胞组织，便于在浸泡茶叶时茶汁能浸泡出来。

揉捻所用揉捻机有 40 型、45 型、55 型、60 型、80 型等，常见的是前四个型号的揉捻机，80 型的只有在大型茶叶加工厂才配备。前四种揉捻机的投叶量分别为 10 千克、15 千克、35 千克、65 千克左右，具体的实际投叶量根据叶子老嫩和揉捻效果来确定。

揉捻分为头揉和二揉（又叫复揉）。头揉就是杀青后的第一次揉捻，头揉时间一般掌握在 15～25 分钟，叶子偏嫩，揉捻时间就稍为短一点，叶子偏老，揉捻时间就稍为长一点。揉捻时的加压一定按照"轻、重、轻"的原则交替进行，老叶加压重些，嫩叶加压轻些。揉捻适度时，即在下叶之前，必须全部松压，它能起到部分解块的作用。揉捻机的转速控制在 45～50 转/分钟。

第一次揉捻程度的掌握：茶叶基本成条，有茶汁溢出，手捏叶子有黏手感。

二揉就是经过烘二青后的揉捻，二揉的时间控制在 20～30 分钟，仍然按照"轻、重、轻"的加压原则进行施压，最好是"轻、重、轻"反复交替进行。下茶前要全部松压，以达到解块的目的。第二次揉捻程度的掌握：茶叶完全成条，成条率在 80% 以上，手捏茶叶有湿润黏手感觉，细胞破坏率在 45%～55%。

（4）干燥：干燥的目的是进一步散失茶叶水分，塑造茶叶的外形，形成色、香、味、形俱佳的绿茶品质风格。

绿茶的干燥基本分为炒二青（烘二青）、炒三青（烘三青）、辉锅三步进行。

绿茶的炒二青是一揉下来的叶子。为了提高茶叶的色泽和香气，目前茶叶加工厂基本上都改炒二青为烘二青。烘二青一般采用 6CH 系列连续式自动烘干机，其型号有 6CH－10 型、6CH－16 型、6CH－20 型、6CH－30 型等，10 型是指烘干机烘干时的摊叶面积是 10 平方米，以此类推。烘二青掌握的烘干温度为 110～115℃（进风口温度），不宜超过 130℃ 以上，摊叶厚度约为 2 厘米，时间为 9～12 分钟。烘二青掌握的程度以茶叶的含水量降到 40% 左右为合适，此时的茶叶用手捏能成团，并富有弹性，稍带黏性。

炒三青是用复揉下来的叶子进行，其目的仍然是进一步散失茶叶中水分，并基本固定茶叶的外形，香气滋味逐步显现。炒三青一般用瓶式炒干机或八角辉锅机进行，锅温控制在 100～110℃，时间控制在 60～80 分钟。有条件的茶厂，可把炒三青分成 2～3 个阶段进行，中间摊放 2～3 次，便于走水，达到茶叶里外度干度一致。炒三青程度的掌握：茶叶含水量为 10%～15%，手捏茶叶有刺手感觉为适度。

辉锅是把茶叶完全做干，最终形成绿茶品质特点的过程。辉锅前期的锅温要求在 100℃ 左右，当炒制茶叶的含水量在 6% 以内时（这里手捏茶叶有极强的刺手感觉，茶叶用手能捏成粉末状），随即提高锅温到 140～150℃（以不起爆点为限度，手握茶叶感觉烫手），再炒制 5～8 分钟，这是提高绿茶香气的关键一环。绿茶香气散发出来后，随即下锅摊凉，让其自然冷却。

（5）装包入库：炒制好的茶叶，经筛去茶末，拣剔茶梗、黄片、非茶物后，就可装包入库。

（二）红茶的初制加工技术

红茶是完全区别于绿茶，不经过杀青的一种全发酵茶，是中国茶叶出口国际市场的主要产品。由于红茶性温和、暖胃，具有防龋、健胃整肠助消化、延缓老化、降血糖、降血压、降血脂、抗癌、抗辐射、利尿、消炎、杀菌解毒、提神消疲等功效，愈来愈受到国内广大消费者的喜爱。

1. 红茶的品质特点

外形条索紧结，色泽乌润，内质香气甜香（果香）浓郁，滋味鲜浓醇厚，汤色红艳明亮，叶底红亮。

2. 红茶加工的基本工艺流程

鲜叶→萎凋→揉捻→发酵→烘干→装包入库

3. 红茶的加工技术

（1）鲜叶：一般为一芽一叶至一芽三叶新鲜的鲜叶，根据叶子的老嫩不同进行加工。不要病虫叶、雨水叶、畸形叶、茶花果。

（2）萎凋：萎凋是红茶生产的第一道工序，目的是使鲜叶均匀散失适量的水分，使叶子变柔软，为下一步揉捻创造物理条件。萎凋有自然萎凋、人工加温萎凋、萎凋机萎凋 3 种，自然萎凋成本低，应用广泛。

自然萎凋又分为室内自然萎凋和日光萎凋二种。室内自然萎凋是在室内自然条件下进行萎凋，萎凋室要求四面通风，在室内装置多层萎凋架和帘子，萎凋时，把鲜叶薄摊在萎凋竹帘上，如果室温在 20～22℃，相对湿度 70% 左右，萎凋时间需要 16～18 个小时；日光萎凋是在晴好天气，把鲜叶均匀薄摊在晒垫上（每平方米 0.5 千克鲜叶），通过日光使鲜叶失去水分，一般 1～2 个小时就可完成萎凋。无论是室内自然萎凋还是日光萎凋，都必须勤检查、勤翻动，保证萎凋质量。萎凋要掌握"老叶嫩萎、嫩叶老萎"的原则。

萎凋程度的把握：鲜叶由鲜绿转为暗绿，叶面失去光泽，叶质柔软，手捏易成团，松手时叶子不易弹散，嫩茎梗折而不断，无枯芽、焦边和红叶现象。青草气消失，清香和花香显露即为萎凋程度合适的标准。

（3）揉捻：揉捻是红茶生产的第二道工序，是形成红茶外形条索紧结的重要环节。

揉捻目的就是在机械的作用下，使萎凋叶卷紧成条，并通过机械力作用，破坏叶细胞组织，使茶汁发生外溢，茶多酚类物质充分暴露在空气中，促进酶促氧化的反应，使茶叶发生发酵作用。

揉捻机一般采用45型、55型、65型揉捻机。揉捻时间一般掌握在70~90分钟，嫩叶采用轻压短揉，老叶采用重压轻揉的原则进行。

揉捻程度的把握：条索紧卷，茶汁充分溢出，叶子局部泛红，并发出较浓烈的清香，成条率达到95%，细胞破坏率达78%~85%。

（4）发酵：发酵是红茶生产的第三道工序，也是形成红茶红汤、红叶、浓香品质最关键的环节。

发酵在发酵室进行，发酵室要求清洁、通风、避免阳光直射，室内装有增温、增湿设备，发酵在发酵架或发酵槽内进行。发酵室要求的温度25~28℃，空气相对湿度95%以上，一般发酵时间3~4个小时。

发酵程度的把握：叶色变成黄红色，青草气完全消失，并有浓郁的果香或甜香，即为发酵适度。

（5）干燥：干燥是将发酵好的茶坯，采用高温烘焙，迅速蒸发水分达到保持红茶品质的过程。其目的有三种，一是利用高温迅速钝化茶叶中各种酶的活性，停止发酵，使发酵形成的品质固定下来；二是蒸发茶叶中的水分，固定外形，保持足干，防止霉变；三是散发低沸点的青草气味，激化并保留高沸点的芳香物质，获得红茶特有的甜香或果香。

干燥分为二次，第一次称为"毛火"，第二次称为"足火"。毛火要求的温度较高，一般控制在105℃，摊叶厚度1.5~2厘米，时间为12~16分钟，毛火完成后，茶坯的含水量为18%~25%，下机摊晾30分钟左右；足火的温度要求较低，掌握在90~95℃，摊叶厚度2~2.5厘米，时间12~16分钟，足火完成后，叶子的含水量约在6%以内即可，再下机摊晾。

（6）装包入库：筛去茶末，拣剔茶梗和异物后，装包入库。

三、商品茶的贮藏和包装

由于茶叶疏松多孔，易吸潮、易氧化和吸收异味导致茶叶变质，使其失去商品性和饮用价值，所以它的贮藏和包装非常重要。

商品茶叶的贮藏和包装要注意三个问题：一是避光，把包装好的茶叶置阴凉处，阳光直射会提高茶叶的温度，加快其变质的进程；二是防潮，茶叶易吸潮，茶叶含水量增大，就会导致茶叶发霉，使茶叶变质；三是密封，密封可阻断或减少氧气茶叶的接合，减慢茶叶中内含物质的氧化反应速度，同时，茶叶易吸收异味，密封可阻断异味源的侵入，从而延长保质期。商品茶叶内包装材质一般采用无毒塑料袋（PVC材质）、铝薄（膜）袋、纸袋（牛皮炒纸）三种材质。外包装材质一般采用木质盒（罐）、纸质盒（筒）、铁质盒（筒）、陶罐等。

现代茶叶企业的茶叶半成品一般采用内套一层无毒塑料袋（PVC材质），外套麻袋或塑料编织袋，料避光防潮或放入茶叶保鲜库。包装好了的商品茶叶一般直接放进茶叶专用冷藏库，茶叶专用冷藏库的温度控制在5℃以下，相对湿度控制在65%以下。

下面介绍几种家庭用茶叶的贮藏方法。

（一）塑料袋装冷藏法

塑料袋包装是目前家庭保管茶叶最简便、最经济实用的方法，且容量变化相对于铁质和木质包装都显得自如，但是，一定是要用无毒食品塑料袋。购买回的茶叶一般都有一层塑料袋，在放置冰箱前必须再套上一层或二层无孔、无异味的塑料袋进行密封，放入冰箱的保鲜层进行贮藏。即使放上一年，茶叶仍可芳香如初、色泽如新。

（二）茶筒（罐）贮藏法

目前，市场上出售的是各种形状的马口铁听，方便家庭成员取饮茶叶。为了保持茶筒（罐）内干燥，可以在市场上买一些茶叶防潮剂（硅胶）放在茶叶筒（罐）内，防潮剂如呈粉红色时，就应取出换新的或者把防潮剂烘干再使用。筒盖和筒体要尽量严实、密封。

（三）陶瓷坛贮藏法

这是一种比较古老的贮藏茶叶的方法。先视茶叶的多少，选用合适的陶瓷坛，把茶叶用牛皮纸或厚实的纸包好，放在坛内壁的四周，中间放入用纸（草纸较好）包好的生石灰，再盖上套上棉垫的盖子进行贮藏。根据生石灰吸湿程度，一般一二个月换一次，这样贮藏茶叶可以保存半年以上。

第五节　中药材生产与加工

我国栽培中药材的历史悠久，自古以来中草药就是中华民族防病治病的主要药材。中药材具有使用方便、价格便宜、疗效可靠的优点，深受广大人民群众的欢迎，在保证人们健康方面发挥了重要作用。同时，随着经济社会和科学技术的发展，中药材的功效已逐渐被世界大多数国家所认可，市场对中药材的需求日益增大，这必将给中药材的生产发展提供强大的动力，人工栽培中药材具有广阔的市场空间。下面介绍几种常用中药材的人工栽培方法，供种植户参考。

一、麦冬标准化种植技术

（一）麦冬的植物学特性

1. 麦冬植物学分类

麦冬为百合科植物，别名：麦门冬、沿阶草。植物学上四川麦冬为百合科沿阶草属植物麦冬；湖北山麦冬与四川麦冬同科不同属，山麦冬又称大麦冬。我们通常所指的麦冬系中药麦冬，来源于百合科沿阶草属植物麦冬的干燥块根。

2. 麦冬的功效

具有养阴清热、润肺止咳的功效。现代医学认为麦冬具有强心、利尿、抗菌的作用。主治热病伤津、心烦、口渴、咽干、肺热燥咳等。《神农本草经·上品》中记载：麦冬味甘平。主心腹，久服轻身，不老不饥；《本草纲目拾遗》中记载：止烦热消渴，寒热体劳，止呕开胃，下痰饮；《珍珠囊》中记载：治肺中伏火，生脉，保神。可见麦冬药用价值很早以前就记于我国中药巨著中。目前，麦冬已被列入国家药典50种基本药物目录。除药用外，现已开始保健功效开发的研究。

3. 地域分布

我国麦冬主要分布在四川、湖北和浙江三省，分别是四川绵阳川麦冬道地产区、湖北襄阳山麦冬产区和浙麦冬产区，尤以川麦冬最为驰名。四川三台已成为道地麦冬的最大生产区，产量约占全国一半。四川产区的麦冬主要集中在流经绵阳涪城区、三台县一带的涪江沿岸河坝区域，近年来也有向河坝外拓展种植的趋势，并已种植成功；主产于湖北襄阳的山麦冬在 2005 年之前为药用麦冬的伪品，2005 年以"山麦冬"收载于《中华人民共和国药典》后，近年来增长迅速，产量已占全国产量的 1/3，这对四川麦冬道地产区是一个挑战。

4. 生长环境条件

麦冬喜温暖湿润环境。土质以疏松、肥沃、排水良好的砂质壤土较好。生长前期需适当荫蔽，若强光直射，叶片发黄，生长发育受影响。较耐低温，耐湿、耐肥。

（1）气候条件：麦冬适宜亚热带湿润季风型气候区。年平均气温 16～17℃，年均日照时数 ≥1 260 小时，年均降雨量 850～900 毫米，年均无霜期 ≥275 天的地区皆适宜麦冬生长。

（2）土壤条件：以海拔 <500 米的江河沿岸，地下水在 50 厘米以下的一二级台阶地为宜。土质肥沃，土层深厚、疏松湿润，pH 值 7.0～8.0 偏中性或微碱性，以潮沙泥土、潮泥土、潮沙土为佳。

（二）麦冬标准化栽培管理技术

1. 种苗资源的利用

（1）品种选育：川麦冬育种上宜选用直立型麦冬和宽短叶匍匐型麦冬作栽培良种。目前，在四川省三台县已建立了良种繁育园，对川麦冬 1 号进行提纯，选育川麦冬 2 号试验，种植上多选用本地良种川麦冬 1 号。

（2）种苗分级：生产上采用无性繁殖方式，选择生长健壮、无病虫害的优质种苗用于生产。麦冬种苗分为三级，其中，以一级和二级种苗为栽培用优质种苗（表 1-3）。

表 1-3　麦冬种苗分级标准

种苗分级	种苗高度（厘米）	种苗颜色	病虫害	采收期苗蘖数	种苗特征
一级	20～30	深绿色	无	4～5	叶较紧密，苗基硬，切根后显菊花心
二级	20～30	深绿色	无	1～3	叶较紧密，苗基硬，切根后显菊花心
三级	20～30	深绿色	无	大于 5	叶较紧密，苗基硬，切根后显菊花心

（3）种苗培育步骤：

①选苗：在收获麦冬时选颜色深绿而健壮的宽短叶匍匐型麦冬或直立型麦冬的植株作为种苗，参照表 1-3 标准精选后待用。②切苗：将选好的种苗剪去块根，切去下部根状茎和须根后，保留 1 厘米以下的茎节，以叶片不散开，根状基茎横切面呈现白色放射状花纹（俗称菊花心）为佳。切苗后及时栽植。③养苗：对不能及时栽植的种苗，必须"养苗"，把种苗放在阴湿处的疏松土壤上，种苗茎基部周围用细土护苗，种苗根部保持湿润，养苗时间不应超过 7 天，必须保持土壤湿润。

2. 种苗定植

（1）栽植时期：每年 4 月 5～20 日，最迟不超过 4 月底，栽植时间选阴天为宜。

（2）精细整地：耕地深度以 20~30 厘米为宜，翻耕土壤，锄净田间杂草、石块和前作根茎，耙细整平。每亩用优质农家有机肥 3 000~5 000 千克、腐熟菜枯 50~100 千克、麦冬优化复合配方肥（底肥型）70 千克，全层施用，肥料与土壤混合均匀。

（3）种植规格与密度：每亩种植密度为 6.0 万~7.0 万株。可用麦冬专用打窝机打窝栽植，或开沟栽植、撬窝栽植。株行距 10 厘米×10 厘米，或沟距 12~13 厘米，株距 8~9 厘米，栽植深度以 3~4 厘米为宜。

（4）栽植方法：栽种前视前作和病虫害常年发生情况，一般应分别对种苗或土壤作防病处理。

栽植方法上常采用平地栽植方式，每窝栽植一个分蘖苗。栽植种苗时，苗应垂直紧靠窝壁或沟壁，窝栽或排栽于沟内，覆盖细土，用脚夹紧种苗，依次踩实，使苗直立稳固，做到地平苗正。

栽植完成后应立即浇灌定根水，以水淹种苗高度 5 厘米左右为宜。栽苗 10~15 天后，苗色转青、日晒不萎即表明栽种麦冬已发新根成活。移栽后如遇干旱应及时浇水，随时保持土壤湿润，保证其正常生长。

麦冬栽植灌水后至种苗返青期间，还应检查有无翻兜缺窝和枯死的情况。一般选择阴天，用同品种的同级种苗及时补齐，确保全苗。

3. 田间管理

（1）适时灌溉：麦冬生长期需要充足的水分，尤其在栽后和块根形成期间不能缺水，必须定时灌水，保持土壤湿润。冬春发生干旱时，要在立春前后灌水 1~2 次，促进块根生长；夏季雨水多时，应及时排除田中积水，防止高温多湿发生病虫害，影响生产。夏天气温较高时，要防止土壤干裂，注意适时浇水，在灌溉过程中应缓慢浸灌，不能过急淹水，灌水时间应避开中午高温时期，以免导致蒸汽烧苗现象。

（2）浅中耕：7~8 月和 9~10 月，用特制钉耙中耕 2 次疏松土壤，中耕深度 <3 厘米为宜，以不伤根和植株为度，以达到既保水又通气的目的。

（3）及时除草：勤除田间杂草，保持田间清洁。一般在栽种麦冬种苗后每 15 天左右除草 1 次。5~12 月，每月需除草 1~2 次；1~2 月不宜锄草。

（4）巧施追肥：麦冬需肥的适宜比例为氮（N）：磷（P_2O_5）：钾（K_2O）= 1.00：0.52：0.94。除施足底肥外，一般应追施四次左右。

第一次施提苗促根肥（间作玉米攻苞肥）。在间作玉米抽雄花前 5~7 天，每亩施稀人畜粪水 4 000~5 000 千克、尿素 10 千克。

第二次再施提苗促根肥。在间作玉米收获后，每亩施稀人畜粪水 2 000~2 500 千克，均匀撒施麦冬优化复合配方肥（追肥型）35 千克后，淹水。

第三次初施块根膨大肥。进入 9 月中下旬，每亩施稀人畜粪水 2 000~2 500 千克、麦冬优化复合配方肥（追肥型）35 千克，淹水。

第四次再施块根膨大肥。进入翌年 2 月上旬，每亩施稀人畜粪水 4 000 千克，在间隔 10 天后每亩用磷酸二氢钾 2.5 千克，对水 50 倍液用喷雾器叶面喷施。

4. 病虫害防治措施

麦冬主要病害有根结线虫病和根腐病。主要虫害是蛴螬（金龟甲的幼虫，俗称老母虫、白土蚕、核桃虫）。防治宜采用综合绿色防控措施。

（1）农业防治：建立无病良种田，培育抗病虫的优良品种，选用无病虫害的健壮种苗。

合理间作和轮作，尤其要与禾本科作物轮作或水旱轮作，间作大蒜（大蒜具有抗菌消毒功能）可有效防治根腐病和根结线虫病。选择排灌方便、土壤肥沃疏松的地块种植。加强水肥管理，及时排除田间积水和中耕除草。消灭蛴螬比较简便的方法是，可在6～8月蛴螬盛发期间分别连续三次放水淹田块可以有效解决。麦冬收获后要及时清除田间病叶残株及杂草，集中烧毁或沤肥。在麦冬地周围不栽种麻柳树、核桃树等易产生上述虫害的树种。

（2）物理防治：一种是用频振灯诱杀成虫；或者在连作地翻耕整地时，采用人工捕捉幼虫或放鸡啄食。

（3）生物防治：积极推广植物源农药、微生物农药和农用抗生素等生物制剂防治病虫害。

（4）化学防治：加强麦冬病虫害预测预报，及时掌握病虫害发生趋势。确需用化学防治时，应选用高效、低毒、低残留化学农药，严格按无公害质量标准要求进行防治。麦冬常见主要病虫害防治技术见下表（表1-4）。

表1-4　无公害麦冬生产主要病虫害防治方法

病虫害名称	防治适期	推荐药剂	使用量	施用方法
根结线虫病	7月	40%辛硫磷乳油	2.5毫升/平方米	按2千克/平方米，对水阴天灌根
根腐病	移栽前	木霉菌	3千克/亩	拌细土均匀施入沟底，施药后移栽
蛴螬	7月中下旬	50%辛硫磷乳油	0.5千克/亩	按500～1 000千克/亩，对水阴天灌根

（三）采收

1. 适期采收

在栽后的第二年3月底至4月上中旬进入麦冬收获季节，选晴天收获。收获时，沿麦冬行间用锄或犁翻耕土壤，深度25～28厘米，使麦冬全根露出土面，用手拔出麦冬全株，抖去根部上的泥土，剪下所有块根。注意保留块根两端的细根，长度以1厘米为宜。当收获时如遇连续阴雨天气，带泥块根应堆放在通风透气的室内，厚度<20厘米，堆放的时间最长不超过7天。带泥麦冬块根采摘下来后，集中放入箩筐，置于流水中淘尽泥沙，然后进行晾晒，晒干后经过去杂分选等初加工，装袋即可待售。

2. 采收后植株的处理

麦冬采收后，应及时清理地上部分的植株。除一部分健壮植株选择留作种苗外，其他遭病虫为害的植株应集中销毁处理，其余无病植株可用作绿化或饲料或用于沼气池发酵材料。

（四）麦冬地综合利用种植模式及效益

麦冬种植一般要轮作进行，切忌连作。为提高麦冬地的综合效益，充分利用土壤及光温资源，麦冬常与其他作物间作，很少净作。近年来，四川省三台县麦冬种植区的农民群众通过生产实践总结出了一套麦冬间作和轮作综合利用种植模式（表1-5），综合效益明显。

1. 间作

麦冬宜与玉米、大蒜间作。主要间作模式有：麦冬＋玉米、麦冬＋夏玉米＋大蒜。

2. 轮作

麦冬宜与禾本科作物（如水稻、玉米等）轮作，其中，与水稻轮作最佳，切忌与烟草、紫云英、豆角、瓜类、白术、丹参等作物轮作。主要轮作模式有：苕子（绿肥）—麦冬—水稻；水稻—蔬菜—麦冬—秧田；马铃薯—麦冬—秧田或水稻；水稻—早熟油菜—麦冬—秧田或水稻。

表1-5　麦冬地综合利用种植模式及效益

模式 \ 效益	主产（亩产）（千克）	间作产量（亩产）（千克）		经济效益（元）
麦冬/玉米/大蒜	麦冬（干）250	玉米 600	大蒜 500	7 700
麦冬/玉米/玉米（秋）	麦冬（干）250	夏玉米 600	秋玉米 300	6 800
麦冬/玉米/蔬菜（露地）	麦冬（干）250	玉米 600	蔬菜 3 000	9 200
麦冬/蔬菜（高架）	麦冬（干）250		四季蔬菜 6 000	11 000

二、附子生产与加工技术

（一）附子概述

1. 生物学特征

附子为毛茛科乌头属植物，由其母根旁生侧根形成的块根，称附子、川乌，母根称乌头，又叫草乌。乌头产品为附子，附子的主要成分为乌头碱，附子切片烘干以附片入药。具有回阳救逆、补火助阳、逐风寒湿邪之功效。属多年生草本，株高60～120厘米。块根通常2个连生，栽培品种的侧根通常肥大，倒卵圆形至卵形，直径可达5厘米，单个重5克最佳。其表皮茶褐色至深褐色、平滑，周围有瘤状突起，下部有多数或无细小须根，茎直立，圆柱形、青绿色，下茎部多带紫色。叶互生、有柄，叶片卵圆状五角形，坚纸质或略革质，表面暗绿色，背面灰绿色。花期一般为6～7月，总状花序，花序轴上密生反曲的白色柔毛。小苞片窄条形，萼片呈花瓣状，花蓝紫色，外被短毛。果实采收期7～8月，成熟果实为长圆形，具横脉，黄棕色。

2. 生长条件

附子的最佳产地环境年平均气温16℃，年日照时数≥1 350小时，年降雨量1 070～1 200毫米，无霜期≥270天，海拔500米左右，耕作土层20厘米，土壤耕作层有机质含量≥1.3%，pH值6～8，土层深厚、疏松肥沃、排水良好，微酸性至微碱性平坝冲积沙壤土。无化肥厂、化工厂、造纸厂、水泥厂垃圾场等污染源。田块要求每两年轮作一次，其目的是改良土壤肥力、减少病虫危害。轮作作物以水稻最佳。一般亩产鲜药1 000千克左右，高产可达1 500千克。干鲜比例为1:3，一般一亩可产干品300～500千克。

3. 地域分布

附子主要分布在四川的江油、北川、平武等川西北一带，以及陕西、河南、湖北、江浙等地区。其中，江油市是著名道地药材—附子的传统主产地，常年附子生产面积在6 000亩左右，年总产附片80万～100万千克，全国产量的80%来自于四川。附子已成为当地的重要农业经济作物，种植附子成为农民群众增收致富的一条有效途径。

4. 栽培分类

附子栽培品种习惯按叶形分为南瓜叶、鹅掌叶（又称大花叶）、艾叶子（又称小花叶），其原植物均为《中国药典》（95 版）所载品种。

（二）生产种植技术

1. 选种

品种应选择南瓜叶型、鹅掌叶型、艾叶型的乌药作种。外观上呈倒卵形、个圆、中等大小、色泽新鲜、芽口紧包、无病虫害、健壮的块根为佳。这样的种子出苗秆粗、健壮、抗病抗逆力强，所结的附子一般个大而圆、商品率高。凡块根瘦长、倒锥形，无根毛或根毛少而短，毛上长有根瘤菌的，块根上有病菌、黑斑、霉烂、缺芽的附子不能做种。种根挖出后，应放在背风阴凉的地方摊开，厚度 6 厘米左右，晾 7～15 天，使皮层水分稍干一些才可栽种。一般大附子用于商品生产用种，小附子做繁殖种子。在栽种前，使用 70% 甲基托布津可湿性粉剂 1 000 倍液浸种 30 分钟，才可下地种植。

2. 选地

附子怕旱、怕涝，因此，要选既能排又能灌的地块作为种植用地。

3. 整地及基肥施用

种植中不应使用牛粪。每亩地用油枯 75 千克、腐熟厩肥 3 000 千克、复合肥 25 千克混合均匀撒于土内，反复耙细，使其充分与土壤混匀。也可先施基肥后开厢或者先开厢后施在厢上面。

4. 开厢

厢宽一般 80～100 厘米，沟深 6 厘米，注意开好背沟及排水沟。

5. 栽种

（1）栽种时间：于 11 月至 12 月栽种，栽种前用 50% 多菌灵可湿性粉剂 800 倍液浸泡 5 分钟。

（2）种植密度：双行错窝，行距 24 厘米，窝距 12～17 厘米，窝深 14 厘米，每窝栽 1 个，芽头向上。每亩用种 1 万～1.2 万个，理沟覆盖，厢面平整。

6. 田间管理

（1）提厢：乌药栽种后，由厢沟挖取泥土覆盖乌药表面的过程，此项作业可使厢面加厚，以防止霜降冻芽，并利于排水。

（2）耧厢：在幼苗出土前，将厢上的大土块钩入沟内，整细后再培于厢面，并将沟底铲平。

（3）清沟：将厢面耙入的大土块整细、铲平沟底的过程，以免影响到排水。

（4）补苗：在 3 月上、中旬幼苗全部出土后，拔除病株并烧毁，用备用苗补齐缺株。注意补苗时必须带土移栽。

（5）除草：2 月下旬至收获，不定期人工拔除杂草。严禁施用除草剂。严禁使用锄头，以免伤及幼苗及根系，影响块根生长，同时做到有草即除。

（6）追肥：按每亩施 2 000～5 000 千克/次腐熟人畜粪尿或猪粪水，加尿素或一铵 6～12 千克，窝边浇灌，刨附子前施 2～3 次，刨附子后施 1 次；另外窝施一次复合肥 20 千克，每次追肥后要进行清沟和整理厢面，使厢面保持瓦背形，便于排水。

（7）排灌：天旱时勤浇浅灌，雨涝时及时排水。

（8）修根留绊：全生育期进行 2 次。第一次在清明前后，苗高 16～20 厘米，横摘植株上最基部的 2~6 片脚叶。用附铲子将植株附近的土刨开，现出母块根及绊，留 2~3 个较大的绊，其余的绊全部铲掉。第二次在第一次一个月后进行，削去新生的小绊，留绊 1~2 个。

（9）去顶、摘芽：植株高 35~45 厘米，叶片有 8~9 片时去掉顶芽，出现腋芽及时摘除。防止倒伏，促进块根生长。去顶、摘芽时应首先摘除病虫为害的顶芽和腋芽。

7. 病虫害防治

农药施用应符合 DB 51/337 要求，主要病虫害及推荐防治方法见表 1-6。

表 1-6　主要病虫害及防治方法

名　　称	推荐防治方法	防治时期	安全间隔期
叶斑病	用 25% 丙环唑乳油 1 000~1 500 倍液喷雾 1~2 次	5~6 月	≥10 天
霜霉病（灰苗）、白尖病	先摘除病株灰白部分，用 58% 甲霜灵锰锌可湿性粉剂 500~1 000 倍液喷雾 1~2 次	3~6 月	≥7 天
白粉病	15% 三唑酮可湿性粉剂 500~1 000 倍液喷雾 2 次	5~6 月	≥7 天
白绢病	主要为害根部：70% 托布津 700 倍液，25% 使百克 1 000 倍液，25% 三唑酮 800 倍液灌根	3~5 月	≥7 天
枯萎病	主要为害根部：70% 托布津 700 倍液，50% 多菌灵 600 倍液灌根	3~5 月	≥7 天
叶蝉	3% 啶虫脒乳油 1 000~1 500 倍液或 10% 吡虫啉可湿性粉剂 2 000~3 000 倍液喷雾	5~6 月	≥10 天
蚜虫	同上	4~6 月	≥10 天
尺蠖	成虫盛发期用 80% 敌百虫 300~500 倍液喷雾	4~6 月	≥7 天

注：有适合无公害附子生产的高效、低毒、无残留新型生物农药应优先使用

（三）采收及采后处理与加工

1. 采收

夏至后采收。将附子整株挖起，切去地上部分茎叶，将附子和母根分开，抖去泥沙，去掉须根。

2. 采后处理

采收好的附子按等级划分。特级 65 克/个以上、一级 50~60 克/个、二级 40~50 克/个、三级 25~40 克/个，其余的为等外级。将分好级的附子分别装入竹篓内，并附上包装标签。包装标签应注明产品名称、等级、产地、合格证、包装日期等，然后打包成件，每件净装 50 千克。包装后当日运往附子加工厂进行防腐处理。母根晒干后为川乌。附子剧毒，必须加工成附子片后方可药用，一般不要随意食用，以防止附子中毒事件发生。

3. 产品加工

按照不同的加工方法，可加工为黑顺片、白附片、黄附片、熟附片、炮附片、刨附片、卦附片及盐附子 8 个品种规格。《中国药典》（95 版）仅收载黑顺片、白附片及盐附子三种，其他品种规格各地也仍然习用，目前，仍维持少量加工销售。

以附子为原料，采用炮制加工的传统独特工艺制成片型，主要分为白附片、黑顺片、炮附片、淡附片 4 种片型。

（1）白附片生产工艺：选择大小均匀的泥附子，浸入食用胆巴水溶液中数日，连同浸液煮至透心，捞出剥去外皮，纵切成厚约 0.3 厘米的片，用水浸漂，取出蒸透烘干，检验包

装入库。

（2）黑顺片生产工艺：取泥附子，浸入食用胆巴水（即：食盐卤水）溶液中数日，连同浸液煮至透心，捞出水漂，纵切成厚约0.5厘米的片，再用水浸漂，取出蒸至出现油面，光泽后烘干，检验包装入库。

（3）炮附片生产工艺：取片厚0.3～0.5厘米附片，用沙烫至鼓起并微变色，检验包装入库。

（4）淡附片生产工艺：取盐附子用清水浸漂，每日换水2～3次，至盐分漂尽，与甘草、黑豆，加水共煮至透心，切开后口尝无麻舌感时取出，除去甘草，黑豆，切薄片0.3～0.5厘米烘干，检验包装入库。

4. 附片质量特征

（1）感官要求：白附片无外皮，切面呈黄白色；黑顺片外皮黑褐色，切面呈暗红色。白附片、黑顺片表面具有光泽，呈半透明状；炮附片外皮黑褐色，切面呈淡黄色，呈半透明状；淡附片为黑褐色，断面呈角质化裂口。

（2）理化指标：白附片、淡附片总生物碱限量0.07%～0.15%；黑顺片总生物碱限量0.09%～0.15%；炮附片总生物碱限量0.08%～0.15%；附片水分≤17%。

三、天麻栽培技术

（一）概述

天麻是一种有菌根的兰科植物。野生天麻为多年寄生草本植物，以块茎烘干入药。常生长在海拔1 000米以上，分布于年平均气温8～15℃，最高气温低于30℃，空气湿度大、多雾、不积水的阴冷潮湿环境。它无根和叶，种子萌发后，依靠分解入侵其体内的蜜环菌菌丝生活。《中国药典》里记载：本品为兰科植物天麻的干燥块茎（又称球茎）呈长椭圆形，略扁，皱缩或稍弯曲，长3～13厘米，宽2～6厘米，厚0.5～2厘米，顶端有残留的茎基或干枯的红棕色芽，习惯称"鹦哥嘴"，末端有圆脐形疤痕。表面淡黄白色至淡黄棕色，略透明，有多轮点状斑痕组成的横环纹，有纵皱纹。质坚硬，不易折断，断面较平坦，黄色至棕黄色，角质样。性味甘、平，具平肝息风、怯风定凉的功效，用于头晕目眩，肢体麻木，小儿凉风，癫痫，高血压，耳源性眩晕。天麻属在兰科中隶属树兰亚科天麻族、天麻亚族。我国主要有红天麻、乌天麻、绿天麻与黄天麻4个变型。

天麻所具有的药用与保健功能，随着人们物质生活水平的提高，市场上对天麻的需求量不断增大。天麻仿野生栽培具有较高经济价值，是种植天麻适宜区发展特色经济的一项好的选择。准确掌握天麻仿野生栽培技术，是成功种植天麻的关键。

（二）生长发育过程

天麻从开花、授粉到种子成熟、果实开裂，需20～21天。具有胚的种子大部分均可在适宜的条件下萌发。天麻种子呈纺锤形或新月形，长0.8～1.0毫米，宽0.16～0.2毫米。种子播种于苗床50天左右后，胚开始萌发，数日后增大原有体积十数倍，形成原生球茎体，部分组织细胞感染蜜环菌形成原生球茎体的足部。待初期形成的原生球茎体破种皮后，外源蜜环菌菌丝开始侵入原生球茎体足部的表皮细胞，构成天麻的早期菌根，为原生球茎体继续生长提供营养。

原生球茎进一步发育，原生球茎体出现组织分化，开始形成维管束，顶部生长出第一片包被分生组织的芽鳞。入冬后停止生长，进入休眠，次年春季进行细胞分裂，伸出长短各异的初生球茎茎足，茎足顶端生长活跃，营养丰富，迅速膨大出现初生球茎体（栽培上称"米麻"）。初生球茎体形成当年呈乳白色，具节，节上有轮生膜质鳞片，鳞片腋内隐约可见潜伏芽的小突起，组织分化形成次生球茎体（栽培上称"白麻"）。

待次生球茎开始形成后，外源蜜环菌迅速网结初生球茎及次生球茎足，当次生球茎发育完备后，蜜环菌菌索可以在初生球茎内部穿插，随后初生球茎的全部组织被蜜环菌菌丝穿插分解，为次生球茎发育提供营养，之后解体脱落。在营养丰富的情况下，次生球茎足极短或无，次生球茎体多数是商品天麻的球体。

天麻的次生球茎生长过程中的营养来源主要依靠连接于其下方的初生球茎和存在的次生球茎足。这时天麻消解初生球茎和次生球茎足皮层组织内的菌根，消解后的物质通过胞间传递达到中柱薄壁细胞，再经中柱维管束输入生长中的次生球茎。同时，天麻通过球茎表皮细胞有选择地吸收球茎外围土壤中的水、无机盐、微量元素参与球茎营养物质的合成。

天麻的发育过程，经历了从种子萌发→产生原生球茎→初生球茎→次生球茎的生长期后，积累了充足的营养物质，于秋末时次生球茎顶端产生花茎芽，到次年花茎芽生长出地面，开始开花结果，完成一个生活周期。

花茎芽从出土至种子成熟散出，需 60～70 天。天麻的花序为总状花序，长约 20 厘米，40～60 朵花。天麻开花结果期间对气温较敏感，一般夏季 5 月气温在 15～20℃时即开始开花，花期 7～8 天。天麻果实发育要经过开花、传粉到果实成熟三个阶段，需 20 天左右。在高寒地区其开花期相应推迟，果实成熟期也相应要晚一些。

（三）天麻的仿野生栽培方法

1. 菌材的制备

菌材的制备是天麻栽培必须进行的一项重要工作。

（1）菌种的获取：对于有一定专业技术的人来说，萌发菌类与蜜环菌都能从森林里采集到，通过组织培养制备出菌种原种；对于没有专业技术的人员来说，可以从专门的研究单位购买；蜜环菌菌源也可以从混有蜜环菌菌丝的野生天麻塘内腐殖土中，或者从人工栽培天麻的老菌材中获取。

（2）蜜环菌菌材的制备：蜜环菌适宜生长在油脂或水杨酸含量少的阔叶树种的树段上，其中以树皮肥厚、材质疏松、切断后树皮不易脱落的树种为最好。材质坚硬的树种，蜜环菌侵入的速度慢，但作为菌材使用时间要比材质疏松的树种长，生产上常用两种木质材料混合使用。一些藤本和灌木也是培植菌材的好材料。

一般在秋末季节，在林间遮阳地段挖种植塘，选择空气湿度相对较大、土层深厚、腐殖土多、透水性好的沙壤土坡地打塘，塘的大小以长×宽×深＝60 厘米×60 厘米×40 厘米为好，在塘底铺上一层约一寸厚的腐殖熟土，把用于培植蜜环菌菌材的直径在 4～10 厘米树枝锯成 15 厘米长的短料，将其一边坎成鱼鳞口，先平行摆放一层于塘内，鱼鳞口向上，每三根接放一直线，稍留间隙，把蜜环菌原种对水撒在鱼鳞口上面，也可把从野生天麻塘内腐殖土或取人工栽培天麻后的老菌材（老菌材需粉碎后）撒在鱼鳞口上，然后填腐殖土平齐段木。再以同样方法再铺第二层。注意段木要上下重叠，撒上菌源，填腐殖土，上层腐殖土厚度为 3～4 厘米，用手或木板稍压一下后，在上面盖一层如蕨草一类的杂草保湿。进入次年春季后就可以播种白麻。

2. 天麻的无性繁殖

天麻无性繁殖是利用天麻的白麻进行种植，即从产野生天麻的林区挖取或收购野生小天麻进行人工栽培。最好的办法就是在天麻开花期间到野生天麻生长地区，查看确定开花天麻的地点，第二年春季要种麻时前去挖取，可收获许多白麻。将白麻及开始腐烂的老麻一起取回来种植。

白麻下种时，将培养蜜环菌菌材塘中的覆盖土层清除，露出上层菌材，将上层菌材间的泥土挖掉一部分（开挖时要小心，不要挖断菌材上面生长出来穿插在泥土中的新鲜菌索），然后把挖取或收购来的野生天麻相间 16 厘米位置放入蜜环菌菌材间。放置完毕后，回填挖出的泥土，在填土时注意不要留有空隙，要使塘面稍高于四周的地面。

3. 管理与收获

种好白麻后，注意要保持土壤湿润，经常使土壤湿度保持在 60% 左右，用手捏泥土指缝间有湿润感但无水滴为宜。同时，注意防旱排涝，既保持塘内湿润又不积水。白麻在通过一周年的生长后成熟，就可作商品麻收获。

无性繁殖生产商品天麻，虽然生产周期短、方法简单，但是用种量大、种源有限。因此，大规模种植天麻，需结合有性繁殖生产方式为好。

4. 天麻的有性繁殖

（1）制种：第一道工序是建棚。野生天麻喜于生长在温凉、高湿和郁蔽的自然环境。因此，要选择适宜天麻生长的温凉地方，搭建塑料大棚，在大棚上铺盖遮阳网，要保持棚内的郁蔽度达 70% 以上，不能有阳光直射到天麻花茎上面，并且保持棚内空气相对湿度在 60% ~80%。

第二是整地与埋箭麻。所谓箭麻，就是指长出花茎芽的天麻。深翻、打碎、整平棚内的泥土，然后垒塘埋箭麻。选择疏松、肥沃的沙壤土垒塘埋入箭麻，要求塘箱长 60 厘米、箱宽 50 厘米，箱与箱间留 30 厘米的管理人行道，便于管理。因花茎芽球茎中贮藏有足够天麻开花结果的营养物质，无需再用蜜环菌菌材，只要保持土壤湿润，箭麻即可正常生长。

第三是人工授粉。埋入箭麻一段时间后，天麻花自下而上开始开放，此时需要人工授粉。具体做法，每天检查刚开放的花朵，用一根小竹签，把雄蕊上面的花粉挑起放入雌蕊柱头上。授粉时，应把蕊喙盖挑离花朵，有利于授粉和果实的生长。开花、传粉到果实成熟约需 20 天左右的时间，天麻种子即成熟，果实开裂，鲜黄色的种子成粉状散出，具胚的种子大部分均在适宜的条件下萌发。须及时采收和播种。

（2）播种：打塘备料。播种前 2 个月，选择在制种用的遮阳塑料大棚里进行。以长 60 厘米×宽 60 厘米×深 30 厘米规格苗床，在苗床内铺一层 3~5 厘米厚的腐殖土，把蜜环菌菌材平行摆放在上面，菌材间稍留间隙，填腐殖土平齐菌材段木后，平铺一层切碎的蕨草，再撒一些粉碎的蜜环菌菌材，盖一层鲜叶，再盖上腐殖土。随时保持厢面湿润而不积水，待两个月后撒种。

（3）撒种：种子成熟时，须及时播种。此时，先把苗床覆盖的腐殖土和未腐烂的叶片揭去，每厢用 2~3 个果实的种子，细心均匀地把种子撒在平铺的蕨草层上，盖上一层落叶，然后撒上萌发菌，回填 7~10 厘米厚原先取出的腐殖土，再盖上一些杂草、树枝等保湿。在播种时，若湿度不够，每层需喷水增加湿度，先喷水后再撒种。

（4）种苗管理：一要经常保持厢内湿润而不积水；二是防人和动物踩踏；三是切忌翻动苗床，以免损伤幼嫩球茎造成烂种。在第二年秋末才翻厢移栽，方法同白麻播种，在第四年春季就可成批收获商品天麻。

（四）收获与加工

1. 收获

先清除覆盖的泥土，从厢塘的一端撬动菌材并取出，摘出大小球茎，形成花茎芽的天麻为商品麻，其余球茎作为种麻进行移栽。

2. 加工

比较简单的粗加工方法是：先洗干净收获的天麻表面泥土及菌索，烧一大锅开水，先放大个的天麻，再放较小个的天麻，煮 10 ~ 15 分钟后，捞起晾晒或烘干，即为成品天麻。

四、金银花栽培技术

（一）概述

金银花为忍冬科多年生藤本植物，又名金银藤、鸳鸯藤、双花。以花蕾或带叶的茎入药。金银花有利尿、清热、止泻、消炎等之功效。主要用于治疗上呼吸道感染，流行性感冒，扁桃体炎、外伤感染等症。此外，金银花还可以盘扎成盆景供人们观赏。主产于山东、河南、湖南、四川等省，全国多数地区皆适宜其生长。金银花为半常绿缠绕灌木，一般在 5 ~ 7 月开花，8 ~ 10 月结果。种子播种后，生长于第二年开始产花，产花期可达 20 余年。年亩产量 150 千克左右。它性强健，喜阳也耐阴，并耐干旱、积水和寒冷，酸碱土壤均能生长。在比较向阳的荒山坡地、田边、沟渠旁皆可种植。以砂质壤土为好，pH 值在 5.5 ~ 7 都适合金银花的生长，但湿润、肥沃、深厚的沙壤土会生长得更好，根系发达且产量也高。

（二）栽培方法

种植前，每亩地施有机肥 2 ~ 3 千克，翻耕整地。并按株行距 0.75 米 × 0.75 米开穴，每穴内再施些腐熟的有机肥，即可播种。栽培方法有以下 3 种方式。

1. 种子栽培

这种方式需在秋季种子成熟时采下其果实，去皮、阴干、贮藏备用。在次年春季用 35 ~ 40℃温水浸种 1 昼夜后，在整好的苗床上按行距 25 厘米左右的宽度开沟条播种子，每亩播种量 1 ~ 1.5 千克。下种后，在上面覆盖一层细土，厚度以 1 厘米为宜，然后在厢面盖上一层薄薄的稻草并浇水润土。播后 10 ~ 15 天种子发芽出苗。苗期要加强田间管理，当年秋季或第二年春季幼苗即可定植于大田，每穴 2 株，移栽幼苗时需带土，以保证成活率。

2. 扦插栽培

扦插期分春秋两季。春季宜在新芽未萌发之前，秋季应在 8 月底至 10 月中旬为好。一般选择一二年生健壮的枝条作为插穗，插穗长 25 ~ 30 厘米，分扦插育苗和直插定苗两种。若扦插育苗，苗床要起成高厢，宽 1 ~ 1.5 米，行距 20 厘米开沟，将插穗按株距 5 厘米斜插于沟里，覆土后踩紧，穗条露出土面 8 ~ 10 厘米，遇大旱天气要及时浇水，以提高成活率。插后半个月开始发根，次年春季或秋季进行定植。如采用直插定苗，每穴分散插 5 ~ 6 个插穗，以保证全苗。

3. 分根栽培

就是将母株挖出，然后分开种植。这种方法的不足之处会影响次年开花，种源缺乏，只适宜于花卉园观赏用繁殖，大规模生产不提倡。

（三）田间管理

1. 中耕除草

移栽成活后，每年要中耕除草 3~4 次，3 年以后，藤茎生长繁茂，可视杂草情况而定，减少除草次数。

2. 追肥

每年春季、秋季要结合除草追肥，农家肥、化肥均可，每亩追施尿素 30~40 千克，在植株下要培土保根。

3. 修枝整形

生长一二年的金银花植株，藤茎生长不规则，杂乱无章，需要修枝整形，有利于树冠的生长和开花。具体整形修剪办法：栽后 1~2 年主要培育直立粗壮的主干。当主干高度在 30~40 厘米时，剪去顶梢，促进侧芽萌发成枝。第二年春季萌发后，在主干上部选留粗壮枝条 4~5 个，作主枝，分两层着生，从主枝上长出的一级分枝中保留 5~6 对芽，剪去上部顶芽。以后再从一级分枝上长了的二级分枝中保留 6~7 对芽，再从二级分枝上长出的花枝中摘去勾状形的嫩梢。通过这样整形修剪的金银花植株由原来的缠绕生长变成枝条分明、分布均匀、通风透光、主干粗壮直立的伞房形灌木状花墩，有利于花枝的形成，多长出花蕾。金银花的修枝整形时提高产量影响很大，一般可提高产量 50% 以上。

（四）病虫害防治

1. 褐斑病

多在夏秋季发生。发病严重时使叶片脱落，引起植株生长衰弱。发病初期叶片上出现褐色小点，以后逐渐扩大成褐色圆形病斑，也有的受叶脉限制形成不规则的病斑，病斑背面有灰黑色霉状物，一张叶片如有 2~3 个病斑，就会脱落。防治方法；秋季集中烧毁病残体，增加有机肥，加强水分管理，注意虫害防治，用 50% 多菌灵 800~1 000 倍液，或用加 50% 托布津 1 000~1 500 倍液，或用 1% 波尔多液喷雾防治。

2. 天牛

夏初成虫出土，于枝条表皮产卵，幼虫先在表皮为害，后钻入木质部，再向茎基部蛀食。防治方法：在幼虫孵化时，用 90% 敌百虫 1 000 倍液喷雾，发现有蛀孔，可用药棉蘸 30% 敌敌畏原液，塞入蛀孔或剪下虫枝烧毁。

3. 蚜虫

为害嫩枝和叶片，5~6 月为害严重。可用 40% 氧化乐果 2 000 倍液喷杀。但要注意在开花前 10 天应停止用药。

（五）采收与加工

金银花在移栽后第三年开始开花。当花蕾由绿变白，上部膨大，将要开放时应及时采收。一般在 5 月中下旬采摘第一茬花，隔 1 个月后陆续采摘第三、第四茬花，采收时间应选晴天早晨露水干后进行。采下的鲜花要及时干燥，可采用太阳晒或炭火烘或烘箱烤。应注意的是，在干燥前期不能翻动，否则花朵易变黑，影响产品外观及质量。一般以花蕾呈棒状、上粗下细、略弯曲。表面绿白色，花冠厚，无开放花朵，无破裂花蕾及黄条，花蕾色正、味甘微苦、气味清香者为佳品。

五、桔梗栽培与加工技术

（一）形态特征

桔梗又名大药，是常用中药材。主产于四川、山东、江苏、浙江、安徽等省。它具有祛痰止咳、消肿排脓的功能。属桔梗科多年生草本植物。全株光滑，高40~100厘米，体内具白色乳汁。根肥大肉质，长圆锥形或圆柱形，外皮黄褐色或灰褐色。叶近无柄，叶片卵形至披针形，长2~7厘米，宽0.5~3厘米，先端渐尖，边缘具锐锯齿，基部楔形。茎直立，上部稍分枝，茎中部及下部对生或3~4叶轮生。花期7~9月，果期8~10月。种子卵形，黑色或棕黑色，具光泽。

（二）生长习性

桔梗具有喜光、喜湿、耐寒的特点，适应性强。人工种植多栽培于向阳背风的丘陵坡地，土壤水分过多或积水易引起其根部腐烂，在土层深厚、疏松肥沃、富含腐殖质的沙质壤土中生长良好。适宜生长的温度范围是10~20℃，最适温度为20℃。种子在10℃以上时开始发芽，发芽最适温度为20~25℃。桔梗为深根性植物，根系随年龄增长而增粗，当年主根长可达15厘米以上；第二年的7~9月为根的旺盛生长期。采挖时，根长可达50厘米，幼苗出土至抽茎6厘米以前，生长缓慢，茎高6厘米至开花前（4~5月）生长加快，开花后减慢。至秋冬气温10℃以下时倒苗，根在地下越冬，一年生苗可在－17℃的低温下安全越冬。桔梗喜凉爽湿润环境，野生多见于向阳山坡及草丛中，栽培时宜选择海拔1 100米以下的丘陵地带，对土质要求不严，但以栽培在富含磷、钾的中性类沙土里生长较好，追施磷肥，可以提高根的折干率。桔梗喜阳光耐干旱，但忌积水。

种子在10℃以上时开始发芽，发芽最适温度在20~25℃，一年生种子发芽率为50%~60%，二年生种子发芽率可达85%左右，且出芽快而齐，种子寿命为一年。

（三）栽培技术

1. 地块的选择与整地

应选择向阳，土层深厚的坡地或排水良好的田块作为种植用地，土质宜砂质壤土、壤土或腐殖土。每亩施农家肥4 000千克作为底肥，深耕30~40厘米。整细耙平，垒成宽1.0~1.5米的厢。

2. 种子选择

桔梗种植以种子繁育为主。一年生桔梗结的种子瘦小而瘪、颜色较浅，作种用其出苗率低，且幼苗细弱，产量也不高；而二年生桔梗结的种子大而饱满、颜色深，播种后出苗率高，植株生长快，产量也高，一般单产可比一年生种子高出30%以上。

3. 种子处理

播种前，将种子置于50~60℃的温水中，不断搅动，将泥土、瘪壳及其他杂质清除，待水凉后，再浸泡12小时，或者用0.3%高锰酸钾溶液浸种12小时，可提高发芽率。

4. 播种期

秋播、冬播及春播均可。但以秋播为最好，秋播当年出苗，生长期长，结果率和根粗明显要高于冬播和次年春播者。

5. 播种方法

一般采用直播，也可育苗移栽。直播产量高于移栽，且根形分权小，质量好。

6. 播种方式

多采用条播。在整理好的厢面上按行距 20～25 厘米开条形沟，沟深 4～5 厘米，播幅 10 厘米，为使种子播得均匀，可用 2～3 倍的细土或细沙拌匀播种，播后盖草木灰或细土 2 厘米厚。每亩用种量：直播 750～1 000 克、育苗 350～500 克。

（四）田间管理

1. 间苗和补苗

当苗长到 2 厘米高左右时要适当疏苗；苗高 3～4 厘米时定苗，以苗距 10 厘米左右的距离留壮苗 1 株。补苗和间苗可同时进行。补苗时，应带土移栽易于成活。

2. 中耕除草

由于桔梗前期生长缓慢，大田中生长的杂草对其影响较大，故应及时除草。一般 3 次，第一次在苗高 7～10 厘米时进行，第二次在第一次中耕一月之后进行，第二次一个月后进行第三次。做到见草就除，保证桔梗苗顺利生长。

3. 肥水管理

每年 6～9 月是桔梗生长旺季。在 6 月下旬和 7 月视植株生长情况应适时追肥，施肥以人畜粪为主，配施少量磷肥和尿素，每亩撒施尿素 15 千克、磷肥 20 千克，并施人畜粪水 1 400 千克。无论是直播还是育苗移栽，天旱时都应浇水，雨季应及时排除积水，使土壤保持合理的湿度和透气性。

4. 打顶与除花

在苗高 10 厘米时，达到二年生留种标准的植株要进行打顶，以增加果实的种子数和种子饱满度，提高种子产量；而一年生或二年生的非留种用植株一律去除花朵，以减少养分消耗，促进地下根的生长。在盛花期可以喷施 1 次浓度为 1 毫升/升的乙烯利，可基本达到除花的目的，产量较不喷施者增加 40% 以上。

（五）病虫害防治

为害桔梗生长的病虫害主要有轮纹病、纹枯病、拟地甲、蚜虫、红蜘蛛、菟丝子等。其防治方法如下。

1. 轮纹病和纹枯病

主要为害叶片。发病初期可用 1∶1∶100 波尔多液或 50% 多菌灵 1 000 倍液喷施防治。

2. 拟地甲

主要为害根部。可在 5～6 月幼虫期用 90% 敌百虫 800 倍液或 50% 辛硫磷 1 000 倍液喷杀。

3. 蚜虫、红蜘蛛

主要为害幼苗和叶片。可用 40% 乐果乳剂 1 500～2 000 倍液或 80% 敌敌畏乳剂 1 500 倍液，每 10 天喷杀 1 次。

4. 菟丝子

是一种生理构造特别的寄生植物，它攀附在其他植物上面吸取养分。它能依附在桔梗植株上大面积蔓延。发现时，可将菟丝子茎全部拔掉，为害严重时连桔梗植株一起拔掉，并深埋或集中烧毁。

此外尚有蝼蛄、地老虎和蛴螬等为害，可用敌百虫毒饵诱杀。

（六）采收与加工

播种两年或移栽当年的秋季，当桔梗叶片呈现黄萎状时即可采挖。把采挖出来的桔梗割去茎叶、芦头，将根部泥土洗净，浸在水中，趁鲜用竹片或玻璃片刮去表面粗皮，洗净，晒干或用无烟煤火炕干即成。

（七）留种技术

桔梗花期较长，果实成熟期很不一致，留种时，应选择二年生的植株，于9月上、中旬剪去弱小的侧枝和顶端较嫩的花序，使营养集中在上中部果实。10月当蒴果变黄，果顶初裂时，分期分批采收。采收时应连果梗、枝梗一起割下，先置室内通风处后熟3~4天，然后再晒干、脱粒、去除瘪子和杂质后贮藏备用。成熟的果实易裂，造成种子散落，应及时采收。

六、山药人工栽培技术

（一）概述

山药即山中之药。又名薯芋、大薯、山药蛋、山薯等。属薯蓣科、薯蓣属，多年生蔓性草本植物。主产于河南、河北、山西、山东等省及中南等地，四川省西南地区也有栽培。我国栽培的属亚洲群，又分两种类型，即普通山药和田薯，目前，人工栽培的大多属普通山药。山药可供食用部分是其肥大的块茎，营养丰富，含有大量淀粉及蛋白质、B族维生素、维生素C、维生素E、葡萄糖、粗蛋白氨基酸、胆汁碱、尿囊素等。山药是一种医用价值很高的滋补强壮剂。肉质根烘干切片入药作为中药，它有健脾益胃、助消化、滋肾益精、益肺止咳、降低血糖、抗肝昏迷、延年益寿的功能；作为药用蔬菜，可做多种菜肴。山药耐运输贮藏，经加工可成干制品。山药是我国传统的出口创汇农产品之一，市场前景看好。随着人们保健强身意识的增强，山药的市场越来越广阔。

山药对海拔高度的要求不严，喜高温干燥，怕霜冻。生长期最适宜温度为25~28℃，块茎积累生长期适宜温度为20~25℃，发芽的地温要求在15℃左右。块茎较耐寒，在-15℃的地下也保持完好。山药较耐阴，但块茎积累养分时需要阳光充足。山药生长的土质条件，需要土层深厚、排水良好、肥沃、富含钾的沙壤酸性土，黏性土和黏板土壤均易使山药产生扁头、分权，影响块茎的膨大和品质，在膨大生长期需要充足的磷、钾元素。比较耐干旱，对水分的要求不严格，但在萌芽期要求土壤湿润，在块茎生长期不能缺水，以免影响产量。成熟的地下块茎呈棒状，一般长80~140厘米，茎周长10~15厘米，重400~800克。表皮呈黄褐色或有褐斑，四周长有须根，毛根细长。肉质色白细面、带黏性、味清香。山药的果或块根均可繁殖，一般在3月栽种，9~12月均可收获。

（二）栽培技术

山药不宜连作，连作易造成土壤养分失调和病虫害加重。用新地块种植的山药，块茎色泽鲜艳，皮光无斑痕，产量高；重茬地种植，块茎易烂，皮厚无光泽，品质低且产量低。有的地方常采用隔行开沟，每年间隔行种植，可以连种三年不重沟，以此解决连作的问题。一般应每隔3年轮作一次，忌连作。

1. 土壤选择、挖沟与施肥

（1）土壤选择：栽培山药应选择地势高，地下水位在1米以下，排灌方便，土层深厚、肥沃疏松的砂壤土；土壤黏重、过砂或碱性强的地块不宜用来栽种山药。

（2）挖沟与施肥：种植山药的沟一般以每 2 米左右宽度挖一行沟为宜，沟宽 30 ～ 50 厘米，深 80 ～ 100 厘米，长度不限。沟挖好后又回填，填土时要认真，最好先填生土，后填熟土，边填边压紧，回填至 50 厘米左右时，开始在沟里施腐熟的农家肥，每亩用堆肥、畜禽栏肥等 4 000 ～ 5 000 千克，边填土边往沟里施肥。由于山药需肥量大，要重施基肥，山药的主要吸收根是向水平方向伸展的，多分布丁表层土壤中，故肥料不宜深施，一般应施在 40 厘米处的浅土层中，以供山药水平根有效吸收利用。播种前沟要填平压实，有条件的地方可以用水灌压一次，等待次年开春播种。

2. 繁殖方法

主要有芦头繁殖法和零余子繁殖法两种。

（1）芦头繁殖法：又叫顶芽繁殖法。多用于开花不结果的品种。长柱形种块茎顶端有一潜伏芽，常切取其带潜伏芽做种的一段，称山药栽子，或芽嘴子。块茎其余部分也可切段做种，称山药段子。山药段子出芽较晚，应催芽先播；扁块种、圆筒种只有茎端能发芽，切块时应在茎端纵切。收挖山药时，选取粗壮无病虫害的根茎，于芦头 10 ～ 20 厘米处切下，切口涂草木灰，置通风处晾干后，放在室内或地窖沙藏，温度以 5℃左右为好。以畦栽形式的，可按行距 30 ～ 45 厘米开沟，沟深 15 ～ 20 厘米，宽 15 厘米，株距 15 厘米将芦头平放沟内，也可每沟双行，排成人字形，将芦头种在沟的中线两旁，相隔 3 厘米，栽后覆土稍镇压。

此法播种的优点是，出苗早、发育快、植株生长势旺盛；但不足的是，繁殖系数低，连续几年后，顶芽衰老、生活力衰退、产量降低。因此，连种 3 ～ 4 年后应及时换种。

（2）零余子繁殖法：又叫珠芽繁殖法。有些地区种植的山药是可以正常开花结籽的，种子一般在 9 月下旬成熟，可在脱落前采收。在霜降前后，山药地上茎叶即将黄萎时，从其叶腋间摘下或地上拾起零余子（即珠芽），晾 2 ～ 3 天后，放在竹篮内，盖好或装入木箱贮藏越冬。贮藏期间应注意通风透气和防鼠害，以免霉烂受损。选种时，要选择特性明显且粗壮、皮孔稀、有光泽、无病虫害，圆形或椭圆形的种子作种用。

用零余子繁殖须经一年时间的培育，从第二年开始山药生活力旺盛，增产显著，不易退化，复壮效果好，繁殖系数高。

下种时间为 3 ～ 4 月，按行距 25 厘米左右开沟，每隔约 10 厘米下种 2 ～ 3 粒，深度以 6 ～ 8 厘米为宜，秋后浇水，约半月出苗，当年秋挖取作种栽，称圆头栽。

以珠芽和芦头繁殖的区别是，珠芽主要用来育苗，芦头常用来生产山药，芦头连续栽植易引起退化，可用珠芽改良，一般 2 ～ 3 年更新 1 次，优良品种有铁棒山药、太谷山药等。

3. 播种

山药播种时间宜在清明节前后，不宜过早，当地温达到 13℃以上时最为适宜。在开挖回填的沟面上，按株距 20 ～ 26 厘米开种条沟，沟深 7 厘米左右，将选好的山药栽子种条顺一个方向平放于沟中，芽头顺向一方，每个芽口相距 23 厘米，每沟最好一个芽头回头倒放，与最后第 2 个平行而头尾各向一方。下种后每亩施入畜粪尿约 2 000 千克，再覆土至平畦面。

4. 田间管理

（1）搭架：山药为缠绕性植物，其生长期应搭架，当苗高 20 ～ 30 厘米时即可搭架，材料可就地取材，木条、树条、竹条均可，搭架要牢固，高度约 2 米。

（2）浇水：生长期间过干过湿都易造成山药主根分叉，雨季要注意排水，高温旱季要注意适时浇水，以早晚浇水为好，浇水深度不宜超过根的生长深度，湿度以土壤不干裂为宜。

（3）间苗：下种苗出后，要结合中耕适时定苗，同时，注意对芦头摘芽，以每株保留 1 ~ 2 个健壮芽为好，其余茎叶全部摘除。

（4）追肥：除施足底肥外，在生长期间还应进行 2 ~ 3 次追肥，搭架时施 1 次，8 月下旬再追施 1 次，以人粪尿或饼肥液进行沟施。

5. 病虫害防治

（1）炭疽病：主要为害茎叶。受害茎叶产生褐色下陷小斑，有不规则轮纹，上生小黑点，雨季严重。防治方法：一是在栽前用 1：1：150 倍波尔多液浸种 10 分钟；二是在发病期间用 50% 退菌特可湿性粉剂 800 ~ 1 000 倍液喷洒，7 天 1 次，连续 2 ~ 3 次；其次是要搞好田间清洁，防止病原传播。

（2）褐斑病：主要为害叶面。病斑不规则，褐色，散生小黑点，在连绵雨季比较严重。防治方法：一是及时清除病残叶烧毁；二是在发病期用 1：1：120 波尔多液喷洒或 50% 二硝散 200 倍液喷洒，每 7 天 1 次，连续 2 ~ 3 次。

（3）虫害：主要有蛴螬、地老虎等虫害。防治方法：用 90% 敌百虫原药配成 1：100 倍液或用 50% 辛硫磷 50 克拌鲜草 5 千克制成毒饵进行诱杀。

（三）采收加工

1. 采收

到 10 月下旬，当山药地上部苗开始枯黄时即可采挖，有珠芽的应先采收珠芽，再拆除支架、藤茎后，进行挖掘。开挖山药时要特别小心，不要挖断或挖烂，以免使产品等级受到影响。作种用的山药还要注意保护好芦头，不要把潜伏芽弄伤，要力求整条山药块根完好。挖回后，将山药的先端（龙头）长 10 ~ 20 厘米处折断，作种用处理，其余的作为市售食用或加工。

2. 加工

采回的根茎要及时进行加工，否则以后加工难度增大，折干率下降。具体方法是：把根茎洗净，刮去外皮，使成白色，有小黑点和根节斑点残留的，可用小刀刮去，刮后用硫黄熏，每 50 千克鲜山药约用硫黄 0.25 千克，熏 8 ~ 10 小时，水分外出，山药开始发软时，即可拿出日晒或放入烤房烘烤。如果山药块根过大，可纵切成 2 ~ 4 块，这样容易干燥，不易霉变。等山药外皮稍见干硬时，此时应停止晾晒或烘烤，再将其用硫黄重新熏 24 小时后至全株发软，再拿出日晒或烘烤，至外皮见干，再进行堆放，如此反复 3 ~ 4 次，到完全干燥为止，即为山药干品。

第六节　测土配方施肥与秸秆还田

一、测土配方施肥基础知识

俗话说：庄稼一枝花，全靠肥当家。肥料在农业生产中占据着不可缺少的地位和作用。据有关部门 2008 年统计，由于农民缺少科学施肥知识，我国每年因不合理施肥造成的经济损失高达 500 亿元以上。因此，如何科学合理与正确施用肥料，大力推广测土配方施肥技术，是全面促进农作物增产、农民增收、农业增效的重要手段。

（一）基本概念

测土配方施肥是以养分归还学说，最小养分律、同等重要律、不可代替律、肥料效应报酬递减律等作为理论依据，以土壤测试和肥料田间试验为基础，根据作物需肥规律，土壤供肥性能和肥料效应，在合理施用有机肥料的基础上，提出氮、磷、钾及中、微量元素等肥料的施用数量，施肥时间和施用方法的一种施肥技术体系。

中量元素是指作物生长所必需的硫、钙、镁等元素。

微量元素是指作物生长所必需的铁、硼、锰、铜、锌、钼、氯等元素。

测土配方施肥的核心问题是调节和解决作物需肥和土壤供肥之间的矛盾，同时有针对性地补充作物所需的营养元素，作物缺什么元素补什么元素需要多少就补多少，以实现各种养分平衡供应，满足作物的需要，从而达到提高肥料利用率和减少肥料用量，提高作物产量，改善农产品品质，实现节支增收的目的。

（二）测土配方施肥的好处

一是改变农民施肥观念和施肥方法。改变农民由以前那种肥料越多越好、浅表施肥、撒施肥料向合理施肥、因土因作物施肥方向转变，减少施肥盲目性，提高用肥科学性。

二是降低生产成本。测土配方施肥可提高肥料利用率 3%～5%，每亩节约尿素 4 千克左右，增产粮食 30～50 千克，增收 30～60 元。

三是增加作物产量。我国土壤肥力监测表明：化肥对粮食的贡献率为 57.8%，实行测土配方施肥增产幅度在 8%～15%，高的可达 20%，平均亩增产粮食 30～50 千克，油菜、花生 15～30 千克，瓜果蔬菜效果更明显。

四是提高肥料利用率。实行测土配方施肥，优化施肥结构，增施有机肥，减少不合理化肥使用，可提高化肥利用率 3%～5%。

五是提高耕地质量。测土配方施肥是在合理施用有机肥的基础上进行的，通过有机肥、农家肥、秸秆还田等技术，土壤结构得到改善，合理的化肥配方，使土壤养分得到平衡，土壤疏松不板，耕性良好。

六是提高农产品品质。测土配方施肥能促进作物营养生长和生殖生长平衡协调，促进作物营养品质形成，增强作物抗病、抗逆能力，减轻作物病虫害，减少农药施用，从而提高和改善农产品品质。

七是提高科学施肥水平。测土配方施肥采用"测土到田"，配方到厂，供肥到点，指导到户，实行"测土、配方、配肥、供肥、施肥"五个环节为农民一条龙服务，有效地满足不同地方、不同种植的需求，实现农产品的优质、高产、高效。

八是减少肥料污染，减少农业面源污染。测土配方施肥可以改变过量施肥和不合理施肥的状况，减少土壤养分的固结和流失，促进作物秸秆和畜禽粪便的合理利用，减少化学物质、有机废物、有机废弃物对水体和农田污染。

（三）测土配方施肥的指导思想与遵循原则

1. 指导思想

以科学发展观为指导，实现"三增一改"（粮食增产、农业增效、农民增收和改善农业生态环境）为目标，以水稻、玉米、小麦、油菜、洋芋等作物为重点，通过发放配方施肥建议卡或提供配方肥料的形式，全面推进测土配方施肥工作。提高科学施肥技术的入户率、覆盖率、贡献率和肥料利用率，促进农业科技推广应用。

2. 遵循原则

实施测土配方施肥应遵循三条原则：一是有机肥与无机肥相结合的原则，以有机肥料施用为基础；二是大量、中量、微量元素科学配方，合理施用；三是用地与养地相结合，投入与产出相平衡。

（四）测土配方施肥的程序

1. 肥料效应田间试验

采用"3414"试验方案，即氮、磷、钾3个因素，4个水平，14个处理。通过试验摸清土壤供肥能力、作物对养分吸收量和肥料利用率等基本参数，建立作物施肥模型，为施肥分区和肥料配方设计提供依据。

2. 取土化验

按80~150亩采集1个土壤农化样品（取样深度0~20厘米）进行检测。主要检测项目：pH值、N、P、K和有机质、Zn、P等元素。通过取土化验掌握养分供应量。

3. 肥料配方设计

肥料配方设计首先要确定氮、磷、钾养分的用量，然后确定相应的肥料组合，通过提供配方肥料或发放配方施肥建议卡等形式指导农民施用。肥料配方设计常采用养分平衡法。即：

$$施肥量（千克/亩）=\frac{作物单位产量养分吸收量×目标产量-土壤测试值×0.15×有效养分校正系数}{肥料中养分含量×肥料利用率}$$

目标产量以三年平均产量为基础，按10%~15%的递增率计算；作物单位产量养分吸收量通过植株分析化验获得；肥料利用率通过田间试验得出。

4. 施肥分区与配方肥料生产

（1）施肥分区：以肥料配方设计为基础，综合考虑行政区划、土壤类型、土壤质地、气象资料、种植结构、土壤养分空间变异等因素，优化设计不同分区的肥料配方。以此制作配方施肥建议卡或提供企业生产配方肥料。

（2）配方肥料生产：配方肥料的生产是由农业技术指导部门委托具有配方肥料生产资质的肥料生产企业，按照配方设计，实行定点生产、定向销售。

二、配方肥料的特点与施用

（一）配方肥料的特点

1. 针对性强

配方肥料是按不同作物、不同土壤类型配方，因而它对作物的需肥量和土壤的供肥量针对性强。通过施肥得到有效补充。

2. 肥料利用率高

由于配方科学合理，作物吸收利用率高，减少了盲目施肥造成的浪费和环境污染。

3. 养分含量齐全

配方肥料不仅考虑了氮、磷、钾的科学搭配，而且还考虑了中量元素、微量元素的科学搭配，因而，养分含量全面，供肥持久，增强了作物的抗病抗逆能力。

4. 有效养分含量高，施用简便

配方肥料氮、磷、钾总养分含量多在30%~46%，养分含量高，施用数量少，减少了肥料运输成本。施用简便，一袋子肥料基本能满足作物生长期需要。

（二）配方肥料的种类与养分含量

1. 配方肥料的种类

全市目前生产销售的配方肥料主要有水稻专用配方肥、水稻制种专用配方肥、玉米专用配方肥、小麦专用配方肥、油菜专用配方肥、洋芋专用配方肥、蔬菜专用配方肥、西瓜专用配方肥、花生专用配方肥、茶叶专用配方肥、果树专用配方肥、桑树专用配方肥等。

2. 配方肥料的养分含量

配方肥料属于高浓度肥料。氮、磷、钾总养分含量多在 35% ~ 46%，比普通复合肥总养分含量高出 20% ~ 84%。水稻、玉米、马铃薯、小麦、油菜专用配方肥养分含量范围见表 1 - 7。

表 1 - 7 配方肥料表

配方肥名称	包装规格（千克）	养分含量范围（%）			总养分含量（%）	备注
		N	P_2O_5	K_2O		
水稻专用配方肥	40	19 ~ 22	6 ~ 8	5.5 ~ 7	35	肥料中所含中微量元素未列出；施用配方肥不再施用中微量元素肥料
玉米专用配方肥	40	20 ~ 22	6 ~ 8	5 ~ 7	35	
马铃薯专用配方肥	40	12 ~ 14	7.5 ~ 10	12 ~ 14	35	
小麦专用配方肥	40	21 ~ 23	5.5 ~ 7.5	5 ~ 6	35	
油菜专用配方肥	40	19 ~ 21	8.5 ~ 10.5	6 ~ 7	35	

（三）配方肥料施用方法

1. 水稻专用配方肥施用方法

（1）施用量：每亩施用 40 千克（即一袋）。

（2）作底肥施用，一般作底肥一次性施用；但对于漏沙田或其他保水较差的田块，宜分两次施用，即作底肥先施用 1/2，返青后再施用 1/2。以避免养分随水流失。

（3）移栽水稻或抛秧，先翻耕，抄田再施肥，然后耙田栽秧。

（4）秸秆覆盖免耕栽培水稻，先覆盖秸秆，泡水后施肥，在浸泡过夜后再抛秧。

2. 玉米专用配方肥施用方法

（1）施用量：每亩施用 35 ~ 45 千克。

（2）施用方法与水稻专用配方肥基本相同。

3. 马铃薯专用配方肥的施用方法

（1）施用量：每亩施用 40 ~ 50 千克。

（2）一般与有机肥混合作底肥施用。在马铃薯播种时窝施或在厢面行施。

（3）稻草覆盖种植马铃薯，在种薯旁窝施。

（4）做到种肥隔离：马铃薯专用配方肥养分含量高、水溶性强，肥料与种薯直接接触，易出现烧种烧芽。因此，不论窝施或行施均要做到种肥隔离，不能用配方肥盖种。

（5）马铃薯出苗后，对于弱苗可用猪粪水或沼气肥淋灌 1 次，以提高单株产量。

4. 小麦专用配方肥的施用方法

（1）施用量：每亩施用 40 千克（即一袋）。

（2）作底肥施用，在小麦播种时窝施或行施。

（3）做到种肥隔离，不能用配方肥盖种。

5. 油菜专用配方肥的施用方法

（1）施用量：每亩施用 40 千克（即一袋）。

（2）主要作底肥，在油菜移栽时窝施，施后灌粪水。

（3）油菜需肥量大，一般追肥 2 次。在苗期亩用尿素 5 千克或专用配方肥 5～10 千克对水窝施，在蕾薹期亩用尿素 5～8 千克对水窝施。

三、测土配方施肥注意事项

（一）如何提高作物施肥效率

据近几年在农村的多点调查发现，农作物化肥施用量正在逐年增加，有些农民为了追求产量，常常不惜成本，不讲投入与产出比例，超量施用化肥，结果使农作物遭受肥害造成减产。为此，必须根据生态条件的变化，做好以下工作，可提高作物施肥效率。

1. 看温度

据多年实践，在 0～32℃，作物的吸肥能力逐步下降。据此，在温度较低的季节，可在越冬作物上施用半腐熟的有机肥和浓度较高的清粪水，使其在分解过程中提供热量，提高地温。还可适量增施磷、钾肥，增强越冬作物的抗寒能力。也可追施速效氮肥，以便作物快速吸收。当高温季节来临时，应多施充分腐熟的有机肥料，适量配施化肥，并要做到以水释肥。还要避免水肥高峰相遇，引发作物前期旺长，后期早衰。

2. 看光照

（1）要在光照条件好的地方适当多施氮肥，促进作物的营养生长与生殖生长；在光照条件差的地方，要少施氮肥，严防作物贪青晚熟。

（2）要在光照强时，深施肥料，防止光解、挥发，要多施磷、钾肥，提高水分利用率。

（3）要随着作物叶面积系数的增加，适当增施肥料，但应于早晨和 16 时后施用，以减少消耗。

3. 看水分

各地由于降雨量和水源条件不同，在施肥技术上也有差别。

（1）在多雨季节不应过量施用氮肥，一防作物疯长，二防肥料流失，三防污染水源。

（2）在干旱少雨时，应适量增施磷、钾肥，增施钾肥可以提高抗旱能力，增施磷肥可以提高对水分的利用率，并能发挥以磷增氮的作用。

（3）在操作方法上应注意，土壤含水量较高时，宜重肥轻施，即肥料浓度较高，但用量宜少，且要与作物植株保持一定距离。天气干旱时，宜轻肥重施，或者说肥少水多，增加浇水次数。

4. 看空气

土壤内和大气中气体对肥料的施用效果也影响极大。当土壤板结时，或者含水量过高时，土壤的空隙度小，气体难以流通，抑制根系的呼吸，阻碍微生物对养分的分解，供肥能力下降。因此，在农业生产上，一要保持土壤疏松，让空气流通正常；二要控制施肥数量，尤其是底肥的数量；三要开好田间沟厢，使降水能排、能渗、雨停田干。

（二）不合理施肥的常见现象

通常是由于施肥数量、施肥时期、施肥方法不合理造成的。常见现象如下。

1. 应用作物不当

盐碱地和对氯敏感的作物不能施用含氯肥料。常见的忌氯作物有：马铃薯、葡萄、烟草、西瓜等。用氯化铵和氯化钾生产的复合肥称为双氯肥，含氯约30％，易烧苗，要及时浇水。对叶（茎）菜过多施用氯化钾等，不但会造成蔬菜不鲜嫩、纤维多，而且可使蔬菜味道变苦，口感差，效益低。

2. 施肥品种不当

如油菜缺硼，过多地施用了磷肥。缺钾土壤过多地施用了氮肥。

3. 施肥深度不当

浅施或表施，氮肥等易挥发或流失，磷肥难以达到作物根部，不利于作物吸收，造成肥料利用率低。肥料应深施。一般不能直接与种子接触，施于植株侧下方10～15厘米处。尿素复合肥含氮高，缩二脲含量也略高，易烧苗，要注意浇水和施肥深度。

4. 施肥数量不当

一次性施用化肥过多或施肥后土壤水分不足，会造成土壤溶液浓度过高，作物根系吸水困难，导致植株萎蔫等现象，甚至枯死。施氮肥过量，土壤中有大量的氨或铵离子，一方面氨挥发，遇空气中的雾滴形成碱性小水珠，灼伤作物，在叶片上产生焦枯斑点；另一方面，铵离子在旱土上易硝化，在亚硝化细菌作用下转化为亚硝铵，气化产生二氧化氮气体会毒害作物，在作物叶片上出现不规则水渍状斑块，叶脉间逐渐变白。此外，土壤中铵态氮过多时，植物会吸收过多的氨，引起氨中毒。过多地使用某种营养元素，不仅会对作物产生毒害，而且还会妨碍作物对其他营养元素的吸收，引起缺素症。施氮过量会引起缺钙；硝态氮过多会引起缺钼失绿；钾过多会降低钙、镁、硼的有效性；磷过多会降低钙、锌、硼的有效性。

5. 未经腐熟的人粪尿不宜直接施用于蔬菜

人粪尿中含有大量病菌、毒素和寄生虫卵，如果未经腐熟而直接施用，会污染蔬菜，易传染疾病，需经高温堆沤发酵或无害化处理后才能施用。未腐熟的畜禽粪便在腐烂过程中会产生大量的硫化氢等有害气体，易使蔬菜种子缺氧窒息；并产生大量热量，易使蔬菜种子烧种或发生根腐病害，不利于蔬菜种子萌芽生长。

（三）测土配方施肥实际操作中应注意的问题

编者目前所推荐的各个作物的配方，是大面积上使用的，各种配方肥都是在中等肥力水平上的一个参考施肥量。针对具体的土壤要区别对待，因土因作物施肥，做到化肥与农家肥搭配施用。

一是因土施肥。就是根据土壤肥力高低，合理地增减施肥量。土壤肥力较高，则应少施；土壤肥力较低，则应增加施用量。同时，还应根据土壤质地掌握正确的施肥技术。土壤质地一般分为沙土、壤土和黏土三大类。沙土施肥，由于其土质疏松导致肥效释放较快而猛，一方面要掌握勤施少施的原则，另一方面要特别注意防止后期脱肥的现象。黏土施肥，土质黏重导致肥效释放缓慢，肥效后劲足，因此，生产上应多施有机肥，改良土壤结构，施用化肥可采用一次性全层施肥，也可按"基肥为主，追肥为辅"的原则。对粮食作物，一般用70％左右的氮肥作底肥，30％左右的氮肥作追肥比较适宜。壤土由于其土质结构良好，从而具备良好的保水保肥性能，透水透气性能适中，因此，在生产上一般可采用均衡施肥，底肥和追肥并重的方式。但在粮食产量不高的地区，也可以采用全层施肥法，一次性施足底肥，不再追肥。

二是因作物施肥。在蔬菜上，不宜偏施氮肥，要做到氮、磷、钾肥合理搭配使用。块根、块茎类蔬菜以磷、钾肥为主，配施氮肥；茄果类蔬菜以钾、氮肥为主，配施磷肥；瓜类蔬菜以钾、氮肥为主，配施磷肥；叶菜类蔬菜生长前期，适量施用磷、钾肥，肥料种类上可选择尿素、碳铵、钙镁磷肥、硫酸钾、生物钾肥等。用量上，中等肥力菜田，一般每茬蔬菜每亩肥料用量：氮（N）5~10千克，磷（P_2O_5）5~8千克，钾（K_2O）11~14千克。施用方法上，以基肥为主，施用时与有机肥混合均匀，一起施入。要禁止施用硝态氮肥，如硝酸铵等。硝态氮肥施入菜田后，会使蔬菜中的硝酸盐含量成倍增加，硝酸盐在人体中容易被还原为亚硝酸盐，亚硝酸盐是一种剧毒物质，对人体危害极大。在果树、茶叶、烟叶、瓜菜等作物上不能施用含氯化肥。氯离子会阻碍糖分、淀粉、烟碱的合成，使作物品质下降，如瓜类淀粉与糖分含量减少，烟草味道变坏，可燃性降低。含氯复合肥最好只施用在水稻、玉米等作物上。

三是化肥与农家肥搭配使用。生产实践表明：如果土壤长期不施用农家肥，只靠一味地大量施用化肥，靠化肥增加粮食产量，其结果是导致农作物单产提高了，而土壤形成板结，有机质含量大大下降，土壤肥力降低。另一方面，如果大量地施入农家肥，而不搭配合理比例的化肥施用，虽然能大量地增加土壤中有机质含量而培肥了地力，但因其肥分有效含量低和肥效慢，农作物单产结果并不理想，不能实现预期的种植效益。农业生产上，采用农家肥与化肥合理搭配施用，能做到用地与养地相结合，又能提升农产品的产量与品质，还能避免化肥肥效的流失。

四、农作物秸秆催腐剂使用规程

农作物秸秆催腐剂是一种微生物制剂，主要作用是将秸秆纤维素蛋白质在一定温度条件下，分解后形成腐殖质和腐殖酸，达到快速腐熟秸秆还田还地增加土壤有机质的目的。

（一）水稻、小麦、油菜秸秆还田腐熟使用规程

（1）在小麦、油菜、水稻机收后，将秸秆切碎分散，旋耕还田，将施肥、施药、除草水平按常规进行。

（2）将1千克催腐剂拌细沙（或渣肥）25~30千克撒施于小麦、油菜、水稻秸秆上。

（3）若稻田出现夺氮争磷现象，及时补施5千克尿素及2千克磷酸二氢钾。

注意事项：使用过程中保证相对湿度不低于70%，不低于20℃。

（二）玉米秸秆旱地腐熟使用规程

（1）在玉米收获后，将500千克玉米秸秆断节平铺（净种状态），或放入套种作物厢沟内。

（2）将1千克催腐剂拌细沙（或渣肥）25~30千克撒施于玉米秸秆上，翻耕或是覆盖少量泥土即可。

注意事项：使用过程中保证相对湿度不低于70%，温度不低于15℃。

（三）堆沤发酵秸秆使用规程

（1）按比例（300~500千克秸秆+50千克人畜粪便或2千克尿素+1千克磷酸二氢钾或5千克过磷酸钙+1千克催腐剂）施用。

（2）将要施用的催腐剂1千克对水25~30千克加入所需磷酸二氢钾或过磷酸钙。

（3）将要处理的秸秆分层码放设层30厘米。在每层上浇施混匀的人畜粪便和菌液，喷

后再加上盖细泥压实。这样重复码放 2～3 层，堆高 60～90 厘米，长 2 米×1 米，再盖土覆黑色塑料膜。

注意事项：使用过程中定时补水，保证所处秸秆相对湿度不低于 70%；使用菌液后，保证温度在 20～50℃；白天温度过高，达到 50℃时必须揭膜降温；15 天后翻堆、加水、制堆。

（四）人畜粪便脱毒脱臭使用规程

（1）按要处理的人畜粪便按比例（100 千克粪便＋20 千克秸秆或糠壳＋1 千克黄糖＋1 千克硫酸铵＋0.5 千克磷酸二氢钾＋1 千克催腐剂）加入辅助料。

（2）将要施用的催腐剂用 1 千克对水 25～30 千克，同时，加入所需要的黄糖、硫酸铵和磷酸二氢钾。

（3）将稀释好的菌液搅匀后均匀浇施到粪便混合物中。

（4）将混合好的粪便堆码成堆，覆盖或是覆膜进行堆沤。

注意事项：使用过程中保证相对湿度不低于 70%；使用菌液后，保证温度不低于 30～50℃。

第七节　植物保护与病虫害防治

一、植物保护基本知识

植物保护就是综合运用农业生态学、生物学、信息学、计算机等学科知识，来管理和控制影响农业生产、农产品贮存、农产品运输和农产品贸易的有害生物，确保农业生产安全、农产品质量安全、农业生态安全、和农产品贸易安全的一门农业学科。植物保护的核心是保护人类目标植物避免遭受有害生物的危害造成损失，所以也形象地把从事植物保护的工作者称为"植物医生"。

近年来，我国农业生产的外部环境和内部结构均发生了新的变化，如农作物种植规模化、集约化、机械化进程明显加快，农作物新品种更新换代加速。随着这些新变化，农业有害生物的种类、发生危害规律等方面也随之发生了显著改变，重大有害生物年发生面积60亿～70亿亩次。同时，人们对农产品质量安全标准的要求更高。这促成植物保护理念、植物保护技术要有新的突破和适应，"科学植保"、"公共植保"和"绿色植保"就是新形势下植物保护的新理念，并指导当前和今后的植物保护工作，为农业生态文明发展做出积极贡献。

（一）农业有害生物

农业有害生物是指为害农业生产，农产品贮存、运输和农产品贸易，并造成显著经济损失的生物，如昆虫、病原微生物、杂草、寄生性植物、植物线虫、老鼠、蛞蝓、螺等。

1. 害虫

在农业生态系统中，人们把对农业生产活动产生不利的生物称为害虫，相对人是有害的生物泛指。农业害虫主要是植食性昆虫，如水稻螟虫（钻心虫）、玉米螟、油菜蚜虫、菜青虫等；其次是植食性螨类，如小麦红蜘蛛，柑橘黄蜘蛛等；再就是老鼠，如小家鼠、黑线姬鼠等。其他如蛞蝓、蜗牛、福寿螺、麻雀、野猪等。

把以害虫为食物，或以害虫为寄生对象的生物称为天敌，其种类主要有捕食类，如昆虫

（瓢虫、蜘蛛、食蚜蝇、草蛉、步甲、猎蝽）、食虫动物（鸟、青蛙、蛇）等；寄生类，如昆虫（赤眼蜂、小蜂、姬蜂）、病原微生物（白僵菌、苏云金杆菌、芽孢杆菌、病毒）等。在农业生态系统中，天敌控制或抑制有害生物发生和种群数量起到很重要的作用，保护和利用天敌是防治有害生物的重要手段。

（1）昆虫的变态：不同种类昆虫的生长发育过程，或形态变化是不一样的。如水稻二化螟的一生要经历卵、幼虫、蛹和成虫（蛾）四个时期，其幼虫和成虫的形态完全不同，我们把这类昆虫叫完全变态昆虫。常见的有稻苞虫、玉米螟、黄守瓜（叶甲）、星天牛、金龟子、尺蠖、小菜蛾、桃蛀螟、柑橘凤蝶、蚊子、苍蝇、家蚕等。

而像小麦蚜虫（俗称蚁虫）的一生有卵、幼虫和成虫三个时期，其幼虫和成虫的形态相似，只是身体大小不同，或内部系统成熟度有差异，这类昆虫叫不完全变态，其幼虫称为若虫。常见的水稻飞虱、大青叶蝉、蝗虫、水稻蟓象（打屁虫）、蓟马、蟑螂、蜻蜓等。

（2）昆虫的口器类型和防治：昆虫的口器可以分为两大类，一个是咀嚼式口器，如黄曲跳甲、蝗虫、鳞翅目幼虫等的口器；另一个是刺吸式口器，如蚜虫、稻飞虱、稻蟓象、蚊子等。有的昆虫口器发生变化，成为特殊类型，如蛾、蝶是虹吸式，苍蝇是舐吸式，蓟马是锉吸式等。

在用药防治有害昆虫时，就要根据害虫的口器来选择农药品种。如防治蚜虫、飞虱、叶蝉等刺吸式口器类害虫时，施用具备内吸特性的杀虫剂（吡虫啉、噻虫嗪、福戈等）的防效好。咀嚼式口器施用具有胃毒特性的杀虫剂（毒死蜱、敌百虫等）。

（3）昆虫的发育和形态特点：把昆虫发育过程的不同时期，叫虫期。

昆虫产下的卵到孵化出幼虫的时期，叫卵期。幼虫破壳而出到蛹出现的时期，叫幼虫期，或若虫期。幼虫伴随着蜕皮长大，从孵化到第一次蜕皮叫一龄幼虫，再蜕皮，为二龄幼虫，以此类推。幼虫期是为害农作物的主要时期，低龄幼虫期是防治害虫的有效时期。

末龄幼虫蜕皮并停止取食，到羽化出成虫的时期，叫蛹期。该阶段害虫的外观表现不动，因而是采取翻耕、清园等农业防治的最佳时期。

从蛹羽化出来，到成虫交配产卵至死亡的时期，叫成虫期。有的成虫要补充取食（如蛾），有的继续取食为害很长时段（如稻水象甲、稻飞虱）。由于成虫是昆虫一生的最后时期，雌雄虫的外部形态特征和性别特征固定，是昆虫分类、鉴定或田间害虫识别的主要依据，例如，触角、翅、足、眼、刚毛、刺等。

（4）昆虫、蜘蛛和蜱螨的区别：被称为红蜘蛛或黄蜘蛛的农业害虫是习惯上的称谓，它们实际上是植食性螨，如小麦红蜘蛛等。蜘蛛是不为害农作物的，他们是害虫的重要天敌类群，不能与植食性螨混淆。以成虫为例展示他们的区别（表1-8）。

表1-8　昆虫、蜘蛛、蜱螨区别

种类 \ 事项	头、胸、腹	触角	足	翅	眼
昆虫	明显分开	一对	三对胸足	两对	单眼、复眼
蜘蛛	头胸愈合，与腹部分开	无	四对	无	单眼
蜱螨	头胸腹愈合	无	四对	无	单眼

（5）昆虫的习性：不同的昆虫有其自身不同的生活习性（习惯），了解或掌握它们的习性，有助于农业害虫的防治。

①食性：以植物为食料的，叫植食性，如地老虎、蚜虫、螟虫；以活的动物为食料的，叫肉食性，如瓢虫、蜻蜓、寄生蜂等；以腐败的动植物或动物的排泄物为食料的，叫腐食性，如蛆蝇、蜣螂等。②趋性：昆虫对外界的物理和化学因素的刺激有着明显的趋向性或背向性反应，把它叫趋性，如：趋光性、趋化性、趋声性、趋水性、趋温性等。在农业害虫的监测预报和防治中，以趋光性、趋化性的应用最为广泛。利用害虫对光刺激的趋光性或背向性的应用，如黑光灯监测螟虫、飞虱等害虫，频振式杀虫灯防治茶树、蔬菜等作物害虫，黄板诱蚜虫，银灰薄膜驱避蚜虫等。利用害虫对化学刺激的趋化性应用，如糖醋液诱杀夜蛾成虫。或根据害虫性息素而制成的性诱剂在农业生产上的应用，如小菜蛾性诱剂监测和防治蔬菜小菜蛾，二化螟性诱剂控制水稻二化螟等。③假死性：有些种类的昆虫当突然遇到外界的惊扰时，会立即停止活动，或坠地表现死亡状态，过一会儿又恢复活动，称之为假死性。如金龟子成虫、叶甲成虫、象甲成虫、黏虫的幼虫等，农业生产活动中利用假死性开展人工捕杀害虫防治。④群集性：某些种类的昆虫出现个体聚集一起的现象，低龄幼虫表现尤为明显，叫群集性。如刚孵化的二化螟幼虫群聚取食，初孵的斜纹夜蛾幼虫群聚活动，黄刺蛾幼虫群聚叶片为害等。

2. 病害

农作物在生产中，或其产品在贮存运输过程中出现了不正常的表现，如褪绿、斑点、萎蔫、坏死等现象，叫植物病害，引起病害的因素就叫病因。

（1）植物病害的类型：依据引起病害的病因不同，将植物病害划分为侵染性病害和非侵染性病害。

①侵染性病害：由生物病因引起的植物病害，叫侵染性病害，此病因被称为病原生物，它能在植株之间传染，所以又将这类病害称为传染性病害。侵染性病害的病因主要有真菌、病毒、细菌、寄生性种子植物、植物线虫等。侵染性病害的分类是依据病原生物种类来划分。由真菌侵染引起的病害，叫真菌性病害，约80%的植物病害是由真菌病原所引起的，如水稻稻曲病、小麦白粉病、莴苣霜霉病等；由细菌侵染引起的病害，叫细菌性病害，如水稻白叶枯病。由病毒侵染引起的病害，叫病毒型病害，病毒病原的个体极小，需借助电子显微镜放大到几万至几十万倍才能看见其形态，这类病害常常借助蚜虫、飞虱、叶蝉、蓟马等微小的刺吸式口器昆虫传播病原，再侵染植物，如蔬菜花叶病毒；由寄生植物侵染引起的病害，叫寄生植物病害；由线虫侵染引起的病害，叫线虫病害。由于植物线虫造成植物伤害的表现与病原微生物引起的相似，再就是传统习惯上的原因，把它划归植物病害一类。②非侵染性病害：由非生物病因引起的病害叫非侵染性病害，如过高或过低的温度、太阳光灼伤、营养缺失（氮磷钾、微量元素等）、药害、三废污染等。

（2）植物病害三要素：植物病害的三要素也叫"病害三角"，简称"病三角"。植物病害的发生，不仅要有病原存在，还需要有侵染对象植物，以及配合病原侵染的环境条件存在，当这三个因素都存在并相互作用时，病害才会产生。病三角反映了植物病害发生的关系，在分析引起病害的病因、病原物侵染过程、病害流行的必要条件，以及制定防治对策时，都离不开对病三角的分析。

（3）植物病害的症状：植物感病后，其生理、形态表现出的异常就叫症状，包含病状和病征两部分。

①病状：植物感病后其自身的形态、生理等方面显示出的异常表现，叫病状。常见的病状有：A. 变色，包括褪色、花叶、黄花、红化、白化、斑驳、明脉；B. 坏死，包括立枯、猝倒、轮纹、斑点、条斑、疮痂、溃疡、叶枯、梢枯、叶灼；C. 腐烂，干腐、湿腐、软腐；D. 萎蔫，包括青枯、凋萎、黄萎、枯萎；E. 畸形，包括矮缩、矮化、丛生、恶苗、癌肿、瘤肿、根结、发根、小叶、小果、花变叶、扁茎、厥叶。②病征：病原物在感病植物表面显露的特征，叫病征。真菌性病害的病征常见有：霉状物、粉状物、霜霉状物、颗粒状物、菌核、菌索等；细菌性病害的病征是脓胶状物；病毒没有病征。症状是病因、植物、环境三者相互作用的结果和表现，不同病害的症状具有其自身的特异性和相对的稳定性，在植物病害的识别、鉴定等方面应用广泛，是田间植物病害诊断的主要依据。如识别水稻叶瘟的依据就是症状：病斑呈梭形或不规则形，有坏死线和黄色晕圈，病征为灰绿色霉状物。

（4）植物病害的侵染循环：植物从前一个生长季节被病原侵染后发病，到下一个生长季节再次发病的过程，叫植物病害的侵染循环。它主要包括了病原物的越冬或越夏、病原物的繁殖与传播、病原物的初侵染和再侵染三个环节。

病原物以休眠方式度过冬天或夏天，叫越冬或越夏。病原物越冬或越夏的场所有田间病株、病株残体、杂草是传染的主要源头。种子、苗木、转主寄主、土壤、肥料、昆虫体内或体外等，是病害初侵由越冬或越夏病原物对植物引起的第一次侵染，叫初侵染。植物受到初侵染后发病，然后在发病部产生的病原物通过媒介传播的侵染，叫再侵染。大部分的病害，在植物的一个生长季节中有初侵染和多次再侵染，致使病害在田间进一步扩展蔓延，甚至发展为流行，如小麦条锈病、玉米大小斑病；有些病害在植物的一个生长季节中只有初侵染，没有再侵染，如小麦黑粉病。

不管是病原物从越冬或越夏场所传播到植株上，或病原物在植株体之间的传播，都需要借助某种方式才能完成传播，如通过雨水、昆虫、其他生物和人类活动。

（二）有害生物预测预报

根据有害生物发生规律，运用相关学科知识，对农业有害生物发生的分布、种群数量和危害状况等方面实时监测，系统分析和预测它们未来时段的发生、为害趋势，并将预测结果通过情报、电话、短信、网络、电视、广播等方式发布给公众，叫有害生物预测预报，常简称为病虫测报。

有害生物预测预报是由农业植保部门免费向社会发布的，为农作物种植户提供病虫草鼠的防治提供科学、准确而及时的公益性服务，可以很好地提高有害生物防治工作水平，体现良好的经济、生态和社会三效益。

依据病虫测报对象的严重程度和指导有害生物防治的信息要求，测报类型有预报、警报、预报技术服务情报和病虫情况反映四类。预报一般有短期预报、中期预报和长期预报。农作物有害生物预测预报的方法有发生期预测（历期法、有效积温法、物候法），发生量预测（生命表预测法、经验预测法、统计预测法），危害程度预测和分布预测。

（三）农业有害生物防治的策略和措施

"预防为主，综合防治"的植保方针就是农业有害生物防治策略。它与国际上的 IPM 的含义是一致的，就是以农业生态观念为指导，分析有害生物与环境之间的关系，充分发挥自然因子的作用，采取必要措施来科学管理有害生物，把它们控制在经济损失允许水平以下，以获得最佳的经济、生态和社会效益。

综合防治的技术措施可分为 5 类。

1. 植物检疫

通过法律法规、行政和技术手段防止危险性有害生物的传播，或延缓其扩展蔓延，保障农业生产安全，促进农业贸易发展，叫植物检疫。

植物检疫是防治措施中最为特殊的一种，属性是强制性和预防性。有害生物主要依附在种子、苗木或其他繁殖材料、农产品或其包装物、运输工具等上面，人为地远距离传播，危险性大。

我国现行植物检疫分为国内植物检疫和进出境植物检疫。国内植物检疫的法规是《植物检疫条例》《植物检疫实施细则》以及各省市自治区检疫条例和实施办法等，目的是防止国内局部地区发生的或新传入的危险性有害生物在地区间传播蔓延，保护农林生产和贸易安全。进出境植物检疫的法律依据是《中华人民共和国出入境动植物检疫法》等。

2. 农业防治

运用各种栽培管理措施，创造利于植物生长发育生长而不利于有害生物发生的环境条件，控制有害生物危害，促进农业丰收，叫农业防治，又称栽培防治或健身栽培法。

它的手段大都是农田管理的基本措施，如平衡施肥、适期播种、培育壮苗、中耕除草等常规栽培管理，不需要特殊设施。选育和利用抗病虫优良品种，是防治有害生物最经济、最有效的方法。

3. 生物防治

根据自然界生物之间的食物链关系，保护和利用生物的捕食性、寄生性等习性，控制农业有害生物的方法，叫生物防治。如瓢虫捕食蚜虫、赤眼蜂寄生玉米螟卵、弯尾姬蜂寄生小菜蛾等以虫治虫，白僵菌防治玉米螟、绿僵菌防治蝗虫、Bt 控制水稻螟虫等以菌治虫，盾壳霉防治油菜菌核病、蜡质芽孢杆菌防治姜瘟等以菌治菌，蜘蛛、青蛙、蛇、鸟等有益生物防治害虫等。

4. 物理防治

利用有害生物的习性，通过物理因子或机械等方法控制它们的发生危害，叫物理防治。如：温汤浸种预防病害，热蒸汽处理苗床或土壤，核辐射处理种子控害；糖醋液诱蛾、性信息素诱虫等趋化性应用；频振式杀虫灯、黄板诱虫、银灰薄膜避虫等趋光性应用；利用假死性捕捉害虫，或人工直接捕捉害虫等。

5. 化学防治

使用化学物质防治农业有害生物的方法，叫化学防治，也称药剂防治。化学防治的优点是具有高效、速效、使用方便、经济效益高等特性，是控制突发性、爆发性病虫草鼠等有害生物的重要措施，甚至是唯一有效措施。它的缺点明显，如杀伤有益生物、致使有害生物产生抗药性、农药残留，使用不当还造成人畜中毒、植物药害、农田面源污染等一系列问题。所以，作为防治有害生物最后一道防线的化学防治，一定要根据防治目标来正确地选择药剂种类、剂型、配对、施用时间、施药方法、药械等，科学地使运用药剂防治有害生物。

根据防治对象或用途可将化学农药分为以下几种。

（1）杀虫剂：用于防治害虫的化学药剂，按其作用方式分：胃毒剂、触杀剂、内吸剂、熏蒸剂、拒食剂、驱避剂、绝育剂、昆虫生长调节剂等。

（2）杀菌剂：能够隔离、抑制或杀死病原物生长和繁殖的农药，分为：保护剂性杀菌剂，在病原物侵染前施用，以保护植物，如波尔多液；治疗性杀菌剂，能进入感病植物组织内，以抑制或杀死病原物，可作为保护剂施用，如三唑酮；铲除性杀菌剂，通过直接触杀、熏蒸或渗透植物表皮而发挥作用的，如高锰酸钾、高浓度的石硫合剂。

（3）除草剂：能够灭杀农田杂草的农药，分为灭生性除草剂，如百草枯、草甘膦；选择性除草剂，如精禾草克、敌稗、苯磺隆。

（4）杀鼠剂：用于杀灭老鼠的农药，如杀鼠醚、溴敌隆等，常拌成毒饵控鼠。

（5）杀螨剂：用于防治螨类害虫的农药，如哒螨灵、噻螨酮、阿维菌素。

（6）杀线虫剂：防治植物寄生性线虫的农药，如棉隆颗粒剂、涕灭威。

（7）植物生长调节剂：用于调节植物生长发育，达到提高植物抗病虫能力的农药，如乙烯利、多效唑、矮壮素等。

（8）杀软体动物剂：用于防治有害软体动物的农药，如四聚乙醛、硫酸烟酰苯胺等防治蜗牛、蛞蝓、福寿螺。

目前，使用较多的农药剂型有乳油（EC）、悬浮剂（SC）、可湿性粉剂（WP）、水剂（SL）、水乳剂（EW）、颗粒剂（G）、水分散粒剂（WDG）等。

二、绿色防控技术

为了保护农业生产、农产品质量、农业生态环境和农产品贸易安全，使用非化学物质和环境友好型技术措施防治农业有害生物，叫绿色防控。2010年年底，我国绿色防控技术应用的防治面积8亿亩次以上，占农作物病虫害发生面积的15%、占防治总面积的10%左右。这种技术的优势为控害持续、使用简便、环保明显，是"绿色植保"理念的具体表现，是建设现代植保体系的重大举措，是生态文明建设的自然组成。

绿色防控技术是由农业防治技术、生物防治技术、物理防治技术、生态控制技术、植物免疫诱抗剂应用技术等技术组成，是根据防控目标来选择和组装配套。

（一）强调有害生物的预防

贯彻植保方针，突出预防措施。改造或破坏有害生物的发生和休眠场所，减少和压低它们的种群数量，减轻、延缓有害生物发生或流行，达到控制有害生物的目的。要依据病虫害实际发生情况，来选择相应的物理、生态、或栽培等措施。如稻瘟病发生区，清理田间稻草、秸秆可以预防稻瘟病；果园放置诱集物控制夜蛾。

（二）以健身栽培为基础，保护应用有益生物，促进农田生物多样性发展

农田生态系统中，农作物是主体，是控制有害生物的基础。从种植品种的选择，围绕作物生长进行肥、水、土等方面的栽培管理，营造适宜主体作物生长发育，而抑制有害生物发生为害的环境条件。常用的措施有选栽抗病或耐病品种、种子处理、培育壮苗、测土配方施肥，套作、间作、水旱轮作，中耕除草、适当密植、合理灌溉、果园种草、设施栽培等。如在良好的水稻农田生态系统中，蜘蛛、青蛙等有益生物种群数量优势明显，自然控制叶蝉、螟虫等有害生物发生的种群数量，把它们的为害控制在经济损失允许水平以下；四川、云南的一些稻区选栽不同遗传背景的糯稻与杂交稻间作，可以减轻稻瘟病的发生或流行。

（三）开发应用生物防治和物理防治

近年，这两方面的产品和技术发展迅速，在农业上的推广应用面积逐年增加、不断深入。

1. 理化诱控技术

利用昆虫特定的趋性，而开发应用的诱集防控技术和产品。利用趋光性开发的产品和技术，如佳多频振式杀虫灯系列产品，在农田、果园、公园等方面诱集害虫防治；开发的"色诱"产品和技术，如黄板、蓝板控制茶园、小麦、蔬菜等作物上的蚜虫。利用趋化性开发的"性诱"产品和技术，如人工合成的二化螟性诱剂，用于水稻二化螟的测报和防治；斜纹夜蛾性诱剂用于防治蔬菜斜纹夜蛾性害虫。利用害虫对特定蛋白趋性开发的"食诱"产品和技术，如蛋白质"食诱"剂防治柑橘大实蝇。

2. 驱避技术

利用昆虫对外界因素刺激表现明显的背向性反应，开发控害技术。利用昆虫的生物趋避性开发的植物驱避害虫，如在农田、蔬菜、果园等农作物上种植鱼腥草、大蒜、除虫菊、花椒等驱避主栽作物上的害虫。利用昆虫的物理隔离、光波反应开发的系列防虫网、银光薄膜等驱避害虫技术和产品，如蔬菜地使用银光薄膜驱避蚜虫。

3. 生物产品防治技术

一是生物药剂产品和防治技术，如天然除虫菊酯、苦参碱等植物源药剂；或春雷霉素、宁南霉素、井冈霉素、申嗪霉素等抗生素；或白僵菌、绿僵菌、苏云金杆菌、病毒等微生物制剂，应用于粮食作物、蔬菜、茶园、果园等有害生物的防治。另一个是天敌产品和防治技术，如赤眼蜂、丽蚜小蜂等寄生性天敌的繁育和释放控制害虫技术；捕食螨等捕食性天敌的繁育和释放技术。

4. 生物多样性技术

利用生态食物链原理的技术，如稻鸭、稻蟹等共育技术；果园选择生草，增加果园生物多样性，为果园天敌提供繁育场所的技术，控制有害生物的为害。

三、农作物主要病虫害识别与防治

(一) 水稻主要病虫害识别及防治技术

1. 水稻螟虫

主要有二化螟，三化螟、大螟，俗称"钻心虫"。由于这些害虫的幼虫蛀食水稻茎秆，而造成水稻表现出枯心、枯鞘、白穗等受害状，引起水稻减产。

(1) 为害特点：水稻分蘖期受害出现枯心苗，二化螟还引起枯鞘；孕穗期至乳熟期受害，出现枯孕穗、白穗，或虫伤株，秕粒增多，遇刮大风易倒折。

(2) 防治措施：防治螟虫的对策就是综合防治。①物理防治：按 40~50 亩稻田配置 1 盏频振式杀虫灯的密度，进行诱杀。于稻螟羽化初期 20~24 时开灯，天亮关灯，尽量减少对非靶标昆虫的诱杀，保护生态平衡；②生物防治：保持良好稻田生态，自然控制螟虫；性诱剂诱杀，每亩安装一个诱捕器，每代更换一次诱芯，诱捕器高出水稻植株顶端30 厘米；稻鸭共育控制，水稻移栽后 10 天，投 15 日龄鸭苗，每亩饲养 15~20 只鸭子；③化学防治：分蘖期螟虫枯鞘丛率达到10% 左右，或枯鞘株率达到3%~5% 的早栽田；孕穗期枯鞘株率达 0.5%~1% 时，于幼虫三龄前（一般在 7 月下旬）施药防治。防治螟虫可选用阿维菌素、氯虫苯甲酰胺（康宽）、杀虫单·BT 等药剂。需要注意：由于二化螟和三化螟生物学特性和防治关键时期差异较大，在两种螟虫混合发生为害较重的稻区，不能采取"一枪药"兼治法。在三化螟卵块数达到 60 个以上的类型田，必须施药防治。

2. 稻飞虱

主要有褐飞虱、白背飞虱、灰飞虱等，以成虫、若虫群集稻株吸食水稻汁液危害，成虫产卵危害、传播或诱发水稻病害，轻则使水稻减产 20% ~ 30%，严重造成水稻植株枯死而绝收。采用综合防治措施控制它的发生为害。

（1）农业防治：选用抗或耐虫的水稻品种；在卵盛孵期时，适当晒田控制飞虱种群数量；在成虫产卵盛期进行浅水灌溉，降低成虫产卵部位，产卵盛期过后再深灌 1 ~ 3 天，淹没产卵部位，可极大降低孵化率。

（2）生物防治：稻鸭共育配合杀虫灯防治（参考螟虫防治）。

（3）药剂防治：每亩可用 25% 噻嗪酮 50 ~ 60 克，或用 10% 吡虫啉 30 ~ 50 克，或用 48% 毒死蜱 50 ~ 80 毫升等药剂对水喷雾防治。

3. 水稻稻瘟病

病原物为真菌引起的病害，同纹枯病、白叶枯病被列为我国水稻三大病害，俗称"瘟病"。因其流行性、灾难性、毁灭性又为害普遍，常造成严重损失，甚至颗粒无收。

（1）症状识别：在水稻整个生育阶段皆可发生，具有为害时间长、侵染部位多和症状多样性等特点。按其为害时期和部位的不同，可分为苗瘟、叶瘟、节瘟、叶枕瘟、稻颈瘟和谷粒瘟。①苗瘟。发生于三叶期前，植株上出现水浸状斑，严重时表现为花苗；②叶瘟。发生于三叶期后的水稻植株叶片上，症状因天气、品种抗性的差异等因素表现有差异。主要为梭形或不规则形，病斑两端有坏死线、外围有黄色晕圈，或呈褪绿圆斑，上面有灰绿色霉层；③穗颈。发生在穗颈、穗轴及枝梗上，病部呈褐黑色坏死，穗颈、穗轴易折断成白穗，常称之为"吊颈瘟"。

（2）防治措施：①选栽抗病品种，这是最经济有效的方法。注意品种的合理布局，选择不同遗传背景的糯稻与杂交稻间作；②处理种子和稻草，实施带药移栽，阻断或降低病源。药剂处理种子和稻草处理，是具有经济、有效和简便特性的方法。常使用强氯精或咪鲜胺或氰烯菌酯等药剂浸泡种子。如用强氯精 2 克，对水 2 千克浸 1 千克稻种 24 小时，取出用清水冲洗 2 ~ 3 次后，再催芽播种。在移栽前 3 ~ 5 天，使用三环唑加福戈喷雾于秧苗，可兼治螟虫、蓟马等虫害；③加强栽培管理。做好配方施肥、勤灌浅灌等健身栽培措施，增强水稻抗稻瘟侵染能力；④药剂防治。掌握"早抓叶瘟，狠治穗瘟"原则，牢记颈瘟具有"防病不见病，见病治不了"的特性，注意它的预防。在开展水稻穗期"一枪药"防治时，加入控制稻瘟病的药剂，常用的有三环唑、稻瘟灵等。

4. 水稻白叶枯病

是一种细菌病原侵染引起的病害，造成秕谷减产，重的可达 50% 多，甚至颗粒无收。病原物在种子里休眠，随种子传播，发病期通过田水侵染稻株。是部分省的补充检疫性有害生物。

（1）症状识别：初期在病株叶尖或叶缘出现黄绿色斑，病斑沿着中脉、叶缘扩展成褐色，或成灰白色的长条斑，湿度大时，病斑上出现黄色小球状的菌脓。

（2）防治措施：①加强检疫，选栽无病或抗病品种；②种子消毒，如 1% 石灰水浸泡稻种，或用福尔马林处理稻种；③农业措施，清理病稻草、培育壮苗、防止串灌等措施；④药剂防治，控制发病中心的扩展蔓延是关键。常按每亩使用 2% 宁南霉素水剂 250 毫升，或亩用 25% 叶枯宁可湿性粉剂 200 克等药剂喷施防治。

其他水稻病虫害：稻丛卷叶螟、稻苞虫、稻叶蝉、稻蓟马、水稻纹枯病、水稻稻曲病、水稻恶苗病、稻粒黑粉病等。

（二）其他作物重要病虫害

1. 小麦锈病

为真菌病原引起的病害，主要有小麦条锈病、小麦叶锈病和小麦秆锈病3种。其中，条锈病的病原可通过上升气流长远距离传播（800～1 300千米），是我国小麦生产上最重要的病害。

（1）症状识别：条锈病主要发生在叶片上，发病叶片上出现小长条状黄色斑，与叶脉平行成行；叶锈病则散乱不成行；秆锈是个大红斑。

（2）防治措施：①选用抗病品种：做到抗源布局合理及品种定期轮换；②适期播种：可减轻秋苗期条锈病发生；③药剂拌种。a.15%三唑酮可湿性粉剂20克，拌麦种10千克（拌种药剂为种子重 量的0.2%）；b.2%戊唑醇可湿性粉剂10～15克，拌麦种10千克（拌种药剂为种子重量 的0.1%）；④喷药防治：重点抓好重发区春前防治，控制发病中心，压底菌源基数；春后应抓住发病初期防治。每亩用25%丙环唑乳油30毫升，或用20%三唑酮乳油80毫升，或用12.5%烯唑醇可湿性粉剂22.5～25克对水喷雾。

2. 油菜菌核病

为真菌病原引起的病害，油菜在整个生育期均可发病，结实期发生最重。主要以菌核混在土壤中、或附着混杂在种子间越冬或越夏。

（1）症状识别：感病叶片上呈圆形至不规则形病斑，有轮纹，易穿孔；感染的花瓣渐变为白色至腐烂；感病茎部初为浅褐色水渍状病斑，后变为长条斑。湿度大时，在感病部位出现棉絮状白色菌丝，后期为鼠粪状的黑色菌核。

（2）防治措施：①实施水旱轮作，降低菌源量；②种植耐或抗病品种，及时开沟排湿；③播种前进行种子处理，用10%盐水选种，汰除浮起来的病种子及小菌核；④药剂防治。在稻油栽培区要重点抓两次防治。一是在稻茬油菜田四周的田埂上喷药灭杀菌核；二是在油菜盛花期，喷80%多菌灵超微粉1 000倍液或40%多硫悬浮剂400倍液，7天后进行第二次防治。

第二章 养殖业

随着农村产业结构的调整、农村的剩余劳动力和城市下岗人员的增加，很多人便把目光转向农村养殖业。掌握科学的养殖技术，是养殖业健康发展的重要保证，是提高经济效益的重要手段。因此，养殖者通过多种形式的学习，了解养殖技术，并应用于生产实践，才能提高生产技术水平，以获得较高的养殖效益。

第一节 畜禽养殖

一、主要畜禽品种介绍

近年来，随着引入品种和培育品种的增加，我国畜禽品种资源也越来越丰富，为了帮助养殖户选择到合适的优良品种，各地政府每年都会根据生产形势和品种资源特点发布畜禽主导品种。目前，四川的畜禽主推品种如下。

（一）猪的主要品种

有杜洛克、长白、大约克夏、DLY 配套系、天府肉猪配套系、四川黑猪等。其中，杜洛克、长白、大约克夏及其 DLY 配套系是当前广泛饲养的外种猪，生产性能好，但饲养管理要求高，其屠宰率可达 75%，瘦肉率可达 65%，到 100 千克体重出栏时只需 150 天左右；天府肉猪配套系是我国利用上述三大外种猪与国内地方品种杂交选育形成，适宜在西南地区饲养的优质瘦肉型猪，综合生产性能较好；四川黑猪是用本地山地型地方猪种与外种猪杂交选育而成，因具有适应性强、抗逆性好、肉质风味独特、香味浓郁等特点，具有良好的开发潜力。

（二）牛的主要品种

有荷斯坦（黑白花）、西门塔尔、安格斯、南德温肉牛、蜀宣花牛等。其中，荷斯坦是当今饲养最为广泛的奶牛品种，产奶量高、适应性广，但耐热性较差。泌乳期 270～305 天，产奶量平均在 6 000 千克以上；西门塔尔是著名的乳肉兼用大型牛品种，成年母牛 600～800 千克，产奶量平均在 4 000 千克以上，成年公牛体重为 800～1 200 千克；南德温肉牛是肉乳兼用的大型牛品种，成年母牛体重平均达 700～900 千克，产奶量平均在 3 500 千克左右，成年公牛体重平均达 1 200～1 400 千克；安格斯牛是早熟中小型肉牛品种，具有良好的肉用性能，肌肉大理石纹好，成年公牛平均体重 700～900 千克，母牛 500～600 千克；蜀宣花牛是我国自主育成的乳肉兼用型牛新品种，具有适应性广、耐湿热气候，耐粗饲等特点。成年公牛平均活重 500～800 千克，母牛 400～600 千克。

（三）羊的主要品种

有川南黑山羊、川中黑山羊、南江黄羊、简州大耳羊、天府肉羊等。其中，川南黑山羊体格较小，具有适应性强、板皮质优等特点，成年体重平均 35～45 千克；川中黑山羊具有个体大、繁殖率高、适应性强、耐粗饲等优点，成年体重平均45～70千克；南江黄羊、简州大耳羊是我国自主育成的肉用型山羊品种，生产性能优于普通地方品种。南江黄羊比较适于山区放养，体格中等，成年体重平均35～60千克。简州大耳羊体格较大，成年体重45～70千克；天府肉羊是正在培育的专门化肉山羊新品种，成年体重50～70千克，比较适合圈养。

（四）兔的主要品种

有四川白獭兔、齐兴肉兔、加利福尼亚兔、新西兰白兔、比利时兔、齐卡兔、安哥拉兔等。其中，獭兔主要做皮用，安哥拉兔主要做毛用，其他品种主要做肉用。

（五）家禽的主要品种

有建昌鸭、樱桃谷鸭、天府肉鸭、四川白鹅、天府肉鹅、旧院黑鸡、四川山地乌骨鸡、峨眉黑鸡、大恒肉鸡等。这些品种中，樱桃谷鸭、天府肉鸭、天府肉鹅和大恒肉鸡生产方向以肉用为主，其他主要都是肉蛋兼用地方品种。

二、畜禽引种与繁育技术要点

（一）畜禽引种注意事项

畜禽品种与养殖效益密切相关，不同的品种其生产性能和饲养管理要求差别可能很大。为此，引种时要充分了解不同品种的特性，并做好相关引种的前期准备工作。

一是要根据自己的生产发展需求，结合本地自然气候条件，选择既能适应当地环境，又适合市场需求的品种，避免盲目引进。

二是要选择正规的大型种畜禽场引种。这有利于保证品种的质量，并得到相应的技术指导和售后服务。在选种时，还要注意查看系谱档案是否完整，观察畜禽个体是否具有品种的标准特征，体格发育是否良好。母畜要求温顺、母性好、繁殖性能强，公畜要求健壮、雄性特征明显。

三是注意运输安全。在运输种畜禽时，运输车辆必须严格清洗消毒，晾干后在车内铺上稻草等垫料，避免畜禽在运输中因颠簸碰撞受伤。更重要的是，运输过程中不能太拥挤、闷热，要保证车内空气流通，匀速行驶，尽量减少运输应激反应。

四是要做好过渡期管理。当引进的畜禽到达目的地后，首先应适当供给清洁饮水，同时可以在水里添加适量的电解多维素缓解运输应激，让畜禽休息2～4小时后再喂少量的饲草饲料。饲草饲料组成和饲养管理方式最好与原引种场基本一致，条件不具备时，要逐渐过渡，避免突然变更饲养管理引发疾病。

五是隔离饲养观察。对新引进的畜禽，应隔离饲养30天以上，观察确认无异常后方可合群饲养。在隔离期间，要重点注意对一些可能发生重大群发性传染病的观察，一旦发现有苗头，应及时进行免疫注射或对症预防性治疗，防止病情扩散。

（二）繁育技术要点

引种后，繁育技术的好坏直接关系到良种扩群速度和养殖效益。掌握科学的繁育技术可以较好地解决良种的多繁、快繁和优繁问题。目前，畜禽繁育技术主要包括自然繁殖、人工授精、同期发情等常规技术和胚胎移植、性别鉴定、性别调控等现代生物技术。

1. 自然繁殖

这是一种比较粗放的繁育方式，一般是根据畜禽品种特点按一定的性别比例进行公母混养，通过自然交配进行繁殖。这种方式的缺点是，难以掌握母畜的配种和妊娠情况，容易造成近亲交配和品种品质的退化。

2. 人工授精

这是目前主推的畜禽繁育方式，在确保种公畜健康和精液品质基础上，需要熟练掌握采精、输精的技术要领。对于直接购买成品精液的养殖户，要注意精液的保存条件，防止因保存不当而造成输入弱精甚至死精的情况发生。

3. 同期发情

是指用药物调节母畜发情周期，达到群体同时出现发情的一种繁育技术。但因是人为调控畜禽发情周期，可能会出现部分假发情和假受孕现象。

4. 生物繁育技术

近年来，现代生物繁育技术发展迅速，出现了超数排卵技术、胚胎移植技术、胚胎分割技术、性别调控技术、无性克隆技术和分子辅助选择等新技术。但这些高新技术，因成本高，条件要求高等原因，尚难以推广应用。

三、饲养场地的选择与布局

养殖场的选址与布局涉及防疫、交通、水源、电源和环保等多个方面，既关系到养殖生产发展，又关系到公共卫生安全。根据我国畜牧法和动物防疫法的规定，先决条件是规模养殖场不能建在法律法规规定的禁养区。具体选址要求主要包括以下6点。

一是水源要充足，水质要符合饮用标准，电源要稳定，能保障生产需要；二是地势应高燥，要求通风条件良好，利于排水排污，环境应安静，无噪音干扰；三是要利于防疫，应与交通干线和其他养殖场保持500米以上距离；四是要交通方面，便于饲料、畜禽及其产品的运输；五是布局时要注意背风向阳、坐南朝北；六是管理区、生产区和粪污处理区相互独立，彼此分开。

此外，还要引起充分重视的是，现代规模化养殖场必须考虑生态环保问题，应按有关规定进行环境影响评价，并制定切实可行的粪污治理和综合利用方案。通过种养业结合、循环经济和生态养殖，实现可持续发展。

四、畜禽饲养与管理中应注意的问题

管理出效益，饲养管理好坏直接关系到养殖效益的高低。在生产中，常面临这样的问题：同样的品种、同样的投入、同样的行情，经济效益却差别很大。究其原因，与饲养管理是否科学、是否精细密切相关。总体而言，畜禽养殖饲养管理应从环境、饲料及营养等方面着手。

（一）生产环境方面

不同畜禽品种及其不同的生长阶段对环境要求差别很大，在圈舍修建时，就应根据动物特性和生产流程进行有针对性的设计。一要做好环境温度调控。比如环境最适温度，分娩母猪要求 15~20℃、新生仔猪要求 27~32℃、奶牛要求 5~21℃、犊牛要求 10~24℃、产蛋鸡要求 10~24℃、肉鸡要求 21~27℃，只有在最合适的温度条件下，动物才有可能表现出最佳的生产性能；二要做好环境湿度调控。湿度的大小直接影响到畜禽的健康，一般情况下，畜禽圈舍内相对湿度以 50%~70% 为宜，最高不要超过 75%。湿度过低容易造成空气干燥，引起呼吸道黏膜受伤和相关呼吸道疾病；而湿度过高，舍内潮湿，容易导致设备腐

蚀、垫料霉变、病原和寄生虫滋生，继而引起各种疾病；三要保持合理的饲养密度。现代集约化养殖，高密度饲养比较普遍。但是密度越高，对饲养管理的要求也就越高，疾病风险也越大。合理的密度有利于畜禽正常的生活、生长和生产。比如，养鸡，1～30日龄饲养密度要求不超过50～55只/平方米，30～50日龄饲养密度要求不超过25～40只/平方米，50日龄后饲养密度要求不超过25～30只/平方米。

（二）饲料营养方面

除品种因素外，饲料营养也是与畜禽生产效益密切相关的另一个重要因素。科学的饲料配方和营养搭配是保证畜禽正常生长的前提，也是提升生产效率的关键。

畜禽营养标准主要是指每天每头动物对能量、蛋白质、矿物质和维生素等营养物质的需求量。从生理活动角度上看，营养需求可分为维持和生产两大部分。生产又可分为妊娠、泌乳、生长、产肉、产毛、产蛋等多种情况，并且由于品种、性别、年龄和生产水平等因素的不同，营养需求各有差异。由于营养标准及饲料配方的计算复杂，专业性要求高，一般养殖户在不具备相关技术条件下，最好选用正规大型饲料公司的全价配合饲料，确保畜禽营养需要。

五、畜禽规模养殖中的废水处理与利用

与工业废水不同的是，畜禽养殖废水可以通过资源化途径在农业生产中得到再利用。在标准化规模畜禽养殖场，都要求建设雨污分离污水收集系统，首先将废水收集入沼气池进行发酵处理，然后再将沼液经生化处理或多级氧化塘处理，最后进行沼气利用、灌溉农田或达标排放。

采取沼气综合利用时，沼气池建设标准应不低于牛1.5平方米/头，猪0.3平方米/头；沼液贮存池建设标准应不低于牛3.0平方米/头，猪0.5平方米/头；沼液应急池建设标准应不低于牛2.0平方米/头，猪0.2平方米/头。

采取灌溉农田消纳利用时，施用量不得超过作物生长需要的养分量。一般而言，每亩土地年消纳量不超过5头猪（出栏）、300只肉鸡（出栏）、150只蛋鸡（存栏）、1.0头肉牛（出栏）或0.5头奶牛（存栏）的产生量。

六、畜禽常见病诊断与防治技术

目前，在畜牧生产中，影响较大的疾病主要有高致病性禽流感、高致病性蓝耳病、仔猪流行性腹泻、山羊传染性胸膜肺炎等。

（一）禽流感

这是由流感病毒引起的一种禽类疾病综合征，有多个血清型。近年来H_5N_1、H_7N_9等几种新型禽流感对家禽业生产影响巨大。禽流感主要通过空气传播，鸟类可将病毒从一个地区传播到另一个地区。此外，带有禽流感病毒的活禽和禽产品的流通也可以造成该病传播。当禽类感染禽流感时，病禽表现出高热、食欲废绝、精神沉郁、呼吸困难、甩头、口流黏液、拉黄白或黄绿稀粪，死亡率非常高。目前，对该病没有很好的治疗办法，免疫接种是预防本病的有效措施。只有加强日常饲养管理，严格实施免疫接种，不从疫区引进种蛋和种禽，杜绝鸟类与家禽接触，同时，做好日常消毒，采取全进全出的饲养模式，可较好地防范本病的发生。一旦出现疑似高致病性禽流感时，应立即报告当地动物疫病防控部门，并对疫点采取

封锁隔离措施，防止疫情扩散。由于本病是人畜共患病，工作人员本身也需注意防范，但该病毒对高温比较敏感，经过煮熟的禽肉、蛋及其禽类制品可放心食用。

（二）猪蓝耳病

又名猪繁殖与呼吸障碍综合征，是一种高度接触性传染病。不同年龄、品种和性别的猪均可能感染，但以妊娠母猪和1月龄以内的仔猪最易感。病猪表现为食欲废绝、精神沉郁，高热和呼吸困难，部分病猪耳部出现蓝紫色。妊娠母猪后期易发生流产、死胎、木乃伊胎和弱仔。本病目前尚无有效的治疗措施，免疫接种是预防本病的主要办法，平时应加强饲养管理，加强消毒工作，保持合理的饲养密度，注意防寒保温。但对发病猪和疑似感染猪不要轻易接种任何疫苗，否则死亡率可能会更高。

（三）仔猪腹泻

分为非传染性腹泻和传染性腹泻。非传染性腹泻常常是因为受凉、饥饱不均、断奶应激、母猪有乳腺炎等原因造成；传染性腹泻常因细菌、病毒或寄生虫感染引起。近年来，仔猪流行性腹泻，对养殖业影响巨大，特别是在晚秋和冬、春季节发病率高。仔猪一旦发病，易引起多批次、反复发生，发病仔猪日龄越小，死亡率越高。病猪表现出不吃乳、精神沉郁、呕吐、水样腹泻、黄白色或黄绿色恶臭稀粪。导致这类腹泻的主要病原是猪流行性腹泻病毒，但常混合感染有轮状病毒、博卡病毒或猪瘟病毒等。此外，多数腹泻病猪都有大肠杆菌继发感染情况。

环境不适、气候变化和饲养管理不当是诱发仔猪流行性腹泻的重要因素。防控本病需要采取改善饲养管理、积极进行对症治疗、防止并发感染、防止酸中毒和脱水等综合措施。一是要做好免疫接种，母猪产前40天进行流行性腹泻疫苗接种，或进行流行性腹泻与传染性胃肠炎二联苗免疫接种；二是要加强产房管理，保持产房干燥，产房温度提高到20℃以上，仔猪保温箱的温度控制在30～33℃；三是实行全进全出，仔猪断奶后，母猪、仔猪全部移出，然后按清洗—喷洒消毒剂—熏蒸消毒—火焰消毒—空舍干燥的消毒程序对产房进行严格消毒，消毒后空舍5～7天以上，下批待产母猪方能进入产房；四是要做好母猪保健。给予母猪全价优质饲料，保证饲料营养全面、均衡，防止饲喂霉变饲料，使母猪保持良好的体况及产后有充足的乳汁。

（四）羊传染性胸膜肺炎

这是近年来困扰养羊业发展的一个重大疾病，该病多在引种长途运输后一段时间暴发，老疫区的羊群在冬春草料缺乏、气候骤变的季节因抵抗力明显下降时，也常有零星发生。该病由一种支原体的微生物引起，病羊主要表现为咳嗽、流涕、消瘦、精神不振、逐渐衰弱致死。死后解剖可见胸肺黏连、化脓腐烂、恶臭。预防该病，可用羊传染性胸膜肺炎疫苗接种。外地购羊时，要注意当地疫情情况，不从疫区引种，运输时要在车厢内适当铺垫稻草等防滑，避免急刹车和急转弯，车内羊群不能太拥挤，注意适当通风透气，特别是要尽量避免夏天引种。有病情苗头出现时，可用氟苯尼考、泰乐菌素、多西环素、恩诺沙星等治疗。

七、畜禽饲料及畜产品质量安全

畜产品安全与人们生活息息相关，特别是近年来因发生了多起影响广泛的质量安全事件后，更成为了行业乃至全社会关注的焦点。为了保障畜产品安全，首先要做到饲料安全，即饲料产品中不能含有对动物健康造成危害，并可能会在畜禽产品中残留、蓄积和转移的有毒、有害物质。目前，饲料安全隐患主要来源包括以下几点。一是人为加入有毒有害化学物质，包括滥用各种违禁药物，如雌激素、催眠镇静剂、肾上腺素激动剂、三聚氰胺等；二是不按规定使用饲料药物添加剂，不遵循药物的适用范围、最高用量、配伍禁忌和休药期等安全事项；三是环境化学污染物对饲料的污染，如土壤中的某些有毒有害重金属、农药及相关有机物等；四是饲料霉变过程产生的霉菌及霉菌毒素等代谢产物，如黄曲霉素等，动物摄入霉变饲料后，多会在肝、肾、乳汁以及禽蛋中蓄积，造成畜产品隐患。

要保障饲料和畜产品的质量安全，一是必须按照《饲料和饲料添加剂管理手册》，根据新的《饲料原料目录》选用优质安全的饲料原料，并严格按照饲料药物添加剂的适用范围、最高用量和休药期等规定正确使用药物添加剂，杜绝任意添加、非法添加造成污染与残留；二是要遵守国家无公害食品生产的畜禽饲养兽药使用准则、饲料及饲料添加剂使用准则、兽医防疫准则和畜禽饮用水水质、畜禽产品加工用水水质相关规定等法律法规；三是要严防水中、土壤中各种环境外源性污染物对饲料及畜产品的污染。

第二节　淡水鱼类养殖

一、品种选择

目前，我国淡水养殖的鱼类有 30 余种，其中，养殖较多的除了青鱼、草鱼、鲢鱼和鳙鱼四大家鱼外，还有鲤鱼、鲫鱼、团头鲂等。

（一）青鱼

又叫黑鲩、青鲩、青根鱼。它栖息于水的中下层，主要以螺蚌类、水生蚯蚓和昆虫等动物性饵料为食。在人工养殖的情况下，生长较快，因饵料比较缺乏，很少单养，多与草鱼、鲢鱼、鳙鱼搭配混养，喂养到体重 2 ~ 3 千克时上市为宜。

（二）草鱼

又叫白鲩、草棒、白鲜、鲩鱼。通常喜栖息于水体的中下层或靠水草多的地方，是草食性鱼类，喜吃蔬菜、米糠、麸皮、豆饼、豆渣和酒糟等。草鱼生长的最适水温为 24 ~ 30℃，当水温下降到 10℃ 以下时进入冬眠状态。如果饲养条件良好，通常一龄鱼可达 0.7 ~ 1 千克，上市规格以 1.5 ~ 2 千克为宜。

（三）鲢鱼

又称白鲢、鲢子。主要生活在水体的中上层，是典型的滤食性鱼类。在鱼苗阶段主要吃浮游动物，稍大时逐渐转为吃浮游植物，也喜吃豆浆、豆渣粉、米糠和微颗粒配合饲料，适宜在肥水中养殖。在池养条件下，如果饵料充足的话，一龄鱼可达到 0.8 千克左右。上市规格以 1 ~ 1.5 千克为宜。

（四）鳙鱼

俗称花鲢、胖头鱼、大头鱼、黑鲢。生活在水体中层，主要吃轮虫、枝角类、桡足类等浮游动物，也吃部分浮游植物和人工饲料。鳙鱼的生长速度比鲢鱼快，适于在肥水池塘养殖。在饲料充足的条件下，一龄鱼可达 0.8 ~ 1 千克。

（五）鲤鱼

鲤鱼主要生活在水体下层，对环境的适应性较强，是杂食性鱼类。在鱼苗阶段主要吃浮游动物和轮虫等，成鱼阶段吃各种螺类、幼蚌、水蚯蚓、昆虫幼虫和小鱼虾等水生动物，也吃各种藻类、水草和植物碎屑。鲤鱼是淡水养殖鱼类中最常见的种类，由于适应性强，已普遍作为稻田、池塘、网箱和流水养殖对象，上市规格以 0.5～1 千克为宜。

（六）鲫鱼

有的地方又叫鲫壳、佛鲫。它分布广，适应能力特别强，属于杂食性鱼类。幼鲫主要吃浮游生物和植物嫩芽、腐屑等，成鱼喜吃各种水生昆虫和底栖动物，也吃各种商品饲料。养殖上常作为搭养种类，近年来也趋于进行单养，是池塘、网箱、稻田的主要养殖对象，上市规格为 0.1～0.5 千克为宜。

（七）团头鲂

又称武昌鱼、团头鳊。常栖息在水体的中上层，以水草、旱草和水生昆虫为食。其成鱼肉质好，国内不少地区已作为池塘养殖对象。一龄鱼可达 0.15～0.25 千克，上市规格以 0.5～0.6 千克时为宜。

二、人工养殖的基本条件

人工养殖现已成为淡水养鱼及市场供应的主要方式。要搞好人工养殖，需要根据鱼类的特点，创造适宜其生长的鱼池环境。一是有良好的水源。水源充沛、水质良好是养鱼的根本条件；二是适宜的面积，成鱼池面积一般以 5～10 亩为宜，亲鱼池、鱼苗池、鱼种池以 3～5 亩为宜，易于管理；三是适宜的水深，成鱼池水深一般以 2～3 米为宜，鱼苗池、孵化池水深以 1.0～1.5 米为宜，鱼种池水深以 1.5～2.0 米为宜。

三、鱼池环境的调控措施

鱼池环境好坏是人工养鱼成败的关键。保持良好的鱼池环境需要做好以下工作。

一是做好鱼塘维护。时常进行池塘维护，注意水源是否充足、水质是否良好，池塘是否有漏水、排水防洪沟渠是否畅通。条件好的池塘在维护时可放干池水，经太阳暴晒或冰冻后挖去过多淤泥，铲除杂草，加高加固池埂。

二是要做好清塘消毒。常用的鱼池消毒药物有生石灰、漂白粉等，其中，生石灰清塘效果最好，不仅能消毒，还能增加池塘中的钙质。清塘最好在晴天进行，在鱼种放养前 10～15 天，带水清塘，每亩水深 1 米用深石灰 125～150 千克。如采取干法消毒清塘，塘中需留 6～10 厘米深的水，每亩用生石灰 50～75 千克。要求将生石灰撒布均匀，并充分搅动。

三是培肥水质。清塘消毒 5 天后将水注满，然后施一定量的基肥，一般用发酵过的猪或牛粪，每亩 500～750 千克，使鱼种下塘后有充足的饵料。鱼种放养后每半月应施一次追肥，2 米水深的池塘每亩可施硝酸铵 5～6 千克，过磷酸钙 3～4 千克。

四是注意"四防"。防池水过浅，防投料过勤，防水质过肥，防池塘缺氧。

四、日常饲养管理

人工养鱼的日常饲养管理应从以下几个方面着手。

一是要根据天气、水温、季节、水质、鱼类生长和吃食情况，确定投饵量，做好全年饲料、肥料需求量预算和分配。

二是做到定质、定量、定时、定点"四定"投饲，投喂的饲料要新鲜，无腐烂变质，营养平衡，不含病原体和有毒物质，使鱼养成到定时、定点吃食的习惯，既便于检查吃食情况、清除残存饲料，又便于观察鱼类动态，方便在鱼病流行季节投放药物。

三是经常巡塘，观察池塘中鱼群动态，检查有无浮头现象，如有异常应及时采取措施。

四是除草去污，及时捞出残饵和死鱼，定期清理消毒食场，保持水质清新和池塘环境卫生。

五是掌握好池塘注排水，保持适当水量，防涝抗旱，防止逃鱼。

六是做好日常记录，包括鱼种放养、投饵施肥和疾病发生及治疗情况等。

五、常见鱼病及防治措施

鱼病预防工作是搞好鱼类养殖、提高产量的重要措施。鱼病发生的原因很多，不仅与病原体有关，而且与鱼类的生活环境有关。因此，在预防措施上，重点应通过加强监测、消灭病原体，改善优化养殖环境、提高鱼体抵抗力，减少或杜绝重大疾病的发生。养殖生产中，常见鱼病主要包括细菌性败血症、细菌性烂鳃病、白头白嘴病、水霉病及各种寄生虫病等。

（一）细菌性败血症

该病是近年来对鱼类养殖危害最大的一种疾病，其流行地区广、流行季节长，发病率和死亡率均较高。发病的原因多因鱼池长年不清塘、淤泥厚、水质恶化，致使病原菌、寄生虫大量孳生造成。特别在高温季节，不注意水质调控，鱼体质下降更易诱发本病。发病时，可见鱼口腔、鳃盖、眼眶、鳍条及鱼体两侧充血，鳃丝肿胀，末端腐烂，肠壁充血，肠道充气，腹腔有淡黄色或红色腹水。对该病的防治应采取综合措施，首先采用敌百虫或硫酸铜等杀灭鱼体表寄生虫，然后连续投喂氧氟沙星或氟本尼考等杀菌药饵，同时，用三氯异氢尿酸或二溴海因等高效广谱的含氯制剂全池遍洒。

（二）细菌性烂鳃病

本病是养殖鱼类主要病害之一，多种家鱼均可能感染发病，特别是对草鱼危害较大。流行季节为 4～10 月，水温 28～35℃ 时为发病高峰。发病时可见鱼体色发黑，鳃上黏液增多，常伴有淤泥，鳃丝末端肿胀，腐烂发白，严重时鳃小片坏死脱落，鳃丝末端缺损，鳃丝软骨外露，常伴有蛀鳍、断尾现象。为防治烂鳃病，在鱼种分塘时，可用 2%～5% 浓度的食盐水溶液药浴鱼种 10～20 分钟。在发病季节，每半月每立方米水体用生石灰 20～30 克全池遍洒 1 次。一旦发病，每立方米水体用三氯异氰尿酸 0.3～0.5 克全池遍洒，每 100 千克鱼体重用磺胺二甲基嘧啶 10～12 克和恩诺沙星 2 克拌饲投喂治疗。

（三）白头白嘴病

是夏花鱼种培育中常见的严重疾病之一，主要危害草鱼、青鱼、鲢鱼、鲤鱼等，对草鱼危害最大。流行季节为 5～7 月，6 月为发病高峰，鱼苗养到 20 天左右，若不及时分塘，极易暴发此病。一旦发病，病势快猛，短时间内可能造成鱼群大量死亡。发病时，可见鱼吻端至眼球一段的皮肤色素消失呈白色，口周围的皮肤细胞坏死，常有絮状物黏附在口周围，部分病鱼头部充血，呈现红头白嘴状。

做好预防工作对控制该病发生十分重要，一是要注意放养密度，鱼苗放养以每平方米 200 尾左右为宜，放养前可用 2% 的食盐溶液浸浴鱼苗 10～15 分钟；二是要注意保持水质清洁，保证有充足且适口的食料；三是不施未经充分发酵的粪肥。如果发病，每立方米水体可用三氯异氰尿酸或二溴海因 0.3～0.5 克全池遍洒，也可用生石灰每立方水体 20～30 克，全池遍洒。

（四）水霉病

又称"白毛病"。多因鱼体受伤后水霉孢子侵入伤口引起，水霉可在各种鱼体上寄生，主要危害鱼卵、鱼苗和鱼种。该病以早春、晚冬，水温 15～18℃时多发。发病时，肉眼可见鱼体上有白色或灰白色的棉毛絮状物，菌丝与伤口的细胞组织缠绕黏附，使组织坏死，游动失常，食欲减退，最后消瘦而死。防治本病，一是鱼苗放养前可用 2%～4% 的食盐水溶液药浴 5～10 分钟；二是放养时，应小心细致，尽量避免鱼体受伤；三是加强水质管理，定期用生石灰每立方水体 20～30 克全池泼洒或用漂白粉每立方水体 1 克全池泼洒，保持水质清洁。

（五）寄生虫病

鱼的寄生虫病比较多，常见的有车轮虫病、小瓜虫病、鲢碘泡虫病、指环虫病、锚头鳋病等。其中，车轮虫病表现为鱼鳍和头部出现一层白翳，呈白头白嘴状，幼鱼因车轮虫刺激，成群沿塘边狂游，呈"跑马"现象，最后消瘦而死亡。小瓜虫病，又名白点病，表现为鱼体表和鳃瓣上布满白色点状囊泡，病鱼游泳迟钝，漂浮水面，不久即成批死亡。鲢碘泡虫病，又名疯狂病，病鱼在水中狂游乱窜，往往极度兴奋导致消瘦而死亡。指环虫病，是鱼苗、鱼种及成鱼养殖阶段常见的一种寄生性鳃病，严重感染时，肉眼可见病鱼鳃上布满灰白色虫体，鳃部浮肿，鳃盖张开，鳃丝黏液增多，逐渐瘦弱至死亡。锚头鳋病，又称"蓑衣病"，虫体前半部钻在鱼体组织内，后部露在外面，鱼体好似披着蓑衣状，该病对鲢鳙鱼危害最大。

对寄生虫病，应坚持"预防为主、积极治疗、慎重用药"的原则。预防措施主要包括：一是提高鱼体自身抵抗力，加强营养，可定期在饲料中添加一些营养和免疫调节剂，提高鱼体对外界寄生虫的抵抗力；二是改善水体环境，保持水体的高溶氧性、保持良好的水质，可定期使用一些水质改良剂和消毒剂；三是杀灭鱼体携带的寄生虫，由于鱼体和鱼池环境或多或少都存在一定的寄生虫，水温升高时，这些寄生虫很容易大量繁殖，为了防止寄生虫病暴发，可选用一些安全、高效、无公害的药物杀灭或控制鱼体和水体中的寄生虫。一旦寄生虫病暴发后，需慎重选择药物。禁止使用含砷制剂、含汞制剂和有机氯杀虫剂；谨慎使用敌百虫、敌敌畏、乙酰甲胺磷等有机磷类药物；推荐使用安全高效的杀虫药物，如优马林、鱼虫杀星等。此外也可以选择中草药杀虫剂，如苦楝皮、青蒿、槟榔等，可浸汁后泼洒。

第三节　畜禽疫病预防与控制

一、饲养人员应具备的基本知识

作为一名优秀的饲养人员，应该具备以下几个方面的基础知识和职业素养。

一是要了解并掌握畜禽的生物习性。不同的品种其生物生理特性和行为有很大差别，即使同一品种，其不同的品系、不同的生长阶段也有较大差别。现代化、精细化的饲养管理是建立在畜禽生物习性和生理特点基础上的，只有了解掌握这方面的基础知识，才能更好地理解饲养管理的措施及相关要求，充分发挥畜禽生产潜能。

二是要有基本的饲料营养知识。不同的品种及其不同生产阶段，需要的饲料品种和营养标准不一样。饲养管理需要根据畜禽不同阶段的生长特点和营养需求进行相应的调整。掌握饲料营养的相关知识，有利于判断调整的时机，及时进行有针对性的调整，保障畜禽良好生长。

三是要善于观察。饲养过程中，要时时留意畜禽的体格发育、营养膘情、精神状态、姿势体态和运动行为，特别要注意对异常行为的观察。比如，发现畜禽瘦弱，可能是营养不良，也可能有寄生虫病或消耗性慢性疾病；而异常行为往往可能是某些疾病的前兆。通过观察，可以初步判断饲养管理是否合理，是否有疫病苗头，便于及早处理，避免延误病情，造成不必要的损失。

此外，饲养人员还应具备良好的职业道德，能认真负责地落实各项饲养管理措施，遵守相关养殖法律法规。

二、养殖场的选址和布局

从防疫方面来说，养殖场的选址应与交通干线、居民聚集区、工矿企业、屠宰场和其他养殖场保持至少 500 米以上距离。要地势干燥、通风向阳、便于排水和排污。尽量避免外界干扰和影响。

从布局方面来说，养殖场应分为生产区、管理区、废弃物及无害化处理区三大功能区，管理区和生产区应处在上风向，废弃物及无害化处理区应处于下风向。场区内，需实行净道和污道分离，人员进出生产区均应严格消毒，不得串舍，工具不得混用，避免交叉污染。

另外，生产区内可按生产流程设计圈舍和配套设施，最好采取单向流程和全进全出模式进行管理，便于彻底消毒和防疫管理，避免圈舍环境长期带菌带毒。

三、日常饲养管理中应坚持的几个原则

为了搞好疾病防控，日常饲养管理中应坚持以下几个原则。

一是要根据当地疾病流行情况和畜禽生产特点制定科学的免疫程序，并严格执行和落实；二是根据不同阶段和季节搞好日常饲养管理，保证充足的营养和合理的运动，增强畜禽肌体抵抗力；三是搞好环境卫生和消毒，保持圈舍清洁干燥、通风向阳、光线充足。同时，做好入场人员和车辆消毒、圈舍及运动场消毒、用具衣物消毒、出栏后场地彻底消毒，入场或转圈前圈舍消毒；四是做好驱虫，按季节和生产阶段有针对性驱杀畜禽体内外的寄生虫，注意防鼠、防鸟、防蚊；五是防止农药、霉变饲料草料引起畜禽中毒。

四、养殖场废弃物、粪便及污水的处理

畜禽养殖废弃物、粪便及污水既是严重的污染源，也是宝贵的资源。对此，应按照减量化、无害化、资源化的处理原则，从实际出发，兼顾环境保护和综合利用。

一是进行减量化处理，采取干清粪工艺，雨污分离、干湿分离等，保证固体粪便和雨水不进废水处理设施，从而降低污染负荷，削减污染总量；二是进行无害化处理。通过堆积或厌氧池发酵杀灭病原菌和寄生虫及虫卵，达到粪便无害化要求；三是进行资源化利用，经过厌氧发酵后的沼液富含氮、磷、钾等营养物质，用于农田、鱼塘、果园等作肥料，既节省农药和化肥，又改良土壤、增产增收，可达到变废为宝的目的。具体而言，目前主要有以下三种处理模式。

（一）畜地平衡技术模式

该模式遵循生态学的原则，根据畜禽粪污排放量和作物生长所需肥量，将养殖场产生的粪污经无害化处理后用作种植业肥料，实现种养平衡。这种模式适用于远离城市、周边土地宽广、有足够农田的小型养殖场。

（二）达标排放技术模式

该模式是将畜禽养殖废水经固液分离后，首先进行厌氧发酵（沼气池）处理，使大多数有机质得到降解，再将厌氧发酵后的沼液、沼肥经沉淀后，进行生物滤池等好氧处理，最终使出水达到排放标准。这种模式适用于地处大城市近郊、经济发达、土地紧张的地区，但投资比较大。

（三）综合利用技术模式

该模式遵循循环经济理念，通过对养殖粪污的生物发酵处理，制备固体和液体的有机肥。同时，将净化后的水返回用于场区冲洗圈舍和绿地灌溉，实现区域内的废弃物循环利用。这种模式适用于离城市较远、土地宽广、有绿地、荒地、林地可利用废水或对废水进行自然处理的地区。

五、建立定期消毒、驱虫、防疫制度

消毒、驱虫、免疫是养殖场疾病防控的三大基本工作，需形成相应的制度和规程，并以此指导饲养管理和生产。

（一）消毒

主要包括以下几项内容：一是入场消毒。需在养殖场大门入口处建消毒池，凡进出场的车辆均应严格入池消毒。同时，配套建更衣消毒室，内设紫外线灯管或喷雾雾化设备，凡进出场人员均需在此换鞋、更衣和消毒；二是圈舍及场区消毒。根据养殖场生产特点对各类圈舍实行"全进全出"消毒，每批次畜禽出栏后，冲洗地面、走道、饲槽、围栏和用具等，待晾干后再用2%苛性钠溶液等强力消毒药进行彻底消毒；三是带畜禽消毒。一般情况下，舍内带畜禽消毒以每周1次为宜。在疫病流行期或存在疫病流行可能时，增加消毒次数到每周2～3次或隔日1次。消毒药可选用0.1%新洁尔灭或2%～3%来苏水或0.5%过氧乙酸或1∶2 000消毒威等。

（二）驱虫

一是要科学选用驱虫药。市场上驱虫药种类繁多，应根据不同的寄生种类，有针对性选择药物。比如伊维菌素类药物主要对外寄生虫和内寄生虫中的线虫有效，对内寄生虫中的吸虫、绦虫效果不好，而阿苯达唑主要对内寄生虫有效等，但对外寄生虫却无效。目前，市场上多是广谱、高效的驱虫药，其多次小剂量添加比一次大剂量使用的效果要好；二是合理安排驱虫时间。自繁自养规模场，一年应驱虫4次，对新引种的畜禽应单独进行一次入场驱虫；三是注意驱虫方法。一般在喂驱虫药前应停喂一餐，以便让畜禽将拌药饲料全部吃完。

（三）免疫

首先要根据本场疫病历史和所在地区疫情流行状况，科学制定免疫程序，并严格按照免疫程序执行落实；其次是为保证免疫效果，对当地比较流行的传染病最好是单独进行免疫，同时，在畜禽产生免疫力之前不要接种有颉颃作用的其他疫苗。注射两种不同的疫苗应间隔5～7天以上，否则可能会产生免疫干扰；再次是要注意免疫反应。接种疫苗后，畜禽可能出现减食、停食，精神沉郁或体温略升等反应，多属正常现象，通常无须处理，一般1～2天后这些症状会自行消失。如果出现过敏反应，应及时用肾上腺素、樟脑磺酸钠等进行处理；最后是适时进行抗体监测，掌握免疫后的抗体水平，确认免疫效果。对抗体水平不足的，应及时查找原因并采取补救措施。

第三章 农业机械

农业机械的发展，与国家和农村的经济条件有直接的联系。在经济发达国家，农业机械继续向大型、宽幅、高速和高生产率的方向发展，并在实现机械化的基础上逐步向生产过程的自动化过渡。我国近期仍以发展中小型农业机械为主，重点发展的项目是经济效益高、能提高抗御自然灾害能力、保证稳产高产和增产增收的农业机械品种，如排灌、植物保护和施肥等机械。用于农村多种经营的机械品种将得到较大的发展，例如，各种农副产品加工机械和禽畜饲养机械，以及养蜂、养蚕、池塘养鱼和食用菌类培植等机械设备。

第一节 农业机械基础知识

一、拖拉机基础知识

（一）拖拉机的类型

1. 拖拉机按用途分类

拖拉机按用途可分为农用和工业用两大类，农用拖拉机按其用途又可分为两种。

（1）一般用途拖拉机：用于田间耕地、耙地、播种、收割等作业。

（2）特殊用途拖拉机：用于特殊农业工作条件，如中耕拖拉机、棉田高地隙拖拉机、集材拖拉机。

2. 拖拉机按其结构分类

拖拉机按其结构分为手扶拖拉机、轮式拖拉机、履带式拖拉机、船式拖拉机等。

3. 按功率大小分类

大型拖拉机功率为73.6千瓦（即100马力）以上；中型拖拉机功率14.7～73.6千瓦（即20～100马力）；小型拖拉机功率为14.7千瓦（即20马力）以下。

（二）拖拉机的型号

我国拖拉机的型号是根据1979年12月原农业机械部发布《NJ 189-79 拖拉机型号编制规则》确定的，根据该标准规定，拖拉机的型号由功率代号和特征代号两部分组成，必要时加注区别标志。特征代号又分为字母符号和数字符号，其排列顺序如下（表3-1）。

表3-1 拖拉机型号

区别标志	字母特征代号	数字特征代号	功率代号

1. 区别标志

区别标志用1～2位数字表示，以区别不适宜用功率代号、特征代号相区别的机型。凡特征代号以数字结尾的，如一般农用拖拉机，在区别标志前应加一短横线，与前面数字隔开。

2. 特征代号

特征代号根据拖拉机特征在下列数字符号和字母符号中各选一项且只能选一项表示。如必须选用其他数字或字母作特征代号时，应经主管部门批准。

（1）字母符号：

Ca 菜地用（菜 CAI）　　　　　　M 棉田用　（棉 MIAN）

CH 茶园用（茶 CHA）　　　　　　P 葡萄园用（葡 PU）

G 工业用（工 GONG）　　　　　　S 山地用　（山 SHAN）

GU 果园用（果 GUO）　　　　　　Y 静液压驱动（液 YE）

H 高地隙型（高度符号 H）　　　　Z 沼泽地用（沼 ZHAO）

L 林业用（林 LIN）　　　　　　（空白）一般农业用

（2）数字符号：

"0"一般轮式（两轮驱动）；"1"手扶式（单轴式）；"2"履带式；"3"三轮式、双前轮并置式；"4"四轮驱动型（5~8略）；"9"机耕船。

3. 功率代号

功率代号用发动机标定功率值的整数部分表示。我国规定使用法定计量单位，拖拉机的功率用"千瓦"表示。各型号示例。

121：12马力*（8.83千瓦）左右的手扶拖拉机。

200GU：20马力（14.7千瓦）左右的果园用轮式拖拉机。

654：65马力（47.78千瓦）左右的轮式拖拉机，四轮驱动。

1254：125马力（92千瓦）左右的轮式拖拉机，四轮驱动。

（三）拖拉机的基本组成

拖拉机主要由发动机、底盘和电气设备三大部分组成。

1. 发动机

发动机是整个拖拉机的动力装置，也是拖拉机的心脏，为拖拉机提供动力。凡是把某种形式的能量转变为机械能的装置都称为发动机，发动机因能源不同可分为风力发动机、水力发动机和热力发动机等。大中型拖拉机的发动机一般是直列式、水冷、多缸四冲程柴油发动机。

2. 底盘

底盘是拖拉机的骨架或支撑，是拖拉机上除发动机和电气设备外的所有装置的总称，它主要由传动系统、转向系统、行走系统、制动系统和工作装置组成。

传动系统的功用是将发动机的动力传给拖拉机的驱动轮，使拖拉机获得行使的速度和牵引力，推动拖拉机前进、倒退和停车。

转向系统用于控制和改变拖拉机的行驶方向。行走系统的功用是支撑拖拉机的全部重量，并通过行走装置使拖拉机前进和倒退。拖拉机的行走装置有履带式和轮式两大类，履带式行走装置与地面的接触面积大，在松软或潮湿的土壤上面下陷较深少并不容易打滑。轮式行走装置与地面的接触面积小，在松软或潮湿的土壤上面下陷较深，容易打滑。为增大接触

* 米制马力是废止单位，在我国没有代表符号；1马力≈735.499瓦

面积、减少打滑现象，驱动轮直径常常选的较大，而轮胎的气压也较低。轮式行走装置又有橡胶充气轮胎和各种特制的铁制行走轮之分。

制动机构用来降低拖拉机的行驶速度和停车。工作装置用于牵引、悬挂农具或通过动力输出轴向作业机具输出动力，以便完成田间作业、运输作业或农产品的加工等固定场所的作业，以扩大拖拉机的作业范围。工作装置包括液压悬挂装置、牵引装置和动力输出轴，有的拖拉机只配有液压悬挂装置和牵引装置，没有动力输出轴。

3. 电气系统

电气系统主要用来解决拖拉机的照明、信号及发动机的启动等，由发电设备、用电设备和配电设备三部分组成。发电设备包括蓄电池、发电机及调节器。用电设备包括点火装置、启动电机、照明灯、信号灯及各种仪表等。

配电设备包括配电器、导线、接线柱、开关和保险装置等。

二、水稻插秧机基础知识

（一）高性能插秧机的工作原理及技术特点

1. 插秧机的工作原理

目前，国内外较为成熟并普遍使用的插秧机，其工作原理大体相同。发动机分别将动力传递给插秧机构和送秧机构，在两大机构的相互配合下，插秧机构的秧针插入秧块抓取秧苗，并将其取出下移，当移到设定的插秧深度时，由插秧机构中的插植叉将秧苗从秧针上压下，完成一个插秧过程。同时，通过浮板和液压系统，控制行走轮与机体、浮板与秧针的相对位置，使得插秧深度基本一致。

2. 插秧机的主要技术特点

（1）基本苗、栽插深度、株距等指标可以量化调节：插秧机所插基本苗由每亩所插的穴数（密度）及每穴株数所决定。根据水稻群体质量栽培扩行减苗等要求，插秧机行距固定为 30 厘米，株距有多挡或无级调整，达到每亩 1 万～2 万穴的栽插密度。通过调节横向移动手柄（多挡或无级）与纵向送秧调节手柄（多挡）来调整所取小秧块面积（每穴苗数），达到适宜基本苗，同时插深也可以通过手柄方便地精确调节，能充分满足农艺技术要求。

（2）具有液压仿形系统，提高水田作业稳定性：它可以随着大田表面及硬底层的起伏，不断调整机器状态，保证机器平衡和插深一致。同时，随着土壤表面因整田方式而造成的土质硬软不同的差异，保持船板一定的接地压力，避免产生强烈的壅泥排水而影响已插秧苗。

（3）机电一体化程度高，操作灵活自如：高性能插秧机具有世界先进机械技术水平，自动化控制和机电一体化程度高，充分保证了机具的可靠性、适应性和操作灵活性。

（4）作业效率高，省工节本增效：步行式插秧机的作业效率最高可达 0.27 公顷/小时，乘坐式高速插秧机 0.47 公顷/小时。在正常作业条件下，步行式插秧机的作业效率一般为 0.17 公顷/小时，乘坐式高速插秧机为 0.33 公顷/小时，远远高于人工栽插的效率。

（二）高性能插秧对作业条件的要求

高性能插秧机由于采用中小苗移栽，因而对大田耕整质量要求较高。一般要求田面平整，全面高度差不大于 3 厘米，表土硬软适中，田面无杂草、杂物，麦草必须压旋至土中。大田耕整后需视土质情况沉实，沙质土的沉实时间为 1 天左右，壤土一般要沉实 2～3 天，黏土沉实 4 天左右后插秧。若整地沉淀达不到要求，栽插后泥浆沉积将造成秧苗过深，影响分蘖，甚至减产。

（三）插秧机分类

1. 按操作方式分类

按操作方式分类，插秧机可分为步行式与乘坐式两大类。在乘坐式插秧机中，根据栽插机械的不同形式，按照插秧作业效率可将插秧机分为普通型与高速型。

2. 按栽插机构分类

按栽插机构分类，插秧机可分为曲柄连杆式与双排回转式两类。

（1）曲柄连杆式栽插机构：转速受惯性力约束，一般的最高插秧频率限制在 300 次/分钟左右。双排回转式插秧机构，运行较平稳，插秧频率可以提高到 600 次/分钟，但在实际生产中，由于其他因素的影响，生产率只比普通乘坐式高出 0.5 倍左右。曲柄连杆式被用于手扶式及普通乘坐式上，高速插秧机均采用双排回转式插秧机构。曲柄连杆式的插秧机按插秧机前进方向分为正向与反向两类。正向机的插植臂运动方向与机器前进方向相同，反向机则相反。普通乘坐式插秧机均为正向机构，步行机一般为反向机构。在所设计的株距状况下作业，秧苗的直立度较好，当株距进一步加大时，反向机由于插孔的加大，直立度及稳定性会受到影响，正向机的影响较小。对于栽插过高的秧苗，反向机的秧爪则涉及秧苗的顶尖部，以致影响直立度。插秧机所插秧苗高度的限制，决定于秧门与秧爪运动轨迹最低点的距离，一般情况下均小于 25 厘米，对于正向运动轨迹而言，由于插后这个距离拉长，稍高些秧苗也能栽插，而反向轨迹对苗高的适应范围相对较小。

（2）双排回转式插秧机构：轨迹与正向曲柄连杆机构相似。

3. 按插秧机栽插行数分类

按插秧机栽插行数分类，可分为步行式的 2 行、4 行、6 行，乘坐式有 4 行、5 行、6 行、8 行、10 行等品种。

4. 按栽植秧苗分类

按栽植秧苗分类，可分为毯状苗及钵体苗两种。由于钵体苗插秧机结构较复杂，需专用秧盘，使用费用高，一般均为毯状苗插秧机。

（四）插秧机的选择

目前，使用比较多的插秧机是延吉插秧机厂生产的 2Z 系列独立 6 行/8 行插秧机。也有日产手扶式动力 4 行插秧机，如久保田、洋马和井关等三种。国产插秧机和日产插秧机相比，在作业质量方面：在适合机插的条件下，国产和日产插秧机的均匀度合格率和漏插率基本相似，但国产插秧机的漂苗率比日产插秧机略高，插秧质量稳定性稍差；在性能指标上：国产插秧机实际生产率为每小时 1 667.5 平方米，比日产插秧机每小时 1 133.9 平方米多533.6 平方米；国产插秧机每亩耗汽油 0.17 ~ 0.18 千克，日产插秧机每亩耗汽油 0.21 ~ 0.23 千克；在正常维护保养、调整和使用的情况下，日产插秧机的可靠性比较高，国产插秧机的可靠性相对低一些，但国产插秧机价格比较低，也是一个特点；在适应性方面：国产插秧机要求田面沉淀时间比日产插秧机稍长。当田面沉淀时间稍短作业时，稀泥壅向两侧，严重时会使邻行秧苗位移或被埋没。国产插秧机过埝性能差，当埝埂高度超过 30 厘米时，插秧机不能顺利通过。国产插秧机不适应小地块作业。国产插秧机船板通过田面后，地面呈起垄状态，有利于杂草生长；国产插秧机可以乘坐，劳动强度低，直线性好，装秧手便于及时装秧和观察作业质量。

通过生产鉴定，用户水田 3 350 平方米以上时，可购买国产 6 行机动插秧机，水田面积较少的用户，可购买手动 4 行插秧机。

（五）利用机械插秧的优点

1. 有利于节省用工，减轻劳动强度

发展机插秧一般要比人工插秧每亩节省 2 ~ 3 个工，大大缓和了夏收夏种期间劳力紧张的矛盾，尤其是一些农业大户，过去往往由于人工插秧花工多，不是粗放栽插，就是高价雇工移栽，增加了成本。实行机插秧后，这种困难就可迎刃而解。

2. 有利于稻麦双增产

机插秧的单产与手栽秧持平略增，同时，由于机插秧利用小苗育秧、秧田面积可比手栽秧的秧田减少 5 ~ 6 倍，节省下来的秧田可多种麦子或油菜。

3. 有利于减轻劳动强度，大大提高劳动生产率

机插秧不用手拔秧，只要机手开机，添秧手坐着添秧，作业量远较手插秧减轻。

4. 有利于发展专业化服务

插秧机栽插面积大，不仅可以为农户提供栽插服务，而且利用小苗机插，相对集中育秧，便于管理。因此，发展机插秧可以促进服务型适度规模经营的发展。

5. 有利于加速实现水稻全程机械化

多年来，水稻生产的机械化程度有了很大提高，但机插秧最薄弱的环节是插秧，如果能够加速发展机插秧，则水稻生产的全程机械化就指日可待了。

（六）插秧机的农艺技术要求

根据插秧机操作规程，每次作业前要认真检查机器，确认机器各部正常方可投入作业。插秧机陆地运输速度为 7 ~ 10 千米/小时。从田埂进入地块时，机体要向前倾斜，应防止发动机栽入泥中，有液压装置的机器应将机体升至最大高度。插秧机进入开始位置后，将发动机熄火并开始上秧，带好备用秧。将插秧机主离合器和插秧离合器置于入的位置，并渐渐加大油门，使插秧机以 2 ~ 5 千米/小时的移动速度前进并插秧。插秧机前进 2 ~ 3 米后，把插秧机停下并熄火，检查取秧量及插深是否合适，不合适时，按随机说明书进行调整，调整合适后重新进行插秧作业。

机插秧的农艺要求是必须保证一定的插秧质量，每穴苗数均匀。在四川盆地西部地区的大麦田、小麦田、油菜田（5 月 20 日前栽播的田块），亩植 1.4 万 ~ 1.6 万窝，亩基本苗 2.5 万 ~ 3 万；其余迟栽田块每亩窝数应保证不低于 1.6 万，亩苗数不低于 3 万。插秧深度要合适，深浅一致。要尽量减少勾秧、伤秧、漏秧和漂秧，在合适的插秧工作条件下，均匀度合格率应在 70% 以上，漏插率在 2% 以下，勾伤率在 1.5% 以下。

（七）机插前的准备工作

机插前的准备工作：一是培训操作手，添秧手，使他们熟悉机具性能，熟悉田间操作，掌握机插的技术要求，能发现和排除常规故障；二是做好插秧机的安装、调试、检查和试车工作。新购置的插秧机在开箱后检查各部件及零配件是否安全，旧机具清除灰尘、油污和异物，然后进行装配，并对万向节、传动系、离合器、取秧量、分离针与秧门侧间隙、插秧深度、送秧器行程和秧箱进行调整，使其符合技术要求。在此基础上，对整机进行全面检查，各运动部件是否转动灵活，有无碰撞、卡滞现象，所有紧固件是否拧紧，有无松动脱落，所

有需要加油润滑的地方是否注油。在确认没有故障的情况下，才能进行试车。先用手摇发动机，慢慢转动，如运转正常，无碰撞和异声，再加柴油起动试车；三是备足插秧机易损易坏的零配件，如分离针、摆杆、推秧器焊合、插垫、连杆轴、链箱盖、栽植臂、秧门护苗板、挡泥油封、骨架油封、送秧齿轮等；四是制定好机插作业计划和插秧机作业路线；五是配足劳力，划分好作业组，制定好单机承包责任制，操作人员岗位责任制；六是麦收后，抢早耕翻、耙田、整平机插大田；七是加强秧田管理，育成符合机插要求的壮秧。

（八）插秧机的典型结构

插秧机的型号众多，插植基本原理是以土块为秧苗的载体，通过从秧箱内分取土块、下移、插植三个阶段完成插植动作。液压仿形基本原理是保持浮板的一定压力不受行走装置的影响。

1. 插植

（1）分切：土块由横向与纵向送秧机构把规格（宽×长×厚）为28毫米×58毫米×2毫米的秧块不断地送给秧爪切成所需的小秧块，采用左右、前后交替顺序取秧的原则。小秧块的横向尺寸是由横向送秧机构所决定，该机构由具有左旋与右旋的移箱凸轮轴与滑套组成；凸轮轴旋转，滑套带动秧苗箱左右移动，由凸轮轴与秧爪运动的速比决定横向切块的尺寸，一般为三个挡位。

以东洋PF455S机型所标识的"20"、"24"、"26"为例，是指一个横向总行程28厘米内秧爪切取的块数，其横向尺寸即为14厘米，11.7厘米，10.8厘米。也有插秧机采用油压无级变速装置，横向尺寸调整的余地更大。秧箱的横向一般为匀速运动，也有的机器为非均匀运动，在秧爪取秧瞬间减速，以减少伤秧。小秧块的纵向尺寸是由纵向送秧机构完成的。纵向送秧的执行器有星轮与皮带两种形式，步行插秧机上这两种形式均有，乘坐式的多数采用皮带形式。皮带式是采用秧块整体托送原则，送秧有效程度较高。纵向送秧机构要求定时、定量送秧。定时就是前排秧苗取完后，整体秧苗在秧箱移到两端时完成送秧动作。

定量送秧是指秧爪纵向切取量应与纵向送秧量相等。高速插秧机上纵向送秧与取秧有联动机构，一个手柄动作即完成两项任务，步行机有的需作两次调节才能等量。

（2）下移：秧爪与导轨的缺口（秧门）形成切割副，切取小秧块后，秧块被秧爪与推秧器形成的楔卡住往土中运送。

（3）插植：秧爪下插至土中后，推秧器把小秧块弹出入土，秧爪出土后，推秧器提出回位。

2. 液压仿形

插秧机的浮板是插秧深度的基础，保持较稳定的接地压力就能保持稳定一致的插深，高性能插秧机均是通过中间浮板前端的感知装置控制液压泵的阀体，由油缸执行升降动作。

当水田底层前后不平时，通过液压仿形系统完成升降动作；当左右不平时，通过左右轮的机械调节或液压的调节来维持插植部水平状态。高速插秧机插植部通过弹簧或液压来维持插植部的水平，使左右插深一致。

第二节 常用小型农机具使用与维护

一、小型柴油机的正确使用

（一）柴油机的选购

1. 性能选择

性能选择包括功率选择和经济性选择两个方面。功率选择是要根据与之配套的工作机功率消耗，选配相应功率的柴油机。经济性选择是要选购耗油低、工作可靠、故障少、效率高的柴油机。

2. 外观选择

一是整机完好，零件无缺失、损坏，机体与机壳无破损、裂纹。

二是油漆色泽应鲜艳、光滑、明亮，无脱落、划痕、流痕，漆层厚薄一致，无漏喷现象。

三是各焊接部位焊缝平直均匀、坚实牢固，各螺纹连接无松动、脱落，冲压件无皱折、拉痕、裂纹等缺陷。

四是表面无明显油污痕迹。

3. 运转状态选择

一是在 5~30℃ 环境下，起动柴油机，3 次应有 2 次或 3 次着火，说明起动性能良好。

二是空运转检查，柴油机起动后中、小油门运转平衡，声音清脆无杂音，不排白烟、蓝烟、黑烟，机油压力正常。

三是加速性能检查，增减油门时柴油机增减带灵敏快捷，无排烟现象，说明柴油机加速性能良好。

4. 购买过程中的注意事项

一是要选购社会公认的名优企业的名牌产品，名牌产品不仅技术性能和制造质量好，售后服务也很完善。

二是要在生产厂家和正规经营公司购买，以避免假冒产品。一台合格的柴油机，标牌上注明有注册商标、产品名称、型号、厂名厂址、出厂编号、出厂日期等。

三是购买时应向经销商索要财政税务部门统一监制的发货票、索要《产品合格证》《使用说明书》和"三包"凭证。

四是要按"装箱单"验收随机工具、附件和备件。

5. 柴油机的"三包"服务

在正常情况下，合格的农机产品，在保修期内发现质量问题，应由生产企业免费包修理、包更换、包退货，简称"三包"。

为维护农民的合法权益，国家经济贸易委员会、农业部等 6 个部委联合颁发了《农业机械产品修理、更换、退货责任规定》。这是当前适用于农业机械在"三包"期内出现质量问题，农民寻求保护的法律依据。

《中华人民共和国农业机械化促进法》第三章第十四条规定，农业机械产品不符合质量要求的，农业机械生产者、销售者应当负责修理、更换、退货，给农业机械使用者造成农业生产损失或其他损失的，应当依法赔偿损失。

农民应学会拿起法律武器，维护自己的合法权益。按规定，农业机械包括柴油机，实行谁销售谁负责"三包"。"三包"有效期自开发货票之日起计算。小型单缸柴油机整机"三包"有效期为9个月，主要部件"三包"有效期为1年半。"三包"有效期内，产品出现故障，农民凭发货票或"三包"凭证办理修理、更换、退货。

农忙季节，如正在浇水灌溉，柴油机突然发生故障，农民有权利要求承担"三包"的部门到现场及时排除故障。

（二）正确使用常识

购买柴油机后，就要按照使用说明书正确选用柴油、机油和冷却水。

1. 柴油的选用

农用柴油机属高速柴油机，采用轻柴油作燃料，轻柴油按凝固点分为10号、5号、0号、–10号、–20号、–35号、–50号。

选用的柴油油号应比使用环境温度低5℃，如在5℃时，应使用0号柴油，在–5℃以上时，应采用–10号柴油，在–15℃以上时，应采用–20号柴油。

柴油应存储在干净、封闭的容器中，使用前必须经过48小时的沉淀，然后抽上部柴油使用。加油过程中，要防止杂质进入油中。

2. 机油的选用

柴油机应选用柴油机机油作润滑油。常用的柴油机机油有cc30号、cc40号、cc50号以及cd30号、cd40号和cd50号。一般小型单缸柴油机无论是冬季还是春秋两季都应选用cd40号和cc40号，夏季可选用cd50号和cc50号或cd40号。

机油必须清洁，加入时应经过过滤，新机磨合运转到40小时，需更换油底壳内的全部机油，再运转60小时更换第二次，以后按柴油机一级技术保养进行。

3. 冷却水的选用

冷却水要选用清洁的软水，如雨水、雪水等。井水、泉水或其他含矿物质的称为硬水，硬水容易造成柴油机水道结垢、阻塞，引起柴油机过热或出现其他故障，应经软化处理。软化处理的最简单方法是将硬水煮沸，使其中的矿物质沉积后使用。

4. 传动带轮的选用

柴油机是农村主要动力机械之一，是与多种机械工作配套使用的，工作机的消耗功率必须与柴油机的输出功率相匹配。不能大马拉小车，也不能小马拉大车。

当柴油机与其他工作机配套时，传动带轮的选择直接影响到柴油机的工作状况和工作机生产效率。

5. 柴油机起动前准备

起动柴油机是进行生产作业的第一步，只有充分做好起动前的各项准备工作，才能使柴油机安全顺利地进行运转。

起动柴油机前，一是要检查柴油机各连接螺栓是否坚固可靠，重点检查地脚螺栓和传动带轮紧固螺母；二是检查柴油、机油油位和冷却水水位，看是否缺油、缺水，需要时要及时添加；值得注意的是，一定要起动前加足水，不能先起动再加水。特别是冬季，收车后一般都要把冷却水放净，次日启动时，先起动后加水，这种方法是有害的。因为发动机起动时，燃烧室内瞬间温度高达1 700～2 000℃，若此时马上加冷却水，易造成气缸盖、机体、水箱等零件开裂；三是检查机油压力是否正常，方法是将油门钮置于停止位置，将减压手柄转到减压位置，用手摇把摇转柴油机，直到机油压力指示器升起为止；四是放气透油。将燃油开关打开，柴油经滤清器即进入喷油泵。放松喷油泵上的放气螺钉，等到流出的柴油不带气泡时再拧紧；五是检查空气滤清器是否加入机油，特别是新购买的柴油机，一般机油不足，空气滤清器中如果机油不足，会导致缸套等部件的早期磨损，所以一定要按要求加足机油。

6. 柴油机起动

起动前要进行预润滑。因为，当发动机熄火后，润滑油道里及摩擦件表面的润滑油绝大部分都流回油底壳，为了减少运动磨损，启动前应使油门钮外干关闭位置，摇转曲轴数次，然后再起动。

起动时要正确控制油门。一般气温在 15℃ 以下起动发动机时，油门控制在略高于怠速位置为宜，气温在 15℃ 以上时，开始不要加油门，空转曲轴数圈后，再加小油门启动。

手摇起动时，将油门钮置于"运转"位置，左手压下减压手柄，右手摇动起动手把，直到听到清脆的喷油声，再用力加速摇动起动手把并放开减压手柄，同时，再摇 1 圈或 2 圈后，柴油机便可起动。起动后，起动手把会自行脱开滑出，千万不可松手，以免飞出伤人。

如果天冷起动困难，可采用加热水预热机体的方法起动。

柴油机起动后应立即将油门钮向减油方向移动，使柴油机以较低转速运转。对起动后的柴油机应进行运转检查。首先立即检查机油压力指示器是否顶起，如不顶起，立即停机检查原因。如机油压力指示器正常，再检查声音和烟色是否正常，有无漏油、漏水和漏气现象。各项检查正常后再逐渐升高转速。冷机起动后须待机温升起后再加负荷运转。采用电起动时，应注意每次起动持续时间不能超过 5 秒，若一次起动不成功，必须间隔 20 秒后方能再次起动，以防烧坏起动机。

注意：如果采用大油门启动，数次启动都不成功，则必须立即关掉油门再起动发动机，看到排气管无黑烟冒出时，再加小油门。另外，大油门启动后，应在中、小油门进行充分预热，特别是冬季，一般需 5~8 分钟，在水温升高到 40℃ 时再起步，水温达 60℃ 时方可投入工作。

7. 停车

停车时，先卸去负荷，空转柴油机几分钟再停车。

如在冬季应适当加长空转时间，最好空转 5~10 分钟，待机体温度降到 50~70℃ 时，再将油门钮移到停油位置，柴油机即可停车放水。

注意：严禁熄火前轰油门。在特殊情况下，如发生飞车事故，需紧急停车时，应立即松开高压油管的接头螺母，即可立即停车。必要时也可使用减压装置。

（三）使用注意事项

柴油机经过一系列的磨合调整后，便可放心大胆地使用了。

柴油机在使用过程中要认真阅读说明书，并严格按照要求操作。

柴油机运转中避免突加突减油门，严禁长时间空载运转和超负荷运转。

柴油机运转后，冷却水会蒸发减少，应及时补加。

二、微耕机的使用与维护

（一）认识微耕机

微耕机的结构简单，主要由发动机、变速箱总成、扶手架总成、行走轮、耕作机具五大部分组成。

1. 发动机

发动机是微耕机工作时的动力来源。按使用燃油的不同，可分为柴油机和汽油机两大类。两种动力微耕机在使用上没有多大的区别；柴油微耕机的动力比汽油微耕机的动力要大一些；汽油微耕机的轻便灵活性比柴油微耕机要好一些。

对于使用者来说，发动机上经常使用的部件如下。

柴油发动机上有水箱及加水口和放水阀门、柴油箱及加油阀门和放油阀螺丝、燃油阀门、机油注入口和标尺、机油放出口螺丝、空气滤清器、排气筒、高压油嘴、减压阀、启动口和摇手柄。

汽油发动机上有汽油箱及加油阀门、空气滤清器、汽油化油器和放油螺丝、燃油阀门、机油注入口和标尺、机油放出口螺丝、排气筒、高压线和火花塞、启动器和拉绳。

2. 变速箱总成

发动机的动力由皮带连接传输到变速箱总成上部的主离合器，通过主离合器输入变速箱，经变速箱的变速传动，再经过驱动轴传给行走轮，从而推动微耕机行走。变速箱总成下部的转向离合器，可控制行走轮的行走方向。变速箱总成上还安装有换挡操纵杆，微耕机一般都装配有 3 个挡位或 4 个挡位，一个前进慢挡，一个前进快挡，一个空挡，有的还装配有一个倒挡。还有传动皮带、皮带轮和皮带轮罩。变速箱的上部有齿轮油加注口，下部有齿轮油放出口。

3. 行走轮

行走轮安装在变速箱总成下部的驱动轴上。发动机的动力经变速箱传给行走轮，推动微耕机工作。在路上行走，可使用道路行走轮；在耕作时，使用耕作行走轮。

4. 扶手架总成

扶手架是微耕机的操纵机构，扶手架上安装有以下几部分。

（1）主离合器操作杆：拉动主离合器操作杆到"离"的位置，即可切断发动机与变速箱的动力联系，推动主离合器操作杆到"合"位置，即可连接发动机与变速箱的动力。

（2）油门手柄：油门手柄用于调节发动机的转速，即调节油门的大小。

（3）启动开关（即点火开关）：汽油动力的微耕机还安装有启动开关，用于切断与连接汽油发电机的点火用电。汽油发动机停止不工作时，将启动开关转到"停"的位置；汽油发动机工作时，将启动开关转到"开"的位置。

（4）转向离合器手柄：握住左边转向离合器手柄，可实现微耕机的左转弯；握住右边转向离合器手柄，可实现微耕机的右转弯。

（5）扶手架调整螺丝：在扶手架总成与变速箱总成连接的地方，有一个调整扶手架高低的调整螺丝，可根据微耕机操作者个头的高矮，来调节扶手架的高低。

5. 耕作机具

微耕机耕作所常用的耕作机具主要有：犁铧总成、钉子耙总成、水田旋耕轮、旱地旋耕刀具、开沟器、阻力棒等，可根据不同的用途，选择适合的耕作机具。

（二）微耕机的耕作

1. 微耕机的移动

微耕机的体积小、重量轻、移动方便。在较远距离的运输时，可用小货车或三轮车运输。在短距离的大小道路上行走时，可装上橡胶行走轮行走。

安装行走轮时，在熄火停机状态下，先将机车往一边横向倾斜30°左右，将行走轮的销孔对准变速箱驱动轴的销槽，套上行走轮后，花键轴的销孔和花键套销孔的位置对齐，插上销子，再锁上R销。注意，左右行走轮不能装反。

在行走时，不能用铁轮或悬耕刀具代替橡胶轮在硬地上行走，也禁止在公路上长距离行走。在田间地头，可换上耕作行走轮行走或耕作。在35°左右的坡地上作业时，无需田间作业机耕路，就能自行爬坡上坎。机器在转点时，以两个人抬着走较好。

2. 犁田耙地

针对泥土较硬的水田，板结的干田和旱地，要安装配套的"双向犁铧"进行犁田翻地。

"双向犁铧"由牵引杆与变速箱总成的牵引框相连接。连接时，先取下牵引框上的牵引销，将犁铧的牵引杆放入牵引框内，插上牵引销，再锁上R销。犁铧片后面直立的操纵杆，用于变换犁铧翻耕面的方向。犁铧片后面两边的调节定位螺栓，用于调节犁铧的偏移角度，将插销组合拉出，根据角度和深度调节支撑上的3个孔来实现犁铧向左或向右的偏移，实现田边地角的耕作，也实现田埂的绞边和堵漏。犁地时，换上铁轮和犁铧。

（1）犁耕水田：犁耕水田时，水田应保持3~5厘米的水深。

水田的烂泥深度应小于25厘米。刚下田耕作时，要用慢挡行走，边走边检查并调整耕作的深度和幅度；待调整适应后，再换快挡耕作。快挡耕作的效率可达到每小时0.8亩左右，两人换班耕作不累。一般从田埂边开始翻耕；调节犁铧的偏移角度，让犁铧垂直地犁过田埂边并绞边和堵漏。耕作到地头时，抬起犁铧，搬运犁铧翻耕面方向的操纵杆，抖掉犁铧面上的泥土，变换犁铧面方向，然后让机车原地调头，让一侧驱动轮始终要压在前次的犁沟内，才能保证耕幅之间不漏耕。微耕机牵引犁铧作业时，一侧驱动轮在未耕地上，另一侧驱动轮在犁沟内，两轮与地面间的附着系数不同，致使机车常向一个方向偏驶。操作者可向另一边移动身体，以自身的体重来平衡机车。通过烂泥特别深的局部区域时，操作者可将扶手架向上提一点，以减少犁铧的耕深，以免陷车。

当发生陷车时，应先停车，挂上倒挡，抬起犁铧，即可退出。在通过低矮的田埂时，要把整机正对田埂，减小油门，缓慢地通过田埂；千万不能加大油门猛冲，以免发生翻车事故。整块水田翻耕完后，卸下犁铧与机车连接的牵引销，犁铧与机车分离。换上钉子耙，耙碎泥块，耙平整块水田。

（2）犁耕干田和旱地：泥土板结的干田和旱地，一般都要用犁铧翻耕；方法与犁耕水田基本相同，只是干田和旱地应采用慢挡操作。

3. 旋耕旱地

一般较松软的旱地，都可使用旋耕刀进行旋耕作业。卸下行走轮，换上旋耕刀具。安装旋耕刀具时，左右两个旋耕刀，左右不能调换，前后刀面不能装错；刀片薄的一面朝外，厚的一面朝向扶手架。在安装时，第一把刀必须对齐，刀片左右应对称平衡，销孔对准销槽，旋耕刀上花键轴的销孔和驱动轴上花键套的销孔的位置对齐，套上悬耕刀具后，插上销子，再锁上R销。

在机车的牵引框外，安装调节深浅和平衡机身的阻力棒。阻力棒向下伸长调节，就增加耕作的深度。微耕机牵引旋耕刀作业时，一般用慢挡行走。在耕作时，双脚要呈八字形行走，以增加操作的稳定性；两手把握扶手架，以20厘米左右的幅度左右摆动，主要目的是，通过刀具的左右摆动，弥补机车中间变速箱所占位置，以免漏耕；同时，也可以增加耕幅的宽度。旋耕旱地时的耕幅宽度可达1.2米。旋耕旱地时的耕作效率可达到每小时1亩左右。

机车偏移时，应尽量不使用转向离合器纠偏，而是用推拉扶手架的方法纠偏。耕作到地头时，先转90°的弯，向前耕作一个机车的宽度，再90°转弯，继续耕作，这样才不至于漏耕。灵活操作，各种狭小地块，田边地头都能耕到。

4. 旋耕水田

大多数泡软的水田，都可使用旋耕轮进行旋耕作业。

卸下行走轮，换上旋耕轮。安装旋耕轮时，左右两个旋耕轮不能上错；旋耕轮的叶片朝向要向着扶手架；旋耕轮的花键槽与驱动轴相对应，旋耕轮上的花键槽的销孔要与驱动轴上的销孔相对应，然后装上旋耕轮，插上插销，再锁上 R 销。在机车的牵引框处，安装调节深浅和平衡机身的阻力棒。旋耕水田时，水田应保持 5~10 厘米的水深。刚下田耕作，要用慢挡行走，检查并调整耕作的深度；待调整适应后，再换快挡耕作。旋耕水田时的耕幅宽度可达 1.2 米。旋耕水田时的耕作效率可达到每小时 1.2 亩左右。

5. 开沟作业

用旋耕轮或旋耕刀或行走铁轮行走，在机车的牵引框处，安装开沟器，通过调节深浅的开沟器，在田地中开出各种沟，效率极高。

注意：在耕作时，夏天连续耕作 2 小时左右，冬天连续耕作 3 小时左右，就应停机休息，待机器适当冷却后再耕作。不要对机器进行疲劳耕作。

三、久保田 SPW-48C 插秧机的使用维护

（一）大田准备

1. 大田施肥

建议每亩用尿素 20 千克（或者碳铵 50 千克），猪尿粪水 20~30 担、磷肥 40 千克、钾肥 10 千克，可以用水稻专用肥 35~40 千克加尿素 5 千克，具体标准根据田块肥力和往年用肥习惯来确定。

2. 大田耕作

视情况炕田 1~2 天，再灌水泡田，采用旋耕机耕作后或用水田埋草驱动耙作业，注意要尽量浅耕，达到地表平整，水面控制 0.5~2 厘米，田整好后自然沉实 1~2 天后方可插秧，整田的基本要求是必须保证田平浅水适合机械化插秧原则。要求耕翻次数不宜过多，如果整地太绒时，宁可延长沉淀时间，也不要盲目插秧。

（二）插秧机作业

1. 插秧机作业准备

（1）硬盘或软盘育秧每亩大田备足 22~25 盘已育好的秧苗，双膜育秧可参照准备。

（2）保养调试好插秧机。

（3）将插秧机转移到稻田。

（4）调整插秧深度：调整的原则是立苗率只要能够达到 90%，深浅适度。

（5）调整亩植窝数（即调整株距）和窝取秧量：坚持合理的栽植窝数和足够的基本苗原则是机械化夺取高产的又一关键技术。大麦田、小麦田、油菜田（5 月 25 日前栽插的田块），大穗型品种亩植 1.2 万~1.4 万窝，亩基本苗 2.2 万~2.8 万株；其余迟栽田块每亩窝数应保证不低于 1.5 万株。亩苗数不低于 2.8 万株。上述指标主要是通过插秧机株距和取秧量的调试来实现。具体就是 5 月 25 日以前插秧调至中等偏上，5 月 25 日以后插秧调至较大

值，直至最大值。

2. 插秧机作业

（1）选择合理的插秧行走路线：可根据田块大小以及田块是否方正具体确定路线，秧田四周应留好插秧机转弯空余地待最后插秧，不能重插或漏插，机器不能插秧的边角人工补栽。

（2）上秧：在秧块不足 10 厘米长时，应该补秧，注意将补给秧苗与剩余秧苗对齐（防止漏插），注意必须让秧厢移动至两端才能上秧。

（3）插秧操作步骤：应严格按照使用说明书操作步骤进行，特别是最初工作行程是整块稻田插秧的基准，既要选准位置，又要直，并且要求插秧均匀。

3. 操作过程中的注意事项

（1）视秧苗情况，调整好栽插密度，确保基本苗。

（2）插秧过程中随时注意观察有无漏插现象。

（3）手扶式插秧机操作者应注意不踩已插秧苗，步行在中间位置上。

（4）在田埂边操作时，要避免插秧机导轨碰到田埂上。

（5）转弯或田间转移时，首先应降低发动机转速，断开插秧离合器，将液压操作手柄拨到"上升"位置。

（6）插秧机作业时液压手柄应在"下降"位置。

（三）作业操作要领

1. 插秧作业的步骤

（1）插秧准备：

①进入田块，将变速手柄置于"中立"位置。②将栽插离合器手柄置于"栽插"的位置，将主离合器手柄置于"合"的位置，将载秧台移动至端部，在纵向传送（轮）运转后立即将栽插离合器手柄置于"固定"的位置，然后将主离合器手柄置于"离"。③将秧苗整齐地装在载秧台上。④将插秧深度手柄、取苗量调节手柄设定在所希望的位置上。

（2）插秧操作：

①将变速手柄置于"栽插"的位置。②将栽插离合器手柄置于"下降"的位置。③将主离合器手柄置于"合"，则机器开始启动。④将栽插离合器手柄置于"栽插"的位置，则开始插秧。

（3）停止插秧：

停止插秧时，将栽插离合器手柄置于"下降"的位置。

（4）转向的方法：

①降低发动机转速后，将栽插离合器手柄置于"下降"的位置，然后握住想要转向一侧的转向离合器手柄，开始转向。②抬起转向手柄，使机体悬空，在此状态下可进行转向（滑动转向）。③转向结束后，将栽插离合器手柄置于"栽插"的位置，并以适当的作业速度进行插秧。

（5）关于滑动转向：

①在插秧作业中（转向时），将栽插离合器手柄置于"下降"的位置，然后握住想要旋转的一侧的转向离合器手柄，抬起转向手柄后，一边使浮舟的前端滑动，一边可以轻松地进行转向。②倒退时，将变速手柄置于"后退"的位置，使用栽插离合器手柄使机体"上升"，然后请将主离合器手柄置于为"合"，开始倒退。

注意：在松软的田块或较深的田块等作业时，有时需要机体上升后再进行转向。

2. 运行前的准备

（1）启动机器前加注机油和黄油：每天在启动发动机前，请给下表所示的部位加油或加注黄油（表3-2）。

表3-2　运行前加油部位及种类

加油部位	油的种类	容量、规定量
燃料箱	汽车用标准汽油（无铅）	约4.0升（可插秧4～5个小时）
发动机曲轴箱	久保田纯正油 G30 或 G20（SAE10W-30，API 分类 SE 级以上）	将发动机置于水平状态，油量应到油量计的下限和上限之间 -0.6升
转带齿轮箱	久保田纯正油 SUPER UDT 或 NEW UDT（SAF75W 80，API 分类型 GL-3 级以上）	油量应到油量计的下限和上限之间 -2.0升
进料箱		从检油口溢出为止 -0.6升
插秧箱		从检油口溢出为止 -0.2升
横向传送轴		适量
滑动板	备用黄油或 SAE 多功能黄油，或齿轮油	适量
载秧台滑块导轨		
主离合器手柄支点及连接部		

其他部位：栽插离合器手柄支点及连接部、变速手柄支点及连接部、动作臂支点部、浮舟灵敏度支点部、浮舟摆动支点部、浮舟支点部、车轮调节连接部、纵向传送连接部及纵向传轮轴承部、取苗量调节手柄支点及滑动部、传感器杆支点及支点连接部、转向器离合器手柄支点部、转向离合器钢丝及连接部、油门手柄的钢丝及连接部、各种操作支点部，都需加注黄油。

（2）日常项目检查（表3-3）

表3-3　日常项目检查

检查部位		是否异常	处理方法
查看机体外部	机体各部位	1. 是否损坏或变形 2. 螺栓和螺母是否松动或脱落 3. 是否漏油或漏水 4. 是否堆积有脏物或泥土等 5. 安全标签（带有记号的标签）是否损坏或剥落	1. 修理或更换 2. 补充或加固 3. 拧紧软管或配管的安装部分，或更换部件 4. 清扫 5. 换上新的标签
查看机体外部	车轮轮胎	是否磨损或损坏	更换
	各种钢丝、手柄支点部、滑动部	是否松弛或损坏 动作状态是否异常	更换 加油
	插秧爪推出装置	是否磨损、破损或变形 是否有石子等异物被夹在其中	调整或更换 清除

续表

检查部位		是否异常	处理方法
打开机罩	空气滤清器	滤芯是否变脏或被灰尘堵住	清扫
	发动机油	油量是否达到规定量（油量计的上限和下限之间）	补充至规定量（0.6 升）久保田纯正油 SUPERG10W-30 或 API 分类 SE 级以上
	软管、配管	是否漏油	拧紧安装部分或更换
	配线电线	接头是否脱落 保护层是否损伤	重新接好 更换
	变速齿轮箱油	油量是否达到规定量（油量计的上限线或下限线之间）	补充至规定量（2.01 升）久保田纯正油 M80 或 UDTSAE75-80，API 分类 GL-3 级以上
	进为箱机油	油面是否处于检油口附近	补充至规定量（0.6 升）
	插秧箱机油	油面是否处于检油口附近	补充至规定量（0.2 升）
起动发动机观察，发现问题时打开引擎盖进行处理	前照灯	是否点亮	如果检查时发现灯丝断开、配线电线脱落，应予以更换或重新接好
	发动机、消音器	是否起动 是否发出异常声音 排出废气的颜色是否异常	调整火花塞的间隙，或更换火花塞 清扫消音器金属滤网和消音器请与经销商联系
	各操作手柄	各操作手柄的动作和各动作部位是否异常	加油、调整

3. 正确的运行方法

（1）新车的使用方法：对新车进行正确的运行操作和维护将会延长插秧机的寿命。新插秧机出厂之前经过了严格的检查，但插秧机各部分的部件尚未进行磨合运行。磨合运行期间，在插秧机各部分的部件充分磨合之前，要以低速行走，避免超负载插秧作业。

为了最大程度地发挥插秧机的性能，保持长久的使用寿命，正确的磨合运行至关重要。新车使用时请遵守下述事项。

关于磨合运行：

①请勿进行突然起动操作；②寒冷天气和冬季，请让发动机充分进行预热运转；③发动机的转速请勿超出插秧作业规定值；④在未经平整的凹凸不平的道路上，请以低速行走。

上述事项在磨合运行以后也需注意，尤其在操作新车时应特别注意。

（2）发动机的起动与停止：

①起动方法：A. 将燃料栓手柄置为"开"；B. 将变速手柄置于"中立"的位置；C. 将主离合器手柄置为"离"，将栽插离合器手柄置为"固定"；D. 将发动机开关置于"开"的位置；E. 操作阻风门。当发动机过冷时"全关"（拉开阻风门把手）。在暖热的状态下再次起动时"全开"或"半开"（不拉或稍微拉开阻风门把手）；F. 将油门手柄调节到"低"和"高"的中间位置；G. 用力拉拽起动把手，发动机则起动；H. 起动后，一边查看发动

机的旋转情况，一边慢慢地将阻风门置为"全开"（将阻风门把手返回原来的位置）。（注意：即使发动机起动后也不要突然使速度变为高速，需进行 5 分钟左右的预热运行后再开始作业）②停止方法：A. 将油门手柄置为"低"，并运行 3 分钟左右；B. 将发动机开关置于"关"的位置；C. 将燃料栓手柄置为"关"（注意：养成发动机停止后检查燃料栓是否完全关闭的习惯）。

（3）移动与行走：

①发动方法：A. 发动机起动后，将油门手柄置于"始"和"高"之间，稍微提高转速；B. 将变速手柄置于"路上行走"的位置；C. 操作栽插离合器手柄使机体"上升"后，将栽插离合器手柄置于"固定"位置。如果使机体处于最高上升位置，滚锁将工作，机体将被水平固定；D. 将主离合器手柄置于"合"后，则机器前进。（注意：变速手柄处于"路上行走"和"后退"的位置时，请务必将栽插离合器手柄置于"固定"位置。）②停车方法：将油门手柄置于"低"的一侧，主离合器置于"离"的位置，机器将停止前进［注意：在路上转动插秧部时，请在中央浮舟前端（传感器杆的位置）的下部垫上厚度为 10 ~ 15 厘米的箱子或垫块，将转向手柄抬起后再进行操作。栽插离合器接合后，机体下降，插秧爪将会碰到地面，有可能造成机器故障］。

（四）插秧方法

1. 作业前准备

（1）株距（表 3 - 4）：

表 3 - 4　株距

株距	12 厘米	14 厘米（出厂时）	16 厘米	18 厘米	21 厘米
株数 （万株/亩）	1.8	1.6	1.4	1.2	1.0

（2）秧苗用量（表 3 - 5）：

表 3 - 5　秧苗用量

横向传送次数（次）		26			26（出厂时）	
苗的种类		中苗			幼苗	
株距	12	28	20	13	22	16	10
	14	24	17	11	19	14	9
	16	21	15	10	17	12	8
	18	19	14	9	15	11	7
	21	16	12	8	13	10	6

注：取苗量调节手柄位置从上到下，取苗量从"多"到"少"；上表的株数为参考用的育苗箱标准用量

（3）载秧台横向传送量的调节：出厂时齿轮设定为取苗 26 次。

（4）车轮深度的调节：根据田块的深度可调节齿轮的深度。

调换车轮调节连接部的孔位可达到标准位置（耕地深度 5 ~ 30 厘米，出厂时设定）、深田位置（耕地深度 18 ~ 40 厘米）、特湿田块位置（耕地深度 20 ~ 45 厘米）。

插秧深度按农艺要求一般为不漂不倒，深浅适度。

2. 插秧作业方法

（1）插秧作业的步骤及方法：

①进入田块，将变速手柄置为"中立"位置。②将栽插离合器手柄置于"栽插"的位置，将主离合器手柄置于"合"的位置，将载秧台移动至端部，在纵向传送（轮）运转后立即将栽插离合器手柄置于"固定"的位置，然后将主离合器手柄置于"离"。③将秧苗整齐地装在载秧台上。此过程需注意的事项：A. 请根据需要拉出加长载秧台；B. 请确认苗床与苗床压杆之间的空隙以免秧苗散落；C. 当从育苗箱中取出秧苗时，应提起苗床（苗垫）的一端，然后将抄秧板插入苗床下方将秧苗抄出；D. 苗根可能会缠在抄秧板的前端并积成块。请务必除去这样的秧根，否则会引起缺秧。④将插秧深度调节手柄、取苗量调节手柄设定在希望的位置。⑤将限速挡块置于"栽插"的位置。⑥将变速手柄置于"栽插"的位置。⑦将栽插离合器手柄置于"下降"的位置。⑧将主离合器手柄置于"栽插"的位置，则开始插秧。⑨将栽插离合器手柄置于"栽插"的位置，则开始插秧。⑩进行 5 米左右的插秧作业后，请将主离合器手柄置于"离"以停止行走，进行插秧后的确认。如无异常，请继续进行插秧作业。

（2）安全离合器：

①在插秧作业中，如果插秧部停止动作，并发生嘎达嘎达声，则说明安全离合器已启动。②如果安全离合器启动，在机器发出嘎达嘎达的响声的情况下继续作业，则会损坏插秧爪，安全离合器也会因为磨损而易于误动作，导致插秧效果不理想。③清除异物后，请确认插秧爪能否轻松转动、有无碰到滑动板或插秧爪有无弯曲、损坏后，重新开始插秧。如果插秧爪弯曲或损坏，请予以更换。更换插秧爪后，使用附带的量规调整取苗量。

（3）秧苗的补充：如果载秧台的剩余秧苗到了红线位置，请补充秧苗。请考虑田块的长度，尽量在转向时补充秧苗。

①补充秧苗时，断开主离合器。②补充秧苗时，无需将载秧台向左右端移动。仅在完全没有秧苗时将载秧台移向端部。③补充秧苗时应轻取轻放，注意使剩下的秧苗和补充的秧苗完全接上。

（4）田边的插秧方法：应事先留出田边空地（大约 1 个往返的面积）后再开始插秧。开始插秧时，请从与田块长边方向与田埂平行的一侧开始插秧。

（5）插秧作业的调节：开始插秧后，请确认插秧株数、插秧深度等是否符合要求。如果不符合要求，请进行必要的调节后再继续插秧。

①取苗量调节手柄：用取苗量调节手柄调节插秧株数。调"多"，将手柄向上方设定，插秧株数则增多。调"少"，将手柄向下方设定，插秧株数则减少。②各插秧爪的插秧株数的调节：A. 在各行插秧爪中，如果某个插秧爪的取苗株数总是过多或过少，请用量规进行检查。根据量规检查的结果，如果发现有取苗量过多或过少的插秧爪，请松动连接轴的安装螺母，转动螺栓，将取苗量调节到插秧爪可进入载秧台的量；B. 确认插秧臂的插秧爪安装螺栓没有接触（注意：原则上，插秧株数由播撒在育苗箱内的谷种量决

定。播种时，应事先研究好播种量，以免经常调节插秧株数。最大取量不得超过 17 毫米，将取苗量调节手柄置于最"多"的位置，使插秧爪前端与量规最上方的槽对齐）。③插秧深度调节手柄：用插秧深度调节手柄来调节插秧深度。调"浅"，将手柄设定在"浅插"方向，则为浅插。调"深"，将手柄设定在"深插"方向，则为深插（注意：A. 想在插秧深度调节手柄的调节范围外进行浅插或深插时，请拆下各浮舟上的浮舟金属件支点销，将其换插到"浅插"用孔或"深插"用孔中；B. 插秧深度标准为 2～3 厘米；C. 较长的秧苗请稍微深插，较短的秧苗请稍微浅插。）④耕耘、耙田不充分的田块：如果田块中出现土块会导致插秧效果不理想，所以请仔细进行耕耘和耙田。并掌握以下原则：A. 请使用茎叶坚挺的壮苗。请勿使用徒长的秧苗；B. 水深应尽量较浅；C. 提高感测压力（将浮舟灵敏度调节设定在"硬"的位置），充分进行整地。⑤表面过软的田块：须做到：A. 尽可能减少水量，延迟插秧日期，使田块表面变硬；B. 降低行进速度；C. 稍微深插（3～4 厘米）；D. 降低感测压力（将浮舟灵敏度调节设定在"软"的位置）。⑥表面过硬的田块需注意：A. 将表面轻微耙过后，保持适宜插秧速度；B. 提高感测压力（将浮舟灵敏度调节设定在"硬"的位置）。

（6）苗床压杆与压秧杆的调节：将秧苗装到载秧台上时，如果由于苗床与苗床压杆之间的空隙过大或苗床状态不佳（软弱徒长的秧苗及扎根不良的秧苗），因秧苗掉落而导致缺秧或秧苗前后伏倒，则进行调节。

①苗床压杆：关停发动机。将苗床压杆与苗床之间的空隙调节为 1～1.5 厘米；拆下固定苗床压杆的两端的螺栓，移动苗床压杆安装金属件，在确认空隙后，将其对准调节孔 A、B、C 的任一处，安装两端的螺栓，固定苗床压杆。②压秧杆：降下插秧部，然后关停发动机。拆下卡销，拔出推杆。变更孔的位置，插入推杆后的安装卡销（表 3-6）。

表 3-6　压杆与压秧杆的调节

现　象	变更安装孔位置
秧苗过短 栽插时秧苗向后倒 苗床松软，栽插时容易散开	标准孔向另一孔
秧苗过长栽插时秧苗向前倒秧苗与压秧杆产生勾挂，下不到滑动板处	另一孔向标准孔

注：对于 20 厘米以上的秧苗，请勿使用压秧杆，否则会导致插秧效果不理想

（7）导苗器的拆卸方法：如果发现秧苗有徒长倾向，拆下导苗器后再使用。①拆下卡销；②拔下带头销。

（8）调节整地板：①在较硬的田块中出现凹凸不平的车轮痕迹时，请"降下"整地板后使用；②在较深的松软田块中，请"升起"整地板后使用。

（五）久保田 SPW-48C 插秧机主要规格（表 3-7）

表 3-7　插秧机主要规格

项目			规格
型 号 名			SPW-48C
结 构			手扶式
机体尺寸	总长（毫米）		2 140
	总宽（毫米）		1 630
	总高（毫米）		910
机身重量（千克）			160
发动机	型号名		MZ175-B-1
	种类		风冷 4 冲程 OHV 发动机
	总排气量（L {cc}）		0.171 {171}
	输出功率/转速（kW {PS} /rpm）		2.6 {3.5} /3 000（最大 3.2 {4.3}）
发动机	燃料箱容量（L）		4.0
	点火方式		无接点式电磁点火
	起动方式		手拉起动式
燃料消耗量（千克/公顷）（千克/亩）			2.0 ~ 4.7（0.13 ~ 0.31）
行驶部	车轮调节		液压式（上下）
	车轮	种类	粗轮毂橡胶轮胎
		外径（毫米）	660
	变速级数（级）		前进 2 级（插秧 1 级）. 后退 1 级
插秧部	插秧行数（行）		4
	插秧行距（厘米）		30
	插秧株距（厘米）		12. 14. 16. 18. 21
	插秧株数（株/3.3 平方米）		90. 80. 70. 60. 50
	插秧深度（厘米）		0.7 ~ 3.7（5 级）
	单板苗数的调节方法		横向传送（2 级）及 纵向刮取量（7 ~ 17 毫米）
插秧速度（米/秒）			0.34 ~ 0.77
路上行走速度（米/秒）			0.58 ~ 1.48
纯工作小时生产率（公顷/小时）（亩/小时）			0.091 ~ 0.21 （1.36 ~ 3.15）
秧苗条件	秧苗种类		带垫秧苗
	苗高（厘米）		10 ~ 25
	叶龄（叶）		2 ~ 4.5
预备载秧数（箱）			3

（六）故障及处理方法

1. 发动机部分（表3-8）

表3-8 发动机故障及处理方法

问题、现象	原因（检查部分）	实施内容
无法启动或启动困难	启动操作失误	按正常的顺序启动操作
	没有汽油	加汽油
	空气滤清器堵塞	清理更换滤芯
	燃油过滤器进水或堵塞	拆开清理
	火花塞潮湿	取出火花塞晾干
	火花塞无法点火或很弱	火花塞缝隙调整及清理积炭棒更换火花塞
	油门手柄位置是否正确	向高速位置提升
发动机负荷加载后熄火	滤芯堵塞	清理或更换滤芯
	反冲式启动器吸气口堵塞	清理
	发动机机油量不足	补充到规定量更换新机油（使用时间太长）
	发动机转速不稳定	检查油门拉线的安装部位有无脱落
	发动机无压缩	检查活塞环是否磨损，或请咨询代理店

2. 行走部分（表3-9）

表3-9 行走故障及处理方法

问题、现象	原因（检查部分）	实施内容
主离合器连接后无法行走	未挂上挡	调整行驶皮带的张力
		主离合器要断，重新操作调整变速杆
操作侧离合器手柄时，转向性能差	侧离合器手柄的间隙大	调整侧离合器拉线
车轮无法上升下降	皮带滑动	调整液压胶带张力
	液压油量少	补充到规定量
	拉线没有调整好	调控液压钢丝重新调整

3. 插植部分（表3-10）

表3-10　插植故障及处理方法

问题、现象	原因（检查部分）	实施内容
插秧离合器连接后不能插秧	拉线没有调整好	调整插秧离合器的拉线
	株距调节手柄不在指定的挡位上	株距调节手柄放在指定的挡位上
苗箱不能在左右移动	横移送齿轮啮合不良	调整横移送变速杆
插植部停止且有异响	插植臂与取苗器中有异物，有异常负荷，安全离合器动作	主离合器手柄，插秧离合器手柄在断开位置并且停止发动机，然后取出异物
支架内部有异响	链条张紧装置松动	调整插植部张紧装置

4. 插秧作业中异常原因分析（表3-11）

表3-11　插秧作业中异常现象及处理方法

问题、现象	原因（检查部分）	实施内容
产生漏插现象	秧爪，推秧器调整不好	调整秧爪和推秧器
	秧爪，推向器变形	秧爪和推秧器更换新的配件
	秧爪，推向器有很多的稻草等异物	调整间隙
	播种成苗不均匀或播种量少	增加取苗量（纵移送，横移送）
	送苗的状态不好。如秧块过宽，取苗器压住秧块，秧块干涩	减少秧块的宽度，提高压苗器的位置，秧块加水
	秧苗的纵取苗量不足	减少横向取苗量、纵向取苗量的调节手柄向多的方向移动
漂秧	农田太硬	整田后深沉的时间不要太长
	插秧深度浅	查看秧苗高度，调整插秧深度
	秧块太干	湿润秧块
	秧爪未正确取秧	不要使用盘根不好的秧块
	秧爪带秧	水深在1~2厘米
插秧姿势不良	苗块的土干	苗块的土用水打湿
	取苗量少	播种量少的苗块需增加取苗量
	插秧深度太浅	插秧的深度加深
	秧苗盘根不好	降低作业速度
	秧爪、叉被泥浆堵塞	使用清水将泥浆清洗

续表

问题、现象	原因（检查部分）	实施内容
插秧的数量不一致	苗的纵移送不好	调整纵移送量苗圃上的土，用水打湿
	苗的移送量少	增加取苗量
	秧苗没有到位	补给秧苗
	秧爪磨损	换秧爪
	插植臂的秧爪没有调整好	调整插植臂秧爪的位置
插秧状态不平均	插秧数量不一致	苗的高矮不平均，增加取苗量
	插秧浅后秧苗不安定	增加插秧深度
插好的秧苗不整齐	插秧好的苗被泥土压倒	作业速度放慢一点
各行取苗量不一致	与苗支架的幅度相比苗订的衡度宽	采取措施调整秧块宽度
	秧块宽窄不一致	调整秧爪
所插秧苗不能在土面定位	秧爪无法取苗	换秧爪
	插秧深度太浅	插秧深度加深
	秧块的土干	秧块的土用水打湿
	秧爪处滞留秧苗	田里保持1~2厘米的水
插好的秧苗重新提起	推秧器的位置不对	调节推秧器的位置
	田里没有水	田里保持1~2厘米的水层
秧块拱起	秧块太湿	苗垫晾，使用根系生长不良的秧苗
	秧块土层太薄	调整压苗器，使用土层厚度2毫米以上的秧块
	压苗器偏高	调整压苗器
秧块不易滑动	秧块太干	湿润秧块
	压苗器太低	调整压苗器
	秧块的宽度比苗箱的幅度宽	缩小秧块宽度，秧块用水湿润
断秧	装秧不细心	用取秧板取秧，加添秧苗时，小心操作
	压苗器变形	压苗器和苗箱平行
	方向的取苗过多	取苗量调节手柄向"少"移动
	压苗器的位置不对	调整压苗器的位置

四、背负式机动喷雾喷粉机使用与维护

（一）背负式机动喷雾喷粉机的结构

以 WFB-18 AC 型背负式机动喷雾喷粉机为例进行介绍，其结构组成主要由机架、离心风机、汽油机、油箱、药箱和喷洒装置等部件组成。

1. 机架总成

机架总成是安装汽油机、风机、药箱等部件的基础部件。它主要包装机架、操纵机构、减振装置、背带和背垫等部件。

2. 离心风机

风机一般采用小型高速离心风机，它的功用是产生高速气流，使药液雾化或将药粉吹散，并将其送向远方。

3. 药箱

药箱的功用是盛放药液或药粉，根据作业不同，药箱内的结构有所变化，只要更换部分零件就可以变为药液箱或药粉箱，完成喷雾或喷粉作业。主要部件包括药箱体、药箱盖、过滤网、粉门、进气管、吹粉管、输粉管等。

4. 喷洒装置

喷洒装置的功用是输风、输粉流和药液，主要包括弯头、蛇形管、直管、弯管、喷头、药液开关和输液管等。其中，喷头是主要的工作部件。

5. 配套动力

背负式喷雾喷粉机的配套动力都是结构紧凑、体积小、转速高的二冲程汽油机。目前，国内背负式喷雾机的配套汽油机的转速为 5 000～8 000 转/分，功率为 0.8～2.94 千瓦。目前，5 500转/分以下的背负机的产量占全部产量的75% 以上。该类机工作转速低，对发动机零部件精度要求低，可靠性易保证。0.8 千瓦的小功率背负机主要用于庭院小块地喷洒；1.18～2.1 千瓦的背负机主要用于农作物病虫害防治；而 2.94 千瓦以上的大功率背负机，由于其垂直射程较高，多用于树木、果树等病虫害防治。

6. 油箱

容量一般为 1 升，在出油口处装有一个油开关。在油箱的进油口和出油口配置滤网，进行二级过滤，确保流入汽化器主量孔的燃油清洁，无杂质。

7. 输粉结构

有外流道式（输粉管在风机壳外）和内流道式（输粉管在风机壳内）。外流道式结构简单、维修方便，而内流道式可减少药粉的泄漏且外部整洁美观。

（二）背负式喷雾喷粉机选购

1. 机型选择

购机时应根据防治作物及班次生产率要求确定所购机具的型号。具体参阅各机型技术参数。

2. 机具牌号选择

第一，选择获省级以上奖的产品，优质产品或近几年国家产品质量抽检合格的产品。

第二，选择有厂名、地址，产品售后服务完善的产品。

第三，主要技术参数基本相同的情况下，应选择整机重量轻、零部件强度高、耐腐蚀性好、发动机工作可靠、油耗低的机具。

3. 购买挑选方法

（1）外观检查：金属油漆件应无明显的油漆脱落、露底、流挂、锈迹、碰瘪、毛刺等缺陷。塑料件颜色应鲜亮不得掺有回料，且不应有碰裂、碰瘪现象。

（2）装配质量检查：手拨发动机主轴（拆下火花塞）检查各旋转部件有无卡死、擦碰等现象；检查操纵机构的灵活性、可靠性。

（3）检查整机完整性：按装箱清单清点随机工具、备件。

（三）使用、日常保养及故障排除

1. 使用方法

用户在购机后，首先应认真阅读产品使用说明书，熟悉背负式喷雾喷粉机的结构和工作原理，使用时应严格按产品使用说明书中规定的操作步骤、方法进行。有条件的应参加生产厂或植保站等单位举办的用户培训班。使用方法简述如下。

（1）起动前的准备：检查各部件安装是否正确、牢固；新机器或封存的机器首先排除缸体内封存的机油：卸下火花塞，用左手拇指稍堵住火花塞孔，然后用起动绳拉几次，将多余油喷出；将连接高压线的火花塞与缸体外部接触；用起动绳拉动起动轮，检查火花塞跳火情况，一般蓝火花为正常。

（2）起动：

①本机采用的是单缸二冲程汽油机，烧的是混合油，即机油和汽油的混合油。汽油为66～70号，机油为6～10号。汽油与机油的混合比为（15∶1）～（20∶1）（容积比）。或用二冲程专用机油，汽油与机油的混合比为（35∶1）～（40∶1）。汽油、机油均应为未污染过的清洁油，并严格按上述比例配制。配制后要晃均匀，经加油口过滤网倒入油箱。②开燃油阀开启油门，将油门操纵手柄往上提1/3～1/2位置。③撬加油杆至出油为止。④调整阻风门关闭2/3，热机起动可位于全开位置。⑤拉起动绳起动后将阻风门全部打开，同时，调整油门使汽油机低速运转3～5分钟。若汽油机起动不了或运转不正常，应分别检查电路和油路。简单调整检查方法是：调整断电器间隙在0.2～0.3毫米；调整火花塞电极间隙在0.6～0.7毫米，火花塞电极间有积炭应及时清理；按汽油机使用说明书调整点火提前角；油路应畅通。

（3）喷洒作业：

①喷雾作业方法：全机具应处于喷雾作业状态，先用清水试喷，检查各处有无渗漏。然后根据农艺要求及农药使用说明书配比药液。药液经滤网加入药箱，盖紧药箱盖。机具起动，低速运转。背机上身，调整油门开关使汽油机稳定在额定转速左右。然后开启手把开关。喷药液时应注意：开关开启后，严禁停留在一处喷洒，以防引起药害；调节行进速度或流量控制开关（部分机具有该功能开关）控制单位面积喷量。因弥雾雾粒细、浓度高，应以单位面积喷量为准，且行进速度一致，均匀喷洒，谨防对植物产生药害。②喷粉作业方法：机具处于喷粉工作状态，关好粉门与风门。所喷粉剂应干燥，不得有杂物或结块现象，加粉后盖紧药箱盖。机具起动低速运转，打开风门、背机上身。调整油门开关使汽油机稳定在额定转速左右。然后调整粉门操纵手柄进行喷撒。

（4）停止运转：先将粉门或药液开关关闭。然后减小油门使汽油机低速运转，3～5分钟后关闭油门，关闭燃油阀。

使用过程中应注意操作安全，注意防毒、防火、防机器事故发生。避免顶风作业，操作时应配戴口罩，一人操作时间不宜过长。

2. 日常保养

每天工作完毕应按下述内容进行保养。第一，药箱内不得残存剩余粉剂或药液；第二，清理机器表面（包括汽油机）的油污和灰尘；第三，用清水洗刷药箱，尤其是橡胶件、汽油机切勿用水冲洗；第四，拆除空气滤清器，用汽油清洗滤网。喷撒粉剂时，还应清洗化油器；第五，检查各部螺钉是否松动、丢失，油管接头是否漏油，各接合面是否漏气，确定机具处于正常工作状态；第六，保养后的机具应放在干燥通风处，避免发动机受潮受热导致汽油机起动困难。机具定期保养及长期存放保存方法，详见各机具使用说明书。

3. 常见故障、产生原因及排除方法（表3－12）

表3－12 常见故障及处理方法

故障现象	产生原因	排除方法
粉量前多后少	机器本身存在着前多后少缺点	开始时可用粉门开关控制喷量
粉量开始就少	1. 粉门未全开 2. 粉湿 3. 粉门堵塞 4. 进风门未全开 5. 汽油机转速不够	1. 全部打开 2. 换用干粉 3. 清除堵塞物 4. 全打开 5. 检查汽油机
药箱跑粉	1. 药箱盖未盖正 2. 胶圈未垫正 3. 胶圈损坏	1. 重新盖正 2. 垫正胶圈 3. 更换胶圈
不出粉	1. 粉过湿 2. 进气阀未开 3. 吹粉管脱管	1. 换干粉 2. 打开 3. 重新安装
粉进入风机	1. 吹粉管脱落 2. 吹粉管与进气胶圈密封不严 3. 加粉时风门未关严	1. 重新安装 2. 封严 3. 先关好风门再加粉
叶轮组装擦机风壳	1. 装配间隙不对 2. 叶轮组装变形	1. 加减垫片检调间隙 2. 调平叶轮组装（用木槌）
喷粉时发生静电	喷管为塑料制作，喷粉时粉剂在管内高速冲刷造成摩擦起电	在两卡环之间连一根铜线即可，或用一金属链一端接在机架上，另一端与地面接触
喷雾量减少或喷不出来	1. 喷嘴堵塞 2. 开关堵塞 3. 进气阀未打开 4. 药箱盖漏气 5. 汽油机转速下降 6. 药箱内进气管拧成麻花状 7. 过滤网组合通气孔堵塞	1. 旋下喷嘴清洗 2. 旋下转芯清洗 3. 开启进气阀 4. 检查胶圈是否垫正盖严 5. 检查下降原因 6. 重新安装 7. 扩孔流通
垂直喷雾时不出雾	如无上述原因，则是喷头抬得过高	喷管倾斜一角度达到射高目的
输液管各接头漏液	塑料管因药液浸泡变软致使连接松动	用铁丝拧紧各接头或换新塑料管

续表

故障现象	产生原因	排除方法
手把开关漏水	1. 开关压盖未旋紧 2. 开关芯上的垫圈磨损 3. 开关芯表面油脂涂料少	1. 旋紧压盖 2. 更新垫圈 3. 在开关芯表面涂一层少量浓油脂
药箱盖漏水	1. 未旋紧药箱盖 2. 垫圈不正或胀大	1. 旋紧药箱盖 2. 重新垫正或更换垫圈

第三节　农业机械田间作业技术规范

第一条　农业机械进行田间作业前，驾驶、操作人员应熟悉工作地段的道路、桥梁和障碍物等情况。对于危险地段，不明显障碍物，须做出标记。

第二条　作业前应认真检查农机具的技术状况，拖拉机和农具连接要安全可靠，各紧固部位不松动，各传动部位转动灵活，润滑良好。牵引农具的农具手应与拖拉机驾驶员有信号联系。

第三条　农具手须坐（站）在规定的操作位置上，其他位置不准坐（站）人。悬挂式农具上不准坐（站）人或堆放物品。

第四条　作业时，应经常注意农业机械和配套农具工作情况；不准用手、脚清除机具上的泥土、杂草，不准调整和排除故障。需要时须在停机和切断动力后进行。

第五条　拖拉机和自走式农业机械不得在大于8°的坡度上横坡向作业。

第六条　使用液压悬挂系统时，必须遵守下列规定。

（一）分配器操纵手柄不能定位时，不准使用。

（二）不准随意拆掉铅封、调整安全阀开启压力和滑阀的自动回位压力。

（三）分置式液压悬挂系统，一般采用"浮动"位置进行作业；悬挂无限深轮的农具作业时，可用"浮动"位置下降农具到需要的位置后，再将手柄扳到"中立"位置；当悬挂农具靠自重不能入土或需要强制入土时（推土机），方可将手柄放在"压降"位置，待达到入土深度后再扳到"中立"位置。

（四）整体式液压悬挂系统除液压输出外，禁止将外手柄置于液压输出位置，也不得用外手柄来提升农具；在使用里手柄时，须先将外手柄置于扇形板下方。操纵液压泵偏心轴离合手柄时，必须将离合器踏板踏到底。

（五）停机后应将悬挂、半悬挂农具落地放置。

第七条　使用动力输出轴时，必须遵守下列规定。

（一）动力输出轴与农具间的万向节须设防护罩。

（二）在挂非独立式和半独立式传动时，须先将变速杆放在空挡位置，然后接合动力输出轴挡位。

（三）使用同步式动力输出轴挂倒挡前，应先分离动力输出轴。

（四）检查农具或发动机熄火时，须先将动力输出轴动力切断。

第八条　犁耕（中耕）作业时，必须遵守下列规定。

（一）机组作业时，落犁起步须平稳，不准操作过猛。

（二）牵引装置上的安全销折断时，不准用高强度钢筋代替，可用相同直径的低碳钢销子临时代替。班次作业后应及时更换。

（三）转弯、倒退时应先将犁升起，不准转圈耕地。

（四）在坡地上作业时，须调宽拖拉机轮距，不准急速提升农具。

第九条 旋耕作业时，必须遵守下列规定。

（一）起步前不准将刀片猛放入土中。

（二）转弯或倒退时，须将旋转耕作机升起。

（三）工作状态提升时，须降低转速，不准提升过高，万向节两端传动角度不得超过30°。

（四）田间转移或过田埂时，须切断动力，升到最高位置。

第十条 整地作业时，必须遵守下列规定。

（一）耙地作业时，不准用块石或铁器等硬物加重耙。

（二）多组耙联结作业时，联结须牢固可靠。

（三）驱动耙工作状态提升不准过高，万向节两端传动角度不得超过30°；远距离田间转移需切断动力。

（四）水田严重拥土时，不准强行作业。

（五）镇压器牵引运输时，时速不准超过5千米。

第十一条 播种作业时，必须遵守下列规定。

（一）多台播种机联结作业时，各联结点必须刚性联结，牢固可靠，并设置保险链。

（二）播种机开沟器落地后，拖拉机不准倒退；地头转弯时须升起开沟器和划印器，不准转圈播种。

（三）水稻直播机启动时，须将离合器手柄放在分离位置，变速杆放在空挡位置；田头转弯时，须升起播种地轮，不准转圈播种。

（四）播拌药种子或兼施化肥时，机手须穿戴好防护用品，作业后须洗净与药物、化肥接触的身体部位。

（五）作业时不准用手或其他工具捅拨排种轮、排肥盘等排除故障，需要时须停机进行。

（六）播种机运输时，须将划印器放到运输位置，升起开沟器。复土器不准拖耢，箱内不准装存种子或化肥。

（七）镇压器牵引运输时，时速不准超过5千米。

第十二条 开沟机作业时，必须遵守下列规定。

（一）圆盘开沟机在地头转弯时，须升起开沟机。

（二）绳索牵引开沟机作业时，钢丝绳不准穿越道路，不准用手、脚整理和跨越钢丝绳。

第十三条 田间、场院运输时，必须遵守下列规定。

（一）只准由轮式拖拉机拖挂挂车进行；履带式拖拉机和其他自走式农业机械不准从事田间、场院运输。

（二）只准一机一挂，且拖拉机功率与挂车吨位之比不小于4.78千瓦/吨。

（三）挂车与拖拉机的连接必须牢固可靠，并应安装防护网、保险链、保险销。

（四）一吨以上载质量的挂车必须配置气（油）压制动装置，并装有尾灯、制动灯、方向灯等安全设备。

（五）运输棉花、秸秆等易燃品时，严禁烟火，并有防火措施。

（六）运输大件物品、机具，须有防滑移措施。

第十四条　机动水稻插秧机、抛秧机作业时，必须遵守下列规定。

（一）发动机启动时，主离合器和插秧或抛秧部位离合器手柄须放在分离位置。

（二）地头转弯时须将工作部件动力切断，过田埂时须将机架抬起。

（三）作业时装秧人员的手、脚不准伸入分插部位或抛秧转动部位清理和排除故障，必要时须熄火停机进行。

（四）运输时须将插秧或抛秧部位离合器分离，装好运输轮和地轮轮箍。

第十五条　植物保护机械作业时，必须遵守下列规定。

（一）参加作业人员必须了解药剂性质，懂得预防中毒措施和中毒救护方法。

（二）操作人员应穿戴好各种防护用品，作业后须洗净与药物接触的身体部位。

（三）动力喷雾（喷粉）机械作业时，应经常注意压力表的压力是否正常，及时消除开关和各处接头的洒漏。

（四）排除故障或拆卸接头和喷头时，机器应停止工作，排净药液箱中的压缩空气。

（五）牵引式植物保护机械要逆风运行作业，人工作业应选择侧风运行。

（六）作业完成后，药箱、管道等应用清水洗净，安全阀应放松。

（七）作业现场不准喝水、饮食和吸烟；夜间检查和添加药剂时，不准用明火照明。

（八）身上伤口未愈合或怀孕、哺乳的妇女不准参加作业。

第十六条　联合收割机作业时，必须遵守下列规定。

（一）与牵引式、悬装式、半悬挂式联合收割机配套的拖拉机和自走式联合收割机配套的内燃机动力应遵守第三章的有关操作规定。

（二）联合收割机作业前，应检查各部件传动链条、齿轮、皮带的安全防护罩、防护网和其他安全装置须牢固可靠，各部调整符合要求。

（三）启动时作业离合器、卸粮离合器手柄须放在分离位置；行走及接合作业离合器前，应检查机具周围和下部，确认安全后方可鸣号、起步。

（四）牵引式联合收割机与拖拉机之间必须有联络信号，拖拉机驾驶员应听从收割机手的指挥。

（五）自走式联合收割机用拖车装运（除吊装外），上下车时拖车应固定，跳板应有足够的宽度，长度应大于高度的 4 倍，且有防滑装置；收割机上、下使用低速，不准使用转向杆左、右转向操作，操作人员从收割机上下来，站在够得上停车制动的位置进行操作。

（六）收割机工作时，不准调整和排除故障；清除滚筒、割刀、传动轴、搅龙等部位的堵塞或缠绕禾秆、杂草时，必须熄火停机，切断动力后进行。

（七）联合收割机不准在大于 15°的坡地上作业。

（八）卸粮时人体不准进入粮箱，不准用手脚或其他铁器伸入卸粮搅龙闸门内清理粮食。

（九）集粮箱粮装满或搅龙堵塞，警报喇叭鸣叫、报警灯亮，但发动机未自行熄火，应马上停止收割机作业，经过 30 秒以上再切断脱粒离合器和输送搅龙，排除故障后再行作业。

（十）切草机的安装、调整须将发动机熄火。

（十一）电器、电路导线的连接和绝缘须良好，不得有油污。夜间作业要有良好的照明设备。加油和排除故障时，不准用明火照明。

（十二）联合收割机上必须配有灭火设备，排气管须有灭火罩，严禁在机器旁和成熟的作物旁吸烟。

（十三）运输时收割台须提升到最高位置并锁好保险装置，不准在起伏不平的路上高速行驶。

（十四）固定脱粒作业时，须拆下拨禾轮和割刀传动装置。

（十五）停机后，应切断作业离合器，拉紧停车制动装置，收割台放到可靠的支承物上。

（十六）不准用联合收割机拖带其他机具，也不准用集草箱搬运货物。

（十七）收割机进行保养或修理应驶离作业区。

第十七条 场院作业时，必须遵守下列规定。

（一）脱粒机、扬谷风扇、皮带输送机、烘干机等场院作业机械及动力机械应有专人负责管理。安放应基本保持水平，机器底座应固定牢靠，各外露的传动部位及扬谷风扇的叶片应有完好的防护罩。

（二）根据作业机械的性能，选用合适的电动机或内燃机。动力机和作业机主、从皮带轮传动比应符合出厂规定，不得任意改变或提高作业机械的转速。

（三）各种作业机械启动运转正常后，方可开始作业，工作中发现异响或滚筒、搅龙堵塞时，应立即切断动力，停机检查，待故障排除后方可继续作业。

（四）简式或人力脱粒机脱粒滚筒的齿顶旋转线速度不得大于18米/秒。

（五）脱粒机喂入作物要均匀，不得喂入过多过急，不得强行喂入，手不准超过安全线。

（六）脱谷场内须设灭火设备，严禁烟火，场内不准放置汽油、柴油；内燃机发动机排气管须安装灭火罩。

（七）每工作一个班次后须停机检查各部连接螺栓的紧固情况；作业完毕后，应把各机构内存放的籽粒、碎茎秆和积物清除干净，保养后妥善保管。

第十八条 农田基本建设作业时，必须遵守下列规定。

（一）推土铲升起后，没有可靠的支撑时，不准在铲下检查、维修和保养。

（二）不准猛抬离合器踏板冲击推土；不准用铲刀一侧强行推硬埂和冻土堆；不准用推土铲推挖树根。

（三）不准在铲臂上站人；严禁在方向盘式拖拉机铲运斗和手扶拖拉机前翻斗内乘人。

（四）方向盘式拖拉机铲运斗和手扶拖拉机前翻斗重载在大于15°的坡度上、下坡时，方向盘式拖拉机必须倒车上坡，手扶拖拉机必须倒车下坡，途中严禁随意转向。

（五）铲运斗和前翻斗在装、卸泥时，拖拉机轮胎必须距泥口保持1米以上的距离。

第十九条 田间使用的小水泵、泥浆泵应经常检查，做到不漏气、不漏水，转动灵活。搁置水管的河（池）岸必须坚实牢固。口径大于15厘米的水泵，进水口必须安装莲蓬头，底阀离河底的距离应大于进水管底阀直径。

第四章　农业经营与管理

随着大量农村劳动力转移就业，发展适度规模经营，实行社会化服务，是发展现代农业的必然要求。2013年中央一号文件明确提出要引导农民群众通过土地流转，积极培育种养大户、家庭农场、农村专业合作社、农村经纪人、龙头企业等新型经营主体和职业农民，加快建立健全农业社会化服务体系，切实解决今后"谁来种地"的问题。

第一节　农民专业合作社的建设与管理

一、农民专业合作社概述

农民专业合作社是在农村家庭承包经营基础上，同类农产品的生产经营者或者同类农业生产经营服务的提供者、利用者，自愿联合、民主管理的互助性经济组织。

农民专业合作社以其成员为主要服务对象，提供农业生产资料的购买，农产品的销售、加工、运输、贮藏以及与农业生产经营有关的技术、信息等服务。

按照《中华人民共和国农民专业合作社法》（以下简称《农民专业合作社法》）第三条的规定，农民专业合作社应当遵循以下5项基本原则。

（一）成员以农民为主体

农民至少应当占成员总数的80%，并对合作社中企业、事业单位、社会团体成员的数量进行了限制。

（二）以服务成员为宗旨，谋求全体成员的共同利益

目的是通过合作互助提高规模效益，完成单个农民办不了、办不好、办了不合算的事。

（三）入社自愿、退社自由

农民可以自愿加入一个或者多个农民专业合作社，入社不改变家庭承包经营；农民也可以自由退出农民专业合作社，退出的农民专业合作社应当按照章程规定的方式和期限，退还记载在该成员账户内的出资额和公积金份额，并将成员资格终止前的可分配盈余，依法返还给成员。

（四）成员地位平等，实行民主管理

农民专业合作社成员大会是本社的权力机构，农民专业合作社必须设理事长，也可以根据自身需要设成员代表大会（需成员150人以上）、理事会、执行监事或者监事会；成员可以通过民主程序直接控制本社的生产经营活动。

（五）盈余主要按照成员与农民专业合作社的交易量（额）比例返还

盈余分配方式的不同是农民专业合作社与其他经济组织的重要区别。可分配盈余中按成员与本社的交易量（额）比例返还的总额不得低于可分配盈余的60%，其余部分可以依法

以分红的方式按成员在合作社财产中相应的比例分配给成员。

二、农民专业合作社在农村经济建设中的作用

（一）是推动农村经济发展，增加农民收入的新途径

农业是国民经济的基础，没有农民的小康，就没有全国人民的小康。农村经济的发展和农民生活水平的提高，是我国全面建设小康社会，实现以人为本，全面、协调、可持续发展的关键所在。农民专业合作社在增加农民收入，推动农村经济发展方面的重要作用主要体现在以下几方面。

1. 增强农民的谈判竞争能力，有效配置农业资源

农民专业合作社可以把分散的一家一户的经营，通过有效途径组织起来，使农业生产中的资金、人才、土地、信息、市场、科技等生产要素有效整合，形成团队作战，增强农民合力闯市场的能力，利用组织的力量集体讨价还价，改变自己的市场谈判地位。

2. 完善技术服务体系，有效地为农民生产经营服务

技术服务是农民专业合作社最基本的一个服务项目。在我国农村，家庭承包责任制确立以后，农民最先遇到的问题就是缺乏农业科学知识技术，以技术服务为主要宗旨的农民专业合作社通过适时地向农民提供技术指导、咨询、培训等项服务，深受广大农民的欢迎。

3. 开拓市场渠道，当好农民进入市场的引导者

第一，统一注册商标和统一品牌宣传。促销的关键是树立产品的市场形象，因此，合作组织必须注册属于自己的产品商标，策划统一品牌形象。

第二，广告宣传。农民专业合作社开展一些广告宣传活动可有效改善组织产品的市场地位。此外，农民专业合作社还可通过其他方式开展促销活动，如召开新闻发布会、研讨会等方式宣传合作组织的产品。组织推销人员，奔赴全国各地，了解各地市场的价格信息，然后根据市场行情，选择最佳的销售市场，以避免果贱伤农的现象发生。在产品销售季节，组织推销人员到外地驻场，为农民到市场销售产品提供选择仓储销售位置，协调与市场的关系，商定市场最低收费标准，接站卸货，要价讨价，结算货款等服务，避免了农民因缺乏对市场环境的了解上当受骗而造成的不必要损失。另外，向社会发行刊物，发布有关商业、技术信息等方式，通过这些潜移默化的作用，也可以不断扩大合作组织的产品影响力。

4. 节余交易费用，增加农民收入

农民专业合作社把单个农民联合起来，通过交易上的规模经济，大大降低了个体农民的交易费用。此外，市场的不确定性也加大了农民面临的交易费用。"买难"、"卖难"的交易困扰，价格的大幅波动，这些因素也加大了农民的交易成本，农民通过加入农民专业合作社可以通过以下方式节约交易费用。

第一，共同购置生产资料、提供信息指导，使产前环节的高搜寻、高评价、高谈判费用大为降低。

第二，提供农产品的销售服务，通过组织的集中、统一销售，实行自我保护，降低市场风险，改变农户与市场交易中的交易绩效。

（二）有利于促进农业产业结构的调整

在社会主义市场经济体制下，如何才能真正有效地把农民带入市场，成为市场的主体，让农民在市场经济的价值规律作用下寻求自我解放和发展，不仅关系到农民增收目标的实

现，也关系到农村经济结构战略调整，特别是农业产业结构的调整。农民专业合作社这种新型的制度形式的发展，首先有利于农村产业结构的自我调整机制的形成。合作经济组织贴近市场、贴近农民，可以随时掌握农产品流通信息，并对农民种植、养殖、营销进行适时的指导。其次，农民专业合作社可以改变政府对农业调控的方法。过去政府往往以行政命令的方式对农业实施调控，既侵犯了农民的经营自主权，而且由于政府缺乏市场信息，也容易给农民带来生产经营上的损失。农民专业合作社采取技术指导、示范、咨询服务等方式引导农民调整种植、养殖结构，则容易被农民接受，合作组织丰富的市场信息和专业知识，同时也避免了调控的盲目性。

（三）是促进农业科技推广、培养新型农民、提高农民素质的重要渠道

农民是农村的主人，是建设社会主义新农村的主要力量。建设新农村，应当重视农村人力资源的开发利用，强化农村劳动力的科学技术和职业技能培训，提高农民科技文化素质，培养造就一批有文化、懂技术、会经营的新型农民。而搞好农业科技培训，提高农民专业合作社成员的科技文化技能，则是农民专业合作社为成员提供服务的主要职能之一。农民专业合作社也为广大农民学习经营管理、市场营销、法律等方面知识提供了平台，可以使农民在科技推广、分工协作、组织管理、市场营销、对外联系等方面得到锻炼，有利于增强农民的科技意识和合作精神，提高适应市场经济、接受新事物的能力。

农民专业合作社不仅为农民进入市场提供了一个渠道，为农村和农业的发展提供了一个新的市场主体，提高了农民的物质生活，也深刻影响了农村的文化、社会乃至政治生活等各个方面。如农民专业合作社通过为农民提供技术培训、咨询等服务，引导、示范农民认识、接受新技术、新方法在广大农民中传播了科学技术，推广了民主意识，促进了农村就业，完善了农村社会化服务体系，使农民在自我服务、平等合作、相互帮助中提高了诚信意识、竞争观念和市场观念，对提高农民的整体素质，缩小城乡差距，推进农村民主建设都产生了非常深远的影响，对建立新型农村社会管理秩序，改善农村社会结构，推动农业科技、教育、文化等事业的进一步发展，维护社会稳定，巩固基层政权，促进农村精神文明建设和城乡协调发展都具有重要意义。

（四）是实行民主管理、民主监督、培养农民民主意识、合作意识的有效场所

农民专业合作社最大的特点是"民办、民管、民受益"，实行自愿加入，民主管理。每个专业合作社都要求制定合作社章程，理事会、监事会职责，社员代表大会职责，以及培训、财务管理、分配等制度，对规范社员行为、实行民主集体管理起到积极作用。

（五）是提高农产品国际竞争力的新举措

目前，我国农业人口占世界农业人口的 1/4 左右，我国许多重要的大宗农产品，如粮食、棉花、蔬菜、水果等产量均居世界第一，但农产品外贸总额却仅占世界农产品外贸总额的 3.5%，占全国外贸总量的 1/10 左右。我国加入 WTO 后，国外农产品及其制成品大量进入国内市场，竞争越来越激烈。随着入世协议的进一步实施，外国农业协会纷纷进入我国，这些协会以民间的身份为本国会员开拓市场，搜集和传送中国的市场信息，代表农产品行业参加贸易谈判，制定本国贸易壁垒政策等等，充当了国际贸易的领头人。

国际农产品贸易市场的通行规则是民间组织在前台，政府在很多方面不能直接参加和干预。要与国外农户在竞争中保护我国农民的利益，抢占制高点，就必须与国际通行的机制接轨，培养我们自己的民间组织，使它们能够走向国际贸易的平台，代表和维护农民的利益，

参与国际市场的竞争，以民间组织的身份平等地与国外农产品行业组织进行谈判，起到了政府所起不到的独特作用。

此外，发展农民专业合作社，还有利于推动农村综合改革，更好地解决农业投入机制、土地规模经营、集体经济管理、农村基层组织建设等诸多问题。

三、农民专业合作社成立的原则、条件和程序

（一）设立农民专业合作社的原则

1. 自愿与社员资格开放原则

合作社是人们自愿联合的组织，合作社作为"人的联合"包括加入基层合作社的"自然人"（个人）的联合和加入联合社等其他层次合作社的"法人"的联合。这种"人的联合"是自愿的，入社不能强迫。合作社坚持入社自愿、退社自由，合作社对所有能够利用合作社服务和愿意承担社员义务的人开放，没有性别、社会、种族、政治和宗教的歧视。

2. 民主控制原则

合作社是由社员管理的民主组织，合作社的方针和重大事项由社员积极参与决定。在合作社内，民主包含权利和责任两个方面。在合作社内发展民主精神是合作社永恒的任务。合作社选举产生的代表（含管理人员）都要对社员负责。在基层合作社是实行社员一人一票的投票权，其他层次的合作社组织上也要实行民主管理，投票权由其章程规定。许多第二级、第三级合作社采取比例投票制度，以反映各成员社的不同规模与承诺，兼顾不同成员社的利益。

3. 社员的经济参与原则

社员要公平入股，并民主管理合作社的资本。入股只是作为社员身份的一个条件。这就是说社员必须向他们的合作社投资，但合作社的宗旨是为社员服务，入股只是取得社员资格，获得合作社的服务、享受社员优惠的条件，而不是以获取股金分红为目的。为此，入股要采取公平的方式，如果实行股金分红，对分红额也要有所限制，合作社投资的最终决策权必须属于社员。合作盈余的分配，一是用于不可分割的公积金，以进一步发展合作社；二是按社员与合作社的交易量分红（惠顾分红）；三是用于社员（代表）大会决定的其他活动。社员既有权利又有义务决定合作社盈余如何分配。不可分割的公积金，是社员的集体成果，社员共同拥有其所有权。

4. 自治和独立原则

合作社是由社员管理的自主自助组织，合作社若与其他组织（包括政府）达成协议，或从其他渠道募集资金，必须做到保证社员民主管理，并保持合作社的自主性。世界上所有地方的合作社都受到其与政府关系的影响。政府通过立法、税收和其他经济、社会政策促进或阻碍合作社的发展，合作社必须同政府积极发展公开的、明晰的关系，尽可能保持其独立于政府部门的自治组织的地位。当前世界范围内存在着很多合作社与私营企业联合经营的事实，而且没有任何理由可以认为这个趋势会消亡，但是，合作社无论何时同私营企业达成联合经营的协议，都必须充分保持合作社的独立性。

5. 教育、培训和信息服务原则

在合作社内部，合作社要为成员、选举的代表、经理和员工提供教育和培训，以更好地推动合作社发展。合作社是公共组织，要定期向社员、公众和政府提供其业务信息。社员有权获取合作社的信息，了解合作社的情况，以参与合作社的决策。合作社要鼓励其领导人与

社员之间的有效的双向沟通，使合作社的服务更好地满足社员的经济与社会的需求。

6. 合作社之间的合作原则

合作社通过地方的、全国的、区域的和国际的合作社之间的合作，为社员提供最有效的服务，并促进合作社的发展。

7. 关心社区发展原则

合作社在满足社员需求的同时，要推动所在社区的持续发展，包括经济的、社会的、文化的发展和环境保护。这是合作社的社会责任和优良传统。

（二）设立农民专业合作社的条件

1. 基本条件

（1）有5名以上符合《农民专业合作社法》规定的成员。

（2）有符合本法规定的章程。

（3）有符合本法规定的组织机构。

（4）有符合法律、行政法规规定的名称和章程确定的住所。

（5）有符合章程规定的成员出资。

具有民事行为能力的公民，以及从事与农民专业合作社业务直接有关的生产经营活动的企业、事业单位或者社会团体，能够利用农民专业合作社提供的服务，承认并遵守农民专业合作社章程，履行章程规定的入社手续的，可以成为农民专业合作社的成员。农民专业合作社的成员中，农民至少应当占成员总数的80%。

成员总数20人以下的，可以有一个企业、事业单位或者社会团体成员；成员总数超过20人的，企业、事业单位和社会团体成员不得超过成员总数的5%。

2. 资格证明

农民成员应当提交农业人口户口簿复印件，可以提交居民身份证复印件，以及土地承包经营权证复印件或者村民委员会出具的身份证明。非农民成员应当提交居民身份证复印件。企业、事业单位或者社会团体成员应当提交其登记机关颁发的企业执照或者登记证书复印件。其分支机构不得作为农民专业合作社的成员。农业植保站、农业技术推广站、畜牧检疫站以及卫生防疫站、水文检测站具有管理公共事务职能的单位不得成为农民专业合作社成员。

（三）设立农民专业合作社的程序

1. 可行性分析

要对本地区、本行业农民群众对专业合作社的需求状况进行认真调查研究，确定所要设立的合作组织的经营范围。根据农业部下发的《农民专业合作社示范章程（试行）》（征求意见稿）的规定，各农民专业合作社可根据实际情况，选择以下几项作为本组织的业务范围：①提供本组织成员在生产和生活方面所需的资金；②对成员进行技术指导和服务，引进新技术、新品种，举办技术培训、示范，开展技术交流，组织内外经济技术协作；③采购和供应成员所需的生产资料和生活资料；④从事农产品的运输、加工、贮藏和销售业务；⑤对外签订合同，开展与经济部门、科研单位及其他经济组织的合作；⑥向成员提供有关经济、技术信息；⑦本组织需要的其他业务。

合作社要在符合国家产业政策和本社章程规定的前提下，根据成员生产发展的需要，结合本社实际情况，确定经营服务的内容。农民专业合作社需要准确定位合作社的业务范围。

农民专业合作社能否实现发展，关键是所确定的生产经营业务是否符合成员的需要，是否可以发挥当地自然、经济社会等方面的优势。

2. 发动农民入社

在农民专业合作社的设立准备阶段，发起人对外代表设立中的组织。发起人可以是自然人，也可以是法人，包括龙头企业、社区合作经济组织、各级政府及其他经济组织。自然人作为发起人的，必须具备以下条件：①坚持党的路线、方针、政策，政治素质好；②在业务领域内有较大的影响力；③未受剥夺政治权利和刑事处罚的；④具有完全民事行为能力。

发起人需要积极组织和发动农民加入合作社时，一方面，要通过认真学习《农民专业合作社法》，正确认识什么是农民专业合作社，让农民了解参加合作社会有什么好处；另一方面，还要宣传成为合作社成员的条件及权利、义务。通过这些工作，使农民对合作社有一个正确的认识和心理准备，并通过自己的判断，自主作出是否加入合作社的决定。

3. 起草农民专业合作社章程和细则

农民专业合作社章程是最重要的法律文件，是申请有关部门注册的主要文本。在农民专业合作社的设立过程中，章程的制定是一项比较复杂的工作。章程的起草工作由发起人负责，农民专业合作社章程的主要内容包括：农民专业合作社所在场址，目标，经营区域，营业期限，农民专业合作社的权利和限制，社员的权利义务及分配问题的原则规定。

4. 召开设立大会

《农民专业合作社法》第十一条规定，设立农民专业合作社应当召开由全体设立人参加的设立大会。设立时自愿成为该社成员的人为设立人。

设立大会作为设立农民专业合作社的重要会议，《农民专业合作社法》第十一条规定了其法定职权，包括以下几项：第一，设立大会应当通过本社章程，章程应当由全体设立人一致通过；第二，选举法人机关。如选举理事长；第三，审议其他重大事项。由于每个农民专业合作社的情况都有所不同，需要在设立大会上讨论通过的事项也有所差异，所以本法为设立大会的职权做了弹性规定，以符合实际工作的需要。

5. 办理登记手续

（1）法律法规的规定：《农民专业合作社法》第十三条规定，设立农民专业合作社，应当向工商行政管理部门提交下列文件，申请设立登记。

①登记申请书；②全体设立人签名、盖章的设立大会纪要；③全体设立人签名、盖章的章程；④法定代表人、理事的任职文件及身份证明；⑤出资成员签名、盖章的出资清单；⑥住所使用证明；⑦法律、行政法规规定的其他文件。

登记机关应当自受理登记申请之日起 20 日内办理完毕，向符合登记条件的申请者颁发营业执照。农民专业合作社法定登记事项变更的，应当申请变更登记。农民专业合作社登记办法由国务院规定。办理登记不得收取费用。

除了上述规定外，同时，国务院 2007 发布的《农民专业合作社登记管理条例》对登记一些事项进行了具体规定。

（2）办理登记注意事项：申请登记的文件必须真实可靠。《农民专业合作社法》第五十五条规定，农民专业合作社向登记机关提供虚假登记材料或者采取其他欺诈手段取得登记的，由登记机关责令改正。情节严重的撤销登记。

四、农民专业合作社的财务管理

《农民专业合作社法》在第五章对财务管理做出了专门规定，同时财政部制定发布了《农民专业合作社财务会计制度（试行）》，自 2008 年 1 月 1 日起施行。该制度的颁布实施，对于规范合作社财务会计工作具有十分重要的意义。合作社要依据《农民专业合作社法》和《农民专业合作社财务会计制度》，完善财务制度，依法进行会计核算，切实加强自身的财务管理。

（一）农民专业合作社的民有原则

农民专业合作社与成员之间，以及成员相互之间的产权关系明确，成员投入到合作社的资产，不改变农民的财产所有权，退社时可以依法带走；合作社存续期间盈余积累形成的财产，也量化到每个成员。

《农民专业合作社法》对合作社的财产权利、成员的财产权利及这两者间的关系进行了规定，把民有原则具体化。其中，关于建立成员账户、公积金按交易量（额）量化到成员、本社接受国家财政直接补助和他人捐赠形成的财产平均量化到成员等一系列制度规定，可以有效地保障成员的私人财产权。

（二）农民专业合作社的资金来源

《农民专业合作社法》允许合作社以成员出资等方式筹集资金，来保证合作社的资金需求。农民专业合作社的资金来源主要有成员出资、从合作社盈余中提取的公积金、国家扶持资金、他人捐赠资金、对外举债所取得的资金。农民专业合作社可以根据有关规定，对外借款或贷款。对外举债的程序和决策过程一般由章程规定。按照《农民专业合作社法》规定，数量较大的对外举债，应当由成员大会决定。

合作社从事经营活动的主要资金来源是成员出资。《农民专业合作社法》把成员是否出资、如何出资、出多少资、出资如何参与盈余分配等问题交由合作社章程决定。

农民专业合作社向成员募集资金的总量，应根据合作社经营业务的发展需要，并根据成员的经济状况，量力而行，也可以根据事业的发展，分次进行。

成员出资数量、形式、时限、每股多少钱、盈余分配等，都应当由成员大会或成员代表大会决定。

（三）农民专业合作社及其成员的财产权利

1. 农民专业合作社的财产权利

《农民专业合作社法》规定："农民专业合作社对由成员出资、公积金、国家财政直接补助、他人捐赠以及合法取得的其他资产所形成的财产，享有占有、使用和处分的权利，并以上述财产对债务承担责任。"这一规定包括了以下几方面的内容。

第一，农民专业合作社拥有能够独立支配的财产。农民专业合作社作为法人，拥有独立的财产，对这些财产实行统一占有、使用和依法处分，实现服务成员和谋求全体成员的共同利益的目标。

第二，农民专业合作社对其财产，可以以合作社的名义独立行使，但合作社对其财产的支配，必须以合作社章程的规定和成员大会（成员代表大会）的授权为依据。

第三，农民专业合作社所拥有的财产，可以用于对债务承担责任。

第四，农民专业合作社所拥有的财产，只享有占有、使用和处分的权利，也就是说只有支配权，而没有受益权。

2. 农民专业合作社成员的财产权利

第一，成员对合作社的出资和公积金份额享有包括收益权在内的完全的所有权。成员出资和公积金份额的收益权。表现在年终盈余分配时，可以获得股金分红。合作社作为一个市场主体，也存在经营风险，为此成员也可能存在出资风险。成员出资和公积金份额的所有权，表现在成员退社时可以带走。

第二，成员对国家财政直接补助或他人捐赠形成的财产享有受益权。《农民专业合作社法》规定，本社接受国家财政直接补助和他人捐赠形成的财产平均量化到成员的份额，是成员参与盈余分配的依据之一。

第三，成员对合作社的财产具有管理权。成员参与合作社财产的管理，以保障合作社财产的保值增值。

（四）农民专业合作社的成员账户

成员账户是指农民专业合作社对每位成员进行分别核算而设立的明细账目。之所以要实行成员账户制度，主要原因有①建立成员账户，可以分别核算成员出资额和公积金变化情况，为合作社盈余分配提供依据；②建立成员账户，可以为成员承担责任提供依据；③建立成员账户，可以为附加表决权的确定提供依据；④通过成员账户，可以为处理成员退社时的财务问题提供依据。

根据《农民专业合作社法》的规定，成员账户主要记录三方面的内容：①该成员的出资额。包括入社时的原始出资额，加入后对合作社增加的投资，也包括公积金转化的出资；②量化为该成员的公积金份额；③该成员与本社的交易量（额）。

（五）农民专业合作社的盈余分配

合作社对外通过经营活动取得利润，对内则不以营利为目的。《农民专业合作社法》将合作社的利润称为盈余。农民专业合作社当年盈余与企业会计中的当年利润相对应，反映的是农民专业合作社一个会计年度内（1月1日至12月31日）的经营成果。计算方法是：

当年盈余 = 农民专业合作社当年收入总额 − 成本 − 税金 − 有关费用

农民专业合作社的盈余分配，由两部分组成，一是提取的公积金；二是扣除公积金之后的可分配盈余。

1. 提取公积金

合作社提取积金的目的，一方面是为了提高合作社对外信用和预防意外亏损，巩固自身的财产基础，另一方面，是为了实现合作社由小变大，由弱变强的滚雪球式的发展。《农民专业合作社法》不是规定必须提取公积金，而是规定"可以"提取公积金。提取与否完全取决于合作社的章程或者成员大会决议。对公积金提取比例和最高限额都没有具体规定，而是交由章程或成员大会决定。这里体现出农民专业合作社的自主性。

农民专业合作社的公积金，主要有以下三方面的用途：一是弥补亏损。合作社在生产经营活动中，与其他企业或个人的生产经营活动一样，也会遇到市场风险和其他自然风险。因此，在合作社经营状况好的年份，从盈余中提取公积金，弥补可能发生的亏损，这有利于维持合作社的正常经营和持续发展；二是用于扩大生产经营。合作社在发展过程中，需要建设贮藏和加工的厂房、购买设备和运输车辆等；三是转为成员出资。从盈余中提取公积金，再把公积金转为成员出资，可以增强合作社的资金实力。

2. 可分配盈余的分配

《农民专业合作社法》规定："在弥补亏损、提取公积金后的当年盈余，为农民专业合作社的可分配盈余。"公式是：

$$可分配盈余 = 当年盈余 - 弥补亏损 - 提取公积金$$

合作社的分配实行按交易量（额）返还为主，按股金分红为辅的盈余分配制度。合作社可分配盈余的计算公式是：

$$可分配盈余 = 按交易量（额）返还 + 股金分红$$

需要注意 3 个问题：第一，在分配顺序上，首先按交易量（额）的份额向成员返还，然后再进行按股金分红。第二，在分配比例上，每个合作社按交易量（额）返还和股金分红在可分配盈余中所占比例，由章程或成员大会规定，但按交易量（额）比例返还的总额不得低于整个可分配盈余的 60%，股金分红不得高于整个可分配盈余的 40%。第三，不能以股金分红替代按交易量（额）返还。

（1）如何按交易量（额）返还：成员与合作社的交易量（额）大小，体现了成员对合作社贡献的大小。以农产品销售合作社为例，如果成员都不通过合作社销售农产品，合作社就收购不到农产品，也就无法运转，更谈不上合作社的进一步发展。

某成员所得二次返还额 = 合作社二次返还总额 × 某成员与合作社的交易量（额）/合作社所有成员交易量（额）

（2）如何进行股金分红：合作社之所以要进行股金分红，主要原因有：第一，合作社成员的经济实力不同，或者由于其他因素，导致有的出资多，有的出资少，有的甚至没有出资；第二，在成员出资不同和合作社的发展又需要大量资金的情况下，为了更好地筹集到合作社发展所需要的资金，适当按照出资进行盈余分配，可以使出资多的成员获得较多的盈余，从而实现鼓励成员出资，壮大合作社资金实力的目的；第三，在实行按交易量（额）返还为主的前提下，同时，实行按股金分红为辅，这可以充分兼顾各方利益，在坚持合作社价值观和原则、增强合作社的凝聚力和活力的同时，又可以解决出资人（包括公司、大户）的利益，并增强合作社筹集资金的能力。

某成员所得出资收入 = 合作社出资分配总额 × 某成员出资额/合作社所有成员出资额

需要指出的是，成员出资包括以下三项：一是成员直接出资额；二是公积金份额；三是合作社接受国家财政直接补助和他人捐赠形成的财产平均量化到成员的数额。也就是说，成员出资不只是入社时的初次出资。

3. 亏损弥补

农民专业合作社如果发生亏损，经成员大会讨论通过，用公积金弥补，不足部分也可以用以后年度盈余弥补。本社的债务用本社公积金或者盈余清偿，不足部分依照成员个人账户中记载的财产份额，按比例分担，但不超过成员账户中记载的出资额和公积金份额。

（六）分别核算农民专业合作社与其成员和非成员的交易

《农民专业合作社法》规定，农民专业合作社与其成员的交易，与利用其提供的服务的非成员的交易，应当分别核算。

将合作社与成员和非成员的交易分别核算，是由合作社的互助性经济组织的属性所决定的。以成员为主要服务对象，是合作社区别于其他经济组织的根本特征。如果一个合作社主要为非成员服务，它就与一般的公司制企业没有什么区别了，合作社也就失去了作为一种独立经济组织形式存在的必要。在农民专业合作社的经营过程中，成员享受合作社服务的表现形式就是与合作社进行交易，这种交易可以使通过合作社共同购买生产资料，销售农产品，也可以是使用合作社的农业机械、享受合作社的技术、信息等方面的服务。因此，将合作社与成员的交易，同与非成员的交易分开核算，就可以使成员及有关部门清晰地了解合作社为成员提供服务的情况。

将合作社与成员和非成员的交易分别核算，也是为了向成员返还盈余的需要。只有将合作社与成员和非成员的交易分别核算，才能为按交易量（额）向成员返还盈余提供依据。

将合作社与成员和非成员的交易分别核算，也是合作社为成员提供优惠服务的需要。如一些农业生产资料购买合作社，成员购买生产资料时的价格要低于非成员。

为便于将合作社与成员和非成员的交易分别核算，《农民专业合作社法》规定了"成员账户"这种核算方式。成员账户是农民专业合作社用来记录成员与合作社交易情况，以确定其在合作社财产中所拥有份额的会计账户。合作社为每个成员设立单独账户进行核算，就可以清晰地反映出其与成员的交易情况。与非成员交易则通过另外的账户进行核算。

（七）财务制度规范

完善的财务制度是农民专业合作社良好运行、维护成员利益的制度保障，因而重要的财务管理制度必须写入合作社章程。

1. 各组织机构财务管理的职责

成员大会对合作社的生存和发展可能产生重大影响的财务活动，都应当进行决策。主要包括：一是决定重大财产处置、对外投资、对外担保和生产经营活动中的其他重大事项；二是批准年度业务报告、盈余分配方案和亏损处理方案；三是听取执行监事或者监事会对合作社财务的审计报告，必要时，成员大会也可以委托审计机构对合作社的财务进行审计。

理事会（理事长）负有组织和管理合作社日常财务活动的职责，包括聘任经理和财务会计人员，以及组织编制年度业务报告、盈余分配方案、亏损处理方案以及财务会计报告等。

监事会（执行监事）负有对合作社的财务活动进行监督的职责，包括对合作社的财务进行内部审计，并将审计结果向成员大会报告。

2. 财务会计报告相关事项

农民专业合作社财务会计报告是反映合作社财务状况、经营成果和现金流量的书面文件，主要包括财务会计报表和财务状况说明书。合作社实行财务会计报告公示制度。《农民专业合作社法》规定，合作社应当每年向其成员报告财务情况。

财政部依照有关法律法规制定了《农民专业合作社财务会计制度（试行）》。农民专业合作社应当严格按照此制度进行会计核算。合作社应编制资产负债表、盈余及盈余分配表、成员权益变动表、科目余额表和收支明细表、财务状况说明书等。合作社应按登记机关规定的时限和要求，及时报送资产负债表、盈余及盈余分配表和成员权益变动表。各级农村经营管理部门，应对所辖地区报送的合作社资产负债表、盈余及盈余分配表和成员权益变动表进行审查，然后逐级汇总上报，同时附送财务状况说明书，按规定时间报农业部。

五、农民专业合作社对成员的服务

（一）农民专业合作社的联合购销业务

农民专业合作社在向成员提供的服务中，最重要的就是购销服务，即由合作社统一采购成员所需要的生产资料，统一销售成员生产的产品。

农民专业合作社向成员提供所需要的购销服务，对促进成员的生产发展和增收致富有着重要的作用。第一，可以降低交易成本和提高谈判地位，保护自己的利益；第二，可以有效地提高产品竞争能力；第三，实现农民专业合作社的更大发展。

（二）农民专业合作社的技术服务

农民专业合作社向成员技术服务，主要采取的形式包括：一是针对新技术、新品种引进中的问题，以及成员生产中经常遇到的技术难题，开展技术培训；二是合作社引进新品种和新技术，以提高产量和品质；三是实施与品牌建设结合的统一技术服务。合作社向成员提供的统一服务，一般都是将技术与物质、品牌建设相结合。四是设置专门的热线电话，及时帮助成员解决技术难题。

（三）专业合作社的信贷服务

农民专业合作社可以根据自身的实际情况，采取适当的方式帮助成员解决贷款难的问题。

一是辅助农村正规金融机构开展农户小额信用贷款。

二是一些运作规范并具有一定经济实力的农民专业合作社，在抵押品不足的成员向金融机构申请商业贷款时，可以为成员提供担保，帮助成员获得贷款。

三是为成员提供承贷承还服务。一些加工型、流通型合作社，可以以自己的名义申请贷款，然后再转贷给成员使用，或者通过向成员提供生产资料等关联交易方式，将资金以实物方式转移给成员使用，再通过成员向合作社销售产品的收入来逐步偿还贷款。

四是合作社成员间的资金互助。

六、农民专业合作社的合并、分立、解散与清算

（一）农民专业合作社的合并与分立

1. 农民专业合作社的合并

农民专业合作社的合并就是两个或者两个以上的农民专业合作社合并为一个农民专业合作社。合并是农民专业合作社实现规模经营，增强市场竞争能力的重要途径。

农民专业合作社合并的各方必须有共同意愿和需求，任何组织、个人不得强迫要求农民专业合作社合并。

（1）合并方式：一是吸收合并，即合并各方中，吸收方保留，被吸收方解散；二是新设合并，即合并后形成一个新的农民专业合作社，合并各方解散。

（2）合并程序：农民专业合作社合并的基本程序包括。①合并协议和决议。合并协议通常由各方理事会进行谈判，签订合并协议，并编制资产负债表及财产清单，然后将合并协议提交各自的成员大会决议。农民专业合作社合并协议应当采取书面形式，并由合并各方的理事长在协议上签名、盖章。各方成员大会作出批准的决议后，合并协议始得生效；②通知债权人。农民专业合作社应当自作出合并决议之日起 10 日内通知所有债权人；③登记。在完成上述程序后，应当办理合并登记。其登记形式包括：第一因合并而存续的农民专业合作社保留法人资格，办理变更登记；第二因合并而解散的农民专业合作社，办理注销登记；第三因合并而新设立的农民专业合作社，办理设立登记。合并未经登记的，法律不予以承认。

（3）注意事项：①农民专业合作社合并应当符合反垄断法的要求；②合并只能依照法

律规定和法定程序进行，人为强制和行政命令推动的合并，是无效合并；③农民专业合作社合并后，原来的债权、债务自动承继；④合并以后的农民专业合作社，没有退社的成员可自动转为合并后存续或者新设的农民专业合作社成员。

2. 农民专业合作社的分立

农民专业合作社的分立，是指一个农民专业合作社依法分成两个或者两个以上的农民专业合作社。

（1）分立方式：农民专业合作社分立的方式，有新设分立和派生分立两种。①新设分立。是指将一个农民专业合作社依法分割成两个或者两个以上新的农民专业合作社。按照这种方式分立，原有的农民专业合作社应当依法办理注销登记；分立后新设立的农民专业合作社应当依法办理设立登记，取得法人资格；②派生分立。是指原有的农民专业合作社继续存在，由其中分离出来的部分新设立农民专业合作社。原有的农民专业合作社应当依法办理变更登记；派生的农民专业合作社应当依法办理设立登记，取得法人资格。

（2）分立程序：农民专业合作社分立的程序与合并的程序大体相同，主要包括由成员大会依据《中华人民共和国农民专业合作社法》的规定作出分立决议、通知债权人、签订分立协议、进行财产分割、办理分立登记等。农民专业合作社的分立与合并的不同之处，在于要进行财产、债权、债务的相应分割。

（3）债务的承担：农民专业合作社分立前的债务有以下两种承担方式：债权人与分立的农民专业合作社就债务清偿问题达成书面协议的，按照协议的约定办理；分立前未与债权人就清偿债务问题达成书面协议的，由分立后的农民专业合作社承担连带责任，债权人可以向分立后的任何一方请求偿还债务，被请求的任何一方都不得拒绝。

（二）农民专业合作社的解散与清算

1. 农民专业合作社的解散

农民专业合作社解散是指已成立的农民专业合作社基于一定的合法事由而停止业务活动，最终丧失法人资格的法律行为。解散的农民专业合作社，除因合并、分立、破产而解散的外，必须经过《中华人民共和国农民专业合作社法》上的清算程序，才能归于消除。

（1）解散事由：依据《中华人民共和国农民专业合作社法》的规定，农民专业合作社的解散事由，大体上可分为两类情形。①自行解散，也称自愿解散。就是基于农民专业合作社成员的意志而发生的解散。自行解散的事由，包括三种情形：一是章程规定的解散事由出现；二是成员大会决议解散。必须经本社成员表决权总数的 2/3 以上同意通过，才能解散；三是因合并或者分立需要解散；②强制解散，就是基于国家强制力的作用而发生的解散。当农民专业合作社违反法律、行政法规的规定被依法吊销营业执照或者被撤销的，应当解散。主要包括两种情况：一是农民专业合作社因违法行为被登记机关吊销营业执照；二是因资不抵债、申请破产被人民法院依法撤销。

（2）解散的法律效果：①除合并、分立和破产的外，解散的农民专业合作社应当依照《中华人民共和国农民专业合作社法》的规定程序进行清算；②解散的农民专业合作社，其法人资格仍然存在，但农民专业合作社的权力仅限于清算所必要的范围内；③农民专业合作社原有的法定代表人和业务执行机构丧失权力，由清算组接替。

（3）注意事项

第一，禁止经营。农民专业合作社一经解散，就不能再以农民专业合作社的名义从事经营活动，并应当进行清算。农民专业合作社清算完结。其法人资格消除。

第二，停止退社。农民专业合作社解散，或者人民法院受理破产申请时，不能办理成员退社手续。

2. 农民专业合作社解散时的财产清算

农民专业合作社的清算，是指农民专业合作社解散后，为最终了结现存的财产和其他法律关系，依照法定程序清理债权债务，处分和分配剩余财产，以了结其债权债务关系，从而消除农民专业合作社法人资格的法律行为。清算程序包括以下步骤。

（1）组建清算组：因章程规定的解散事由出现、成员大会决议、依法被吊销营业执照或者被撤销而解散的，应当在解散事由出现之日起，15 日内由成员大会推举成员组成清算组，开始解散清算。逾期不能组成清算组的，其成员、债权人可以向人民法院申请指定成员组成清算组进行清算。清算人亦称作"清算组"。

农民专业合作社清算分为破产清算程序和非破产清算程序。前者适用破产法规定的程序，后者适用《中华人民共和国农民专业合作社法》规定的程序。非破产清算又分为普通清算和特别清算。普通清算即农民专业合作社自行清算。而特别清算是在某些法定的特殊情形下（通常为清算遇到显著障碍或者存在可能损害债权人利益的情况）适用的，在法院直接干预和债权人参与下的清算程序。

（2）清算组的职责和义务：清算组是指在农民专业合作社清算期间负责清算事务执行的法定机构。农民专业合作社一旦进入清算程序，理事会、理事、经理立即停止执行职权职务，由成员大会推举或人民法院指定的清算组，行使管理职权，对内执行清算业务，对外代表农民专业合作社行使权利。

清算组在清算期间的主要职权有四个方面。①接管农民专业合作社财产；②处理未了结的业务，收取债权和清理债务；③分配剩余财产；④清算结束时，制作清算报告和办理农民专业合作社注销登记。

（3）债权申报：清算组应当自成立之日起 10 日内通知农民专业合作社成员和债权人，并于 60 日内在报纸上登载公告。债权人应当自接到通知书之日起 30 日内，未接到通知书的自公告发布之日起 45 日内，向清算组申报债权。债权人在申报债权时，应当说明有关情况，并提供证明材料。清算组应当对申报有据的债权进行登记。

（4）清算方案：清算组在清理农民专业合作社财产、编制资产负债表和财产清单后，在农民专业合作社财产能够清偿农民专业合作社债务的情况下，应当制订清算方案，报成员大会或者有关主管机关确认。

清算方案应包括以下项目：①支付清算费用；②支付职工工资和劳动保险费用；③缴纳所欠税款；④清偿农民专业合作社债务；⑤分配剩余财产。

（5）剩余财产分配：清算方案执行完毕，农民专业合作社如有剩余财产，由清算组按规定分配给成员。

（6）清算终止：农民专业合作社清算可能因两种事由而终止。①农民专业合作社具备破产原因。清算组在清算的过程中，如果发现农民专业合作社财产不足以清偿债务时，应及时向人民法院申请破产。经人民法院裁定宣告破产后，清算组应将清算事务移交给人民法院，进入破产清算程序；②清算完结。清算组在清偿债务，分配剩余财产完结后，应当制作清算报告，报成员在大会或者有关主管机关确认，并报送农民专业合作社登记机关，申请注销登记和公告农民专业合作社终止。

3. 农民专业合作社破产时的财产清算

农民专业合作社破产，是指农民专业合作社不能清偿到期债务，并且资产不足以清偿全部债务或者明显缺乏清偿能力的，人民法院依当事人的请求，对农民专业合作社财产进行清理并按法定程序偿还债权人债权的过程。

农民专业合作社的破产原因由两项事实构成：其一，严重亏损；其二，不能清偿到期债务。

（1）破产宣告：破产宣告，就是人民法院对债务人具备破产原因的事实作出有法律效力的认定。破产宣告是一种司法行为，它产生一系列法律效果，农民专业合作社不能自行宣告破产，债权人也无权宣告农民专业合作社破产。

（2）破产清算组：人民法院应当自破产宣告之日起15日内成立清算组，接管农民专业合作社。

（3）破产财产：破产财产由下列财产组成：宣告破产时破产农民专业合作社经营管理的全部财产；破产农民专业合作社在破产宣告后至破产终结前所取得的财产；应当由破产农民专业合作社行使的其他财产权利。但是已作为担保物的财产不属于破产财产，担保物的价款超过其所担保的债务数额的，超过部分属于破产财产。

（4）破产债权：破产债权是基于破产宣告前的原因而发生的，能够通过破产分配由破产财产公平受偿的财产请求权。

（5）破产分配：①破产分配的概念。破产分配，是指清算人将变价后的破产财产，依照符合法定顺序并经债权人会议通过的分配方案，对全体破产债权人进行平等清偿的程序。破产分配标志着破产清算的完成。破产分配结束是破产程序终结的原因；②破产分配的顺序。破产财产在优先拨付破产费用和清偿公益债务后，还应当优先清偿破产前农民专业合作社与农民成员已发生交易但尚未结清的款项。剩余财产按以下顺序清偿：第一顺序是破产农民专业合作社所欠职工的工资和劳动保险费用；第二顺序是破产农民专业合作社所欠税款；第三顺序是破产债权。顺序在先的请求权人能够优先于顺序在后的请求权人获得清偿。

（6）破产程序的终结：在破产财产分配完毕后，由清算组向人民法院提出终结破产程序的申请报告，人民法院在收到申请后裁定终结破产程序。

七、国家支持农民专业合作社发展的主要政策措施

《农民专业合作社法》第七章规定了支持农民专业合作社发展的扶持政策措施，明确了产业政策倾斜、财政扶持、金融支持、税收优惠等4种扶持方式。

（一）产业政策倾斜

主要有：支持农民专业合作社参加项目建设；支持农民专业合作社开拓市场；支持农民专业合作社参加农业保险，在科技、人才上支持农民专业合作社发展。

（二）财政扶持

《农民专业合作社法》规定，中央和地方财政应当分别安排资金，支持农民专业合作社开展信息、培训、农产品质量标准与认证、农业生产基础设施建设、市场营销和技术推广等服务。对民族地区、边远地区和贫困地区的农民专业合作社和生产国家和社会急需的重要农产品的农民专业合作社给予优先扶持。

自2003年起，中央财政每年拿出专项资金，扶持农民专业合作社发展。农业部组织农

民专业合作社示范项目建设，支持合作社开展标准化生产、产业化经营、市场化运作、规范化管理，支持开展教育培训活动，以增强农民专业合作社自我服务功能，提高农民进入市场的组织化程度，发展主导产业和特色产品，提升农产品质量安全水平，推动农民专业合作社健康发展。目前，绝大部分省（自治区、直辖市）和部分地（市）地方财政都安排专项资金，支持农民专业合作社建设与发展，农民专业合作社示范点数量和规模不断扩大。

2008 年起，农业部和各省（自治区、直辖市）农业部门开始组织开展农民专业合作社示范社建设，每年评选认定一批全国、省级和市（县）级农民专业合作社示范社，并适当给予奖励。

（三）金融支持

《农民专业合作社法》规定，国家政策性金融机构应当采取多种形式，为农民专业合作社提供多渠道的资金支持。国家鼓励商业性金融机构采取多种形式，为农民专业合作社提供金融服务。

（四）税收优惠

经国务院批准，2008 年 6 月 24 日财政部、国家税务总局出台了《关于农民专业合作社有关税收政策的通知》（财税 ［2008］ 81 号）文，主要精神包括以下几方面。

（1）对农民专业合作社销售本社成员生产的农业产品，视同农业生产者销售自产农业产品免征增值税。

（2）增值税一般纳税人从农民专业合作社购进的免税农业产品，可按 13% 的扣除率计算抵扣增值税进项税额。

（3）对农民专业合作社向本社成员销售的农膜、种子、种苗、化肥、农药、农机，免征增值税。

（4）对农民专业合作社与本社成员签订的农业产品和农业生产资料购销合同，免征印花税。同时，明确享受该政策的农民专业合作社，是指依照《中华人民共和国农民专业合作社法》规定设立和登记的农民专业合作社。该通知自 2008 年 7 月 1 日起执行。

第二节　农业产业化龙头企业经营管理

一、基本概念

农业产业化龙头企业是在我国农业产业化大背景下产生的，以农产品加工或流通为主，通过各种利益联结机制与农户相联系，带动农户进入市场，使农产品生产、加工、销售有机结合，相互促进，在规模和经营指标上达到规定标准并经政府部门认定的涉农企业。农业产业化龙头企业的标准一般有市级、省级和国家级标准，由相应级别的政府有关部门认定。农业产业化龙头企业有三个基本特点：一是企业要面对市场；二是企业的基础是农民；三是企业的发展对农民和农业生产要有一定的带动作用。

凡是达到省级标准的涉农企业可申请省级重点龙头企业，达到国家标准的企业可申请国家重点龙头企业。以四川省为例，川农产领 ［2001］ 2 号文件规定四川省省级重点龙头企业的指标是：企业经营规模和综合效益达到省内同行业领先水平，企业总资产应在 2 000 万元以上，固定资产应在 1 000 万元以上。从事农产品加工、流通的增加值占总增加值的 70% 以上，年销售收入 3 000 万元以上，年销售收入利润率 10% 以上，产销率达 90% 以上，产品市场占有量在全省同类企业产品销量中位于前列。企业对农户有较强的带动能力，带动农户的数量一般应达到 3 000 户以上。企业从事农产品加工、流通，通过订立合同、入股和合作方式采购的原料或购进的货物占所需原料或销售货物量的 70% 以上，助农增收水平高于当年全省和当地农民收入平均增长幅度。

国家级重点涉农龙头企业的基本指标为：企业中农产品生产、加工、流通的销售收入应占总销售收入总额的 70% 以上。通过合同、合作和股份合作方式从农民、合作社或自建基地直接采购的原料或购进的货物占所需原料量或所销售货物量的 70% 以上。企业总资产规模：东部地区 1.5 亿元以上，中部地区 1 亿元以上，西部地区 5 000 万元以上；固定资产规模：东部地区 5 000 万元以上，中部地区 3 000 万元以上，西部地区 2 000 万元以上；年销售收入：东部地区 2 亿元以上，中部地区 1.3 亿元以上，西部地区 6 000 万元以上；产销率达 93% 以上。以农产品批发为主的企业年交易规模：东部地区 15 亿元以上，中部地区 10 亿元以上，西部地区 8 亿元以上；企业的带动能力：通过建立合同、合作、股份合作等利益联结方式带动农户的数量一般应达到：东部地区 4 000 户以上，中部地区 3 500 户以上，西部地区 1 500 户以上。

二、企业类型

（一）按企业级别分类

农业产业化龙头企业主要有市级龙头企业、省级龙头企业和国家级龙头企业。分别由市级、省级和中央相关部门按照相应的等级标准进行认定，可享受相应的政策支持和奖励等。

（二）按企业所有制性质分类

按照其企业所有制性质，农业产业化龙头企业又分为国有企业、集体企业、民营企业、联营企业及合资企业与外资企业等。

（三）按照企业生产产品类别

可分为粮油类、畜禽类、特产类和其他类四个类型。粮油类龙头企业产品主要涉及稻、麦、粟和其他粮食及其衍生产品；畜禽类龙头企业产品主要涉及猪、牛、羊、鸡、鸭等畜禽类动物；特产类龙头企业产品主要涉及水果、食用菌、干果、蔬菜类等；其他类龙头企业产品主要涉及种子、种苗、花卉、绿化苗木、烟草、农机具及园艺用具等。

（四）按照企业生产环节分类

可分为加工型龙头企业、流通型龙头企业、综合性龙头企业四类。加工型龙头企业通过以合同的方式，对农业产业化生产基地生产的农副产品进行加工和销售，从而与生产基地和农户形成产加销一体化；流通型龙头企业则通过商贸公司代购或收购生产基地的农副产品，然后经分检、贮藏、包装之后，对内或对外市场进行销售；综合性龙头企业则是集农产品的种养、加工、流通和销售等为一体的龙头企业。

（五）按照组织形式分类

可分为公司型龙头企业、批发市场型龙头企业、中介组织型龙头企业、科技实体型龙头企业。公司型龙头企业是以农产品生产、加工或流通为主业，依据《中华人民共和国公司法》设立的公司和其他所有制企业；批发市场型龙头企业是指在工商管理部门注册登记，以农副产品的专业批发为主业，有一定的规模和影响力，能引导或带动多数农户进行农产品生活经营的市场型企业；中介组织型龙头企业，通过专业协会、专业合作社等农民合作组织的服务、管理、组织、引导等作用，将农户与市场联结起来，成为农业产业化的龙头；科技实体型龙头企业，是由各地科委、科协主办的科技服务实体牵头，依托高新技术推广服务体系，把基地和农户联结起来，生产高科技含量的产品，进行加工、销售。

三、企业环境分析

（一）内部环境

包括 4 个方面。一是龙头企业自身的管理、经营、资金、品牌、技术、自然资源、劳动力资源等；二是农户；三是企业的主要产品；四是生产经营模式等。

1. 内部环境的优、劣势

农业产业化龙头企业内部环境的优势主要有两点：一是企业拥有丰富且廉价的劳动力资源；二是企业产品成本所需自然资源来源丰富。内部环境的劣势表现在企业的经营管理和技术落后、资金缺乏、品牌文化建设不足、人才缺乏等。

2. 龙头企业在内部环境中的作用

第一，在农业产业化龙头企业的内部环境中，企业处在核心的组织和领导地位，它通过自身组织、服务、引导、技术支持、开拓市场、培育产品、建立品牌等作用，在市场、企业、农户、产品间建立联系，带动农户进行农业产业化生产经营，推动产业化发展；第二，农户是企业内部环境得以正常运行的基础，是农业产业化过程中产品原料的生产者和提供者，农户处于仅次于企业的从属地位。没有千家万户的农户参与，龙头企业不可能发展壮大，也不可能形成大的产品品牌、大的市场等；其次，产品是龙头企业发展的物质载体，农业产业化龙头企业的生产、加工、流通、销售等都是围绕着产品来进行的。因此，拥有一二个或多个有特色、有市场前景的主营产品对企业的发展至关重要；再者，企业的生产经营模式是联系农户、产品和市场的基本纽带，其组织模式决定了龙头企业产业化生产经营效率的高低，也决定了龙头企业能不能长久的生产和发展下去。目前的组织模式主要有两种：一种是通过合同的方式建立企业和农户、产品之间的关系，另一种是以股份合作的方式，吸收农户以土地、现金等方式投资入股，从而结成企业与农户互惠互利的利益共同体。

（二）外部环境

包括产业政策环境、市场环境、技术环境等。企业的发展既需要内部环境的培育和动力，也需要外部环境提供的发展平台和协作。一个优秀企业的发展过程，是良好的内部环境和外部环境共同作用的结果。在外部环境中，主要包括我国的政策扶持环境、产业环境、全球化与信息化 3 个方面。

1. 政策扶持环境

我国对农业产业化龙头企业发展的扶持政策，主要体现在税收优惠、金融支持、财政补贴政策、财政专项扶持政策等四个方面。良好的政策环境为农业龙头企业在招商引资、开拓市场、融资等方面提供了良好的平台，有利于实现企业和社会的双赢。但与此同时，也会存在国家政策扶持与规范企业行为而进行必要的干预并存，以及行业间的过度保护，利益分配流向不明确，后续扶持政策不确定等问题，影响企业的高效发展。

2. 产业环境

产业环境主要包括两个方面，一是企业之间在产业中竞争该产业所具有的潜在利润在经营上的关系。二是企业与产业基地中的农户的关系。由于单个农户的生产存在较高的风险性、分散性等，难以在市场经济条件下立足。为了生产和发展，客观上他们需要加入某种经济组织，以此实现市场的有效进入。农业产业化是市场经济发展的必然产物，我国农业产业化龙头企业发展环境整体较为乐观。

3. 全球化和信息化

经济全球化同样为农业产业化龙头企业提供了广阔的市场和丰富的机遇，信息化的发展也为龙头企业在信息上的共享和沟通提供了便利和快捷。但全球化和信息化也迫使企业不得不面对来自全球市场的产品冲击和竞争，在带来市场、便利和机遇的同时也带来了威胁和压力。

4. 外部环境的平台和协助作用

主要表现在良好的产业政策、市场环境以及全球化和信息化能为企业发展提供积极的推动力和广阔的市场等；外部环境对企业的不利影响，可能存在遭受有全球化背景下国外农产品的冲击、贸易壁垒以及政府政策的变动等的影响。

四、企业经营战略

企业的经营战略，是指企业为实现长期生存和不断发展，基于对行业发展环境、区域环境、市场环境、企业内部环境等所面临的挑战、竞争、变化以及自身问题等进行全面缜密分析和评价，进而制定出企业发展的总体或长远目标，以及相应的实施方案。经营战略的制定有助于企业厘清发展方向、把握发展机会、减少市场风险，增加企业经营行为的自觉性，减少随意性。企业的经营战略通常具有全局性、长远性、纲领性、稳定性等特点。我国农业产业化龙头企业的经营战略，按照不同的标准可以划分为不同的类别。

（一）按照企业发展趋势分类

1. 进攻战略

即通过追加投资、扩大生产、开拓市场、开发新产品、提高产品市场占有率等措施，促进企业发展壮大。一般有 3 种形式：一是在原有主业的基础上向上游、下游延伸产业链条；二是在向与原有主业不同的行业实施多元化经营；三是向与原有主业技术经济类似的经营领域扩大发展。

2. 撤退战略

有 3 种形式：一是通过减少投资和生产，保存企业实力、以待时机进行发展；二是通过对效益不理想或无法挽回的产品或经营项目进行转让，回收资金以作他图；三是企业经营不善，同时又改善无望，乃至濒临破产，从而对企业进行破产清算或整体转让。

3. 稳定战略

即保持现有的产销规模和产品的市场占有率，巩固企业现有的地位和效益，暂缓企业发展速度。

（二）按照经营策略内容分类

1. 产业链战略

农业产业化龙头企业对农产品生产、加工、流通、销售等环节相互联结的一体化经营方式，即为一个完整的产业链条。企业构建自己的产业链条，有助于降低成本和风险、保障产品质量和主业的稳定、提高生产效率等。目前，关于构建产业链条的方法有两种，一是延长产业链条，即从主业出发向上、下游发展，如原来以猪肉加工为主业的企业，向上游生猪养殖和下游猪肉销售发展，构建自己的产业链；二是多元化经营，即同时涉足多个行业，并且行业之间的相关性较弱，其目的在于分散经营风险，追逐优势利润，这样就算一个行业不景气，企业还可以从另一行业中获利。

2. 品牌文化战略

一个企业的品牌，不仅仅是企业的商标，或者产品名字、一个符号和象征等，也不仅仅是企业自己的事情。一个好的品牌是代表企业产品、建立企业商标、反映企业文化，具有特色，是将企业同其他对手或者产品区分开来的一个复合体。品牌文化经营策略一般要注意以下几个方面：一是产品要有过硬的质量，质量是品牌生存的根本；二是品牌要独具特色，特色是品牌的市场竞争力；三是品牌要有一定的文化内涵，文化是品牌的品位和影响力。

3. 技术创新战略

在现代市场经济中，农业产业化龙头企业只有坚持技术创新策略，构建自己的技术产权、创新产品和技术等，才能在瞬息万变的市场上立足，并始终保持企业的活力和发展。农业产业化龙头企业技术创新应着重在农产品创新、工艺创新，提升产品质量、科技含量和产品附加值等方面下工夫。技术创新策略一般需要注意这么几个方面：一是避免盲目创新，技术创新必须以市场为导向；二是创新投入要多元化，构建政府支持、企业投入和科研滚动的多种投入机制；三是技术创新策略定位要准确，依靠技术体系来提高技术创新定位的正确性。

4. 战略联盟战略

农业产业化龙头企业和其他企业在产品开发、质量控制、技术创新等方面进行合作，形成的双方优势互补，实现双赢的局面。一般而言，战略联盟策略主要有4个方面：一是与有实力的科研单位结成战略联盟，充分利用科研单位的科研成果，将之转化为产品和生产力；二是与组织良好且有一定影响力的农业合作社、协会等结成战略联盟，有利于企业获取信息、劳动力等资源；三是与国内具有一定影响力和覆盖面的销售网络结成战略联盟，有利于企业开拓国内市场等；四是与跨国公司结成战略联盟，有利于企业进展国外市场，扩大企业规模等。

此外，还包括"走出去"战略，即企业通过健全全球销售网络、资源储备等，向国外市场发展；信息战略，即企业利用电子信息技术提高产品流通和管理效率，构建电子商务平台等。

五、企业生产与管理

（一）农业产业化龙头企业的生产

农业产业化龙头企业的生产，是指企业将从农户或生产基地等收购的产品原材料，经过加工、包装、处理等，转化成企业的销售产品。如将收购的土豆加工成准备销售的袋装土豆条，就是企业的生产。龙头企业将产品原材料进行加工和处理，使原材料转化为销售产品的过程，叫做产品生产过程。产品的生产过程一般包括产品的制造过程、检验过程、运输过程、停歇过程等，其中，产品的制造过程是农业产业化龙头企业生产过程的核心部分。

农业产业化龙头企业的生产能力，是反映企业生产可能性的一个非常重要的衡量指标，是指农业产业化龙头企业在一定时间内（通常为一年内），在正常和合理的技术条件下，最多能生产一定种类产品的数量。企业的生产能力包括：设计生产能力，即龙头企业在建立某条生产线时，所设计或预计企业所能达到的生产能力；实际生产能力，也就是农业产业化企业在自己现在的生产技术和生产条件下，在一定时期内实际所能生产产品的能力；核定生产能力，是指由于企业对生产技术和生态条件等进行改造和革新，其原有的生产能力发生了变化，因而重新进行调整和核定后的生产能力。企业的生产能力通常被其生产过程中最薄弱的生产环节的能力所影响和制约。

加强对农业产业化龙头企业生产的管理，通过在生产过程中实施有效的成本管理、质量管理、销售管理、产品特色管理等措施，能降低龙头企业生产成本、缩短产品生产周期、保障产品质量，并提高产品的市场占有率和品牌影响力，从而明显的提升龙头企业的生产能力，增加企业盈利效益。

（二）农业产业化龙头企业的管理

农业产业化龙头企业的管理，涉及企业生产发展过程中的产品生产、领导力建设、人才管理、金融资本、市场营销、技术创新、品牌建设等各个方面，包含了企业的全部工作。企业管理可以按照管理对象、管理流程、职能业务、管理层次、资源要素等划分出不同的类别，但企业管理的根本目的都是在于通过计划、组织、控制、激励和领导等措施，来协调企业发展和生产经营中的人力、物力和财力资源，使各资源之间组织得更加和谐，从而使整个企业的生产经营和发展更加富有成效。

目前，我国大多数农业产业化龙头企业的管理还存在管理人员整体素质较低，管理的思想、理念和方法落后，管理方法大多来自企业领导的个人经验或者领导层总结的管理经验等问题。

提高企业管理的措施一般有以下三点：一是企业应营造条件，多渠道、多形式培养和引进优秀的管理和技术人才；二是企业应摆脱小农经济思想，学习借鉴国内外现代企业的管理理念；三是企业应改革管理组织，积极探索引入职业经理人，改革垂直集权管理方式。

结构良好且实施有效的企业管理，一是可以提高企业人力、物力、财力等资源配置效率，有利于企业降低生产成本、提高产品质量等；二是有助于企业技术创新、品牌建设、人才培养、产品发展等业务建设，促进企业发展；三是有助于企业适应市场变化和调整发展策略，利于企业长远发展。

六、企业品牌文化

农业产业化龙头企业品牌文化不仅是成功建立一个品牌，更是指品牌在长期的生产经营中逐渐累积形成的文化积淀。品牌文化的建立是指在已建立的品牌的基础上，给予品牌赋予丰富的、有特色且含有深刻意义的文化内涵。通过各种有效的宣传措施，建立品牌定位，塑造品牌形象等，赢得消费者对品牌的高度认可，从而为企业及产品赢得稳定的市场。品牌文化的核心是文化内涵，也就是品牌所代表并反映出的一种价值观、生活态度、审美情趣、时尚品位等。

一个成功的品牌文化能通过自身所具有的感召力、凝聚力、激励力、约束力、辐射力、推动力和协调力等，一方面在企业内部，能引导员工全力服务企业，凝聚员工团结一致、激励员工积极上进、推动企业长期发展、协调企业内部矛盾，从而提高企业的管理效能，增强企业的生机和活力；另一方面在企业外部，能引导消费者消费产品、吸引消费者追随产品、激发消费者购买产品，提高企业产品的市场占有率。并能向社会传递其积极的价值观，推动企业适应社会发展和市场需求等，为企业带来巨大的经济利润，塑造企业良好的社会形象。

（一）品牌文化建设中存在的问题

目前，我国农业产业化龙头企业品牌文化建设中，存在的问题主要有：一是企业缺乏建立品牌、挖掘品牌价值和积淀品牌文化的意识，忽视品牌文化建设，不了解品牌文化对企业的重要性；二是企业虽有建设品牌文化的行动，但是对品牌和品牌文化的形成、发展、宣传、保护等力度不够，品牌知名度较低，品牌价值未充分挖掘；三是企业品牌质量保证体系建设不健全，品牌定位不准确，品牌形象塑造不鲜明，注重品牌建设但不重视品牌文化的积淀等。

（二）品牌文化建设的措施

一般而言有以下几个方面：树立品牌文化意识、定位品牌位置、塑造品牌形象、积淀品牌文化、加强品牌文化保护等。

1. 树立品牌文化意识

一个好的品牌和品牌文化能极大的提升企业形象和市场占有率，以及提高企业的营销收益。因而企业从管理层到员工都需要充分认识到品牌对企业长久发展的重要性，要以发展的眼光树立品牌发展意识，强化品牌使用意识，注重对企业独特品牌文化的建设。

2. 定位品牌位置

品牌定位是品牌和品牌文件建设的基本前提，定位包括顾客定位和市场定位，即企业产品准备向哪些人群、哪些市场进行营销。进行品牌定位应与产品优势紧密结合，突出自己产品的特点。准确的品牌定位直接关系到品牌建立和品牌营销的成功性。

3. 塑造品牌形象

品牌塑造是指通过广告、宣传、营销等方法，结合品牌质量保证建设，塑造产品的质量、性能、特征和产品的独特性等。一个强大的、偏好明显和独特性显著的品牌形象，能够提高消费者对产品质量的感知和认知度，极大地提高产品的市场占有率，也直接关系到品牌文化建设的成功性。

4. 积淀品牌文化

品牌文化是在已有的品牌基础上，赋予品牌丰富的、独特的且具有意义的文化内涵。品牌文化的形成是一个在生产经营和产品营销中逐渐积淀的长期过程，可通过建设品牌博览园，发展品牌相关休闲和文化创意产业等措施，积淀品牌文化。

5. 加强品牌文化保护

成功建立和形成的品牌和品牌文化，是企业一笔巨大的资产和财富。品牌和品牌文化受到损害将直接影响到企业和产品形象、市场占有率、营销收入等，对企业造成巨大的打击。因此，企业应通过紧抓产品质量、注册和保护品牌商标、开拓品牌新产品或新产业等措施，呵护消费者对品牌的信任，加强品牌文化保护，保持品牌持久的生命力和影响力。

七、企业发展的影响因素

影响农业产业化龙头企业发展的因素较多，也较为复杂。从不同的角度、不同的层次，甚至企业发展的不同阶段，其影响因素及各因素的重要性都可能不同。我们这里基于企业的角度，对企业内部和外部存在的，会对企业发展形成较大或直接影响的主要因素进行分析。

（一）企业内部的主要影响因素

主要涉及企业的组织管理、企业的产品和产业因素、企业的技术创新因素、企业和农民的利益关联因素等。

1. 管理因素

企业的管理体制、管理层素质、管理水平、管理文化、管理人才培养等是与企业紧密相关的因素，是企业经营管理的基础，也是保证企业长期稳定发展的基本要素之一。一个本来经营较好的企业，当换了管理者后，没几年就进入到倒闭的边缘，这和企业管理层的变化不无关系。对运营机制、管理、人才、企业文化、市场在企业发展中重要性的调查发现，企业管理水平是影响企业发展的最重要因素。

2. 产品和产业因素

包括企业产品的质量、产品营销、产品创新、产品的加工增值等，以及相关的加工设备、工艺技术、产业链条延伸、循环经济发展理念等因素。良好的产品和不断优化升级的产业是企业得以生产和发展的根本保证之一。市场中拥有良好业绩的公司，如海尔、美菱等，都有过硬的产品和不断优化升级、处于行业前沿的产业能力。

3. 创新因素

包括产品创新、工艺创新、管理创新等各方面，其中产品和工艺的技术创新最重要。创新是企业长期发展的动力源泉。一般认为，企业创新投入占销售额的比重为2%时，企业方可维持生存；占到5%时，企业才具有市场竞争力。当前，我国农业产业化龙头企业多数存在技术创新投入不足，研发跟不上市场需求，工艺更新慢且技术落后等问题，导致企业经济效益较低，市场竞争力弱，难以应对金融危机、市场波动等对企业发展不利的现象。

4. 利益联结因素

农民是农业产业化龙头企业发展的根基，企业理顺同农民间的关系，与农业建立良好的利益联结，有助于企业获得农民支持、保障原材料来源供应等，从而推动企业稳固、快速发展。现有的农业企业和农民间的联结机制或方式主要有：一是同农民建立合同契约，以订单的方式收购或代销农副产品；二是引导农民以土地、资金、劳动力等要素入股；三是实行技术指导、保护价收购、利润返还等方式，实现利益共享。

（二）企业外部主要影响因素

主要涉及政策、市场、融资，甚至社会和经济发展情况，特别是农业发展情况，交通、水利、电力的基础设施等。与企业关系较为紧密的有政策因素、市场因素、融资因素等。

1. 政策因素

政策是外部影响因素中最重要的一点。目前，我国农业产业化和农业企业发展受到了国家的大力扶持，相继出台了一系列扶持政策。好的政策能使企业获得税收优惠、水电和土地资源使用优惠、财政资金支持、融资便利、市场信息咨询服务、电子商务平台、法律援助等，为企业发展创建良好的外部发展环境或者平台；不科学或限制性的、违背市场规律的政策，又会直接干扰企业发展，阻碍企业发展途径，对企业的发展造成困扰。

2. 融资因素

由于农业生产的弱质性和高风险性，使得农业产业化龙头企业面临着比其他行业企业更大的市场风险，金融机构在对农业产业化龙头企业开展信贷营销方面显得异常谨慎，导致在企业发展资金的筹措上具有一定劣势。现有的农业产业化龙头企业普遍面临着资金不足，贷款难、抵押难、担保难等问题。融资难得问题，会直接导致企业发展的动力不足，出现"有心无力"的发展情况。一般而言，农业产业化龙头企业融资渠道主要有：政策性贷款和金融贷款、吸纳民间闲散资金、吸引产前产后部门资金、优惠政策吸引外资等。

3. 市场因素

企业因市场而存在，产品因市场而销售。市场是企业生产和发展的环境，对企业生存发展的作用非常重要。农业产业化龙头企业要树立牢固的市场意识，深入了解市场需求，及时推出满足市场的新产品，建立农产品营销网络，积极参与产品营销和创建知名品牌。企业只有积极了解市场、主动适应市场，才能保证自身不断发展壮大。

八、农业产业化龙头企业典型案例分析

四川徽记食品股份有限公司

这是一家以经营瓜子、酥类、豆腐干、花生、米通、胡豆等休闲食品为主的国家农业产业化龙头企业。公司成立于 2001 年，原名为成都华徽食品产业有限公司，2004 年更名为四川徽记食品产业有限公司，是四川本土崛起的中国知名食品企业。公司瓜子制作工艺源于徽派瓜子的工艺创新发展而成。公司品牌文化内涵积淀丰厚，具有浓郁的巴蜀地方特色。

1. 管理方面

四川徽记食品产业有限公司在十多年的发展中，形成了适合自身的企业管理文化。主要有：①全过程管理，即对产品从原材料、生产、加工、销售的各个环节实施全程管理。公司先后通过了国际质量管理体系、HACCP 体系认证等，提高公司管理质量和效率；②"精简高效"管理，在公司日常管理中大力提倡"精简高效"运营管理思想，先后引进了 ERP、OA、网络视频会议等系统，通过信息化手段提升执行力、服务力等；③人才管理，公司制定有专门的人才培养工程和项目等，如"徽记商学院"、"1.5.50 人才战略工程"、"企业内训师项目"等，以"德才兼备、勤勉务实"为目标，为公司打造优秀的管理团队；④精细化、标准化管理。公司以"经营人心、科学管理"的理念，通过完善规章制度、梳理工作流程和优化员工绩效考核方式等全方位措施，实现对公司运营的有效控制等。四川徽记食品产业有限公司的各项管理措施，非常适合本公司的发展，从而有效的实现了公司人力、物力、财力等资源的高效组织，使得整个企业的生产经营和发展富有成效。

2. 产品方面

产品宣传上首先以"一颗大豆营养十三亿人"、"安全健康饮食理念"等树立产品健康安全的良好形象。同时，基于对市场需求的调研和消费者日益重视健康的考虑，先后推出了以独特文化为"煮"产品的徽记煮瓜子、以粗粮为主的"徽记"粗粮酥系列产品等。公司现有以徽派炒货工艺特点以主导的"徽记"系列产品和以巴蜀休闲特色文化为主导的"好巴食"系列产品共两大品牌，包括瓜子、酥类、豆腐干、花生、米通、胡豆等多个产品系列，并导入 ISO 9001 国际体系及 HACCP 认证，保障了公司产品质量进入规范化、制度化、程序化管理。可见，公司在产品方面，先是针对消费者最担心的食品安全问题，通过针对性宣传和引入国际体系质量管理制度，树立产品形象，使消费者对产品产生信任。同时基于市场实际需求，大力开发新产品，丰富多样的产品为企业发展带来了巨大的生机和动力。

3. 品牌建立和品牌文化积淀方面

公司最初成立时的"徽记"瓜子，便是基于徽派瓜子的制作工艺，经创新发展而成，一开始在品牌建立和品牌文化积淀方面就有了一个好的基础。公司在发展过程中，成功推出

"徽记"和"好巴食"两大品牌后,注重品牌保护,不仅在国内,而且澳大利亚、英国、美国均获得了商标注册保护,2004 年还获得了世界知识产权组织颁发的商标注册证明,使得公司品牌在全球范围内都得到了有效保护,也为产品走出国门,奠定了一个好的基础。在塑造品牌形象上,参加第二届西部国际农业博览会获得了优质产品称号,在有影响力的中央电视台进行广告宣传,扩大品牌影响力,先后获得了"四川省名牌产品称号"、"中国消费者满意名特优品牌"及"中国著名品牌"荣誉称号等,极大的提升了产品在消费者心目中的信任度。同时,积极参与"栋梁工程"公益助学活动、参与"5.12"汶川地震救灾捐款等,使得整个公司在社会上获得了良好的影响力和正面的形象。四川徽记食品产业有限公司在品牌建设上具有明显的偏好和独特性,其徽派炒货、巴蜀休息文化等特色非常显著,从而赋予了品牌独特的文化内涵。

四川徽记食品产业有限公司十多年来一直采取非常清晰的进攻战略经营,产品上从单一的徽记瓜子发展到现有的"徽记"和"好巴食"两大品牌多个系列的产品;管理上从原有的小型公司领导凭经验决策发展到现在的引入国际质量管理体系、HACCP 体系认证等,实行标准化、规范化管理;经营战略上由单打独斗到现在以四川为中心、辐射全国,进军全球的强大销售网络;公司采用联盟战略和美国基金公司的战略合作,提升自身的综合实力,与美国派拉蒙农场战略合作,进军高端坚果市场;通过强力宣传、申请非物质文化遗产、社会捐助、博览会展览、创吉尼斯世界纪录、举办明星演唱会、与四川大学共建"食品科学与工业"基地等措施,塑造了良好的企业正面形象,成功打造了品牌影响力、积淀了品牌文化,为企业的持续发展奠定了非常良好的基础,也成功发挥了其作为农业产业化龙头企业的带动和主导作用。

第三节　农村经纪人

近年来,随着我国农业产业化经营的推进,在广阔的农村活跃着一支围着市场转、带着农民干、搞活农产品购销的农村经纪人队伍,引导千家万户分散经营的农民进入千变万化的市场,已成为搞活农产品流通、引导农民增收致富的一支重要力量。农村经纪人是农民闯市场的"红娘",也是现代农业农产品流通的主力军。农村经纪人为农户提供产前、产中、产后全方位系列化服务,以发展现代农业,牵手农民闯市场,是农业市场化、农业现代化的必然产物。

一、农村经纪人概述

(一) 农村经纪人的含义

农村经纪人,是指专门从事农产品交易的中间商人。其主要业务活动是为买方寻求卖方,为卖方寻求买方,促使供求双方达成交易的中介服务。

(二) 农村经纪人的类型

目前,农村经纪人的类型比较多,主要有农产品购销、农业技术转化、农业信息、劳务转移、农村保险等经纪业务活动。

1. 按组织形式分类

可分为个体商贸经纪人、委托推销和招揽客户经纪人、交易所经纪人等。

2. 按工作内容分类

可分为代购代销、委托购销、产品运销和分购联销四种类型。

（三）农村经纪人的运作过程

包括五个过程：一是寻找商机。这个过程又包括市场信息采集、市场信息分析整理、信息评价与利用 3 个环节；二是接受业务委托；三是购销洽谈。在这个阶段又包含洽谈准备、正式洽谈、洽谈结果三个环节，这是经纪人业务最重要过程；四是促成交易；五是签订经纪合同并执行合同。

二、农村经纪人的由来

经纪人在中国古代商业生活领域是一个十分活跃的群体。西汉称经纪人为'驵侩"；唐代称经纪人为"牙人""习郎"；宋代称"牙侩"；元代称"舶牙'；明清时期称为"牙人"，明代还把牙人分为官牙和私牙，同时还出现了代客商撮合买卖的店铺——"才牙"；清代后期出现了专门对外贸易的经纪人"买办"；民国时期出现了债券经纪人等。

新中国成立后，我国实行计划经济，商业经营的严密计划性使经纪人几乎销声匿迹。1985 年后，经纪人才以公开、合法的身份从事经纪活动。1992 年以来，国家对经纪人采取"支持、管理、引导"的方针，使经纪活动逐步走上了正轨。如今，在广大的农村市场，经纪人队伍不断发展壮大。他们的中介服务，有力地促进了农村经济和农业生产的发展，以及农民收入的提高。

三、农村经纪人在乡村经济中的作用

（一）农村经济人在乡村经济中的作用

农村经纪人促进商品流通，实现了小生产与大市场的对接；带动了农业科技的普及和推广，提升了农民整体素质；提高了农民的组织化程度和市场竞争力；增加了农民收入，繁荣了地方经济；合理配置生产要素，促进了农村社会分工体系的完善；促进了农村产业规模的扩大和产业结构的调整；拓宽了农村劳动力的就业门路，推进农村经济发展。

（二）农村经纪人的主要工作内容

1. 为供需双方传递信息

经纪人接受商品供给或需求一方的委托，带着供给或需求一方的信息去寻找相应的需求方或供给方，从中牵线搭桥，促成交易，完成经纪业务后，经纪人则收取相应的佣金。

2. 代表委托人进行谈判

通常农村经纪人通过提供信息把供求双方联系起来，但在交易条件上双方可能出现较大的分歧。在这种情况下，经过委托人的授权，农村经纪人可以代表委托人与交易对方进行谈判。当然，这种谈判是必须在委托人授权范围之内进行的，对超越授权范围的任何经纪行为，都应事先征求委托人的同意，并及时向委托人通报谈判进程。

3. 提供交易咨询

在交易者不大熟悉商务、法律等事宜时，农村经纪人可以提供咨询，并协助办理有关交易手续。

4. 草拟交易文件

根据委托方的意思草拟有关交易文件，交易文件具有法律效力，涉及双方当事人的经济利益。因此，交易文件虽可由经纪人代为草拟，但必须通过协商而最终确定．并由当事人签名盖章。

5. 为交易提供信誉保障

经纪人的活动和职能，是交易安全的一种保障，起着经济担保的作用。这种担保不是连带责任的担保，而是以信誉条件保证交易能够完成的契约。

四、农村经纪人的基本素质

（一）思想素质

包括政治素质和职业道德素质。职业道德素质要求诚实守信，维护客户利益，依法经纪，精通业务、讲求实效，服务群众、奉献社会，勇于开拓、富于创新，规范操作、保障安全，强化风险意识。

（二）心理素质

要求自信心强，心境平静，热情豁达，坚忍不拔，胆识和冲动。

（三）意识素质

要求有市场观念意识，科技意识，信息意识，服务意识，受教育意识，管理决策意识，公关意识。

（四）身体素质

要求身体健壮、无疾病。

五、农村经纪人业务知识

（一）农村经纪人的业务知识

主要有农业知识、经济知识、社会知识、法律知识、心理学知识等。

1. 农业知识

农业生产基本知识、农产品流通和加工知识、农产品储运知识、农产品质量标准知识等。

2. 经济知识

宏观经济与微观经济、投资和消费、供求关系、价值和价格、市场和流通等。

3. 社会知识

待人接物、基本礼仪、风俗文化等。

4. 法律知识

《中华人民共和国民法》《中华人民共和国合同法》《中华人民共和国消费者权益保护法》《中华人民共和国税法》《中华人民共和国国际商法》《中华人民共和国专利法》《中华人民共和国农民专业合作社法》《中华人民共和国农产品质量安全法》《中华人民共和国食品安全法》等。

（二）农村经纪人业务能力

要求具有组织协调能力、电脑操作能力、市场调查能力、经营能力、社交能力、谈判能力、解决问题的综合能力、农产品质量辨别能力等。

六、农村经纪人的运作技巧

农村经纪人的运作技巧，是指农村经纪人运用各种方式、方法和手段，向客户传递贸易信息，与客户沟通思想，并设法说服客户购买或出售农产品和服务的过程。

（一）约见客户技巧

约见是指农村经纪人事先征得客户同意，经过一定的准备工作，在一定的时间和地点，以一定的方式接见或访问客户的过程，约见作为接近的前奏，能否成功地约见客户，关系到下一步接近客户的工作能否顺利进行。因此，约见客户这一阶段至关重要，农村经纪人需要做好很多工作和掌握约见技巧。

1. 约见前的准备

（1）开场白准备：在约见客户时，一定要最得体地说好第一句话，给客户留下良好的印象。一是不要急于转向主题；二是用语要随和又不失庄重；三是要激发对方非谈不可的欲望。

（2）约见方案准备：有时农村经纪人的约见请求难免遭到客户的拒绝，破除各种拒绝最有效的办法，就是农村经纪人要坚定必胜的信心，充分估计约见客户将会出现的各种情况，准备好几套说服客户的方案，依次运用，直至被约见者愉快地接受预约，获得约见成功。

2. 约见的内容

约见客户的内容要根据农村经纪人与客户关系的密切程度、购销面谈需要等具体情况来定。如对关系比较密切的客户，约见的内容应尽量简短，无需面面俱到，提前打个招呼即可；对来往不多的一般客户，约见的内容应详细些，准备应充分，以期发展良好的合作关系；对从未谋面的新客户，则应制定细致、周到的约见内容，以引起对方对购销活动的注意和兴趣，消除客户的疑虑，赢得客户的信任与配合。

3. 安排约见时间

安排约见客户的时间，一定要掌握最佳的时机，一方面要广泛收集信息资料，做到知己知彼；另一方面要培养自己的职业敏感性，择善而行。

4. 选择与确定约见地点

（1）选择农村经纪人的工作单位作为约见地点：这种方式可以增进客户对公司的了解，从而增强其对公司和产品的信赖感。

（2）根据具体情况利用各种社交场合和公共场所作为约见地点：如商务会馆、茶馆、公园、广场、酒会、座谈会等，在这种场合下，双方企业的影响力是均等的，相对较容易对客户施加影响。

（3）选择客户工作单位为约见地点：这是较为常用的方式，因为在大多数情况下，客户是被动的，而农村经纪人应该采取主动。

如果购销的产品是日常消费品，则通常以客户居住地为约见地点，既方便客户，又显得亲切、自然。

5. 约见的方式方法

常见的约见方法有以下几种：电话约见、信函约见、当面约见、委托约见、广告约见、网上约见。

（二）接近客户技巧

1. 接近客户前的准备

接近客户前要对客户的信息资料做到心中有数，根据客户的不同特点，做好各种准备，随时调整自己的行为方式，以积极的精神状态去面对客户，培育友好的约见氛围。

2. 接近客户的社交礼仪

（1）接待与拜访礼仪：迎来送往，是社交活动的基本形式和重要环节。基础工作做好了，会给客户留下良好的第一印象，为下一步深入接触洽谈打好基础。接待环境应干净整洁，客人来访时，要起身相迎，握手问候，热情待客；让座时，让客人坐在主人右边，或者是面对房门的位置；为客人准备茶水，注意茶具的完整、干净，上茶时要先给客人，然后主人；引领客人时，要在客人左前方两三步远的位置；上楼时客人在前，主人在后，下楼时主人在前，客人在后。拜访前要用电话或书面约定，约定好了应准时到达，约定的时间，要避开对方吃饭、休息或者是放假的时间。

个人礼仪：无论农村经纪人从事何种活动，都要注意自己的仪表。一是要注意个人的清洁卫生，养成良好的卫生习惯，做到身无异味。与人谈话时要保持 1 米左右的距离；二是在工作过程中的着装要整洁大方、朴实、自然得体。一般不要穿绿色服装，不要戴太阳镜或变色镜，不得佩戴太多的饰品；三是和客人交往时要坐有坐相，站有站相，走有走相。

（2）会见与会谈礼仪：在与客户见面时，一般要相互致意，点头微笑，亲切问好。自我介绍时要面带笑容，平视对方，态度谦逊，言辞得体。自我介绍名字、单位、职务要清楚，介绍简明，时间宜短，最好同时送递名片。递交名片是介绍自己、保持联系、进行交际的一种有效方式。一般地位低者或希望结交对方的人应先递交名片。

（3）宴请礼仪：设宴招待宾客是一种很好的联络感情的交际形式。农村经纪人宴请他人时，事先应做好充分的准备工作，包括根据宴请的目的，确定要请的客人名单，宴请的时间、地点、用餐形式、规格标准等，然后发出请柬或口头邀请。

（4）馈赠礼仪：可以通过向客户赠送小礼物的方式拉近彼此之间的距离，加速交易的进行。

3. 接近客户的策略

（1）迎合客户：要选择合适的接近方法，以不同的方式、身份去接近不同类型的客户。在接近客户时，语言风格、服装仪表、情绪等都应根据客户的喜好相应进行调整。

（2）调整心态：应该学会放松和专注的技巧，想象可能会发生的最坏情况，然后做好反应准备，克服与陌生客户接近的紧张和恐惧情绪。

（3）减轻客户的压力：接触客户时，客户会认为一旦接受农村经纪人就承担了购销的义务，正是这种压力使有些客户对农村经纪人态度冷淡。因此，农村经纪人必须要想方设法减轻或消除客户的心理压力，要让对方知道即使生意不成情谊还在，从而减少接近的困难，顺利转入洽谈。

（4）控制时间：必须善于控制与客户接近的时间，掌握好火候，恰当而顺利地转入正式洽谈。

4. 接近客户的方法

（1）陈述式接近方法：直接说明产品给客户带来的好处、使用后的感觉或者是某位客户的评价意见，以引起客户的注意和兴趣。

（2）演示式接近方法：指通过向客户展示具体产品使用过程和效果或直接让客户参与

产品的试用，以引起客户注意，并激发起购买欲望的接近方法。

（3）提问式接近方法：通过提出业已证明能够受到客户积极响应的问题来接近客户的方法。这种方法能使农村经纪人更好地确定客户的需求，促成客户的参与。

（三）洽谈技巧

在整个购销过程中，购销洽谈是购销实务中非常关键的环节，是购销业务的重要组成部分，是沟通思想、消除分歧、统一认识、促成交易的桥梁，也是实现成交的艺术和手段。

1. 购销洽谈的原则

自愿性原则、平等互利原则、针对性原则、鼓动性原则、参与性原则、诚实性原则、合法性原则。

2. 购销洽谈的特点

以获取经济利益为目的，以价值洽谈为核心，以合同凭证为保障。

3. 购销洽谈的主要内容

（1）农产品：包括农产品本身及其规格、性能、款式等，这是客户最关心的内容。

（2）价格：一是推销人员要掌握好价格水平；二是先谈农产品的实用性，后谈价格；三是农村经纪人要向客户证明自己的报价是合理的。

（3）质量：一方面，农村经纪人应向客户表明自己的农产品符合同类产品的质量要求，如国家标准、行业标准、地方标准。另一方面，农村经纪人介绍产品的质量应具体、细致、通俗，并且要有重点。

（4）购销服务：农村经纪人应从自己企业的实际出发，本着方便客户的原则，为其提供优良的服务。

（5）结算方式：包括结算的方式和时间。洽谈中主要确定的内容是：采用现款还是采用本票、汇票、支票方式支付；是一次付清、延期一次付清，还是分期付清以及每次付款的时间和数额；在付款时间方面，是提前预付，还是货到即付或其他方式。

（6）其他保证性条款：是指双方在购销交易中的权利和义务、担保措施、纠纷解决的办法等。

4. 洽谈程序

（1）准备阶段：购销洽谈是一项较为复杂，艺术性、技巧性较强的工作，应在洽谈前充分地准备好资料，洽谈中适时地运用好资料。洽谈资料包括实物资料、文字书面资料、客户的情况资料以及农产品竞争情况的资料等。

（2）洽谈阶段：主要包括开局、报价、磋商3个阶段：①开局阶段。在这一阶段，洽谈各方要处理好几个方面的问题：营造融洽的洽谈气氛、明确洽谈议题、初步表示自己的意向和态度；②报价阶段。洽谈一方在向另一方报价时，首先应该弄清楚报价时机与报价原则。对方询问价格时是报价的最好时机，在报价时要做到表达清楚、明确，态度坚定、果断，不要试图对报价加以解释和说明；③磋商阶段。磋商阶段是双方利益矛盾的交锋阶段，也是购销洽谈过程中的一个关键的步骤，是整个洽谈过程中最困难、最紧张的阶段。双方要积极采取各种有效的策略与方法，谋求分歧的解决，积极、充分、恰到好处的妥协与让步是解决彼此分歧、达成协议的一种基本策略和手段。

（3）洽谈结果：也即是买方与卖方对物品交易定价最后拍板的结果。

5. 洽谈前的准备工作

（1）洽谈前的信息收集和准备：主要包括：①对方的洽谈目标；②对方的洽谈风格、

从商经验及专业才能；③做好双方优势和劣势的交叉分析，寻找洽谈成功的机会点。

（2）洽谈时间和地点的选择：选择洽谈地点时，可以选择在双方的办公室或会议室，还可选择茶楼或农家乐。

（3）洽谈对策的准备：主要包括：①多人洽谈时，要进行内部沟通，形成洽谈共识，统一行事，一致对外；②确定洽谈主题，并为洽谈中主动引导议题做准备；③确定洽谈初期布局和展开洽谈的策略，确定底线和弹性目标。

6. 洽谈策略

洽谈策略是农村经纪人为了取得购销洽谈的预期成果而采取的一些行之有效的计策与谋略、安排和措施。常用的洽谈策略主要有以下几种：开诚布公策略、以退为进策略、私下接触策略、最后期限策略、折中策略。

7. 洽谈技巧

（1）五善技巧：五善技巧即在洽谈中善于看、听、说、问、答5个方面。

（2）报价的技巧：报价要注意先后。一般来说，先报价要比后报价更加具有影响力，先报价可以为本次经纪设置一个上限，报价要注意高低。洽谈的双方都希望能以对己方有利的价格成交，但是无论买方还是卖方，一方的报价只有在被对方接受的情况下，才能产生预期的效果。报价时既要考虑报价所能获得的利益，又要考虑报价能被对方接受的可能性，一般情况下，农村经纪人可综合各方面的因素，确定一个大致的范围。

（3）讨价还价技巧：询问对方报价的根据、分析双方的分歧。

（4）打破僵局技巧：尽量使用柔性用语、暂时休会、让对方体面让步、改变洽谈环境。

七、农村经纪人的规范管理

（一）自觉遵守法律法规

农村经纪人应自觉遵守《经纪人管理办法》《中华人民共和国反不正当竞争法》《中华人民共和国消费者权益保护法》等法律法规规定的农产品市场竞争行为规范，鼓励和保护公平竞争，坚持自愿、公平、平等、诚实信用原则，遵守社会公认的商业道德。

（二）遵守市场公平竞争原则

指竞争者之间所进行的竞争是公开、平等、公正的。公平竞争对市场经济的发展具有重要的作用。

（三）反对不正当竞争

1. 不正当竞争行为的表现形式（表4-1）

表4-1　不正当竞争行为的表现形式

类型	行为表现形式
混淆行为	①假冒他人的注册商标；②与知名商标相混淆；③擅自使用他人企业名称或姓名，引人误认为是他人的商品；④伪造、冒用各种质量标志和产地的行为
商业贿赂行为	经营者采用财物或者其他手段进行贿赂以销售或者购买商品
虚假宣传行为	经营者利用广告和其他方法，对产品的质量、性能、用途、产地等所作的引人误解的不实宣传，误导消费者，或侵犯其他经营者，特别是同行业竞争对手的合法利益

类型	行为表现形式
侵犯商业秘密行为	①以盗窃、利诱、胁迫或者其他不正当手段采取权利人的商业秘密；②披露、使用或者允许他人使用以前项手段获取的权利人的商业秘密；③根据法律和合同，有义务保守商业秘密的人披露、使用或者允许他人使用其所掌握的商业秘密
低价倾销行为	经营者为排挤竞争对手或独占市场，以低于成本的价格倾销，扰乱正常的生产经营秩序，损害国家利益或者其他经营者的合法权益
不正当有奖行为	经营者在销售商品或提供服务时，以提供奖励（包括金钱、实物、附加服务等）为名，实际上采取欺骗或者其他不当手段损害消费者利益，或者损害其他经营者合法权益的行为
诋毁商誉行为	经营者捏造、散布虚假事实，损害竞争对手的商业信誉、商品声誉，从而削弱其竞争力

2. 不正当竞争行为的法律责任

根据我国《中华人民共和国反不正当竞争法》的规定，经营者只要实施了各种不正当竞争行为以及与不正当竞争有关的违法行为，就要承担相应的法律责任。

被侵害的经营者的合法权益受到不正当竞争行为损害的，可以向人民法院提起诉讼。

（四）加强行业管理与自律

农村经纪人协会是指具有从业资格的经纪机构、自愿联合发起成立的，旨在行使行业内部自律管理并接受相关政府部门的业务指导和监督管理的行业组织。

八、农村经纪合同的常见类型

（一）经纪合同的内涵

经纪合同是指经纪人为促成委托方和相对方（即第三方）订立交易合同而进行联系、提供信息、介绍商品性能等中介服务活动所达成的具有一定权利和义务关系的协议，是平等主体（委托方、经纪人、相对方）之间设立、变更、终止民事权利、义务关系的协议。一份完整的经纪合同应当载明：经纪人和委托人的名称和住所；经纪事项及样品保管责任；经纪事项的要求和标准；经纪期限；佣金的标准、给付方式和期限；违约责任和纠纷解决方式；解决争议的办法；经纪人和委托方认为应当约定的其他事项。

经纪合同当事人（委托方和经纪人）的法律地位平等，应当遵循公平原则，确定各方的权利和义务，任何一方不得将自己的意志强加给另一方。当事人依法享有自愿订立合同的权利，任何单位和个人不得非法干预，在行使权力、履行义务时，应当遵循诚实信用原则，遵守社会公德、法律法规，不得扰乱社会经济秩序，损害社会公共利益。经纪合同一旦成立，对当事人各方都具有法律约束力。当事人应当按照约定履行自己的义务，不得擅自变更或解除合同。依法成立的经纪合同受法律保护。

（二）经纪合同分类

1. 委托合同

指双方当事人约定，受托人以委托人的名义，为委托人办理委托事务，由委托人负担办理委托事务所需要的费用，并向受托人支付约定报酬的协议。在委托合同关系中，一方当事人为委托方，另一方为受托方。这是经纪人活动中常见的一种合同形式。在现实经纪活动中往往会出现这样的情形：某经纪人长期为某一客户提供中介服务，客户对该经纪人非常信任，这样，该经纪人不仅为该客户的经营活动提供中介服务，而且可以受托代表他搞经济活动，这时客户与经纪人之间形成了委托代理关系。另一种情况是客户因客观原因制约（如路途遥远、时间紧），自己不便亲自进行某种经营活动，就委托经纪人代替自己进行此项经营活动。在这两种情况下，经纪人实质上已转化为委托代理人，以这种代理关系为依据，经纪人同客户订立的合同便是委托合同，或称代理合同。

委托合同格式范本如下：

委托合同

合同编号：

受委托人（简称甲方）：

委 托 人（简称乙方）：

甲乙双方为实现委托代理事项，根据国家法律、法规的有关规定，本着平等、自愿、诚信、有偿的原则，在充分协商的基础上订立如下协议：

1. 委托事项：＿＿＿＿＿＿＿＿＿＿＿＿＿＿＿＿＿＿＿＿＿＿＿＿＿＿＿＿。

2. 代理权限：＿＿＿＿＿＿＿＿＿＿＿＿＿＿＿＿＿＿＿＿＿＿＿＿＿＿＿＿。

3. 酬金的数额和支付时间：甲方全部完成乙方的委托事项，可得酬金＿＿＿＿＿。

4. 违约责任：甲乙双方中的任何一方未全面履行此合同，都视为违约；违约方应向对方支付酬金＿＿＿＿＿%的违约金；守约方有权解除合同；给对方造成损失的，应由违约方赔偿。

5. 合同的有效期限：本合同自双方签字之日起生效，至合同全部事项结清时终止。

6. 纠纷的解决方式：本合同如发生纠纷，双方应本着互谅互让的原则协商解决。协商不成时，可通过＿＿＿＿＿＿＿＿。

7. 其他约定事项：＿＿＿＿＿＿＿＿＿＿＿＿＿＿＿＿＿＿＿＿＿＿＿＿＿。

甲方   乙方

（签章）   （签章）

地址：   地址：

电话：   电话：

年 月 日   年 月 日

2. 居间合同

居间合同又称"中介合同"或"中介服务合同"，指居间人向委托方报告机会或者提供订立合同的媒介服务（提供订立合同的条件或者充当订立合同的介绍人），委托方支付佣金的合同。在居间合同关系中，一方当事人为委托方，另一方为居间人。居间人的主要业务是介绍第三人与委托人进行商品买卖和其他民事法律行为。他既不代理委托人，也不以自己的名义与第三人进行活动。居间业务过程中，居间人应该就其有关事项向委托方如实报告。如果居间人故意隐瞒与订立合同有关的重要事实，或者故意提供虚假情况，损害委托方利益的，不仅没有要求支付佣金的权利，而且还要承担损害委托方利益的赔偿责任。

居间合同格式范本如下：

居间合同

合同编号：

委托人（简称甲方）：

居间人（简称乙方）：

乙方接受甲方委托，双方本着平等、自愿、诚信的原则，就委托事项协商一致，签订本合同。

1. 委托事项（需要具体约定所委托的是提供订约机会还是媒介合同的成立，以及委托事项的具体要求）：

2. 居间酬金的计算方法及支付的时间、地点、方式：

3. 违约责任：

4. 其他约定事项：

委托人：	居间人：
单位（人）名称（章）：	单位（人）名称（章）：
地址：	地址：
法定代表人或委托代理人：	法定代表人或委托代理人：
电话：	电话：
邮政编码：	邮政编码：
开户银行：	开户银行：
账号：	账号：

签约地点：

签约时间：　　　年　　　月　　　日

合同有效期自　　年　　月　　日起至　　年　　月　　日止。

3. 行纪合同

又称"信托合同"，指行纪人根据委托人的委托，以自己的名义，为委托方从事贸易活动（办理购销、寄售等），委托方支付报酬的合同。行纪人接受委托方要约后，在经济活动中处理委托事务，支付的费用由委托方承担。行纪人与第三人订立合同的，行纪人对该合同直接享有权利并承担义务。不承担义务致使委托方受到损失的，行纪人应当承担损失赔偿责任。行纪人完成或者部分完成委托事务的，委托方应当向其支付相应的报酬。

行纪合同格式范本如下：

行纪合同

合同编号：

委托人：

行纪人：

根据《中华人民共和国合同法》和有关法规的规定，行纪人接受委托人的委托，

就代办＿＿＿＿＿＿＿＿＿事项，双方协商一致，签订本合同。

1. 代办事项（具体约定是寄售、代购代销货物，还是其他法律事务）＿＿＿＿＿＿。

2. 代办事项的具体要求（凡属寄售和代购代销货物，应明确具体货物品名、规格、型号、质量、数量以及最低售价或最高售价和时间要求）：

3. 货物保管责任及费用承担：＿＿＿＿＿＿＿＿＿＿＿＿＿＿＿＿＿＿＿。

4. 居间酬金的计算结付方式、给付时间：＿＿＿＿＿＿＿＿＿＿＿＿＿＿。

5. 违约责任：＿＿＿＿＿＿＿＿＿＿＿＿＿＿＿＿＿＿＿＿＿＿＿＿＿＿。

6. 合同争议的解决方式：本合同在履行过程中发生的争议，由双方当事人协商解决；

也可由当地工商行政管理部门协调；协商或协调不成的，按下列_____方式解决。

①提交_____仲裁委员会仲裁；

②依法向人民法院起诉。

7. 其他约定事项；_____。

8. 本合同未作确定的，按《中华人民共和国合同法》的规定执行。

委托人： 行纪人：

单位（人）名称（章）： 单位（人）名称（章）：

地址： 地址：

法定代表人或委托代理人： 法定代表人或委托代理人：

电话： 电话：

传真： 传真：

邮攻编码： 邮政编码：

开户银行： 开户银行：

账号： 账号：

合同有效期自　　年　　月　　日起至　　年　月　　日止。

九、签订合同有关注意事项

（一）合同的订立

当委托人向经纪机构或农村经纪人提出委托要求时，即标志着经纪活动开始运作。在接受委托时，农村经纪人必须通过各种手段弄清委托人的意图，并在经纪合同订立过程中把握核心，做到心中有数。

1. 合同的内涵

合同是平等主体的自然人、法人、其他组织之间设立、变更、终止民事权利义务关系的协议。依法成立的合同，受法律保护。《经纪人管理办法》规定，经纪人承办经纪业务，除即时结清的外，应当根据业务性质与当事人签订居间、行纪、委托等合同，并载明主要事项。经纪人和委托人签订经纪合同，应当附有执行该项经纪业务的经纪执业人员的签名。

2. 合同的订立程序

合同的订立主要包括要约和承诺两个阶段。

要约成立的条件主要有：一是要约的内容必须具体明确；二是要约必须具有订立合同的意图；三是要约必须到达。

3. 主要应该具有的条款

当事人的名称或者姓名和住所；标的，即合同当事人权利义务指向的对象；数量，即由数字符号和计量单位组成的衡量标的的标准；质量，即标的标准、技术要求，包括性能、效用、工艺等；价款或者报酬；履行期限、地点和方式；违约责任；解决争议的方法。当事人可以参照各类合同的示范文本订立合同。

（二）合同的效力

依法订立的合同，自订立时生效，就具有法律效力，当事人对合同的效力可以约定附加条件。附生效条件的合同，自条件成就时生效。附解除条件的合同，自条件成就时失效。已经订立，但因违反法律法规规定而不具有法律约束力、不发生履行效力的合同，从订立时起，就没有法律约束力。合同部分无效，不影响其他部分的效力。

《中华人民共和国合同法》规定，有下列情形之一的，合同无效。一是一方以欺诈、胁迫的手段订立合同，损害国家利益；二是恶意串通，损害国家、集体或者第三人利益的；三是以合法形式掩盖非法目的的；四是损害社会公共利益的；五是违反法律、行政法规的强制性规定的。

（三）可变更、可撤销合同

因重大误解订立的、在订立合同时显失公平的和一方以欺诈、胁迫的手段或者乘人之危，使对方在违背真实意思的情况下订立的合同，当事人可以请求人民法院或者仲裁机构对其进行变更或者撤销。当事人请求变更的，人民法院或者仲裁机构不得撤销。

合同无效、被撤销或者终止的，不影响合同中独立存在的有关解决争议方法的条款的效力。合同被确认无效或者被撤销后，按照以下规定承担财产责任：①返还财产。合同当事人在合同被确认无效或被撤销以后，因该合同取得的财产，应当返还；不能返还或者没有必要返还的，应当折价补偿；②赔偿损失。有过错的一方应当赔偿对方因此所受到的损失；双方都有过错的，应当各自承担相应的责任；③收缴财产。当事人恶意串通，损害国家、集体或第三人利益的，因此取得的财产应收归国家所有或者返还集体、第三人。

（四）合同的履行

合同订立后，当事人应当按照约定全面履行自己的义务。只有当事人双方按照合同的约定或者法律的规定，全面、正确地完成各自承担的义务，才能使合同各项权利义务得以实现，也才使合同法律关系归于消灭。只完成合同规定的部分义务，就是没有完全履行；任何一方或双方均未履行合同规定的义务，则属于完全没有履行。无论是完全没有履行，或是没有完全履行，均与合同履行的要求相悖，当事人均应承担相应的责任。

合同生效后，当事人就质量、价款或者报酬、履行地点等内容没有约定或者约定不明确的，可以协议补充；不能达成补充协议的，按照合同明确的有关条款或者交易习惯确定。

（五）合同的变更、转让和终止

合同的变更是指合同内容的变更。当事人协商一致，可以变更合同。法律、行政法规规定变更合同应当办理批准、登记等手续的，应当办理相应手续。合同变更后，当事人应当按照变更后的合同履行。因合同的变更使一方当事人受到经济损失的，受损一方可向另一方当事人要求损失赔偿。

合同的转让是指在合同依法成立后，改变合同主体的法律行为。即合同当事人一方依法将其合同债权和债务全部或部分转让给第三方的行为。

合同的终止指当事人之间已经完全履行合同或法律规定的其他合同终止的情形发生，合同债权债务消灭，当事人不再受合同关系的约束，合同效力完全终结。合同的权利义务终止后，当事人应当遵循诚实信用原则，根据交易习惯履行通知协助、保密等义务。合同的权利义务终止，不影响合同中结算和清理条款的效力。

（六）违约责任

指合同当事人由于自己的过错，不履行或者不能完全履行合同规定的义务而应该承担的民事责任。主要方式有以下几种。

1. 继续履行

也称强制实际履行，指违约方根据对方当事人的请求继续履行合同规定的义务的违约责任形式。

2. 采取补救措施

是一种独立的违约责任形式，指矫正合同不适当履行（质量不合格）、使履行缺陷得以消除的具体措施。这种责任形式，与继续履行（解决不履行问题）和赔偿损失具有互补性，受损害方根据标的的性质以及损失的大小，可以合理选择要求对方承担修理、更换、重作、退货、减少价款或者报酬等方式进行补救。

3. 赔偿损失

在合同法上也称"违约损害赔偿"，是指违约方以支付金钱的方式弥补受害方因乙方违约行为所减少的财产或者所丧失的利益的责任形式，有法定损害赔偿和约定损害赔偿两种方式。

4. 支付违约金

指当事人一方违反合同时应当向对方支付的一定数量的金钱或财物。违约金可分为法定违约金和约定违约金、惩罚性违约金和补偿性违约金。违约金是对损害赔偿额的预先约定，既可能高于实际损失，也可能低于实际损失，避免违约金略高或略低而导致不公平的结果。

5. 定金责任

指合同当事人为了确保合同的履行，根据双方约定，由一方按合同标的额的一定比例预先给付对方的金钱或其他替代物。合同法规定，当事人可以依照担保法约定，一方向对方给付定金作为债权的担保。债务人履行债务后，定金应当抵作价款或者收回。给付定金的一方不履行约定的债务的，无权要求返还定金；收受定金的一方不履行约定的债务的，应当双倍返还定金。

6. 免责事由

《中华人民共和国合同法》规定的法定免责事由仅限于不可抗力合同，因不可抗力不能履行合同的，根据不可抗力的影响，部分或者全部免除责任。不可抗力是指不能预见、不能避免并不能克服的客观情况，常见的不可抗力有：自然灾害如地震、台风、洪水、海啸等；政府行为以及发生社会异常形象，如罢工骚乱等。

（七）合同约定不明条款，含合同履行的规则

（1）质量条款约定不明的，按照国家标准、行业标准履行，没有国家标准和行业标准的或符合合同目的的特定标准履行。

（2）价格、报酬条款约定不明的。按照订立合同时履行地的市场价格履行，依法应当执行政府定价或政府指导价的，按照规定履行。

（3）履行地点约定不明的，给付货币的，在接受货币一方所在地履行；交付不动产的，在不动产所在地履行；交付其他标的的，在履行义务一方所有地履行。

（4）履行期限约定不明的，债务人可以随时履行，债权人也可以随时要求债务人履行，但应当给对方必要的准备时间。

（5）履行方式约定不明的，按照有利于实现合同目的的方式履行。

（6）履行费用的负担约定不明的，有履行义务的一方负担。

第四节　乡村生态旅游开发与经营

乡村生态旅游是指在乡村区域，以原汁原味的自然生态环境、朴素的乡土文化与人情、

娴静的田园风情为基础，用景观生态及美学原理，建立一个能充分展示"美学价值、宜居价值、文化追忆价值和生态价值"的乡村景观，让游客认知自然和体验生态，最终实现社会经济可持续发展。

一、乡村生态系统的结构和特点

乡村生态系统和其他自然生态系统一样，有着自己特殊的结构和特点，现作如下描述，仅供参考。

（一）系统结构

乡村生态系统是由生物组分和环境组分两大部分组成。环境组分包括空气、水分、土壤、岩石等非生物成分；生物组分有：植物、动物和各种微生物等生物成分。能量来自阳光。

1. 物种结构

通过人为调控和自然反馈，生物物种以较为稳定的种类和数量组合在特定的乡村区域内，从而形成了乡村生态系统的物种结构。

2. 空间结构

生物群落在乡村区域空间中的垂直和水平布局，便构成了乡村生态系统的空间结构。

（1）水平结构：生物种群依据所依赖的自然条件（温度、湿度及地貌）和人的行为，在乡村区域内所占的面积比例、镶嵌形式、聚集方式等在水平范围内形成的分布叫做水平结构。

（2）垂直结构（又叫立体结构）：生物种群在乡村区域内垂直方向上的分布。地上、地下和水域都能形成不同的垂直结构。

3. 时间结构

指乡村区域内各生物群体的生活周期在时间分配上形成的格局。

4. 营养结构（又叫食物链结构）

指乡村区域内的各种生物之间所构成的食物链与食物网络结构。食物网是生态系统中物质循环、能量流动和信息传递的主要途径。

（二）乡村生态系统的特点

1. 系统组分特点

生物组分是以人工驯化和选育的农业生物为主，还包括除田园生物组分以外的野生动植物。在环境组分中除了"空气、水、土壤"等自然环境组分外，还多了人工环境组分（如：排灌堰渠、蓄水池、水库、人工湖泊、隧道、公路、铁路、房屋建筑、桥梁、温室及各种人文景观等）。人作为最重要的调控力量，一直影响着乡村生态系统组分。

2. 系统输入和输出特点

乡村生态系统的输入既有自然输入（如降雨、日照、生物固氮等），还有社会输入（如人力、机械、化肥、农药、信息、资金等）。在系统输出方面，既有大量的农产品输出，还有自然输出（如水土流失、水分蒸发、有机物分解释放 CO_2、H_2S、CH_4、N_2O 等）。

3. 系统功能特点

由于输入和输出的加大，与自然生态系统相比，乡村生态系统和外界还有更多的物质能量及信息交流，系统更为开放。而系统内部组分间的能量和物流联系强度却可能由于人为分割而削弱，造成物质能量的浪费和系统效率的降低。

4. 系统调控特点

乡村生态系统不仅保留了自然生态系统的调控方式（反馈），而且受农民直接调控以及"社会、工业、交通、科技、教育、经济、法律、政治、风俗、风水、伦理、制度、秩序、禁忌和家庭"等诸多因素的间接调控。

二、乡村生态旅游的发展历程

从 20 世纪 90 年代中后期开始，旅游需求呈现出"多元化、个性化及休闲化"的特征，乡村生态旅游便正式步入旅游行业，并且经历了自发—培育—成型等 3 个阶段。

（一）自发阶段

农民按照社会及市场需求，自发开展诸如农家乐、果园采摘等休闲活动，便形成了乡村生态旅游的自发阶段。

（二）培育阶段

在政府扶持和引导下，个人或集体以乡村生态旅游的理念为指导，借鉴典型成功经验，通过产业结构调整、乡村旅游资源的整合，在巩固和壮大（农家乐、果园采摘等）观光农业旅游产品的基础上，开辟和培育新的乡村生态旅游产品和旅游产业，从而形成了乡村旅游的培育阶段。

（三）成型阶段

伴随旅游形式和游客兴趣的多样化发展，"吃农家饭、住农家屋"的传统乡村生态旅游模式逐渐衰落。通过整合旅游资源、优化生态环境、建设市场网络和打造地域性资源特色品牌，使乡村生态旅游具有了一定的规模和层次，增强了它们的风险抵御能力，实现了旅游环境良性循环和客源稳定的局面。

随着社会的发展，乡村生态旅游已逐步实现了两个转变：一是从初级观光和同质开发向高级休闲及差异发展的转变；二是从个体经营、分散布点向企业化操作、集群布局的转变。乡村酒店、休闲农庄等现代乡村生态旅游业不断涌现。

三、乡村生态旅游的整体设计与综合开发

以优美的自然生态、丰富的山水资源、瑰丽的民俗风情、千姿百态的景观农业为基础；以低碳旅居生活为特色；以保护生态、培育产业、塑造文化、旅游富民为理念，以游览模式易组建、功能易聚集、市场易拓展为原则，综合考虑生态旅游产业发展现状、自身资源禀赋、历史文化脉络、客源市场分布等因素，整合资源、精心培育、整体设计，打造集"生态休闲、文化体验、养生康体"等功能于一体的乡村生态旅游产品。

（一）新建休闲度假村

依托宁静的乡村环境，整合户外运动、乡村美食等多种资源，以"基础设施高档、交通方便快捷、生活节奏舒缓、服务质量上乘、食品营养健康安全"为卖点，结合市场需求，并导入文化体验、乡村观光等功能，在原生态环境中开发休闲度假村。

（二）打造野营场地

在具有良好森林环境，离城市 30 ~ 160 千米、交通方便、空气洁净、避风、环境幽静、

面积适中的绿色旷野中，选择靠近水源且地势较为平坦或有一些小起伏的地方，搭帐篷、放睡袋、或修建小木屋等建设野营地，让游客在户外过夜、欣赏优美的自然风光、享受大自然的野趣和保健功能。另外，可根据不同游客的需要，还可将野营地建在农荒地、草原、甚至沙漠边缘。

（三）新建休闲农场

1. 开发农旅结合项目

依托农业资源，充分发挥产业优势，注入科技元素和创意元素，结合民俗接待，重点通过建设乡间别墅、景观农业集聚带、生态农业观光园、休闲农业体验园等农业科技示范园区，综合打造旅游产品，为游客提供观光、度假、游憩、娱乐、采果、农作、垂钓、烧烤、食宿等游览条件，让他们体验农民生活和了解乡土风情。

2. 修建农业公园

按照公署规划建设和经营管理思想，将农田区划为服务区、景观区、农业生产区、农产品消费区、旅游休闲娱乐区等部分，形成一个公园式的农业庄园。

3. 建教育农园

在农园，一是有计划地栽种农作物、饲养动物；二是设置简单的农业"博物馆"，陈列反映当地农业生产历史与现状的农畜产品或图片、农具和农业生产工艺技术流程等资料；三是建立演示区，再现农业生产历史，激发他们爱农、兴农、投身于我国农业建设的热情。较具代表性的教育农园有"法国的教育农场、日本的学童农园及我国台湾省的自然生态教室"等。

（四）筹建民俗文化村

选择具有地方特色的民俗风情（衣着、饮食、节庆、礼仪、婚恋、丧葬、喜好和禁忌）、文学艺术（歌舞、戏剧、音乐、绘画、雕塑）、生活形式、乡村风光、农家居所、文物古迹（寺庙、教堂、陵墓）和独具工艺园林建筑的村落，建设民俗文化村，举行多种多样的民俗文化活动，吸引人们前来观光、度假和休闲。

（五）建乡村俱乐部

如在原来知青集中的乡村建立"知青俱乐部"，开展"知青回家游"；利用水库、湖泊、鱼塘、河段建立"垂钓俱乐部"；租赁场地建设"乡村高尔夫球俱乐部"以满足高层次游客的需要。

四、乡村生态旅游的特点和类型

（一）特点

乡村生态旅游有以下六个方面的特点：旅游者的一切旅游活动均发生在"乡村"区域环境内；旅游资源应是乡村已开发的和待开发的，原生的或再生的，属集体的或个人所有的各类自然和社会资源；旅游资源、旅游设施、旅游服务具有比较浓厚的地方特色、乡村特色及民族特色；为旅游者提供各种服务的从业人员包括管理人员，应以经过培训的农业人口为主；旅游经济兼有乡村集体经济和乡村个体经济成分，应纳入乡村经济核算体系，有些核算内容可虚拟地纳入整个国家旅游经济统计，以反映我国旅游事业的发展；乡村生态旅游还具有知识性、娱乐性、参与性、高效益性、低风险性以及能满足游客回归自然需求等特点。

（二）类型

乡村生态旅游分类办法很多，一般容易被人们接受的有以下 2 种分类方法。

1. 按观赏对象划分

（1）田园型：概指休闲农场内的一切旅游活动。

（2）居所型：以建筑形式和聚落形态为旅游对象。主要表现在聚落景观、乡村民居、乡村宗祠和其他建筑形式。聚落形态主要有：团状、带状、环状、点状、水村、上楼和窑洞等。如云南农村的干阑、黄土高原的窑洞、东北林区的板屋、客家的土楼等民居和祠堂、塔、寺庙。

（3）复合型：观赏对象不是以某一种类型为主，而是包括多种内容，是一种内容较丰富、活动最多样的类型。

2. 按地理位置划分

（1）城郊型：旅游景点一般位于大、中城市附近，在原有的农业和现代农村聚落景观基础上，融入现代科技，而发展起来的各种观光农业。

（2）边远型：指在边远地区，凭借丰富的旅游资源，打造而成的具有地方特色的乡村旅游产品。虽然交通不便，但对游客吸引力巨大，同样具有潜在商机。

（3）景区边缘型：指在著名风景区的边缘，依靠现有一些旅游资源和景区客源，发展而成的乡村旅游风景区。

3. 按科技含量划分

（1）现代型：位于大、中城市附近，依靠高科技，进行人工设计而成的一个自然—人工系统的旅游产品。客源巨大。

（2）传统型：以较为自然化的乡村旅游资源为吸引物打造的旅游产品。如滇西南的刀耕火种、丽江的泸沽湖等。

五、乡村生态旅游的开办及经营技巧

开办乡村生态旅游，必须严格选择地址、科学规划设计、精心计算投资规模、全方位开展市场调查和综合分析旅游人群心态，同时，辅以灵活多样的经营技巧。

（一）加强人员培训和人才引进，提高旅游服务质量

通过培训，提升旅游从业人员及村民等相关人员的旅游知识和业务技能，从整体上提高旅游区的服务接待水平。同时，根据需要，聘请高素质专职导游作为旅游目的地形象宣传者，使她成为联系游客与旅游地的纽带，提高旅游接待档次，吸引游客，从而获取丰厚的经济效益。

（二）搞好基础设施建设，全面打造游览场所

按照投资预算，在游览区新建必要的通讯设施、娱乐食宿场所、购物中心和交通道路，营造舒适的旅游环境。

（三）挖掘地方文化内涵，开发特色旅游

特色是旅游的灵魂。乡村生态旅游的独特在于"农"味、"土"味、"野"趣和生态性。深度挖掘乡村生态旅游资源的闪光内涵，将农业文化景观、农耕生态环境、农事生产活动、传统风俗习惯等进行有机结合，开发形式多样、具有浓厚乡土气息的乡村生态旅游项目，突出地方特色，营造具有比较优势的乡村旅游品牌。

（四）重视品牌设计，塑造企业形象

旅游品牌设计包括形象设计和实体设计两部分。形象设计实际上就是制作广告牌。它由名称、标志和标识语组成。乡村生态旅游名称需包含景区地名、企业或个人称谓，要求"明旨、简短、好记"，还要体现"健康、自然、环保和家庭"的新时尚。标志实际上就是景区的形象描述，可以用符号，也可以用图案和颜色来表示，把大自然的东西巧妙展示在广告牌上。标识语是指旅游景区业主用"形象、具体、简捷，能迎合不同旅游群体"的语言来概述乡村生态旅游的特色。实体设计也就是旅游规划，它是一门专业性很强的科学，需专业人员实施。

（五）强化内部管理，理顺工作机制

1. 强化管理

一是规范旅游从业人员服饰和言行，要求他们讲究个人卫生、有问必答和微笑服务，与游客和谐共处；二是搞好客房、餐桌、餐具和食品卫生，让客人能舒适睡觉、放心吃饭和健康回家；三是建立健全各项规章制度，严格管理从业人员；四是千方百计确保员工工资福利，奖惩分明，充分调动所有工作人员的工作积极性。

2. 诚信经营

在经营乡村生态旅游过程中，要按照国家行业规定，明确包括"门票、住宿、餐饮、交通及其他服务项目"在内的各项收费标准，明码实价收取该收取的费用，杜绝出现欺客宰客的恶意收费，切实做到公平合理，诚信经营。

3. 松散经营

从事乡村生态旅游的个人或企业，在条件成熟的情况下，可以将土地出租给市民，让他们带着家人、亲戚和朋友在闲暇之余，于租赁土地内种植粮食、花草、瓜果、蔬菜等农业植物，平时则由土地出租者代管，所生产出的农产品归租赁者所有，目的在于让租赁者体验农业生产过程，享受农耕乐趣。

（六）利用区位优势，开办特色"农家乐"

利用城市居民喜郊游、爱踏青的心态，开办多种主题形式的农家乐。如以规模化、标准化发展的花卉、盆景、苗木等农家园林；以春观花卉、夏赏鲜果为特色的观赏型；利用气候温差为游客提供避暑条件的避暑休闲型。

六、乡村生态旅游的管理

乡村生态旅游，要根据当地的自然、经济、社会条件和市场需求，以保护资源，不破坏田园风光、不污染环境，有利发展生产为前提，整合资源、统一布局、科学规划、合理开发，有选择性地重点开发和创新开发，避免相互模仿，重复开发。

（一）突出主题、分类管理

乡村生态旅游要改变现有的大众化发展模式，转向特色化发展，立足原汁原味的农家乡土文化。根据不同地域，重点突出"天人合一、顺应自然"的主题；经营风格要有乡土气息；服务要给游客"家"的感觉；经营项目要提供可参与的特色娱乐活动；在硬件上，要追求"外部民俗古朴、内部装修现代"。

（二）扎实做好品牌管理

品牌代表产品的视觉和文化形象，是旅游地参与竞争的重要载体。旅游经济是注意力经济，旅游产品的品牌和知名度对旅游地的发展至关重要。已打造成功的旅游品牌，必须千方百计地长期保护，不允许轻易变换和更改，让特色风貌永久传承。另外，标牌系统是生态旅游景区内的一大特色，它具有"指示、解说、警示和教育"作用，应及时修理和更换。

（二）生态景区的设施管理

景区内除了修建必要的旅游基础设施以外，不能随意乱建，否则会严重影响风景。在打造旅游景点时，应全面分析拟定建筑物的规模及施工可能对景区内动物、植被、景观、水和大气等环境因素所造成的影响，尽量通过各种专业技术手段，使设施自身和建设过程符合环保要求。同时，对人造景观设的配置要作出规定，严格控制其规模、数量、色彩、用料、造型和风格，真正做到人工建筑的斑块、廊道和天然景观相互协调，符合生态旅游对视觉景观的特殊要求，实现人造设施与天然环境有机融合。

七、乡村生态旅游的环境保护措施

"乡村性、原生态"是乡村生态旅游的灵魂所在，是吸引游客的精髓，各级政府和行业企业（个人）应各司其责共同做好旅游区环境保护，以确保乡村旅游这一新兴产业能持续发展。

（一）强化政府职能，保护自然环境

生态旅游区所在地政府，一是在规划设计时必须进行环境影响评价（EIA）和环境审计（EA），确定合理的环境承载力和游客容量，预测旅游开发对环境的影响及承担的风险，确定"生态经济适合度"，并在此基础上采取适当的环保措施；二是可选择一批各方面条件都很好的旅游地，实施 ISO 9000 和 ISO 14000 认证，使之与国际接轨，创建国际知名的乡村旅游胜地；三是建立"生态定位站"，开展旅游活动对乡村生态环境变化进行定位监测；四是对旅游开发者和经营管理者实施"分级"评定，以确定其是否具备开发经营的能力和权利。

（二）多种措施并用，确保生态原貌

开发前，应对乡村生态旅游的形式、规模和承载能力进行评价，同时做好客源规模和流量预测。开发过程中，要重视环境资源的检测和管理，使资源不被破坏和生态环境不退化，实现在"在保护中开发，在开发中保护"。园内交通建议均采用马车或人力车，改烧煤、烧木材为烧沼气、烧电，尽量使用当地生产的绿色产品。环卫工作应有专人管理和清扫，生活垃圾实行分箱收集并统一处理。对旅游区的乡村居民经常开展各种形式的环保教育，增强环保意识、道德意识、法律意识，让其加入到环保行列之中。

（三）强化游客管理，保护生态环境

一是根据景区环境承载能力，利用经济手段、线路设计及分区规划等措施对游客进行引导，达到不破坏景区生态的目的；二是借助景区的宣传专栏、宣传画、演播厅、书籍、手册指南以及导游解说对旅游者进行环境保护教育。旅游之前就应明确告诉旅游者应遵守的规范；三是在生态旅游景区建立合理的规章制度，约束旅游者行为，对破坏环境的游客应给予一定处罚（如让其清扫垃圾、干一些农活或处以罚款），切实保护生态环境；四是在旅游旺季，限制每月每日的游览人数，避免出现因人员拥挤而破坏生态环境。还可采取公休假期分流和高峰期预约的措施，开展小团队生态游，来保护生态环境。

第五章 沼气生产与利用

沼气发酵是有机物（如秸秆、人畜粪便、工农业有机废水和废物等）在一定水分、温度和厌氧条件下被特殊微生物分解的过程。沼气发酵产生的沼气是一种方便、清洁、优质、高品位的气体燃料，可以直接用于炊事、照明，也可用于供热、发电、烘干和贮粮；燃烧后生成二氧化碳，又可被植物吸收，通过光合作用再生成有机物，因而又是一种可再生能源。沼气发酵还可有效处理有机废弃物以保护环境，发酵剩余物沼液、沼渣又是一种高效有机肥料和养殖辅助养料，与农业主导产业相结合，进行综合利用，可产生显著的综合效益。所以，建设沼气池，综合利用发酵物，是保护生态环境，促进农业可持续发展的重要措施。

第一节 沼气发酵基本原理

一、沼气概述

（一）什么是沼气

在日常生活中，特别是在气温较高的夏秋季节，细心的人们经常可以看到，从死水塘、污水沟或储粪池中，咕嘟咕嘟地向表面冒出许多小气泡，如果把这些小气泡收集起来，用火去点，便可产生蓝色火苗，这种可以燃烧的气体就是沼气。由于它最初是在沼泽中被发现的，所以被称为沼气。

（二）沼气制取

沼气按照其来源，可分为天然沼气和人工沼气两大类。天然沼气是指在没有人工干预的情况下，由于特殊的自然环境条件而形成的可燃气体。人类在分析掌握自然界产生沼气的规律后，便有意识地模仿自然环境建造厌氧发酵装置，将各种有机物质作为原料，用人工的方法制取沼气，我们称之为人工沼气。

（三）沼气成分

沼气是一种混合气体，其成分不仅随发酵原料的种类及相对含量不同而有变化，而且因发酵条件和发酵阶段各有差异。一般情况下，沼气的主要成分为甲烷（俗称瓦斯，占55% ~70%）、二氧化碳（占25% ~40%）以及少量的硫化氢、一氧化碳、氢、氮和氨气等气体。沼气中的甲烷、一氧化碳和氢气等是可燃气体，人类主要利用这些气体的燃烧来获得能量。

（四）沼气特性

沼气的主要成分是甲烷，它的理化性质与甲烷近似。

1. 热值

沼气中因含有其他气体，发热量在20 ~25 兆焦耳，最高温度可达1 200℃，属于热值较高的可燃气体。因此，在人工制取沼气中，应创造适宜的发酵条件，以提高沼气中甲烷含量。

2. 比重

与空气相比，标准沼气的比重为 0.94，所以，在沼气池的气室中，沼气较轻，分布在上层，二氧化碳较重，分布在下层。沼气比空气轻，在空气中容易扩散，扩散速度比空气快 3 倍。当空气中甲烷含量达 25% ~30% 时，对人畜有一定的麻醉作用。

3. 溶解度

甲烷在水中的溶解度很小，在 20℃、一个标准大气压下，100 单位体积的水只能溶解 3 个单位体积的甲烷，这就是沼气不但在淹水条件下生成，还可用排水法收集的原因。

4. 燃烧特性

甲烷是一种优质的气体燃料，一个体积的甲烷需要两个体积的氧气才能完全燃烧。按照空气中的氧气占 1/5，沼气中甲烷含量为 60% 计，一个体积的沼气需要 6 个体积的空气才能够充分燃烧。这是正确使用沼气用具的重要依据。

5. 爆炸极限

在常压下，标准沼气与空气混合的爆炸极限是 8.80% ~24.4%；沼气与空气按 1∶10 的比例混合，在封闭条件下，遇火会迅速燃烧、膨胀、产生很大的推动力。因此，沼气除了可以用于炊事、照明外，还可以用做动力燃料。

二、沼气发酵中微生物

沼气发酵微生物是人工制取沼气最重要的因素之一，只有存在大量的沼气微生物，并满足其基本的生长条件，沼气发酵原料才能在微生物的作用下转化为沼气。

沼气发酵是一种极其复杂的生物化学过程。从各类群微生物的生理代谢产物或活动对发酵液酸碱度（pH 值）的影响来看，沼气发酵过程可分为产酸阶段和产甲烷阶段。按功能分为不产甲烷菌和产甲烷菌两类。

（一）不产甲烷菌

在沼气发酵过程中，不产甲烷菌能将复杂的大分子有机物分解为小分子物质。它们的种类繁多，目前，观察到的有细菌、真菌和原生动物三大类，其中，以细菌种类最多。根据微生物的呼吸类型可将其分为好氧菌、厌氧菌和兼性厌氧菌三种类型，厌氧菌数量最大，比其他两种多出 100 ~200 倍。根据作用基质来分，有纤维分解菌、半纤维分解菌、淀粉分解菌、蛋白质分解菌、脂肪分解菌和其他一些特殊的细菌，如产氢菌和产乙酸菌等。

（二）产甲烷菌

产甲烷菌是沼气发酵微生物的核心，是一群非常特殊的微生物。它们严格厌氧，对氧和氧化剂非常敏感，适宜在中性或微碱性环境中生存繁殖。它们依靠二氧化碳和氢气生长，并以废物的形式排出甲烷，是要求生长物质最简单的微生物。

产甲烷菌的种类很多，根据细胞形态、大小、有无鞭毛、有无孢子等特征，可分为甲烷杆菌类、甲烷八叠球菌类、甲烷球菌类和甲烷螺旋形菌类。产甲烷菌生长缓慢，繁殖倍增时间一般都比较长，长者达到 4 ~6 天，短的也要 3 小时左右。由于产甲烷菌繁殖较慢，在沼气池发酵启动时，需要加入大量的产甲烷菌种。

产甲烷菌在自然界中广泛分布，如土壤中，湖泊、沼泽中，反刍动物的胃肠道和粪便，淡水或碱水池塘污泥中，下水道污泥，腐烂秸秆堆，以及城乡生活垃圾中都大量存在产甲烷菌。由于产甲烷菌的分离、培养和保存都有较大的困难，迄今为止，所获得的产甲烷菌的纯种并不多。目前国内外一些科研机构都在开展产甲烷菌的培养及其生理生活特性研究。产甲烷菌的纯种能否提取和培养，应用于规模化生产，对我国的沼气事业意义重大。

（三）沼气发酵中微生物的作用

在沼气发酵过程中，不产甲烷菌与产甲烷菌相互依赖，互为对方创造维持生命活动所需的物质基础和适宜的环境条件；同时又相互制约，共同完成沼气发酵过程。

（1）不产甲烷菌为产甲烷菌创造适宜的厌氧生态环境和提供营养：在沼气发酵启动阶段，由于原料和水的加入，在沼气池中随之进入了大量的空气，对产甲烷菌有害，但由于不产甲烷菌类群中的好氧和兼性厌氧微生物的活动，逐步为产甲烷菌的生长和代谢创造适宜的厌氧环境。同时，沼气原料中的碳水化合物、蛋白质和脂肪等复杂有机物不能直接被产甲烷菌吸收利用，必须通过不产甲烷菌的水解作用，使其形成可溶性的简单化合物，并进一步分解，形成产甲烷菌的发酵基质。一方面，不产甲烷菌通过其生命活动为产甲烷菌源源不断地提供合成细胞的基质和能源。另一方面，产甲烷菌连续不断地将不产甲烷菌所产生的乙酸、氢和二氧化碳等发酵基质转化为甲烷，使厌氧消化中不致有酸和氢的积累，不产甲烷菌就可以继续正常的生长和代谢。二者的协同作用，使沼气发酵过程达到产酸和产甲烷的动态平衡，维持沼气发酵稳定运行。

（2）不产甲烷菌与产甲烷菌共同维持环境中适宜的酸碱度：在沼气发酵初期，不产甲烷菌首先降解原料中的淀粉和糖类，产生大量的有机酸。同时，产生的二氧化碳也部分溶解于水，使发酵液的酸碱度（pH值）下降。但是，由于不产甲烷菌类群中的氨化细菌迅速进行氨化作用，产生的氨可中和部分有机酸。同时，由于甲烷菌不断利用乙酸、氢和二氧化碳形成甲烷，而使发酵液中有机酸和二氧化碳浓度逐渐下降。通过两类群微生物的共同作用，使池内酸碱度稳定在一个适宜的范围。

三、沼气发酵过程

沼气发酵过程，实质是微生物的物质代谢和能量转换过程。在分解代谢过程中，沼气微生物获得能量和物质，以满足自身生长繁殖，同时大部分物质转化为甲烷和二氧化碳。各种有机物质不断地被分解代谢，构成了自然界物质和能量循环的重要环节。一般认为这个过程大体上分为水解发酵、产酸和产甲烷3个阶段。

（一）水解发酵阶段

各种固体有机物通常不能直接被微生物利用，必须在好氧和厌氧微生物作用下，将固体有机质水解成分子量较小的可溶性单糖、氨基酸、甘油和脂肪酸等（图5-1），这些可溶性物质就可以进入微生物细胞内被一进步分解利用。

（二）产酸阶段

各种可溶性物质在纤维素细菌、蛋白质细菌、脂肪细菌和果胶细菌胞内酶的作用下继续分解转化成低分子物质，如丁酸、丙酸、乙酸以及醇、酮、醛等简单有机物，同时也有部分氢、二氧化碳和氨等无机物释放（图5-2）。在这个阶段中，主要产物是乙酸，约占70%以上，所以称为产酸阶段。参加这一阶段的细菌称之为产酸菌。

上述两个阶段是一个连续的过程，通常称之为不产甲烷阶段，它是复杂的有机物转化成沼气的先决条件。

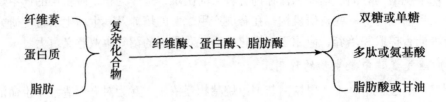

图 5 - 1　水解发酵阶段示意图

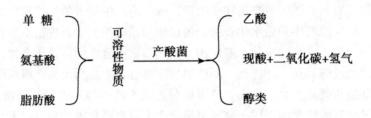

图 5 - 2　产酸阶段示意图

（三）产甲烷阶段

由产甲烷菌将第二阶段分解出来的乙酸等有机物分解成甲烷和二氧化碳，其中二氧化碳在氢气的作用下还原成甲烷（图 5 - 3）。这一阶段叫产气阶段，或叫产甲烷阶段。

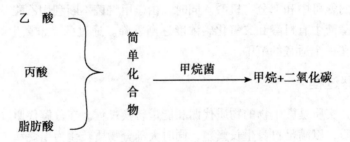

图 5 - 3　产甲烷阶段示意图

四、沼气发酵基本条件

沼气发酵过程是由多类群微生物共同参与完成的，它们在沼气池中进行新陈代谢和生长繁殖，需要一定的生活条件，只有用人工为其创造适宜的生长环境，使大量的微生物迅速繁殖，加快沼气池内有机物的分解。另一方面，控制沼气池内的发酵过程正常运行也需要一定条件。因此，只有在满足微生物的生长环境和沼气池正常运行条件下，才有产气率大、有机沼肥提供多的效果。

人工制取沼气的基本条件是沼气发酵微生物、发酵原料、发酵浓度、酸碱度、严格的厌氧环境和适宜的温度。只有充分满足这些条件，才能制取质优量多的沼气。

（一）接种沼气发酵微生物菌种

沼气发酵微生物是生产沼气的内因条件。正如发面需要有酵母菌一样，沼气发酵的前提条件就是要接入含有大量这种微生物的接种物，或者说含量丰富的菌种。

在农村地区一切具备厌氧条件和含有有机物的地方都可以找到沼气发酵微生物的踪迹。粪坑底部污泥、下水道污泥、沼气池沼渣沼液、沼泽污泥等都含有大量沼气发酵微生物，这些皆为接种物。沼气发酵池加入接种物的操作过程叫接种。新建沼气池头一次装料，需加入足够数量的富含沼气发酵微生物的接种物，目的是为了很快启动发酵，使其迅速适应新的环境，不断繁殖增生、富集，以保证优质足量产气。否则就很难产气或产气率较低，导致沼气中因甲烷含量低而无法燃烧。农村沼气池一般加入接种物的量应为总投料的 10% ~ 30%。在其他条件相同的情况下，接种量和产气量的关系见表 5 - 1。

表 5 - 1 接种量和产气量的关系

原　料	接种量	产沼气量（升）	甲烷含量（%）	产气量（升/克）
人粪 50 克	10	1.435	48.2	0.029
人粪 50 克	20	4.805	56.4	0.096
人粪 50 克	50	10.698	66.3	0.202

注：1. 发酵温度为 28℃，产气量为 28 天累计数；2. 接种物为沼渣，其产气量已扣除

（二）碳氮比适宜的发酵原料

沼气发酵原料是沼气微生物赖以生存的养料来源，又是产生沼气的物质基础。因为沼气微生物在沼气池内正常生长繁殖过程中，必须从发酵原料里汲取充足的养分，如水分、碳素、氮素、无机盐类和生长素等，用于生命活动、生长繁殖和产生沼气。

沼气发酵原料按其物理形态分为固态原料和液态原料两类；按其营养成分又分为富氮原料和富碳原料。富氮原料通常指富含氮元素的人畜、家禽粪便，这类原料经过了人和动物肠胃系统的充分消化，一般颗粒细小，含有大量低分子化合物——人和动物未吸收消化的中间产物，含水量较高。因此，在进行沼气发酵时，它们不必进行预处理，容易厌氧分解，迅速产气，发酵期较短。富碳原料通常指含碳元素的农作物秸秆和其他农林废弃物，这类原料富含纤维素、半纤维素、果胶以及难降解的木质素和植物蜡质。富碳原料的干物质含量比富氮原料高，且质地疏松，比重小，进沼气池后容易漂浮形成浮壳层，因此，发酵前应经过预处理。相比富氮原料，其厌氧分解慢，产气周期较长。

氮素是构成沼气发酵微生物躯体细胞质的重要原料，碳素构成微生物细胞质，并为其提供生命活动的能量。发酵原料的碳氮比不同，其发酵产气情况也不同。从营养学和代谢作用角度分析，沼气发酵微生物消耗碳的速度比消耗氮的速度快 25 ~ 30 倍。因此，在其他条件都具备的情况下，碳氮比例为（25 ~ 30）：1，才可以使沼气发酵在适合的速度下进行。如果比例失调，就会使产气和微生物的生命活动受到影响。因此，制取沼气不仅要有充足的原料（表 5 - 2、表 5 - 3），还应注意各种发酵原料的合理搭配。农村常用沼气发酵原料的碳氮比、体积与重量换算关系见表 5 - 4 和表 5 - 5，供农村户用沼气池在使用中参考。

表5-2 沼气池容积与畜禽饲料量的关系

项　目	成牛	成猪	成羊	成鸡
日排粪量（千克）	15	3	1.5	0.1
总固体含量（%）	17	18	75	30
6 立方米沼气池（头、只）	1	5	20	167
8 立方米沼气池（头、只）	2	7	28	222
10 立方米沼气池（头、只）	3	8	32	278

表5-3 生产1立方米沼气的原料用量

发酵原料	含水率（%）	沼气生产转换率（立方米/千克）	生产 1 立方米沼气的原料用量（千克）	
			干　重	鲜　重
猪　粪	82	0.25	4	13.85
牛　粪	83	0.19	5.26	26.21
鸡　粪	70	0.25	4	13.85
人　粪	80	0.3	3.33	16.65
稻　草	15	0.26	3.84	4.44
麦　草	15	0.27	3.7	4.33
玉米秸	18	0.29	3.45	4.07
水葫芦	93	0.31	3.22	45.57
水花生	90	0.29	3.45	34.4

表5-4 农村常用沼气原料的碳氮比

原料名称	碳素比例（%）	氮素比例（%）	碳氮比例（C∶N）
鲜牛粪	7.3	0.29	25∶1
鲜猪粪	7.8	0.6	13∶1
鲜羊粪	16	0.55	29∶1
鲜人粪	2.5	0.85	2.9∶1
鸡　粪	25.5	1.63	15.6∶1
干麦草	46	0.53	87∶1
干稻草	42	0.63	67∶1
玉米秸	40	0.75	53∶1
树　叶	41	1	41∶1
青　草	14	0.54	26∶1

表5－5　原料体积与重量的换算

原料名称	1立方米原料的重量（吨）	1吨原料的体积（立方米）	备　注
鲜牛粪	0.7	1.43	
鲜猪粪	0.51	1.96	
鲜羊粪	0.67	1.49	
鲜禽粪	0.3	3.33	
旧沼渣	1	1	新堆原料
堆沤秸秆	0.35	2.85	
混合干草	0.055	18.18	
小麦秆	0.038	26.32	
大麦秆	0.048	20.83	

（三）适当的发酵浓度

农村沼气池中的料液，在发酵过程中需要保持一定的浓度才能正常产气。如果发酵原料含水量过少，发酵液的浓度过大，产甲烷菌无法完全消化原料，就容易造成有机酸的大量累积，使发酵受到阻碍；如果水太多，发酵液浓度过稀，有机物含量少，产气量就少。因此，沼气池发酵液必须保持一定的浓度。根据实践经验，农村沼气池一般采用6%～10%的发酵液浓度较为适宜。在这个范围内，沼气池的初始启动发酵液浓度要低一些，以便于启动。发酵浓度随温度的变化要适当变化，夏季一般为6%左右，冬季一般8%～10%为宜。

（四）适当的酸碱度

沼气微生物的生长繁殖，要求发酵料液酸碱度保持中性，或者微偏碱性，过酸或过碱都会影响产气。测定表明，酸碱度pH值在6～8均可产气，pH值在6.5～7.5时产气量最高，pH值低于6或高于9时均不产气。

农村沼气池发酵初期由于产酸菌的活动，池内产生大量有机酸，导致料液pH值下降。随着发酵持续进行，氨化作用产生的氨中和一部分有机酸，同时甲烷菌的活动，使其中的挥发酸转化为甲烷和二氧化碳，pH值逐渐回升到正常值区间。所以，通常情况下，沼气池内酸碱度变化可以自然进行调节，达到适宜的pH值区间，不需要人为调节。只有在配料和管理不当，正常发酵过程受到破坏的情况下，才会出现有机酸大量积累，发酵料液过酸的现象。此时，可以抽出部分料液，加入等量的接种物，将积累的有机酸充分中和转化为甲烷；也可添加适量的草木灰或石灰澄清液，中和有机酸，使池内酸碱度恢复到正常值。

（五）严格的厌氧环境

沼气发酵微生物的核心菌群——产甲烷菌是一种厌氧性微生物，对氧非常敏感。空气中的氧气对其有毒害作用，会使其生命活动受到抑制，甚至死亡。产甲烷菌只能在严格的厌氧环境中才能生长繁殖和代谢。因此，修建沼气池，除了进出料口外皆需严格密封，保证不漏水漏气，才能保证沼气微生物正常生命代谢和贮存沼气。

（六）适宜的发酵温度

温度是沼气发酵的重要外因条件。温度适宜则微生物繁殖旺盛，活力强，厌氧分解和生成甲烷的速度就快，产气就多。所以，温度是产气好坏的关键因素。

研究表明，在 10～60℃ 范围内，沼气均能正常发酵产气。低于 10℃ 或高于 60℃ 都严重抑制微生物的生长繁殖，影响产气。在这一温度范围内，一般温度愈高，微生物活动愈旺盛，产气量愈高。微生物对温度变化也十分敏感，温度突升或突降，都会影响微生物的生命活动，使产气状况恶化。

通常把不同的发酵温度划分为 3 个范围：46～60℃ 为高温发酵，28～38℃ 为中温发酵，10～26℃ 为常温发酵。农村沼气池靠自然温度产气，属于常温发酵。在其范围内，温度越高，产气越好。因此，在冬天必须采取越冬保温措施，沼气池才能正常产气。在北方寒冷地区，有的农户把沼气池修建在日光温室内或太阳能畜禽暖圈内，使沼气池保温增温，提高冬季的产气量，达到常年产气。

（七）持续搅拌

静态发酵沼气池原料加水混合与接种物一起投进沼气池后，按其比重和自然沉降规律，从上到下将逐步分为浮渣层、清液层、活性层和沉渣层。这样的分布，导致原料和微生物分布不均，大量的微生物集聚在底层活动，而富碳的原料则容易漂浮到料液表层，这对微生物的生长和产气是很不利的。为了改变这种不利状况，就需要采取搅拌措施，变静态发酵为动态发酵。

沼气池的搅拌通常分为机械搅拌、气体搅拌和液体搅拌 3 种方式。农村户用沼气池通常采用强制回流的方法进行人工液体搅拌。即用人工回流搅拌装置或污泥泵将沼气池底部料液抽出，再由进料口泵入，促使池内料液强制循环流动，达到搅拌目的。实践证明，适当的搅拌方法和强度，可以使发酵原料分布均匀，增强微生物与原料的接触，增加获取营养物质的机会，活性增强，生长繁殖旺盛，从而提高产气量。同时搅拌又可以打碎结壳，提高原料的利用率和能量转换效率，有利于气体的释放。采用搅拌后，平均产气量可提高 30% 以上。

（八）添加剂和抑制剂

有些物质可以促进发酵，常被作为添加剂来促进发酵，例如，一些酶类、无机盐类，一些对微生物来说高营养的有机物质。使用添加剂，可以加速沼气发酵过程中有机物的分解，提高产气率。国外常采用乳酪生产的废弃物作为沼气发酵添加剂使用，近年来我国在这方面的研究也取得了很大进展，目前，沼气发酵添加剂已经实现商品化，广泛应用于各类厌氧发酵工艺中。

抑制沼气微生物生命活动的因素很多，挥发酸浓度、氨态氮浓度过高等，都会抑制沼气发酵。如果遇到过量的有机农药、大量的抗菌素、有害的重金属化合物等，会产生毒性作用，使正常的沼气发酵安全遭到破坏。常见有害物质的允许浓度见表 5-6 和表 5-7。

表 5-6　沼气发酵液中重金属化合物的允许浓度

化合物	允许浓度（毫克/千克）	化合物	允许浓度（毫克/千克）
$CuSO_4 \cdot 5H_2O$	700（以铜计 178）	$Ni(NO_3)_2 \cdot 6H_2O$	200（以镍计 40）
$CuCl_2 \cdot 2H_2O$	700（以铜计 261）	$NiSO_4 \cdot 7H_2O$	300（以镍计 63）
CuS	700（以铜计 465）	$HgCl_2$	2 000（以汞计 178）
$K_2Cr_2O_3$	500（以铬计 88）	$HgNO_3$	<1 000（以汞计 <764）
Cr_2O_3	75 000（以铬计 73.422）		

表 5 - 7　沼气发酵液中有机杀菌剂及抗菌素等的允许浓度

化合物	允许浓度（毫克/千克）	化合物	允许浓度（毫克/千克）
苯酚	1 000	重油	30 000
甲苯	500	青霉素	5 000
五氯酚	10	链霉素	5 000
甲酚（来芬儿）	500 ~ 1 000	卡那霉素	5 000
烷基苯磺酸	50		

第二节　沼气池施工及其设施安装

沼气池是满足沼气发酵的基础，而沼气池的科学施工又是保证沼气池正常发酵和利用的基本条件，所以严格的沼气池施工是十分重要的。

一、沼气池的材料及性能

（一）混凝土

混凝土由水、水泥、中砂和碎（卵）石组成，水泥与水混合叫水泥浆，水泥浆将细骨料和粗骨料胶结起来，在一定养护条件下，就制成了砼，所以我们把它叫做人工石（砼）。沼气池的主要材料如下。

1. 水

水是水泥起水化反应凝结成砼的重要条件。在一般条件下，水的用量占水泥用量的20% ~ 22%，所用的水最好是饮用水，主要是不让它有杂质（有机物、泥砂等），这样的水拌制出来的混凝土（砼）质量才符合要求。

2. 水泥

我们把水泥叫做无机胶结材料。用于建农村小型沼气池的水泥品种没特殊要求，普通硅酸盐水泥，矿渣水泥或火山灰质水泥都可以。但是，一个沼气池只能用同一个厂、同一批号的水泥。不同厂，不同批号的水泥绝不允许混合使用；不能用已硬化板结的水泥，因为已硬化、板结的水泥已失去胶结活性，再与水结合，产浆量少，凝结作用不好，并且和易性和操作性都差，当然用它来制成砼其质量也是很差的。

3. 砂

建筑行业都称砂为细骨料。不管是河砂、山砂或海砂都可以用来作砼的细骨料。用于拌制的砂，最好用中砂，并搭配合理的细砂、粗砂，这样既能保证较小的孔隙度，又能做到最佳的表面积，浇筑的砼会更密实，质量会更好。

砂的质量与砂的形成有关。石灰岩形成的砂，硬度较高。砂岩形成的砂，硬度会小一些。用于拌制砼的砂，最好选择硬度较高的砂；砂的质量包括有机物含量，泥的含量以及亏母类物质的含量。砂中有机物含量越低，泥的含量越低，云母片的含量越低，砂的质量会越好。

砂的分类以细度模数表示。粒径为 2.5 ~ 5.0 毫米的叫粗砂，粒径为 1.2 ~ 2.5 毫米的叫中砂，粒径为 1.2 毫米以下 0.3 毫米以上的叫细砂，粒径在 0.3 毫米以下者，叫特细砂。修建农村沼气池最好不要用0.3毫米粒径以下的特细砂或粉砂。

4. 粗骨料

我们常把石子（碎石、卵石）称作粗骨料。用于浇筑砼的粗骨料，石子的抗压强度应大于砼设计强度的1.5倍，其最大粒径应控制在砼构件厚度的1/4（过去老规范是不大于1/2）。浇筑砼采用碎石比卵石好，因为它表面粗糙，与水泥浆结合力较强。其缺点是和易性较差，施工捣固要困难一些。

粗骨料的含泥量不应大于2%，有害物质的含量不应大于2%，硫化物及硫酸盐含量以三氧化硫计，不大于1%，针状石，片状石的含量不应大于15%，软弱颗粒含量不大于10%，否则会影响砼的质量。

（二）砖

农村修建沼气池的砖无特殊要求，黏土砖和页岩砖都可以使用。但由于沼气池建在地下潮湿环境，因此不得使用欠火砖、灰砂砖。建沼气池的砖质量应符合以下技术要求。

（1）几何尺寸：长240毫米×宽115毫米×高53毫米。

（2）容重：1 600~1 800千克/立方米。

（3）外观：尺寸应整齐，各表面平整，无过大弯曲，一般无裂缝。

（4）敲击：声脆，断面组织均匀。

（5）砌前准备：在砖砌筑前，一定要提前湿润，做到内湿外干，避免干砖吸水过多、过快，影响砂浆或砼失水过快，造成质量不好。

（三）砂浆

用于修建农村沼气池的砂浆，包括砌筑砂浆和抹灰砂浆。分别介绍如下。

1. 砌筑砂浆

砌筑砂浆由水、水泥和细骨料（砂）拌和而成，修建农村沼气池的砂浆一般用水泥砂浆。

（1）砂浆的性质：水泥砂浆用来做砌筑砂浆，它必须具有良好的和易性，使其在运输和施工过程中，拌和物不会发生分层、析水现象，而且容易在砖或其他砌块上铺成均匀的薄层，并能使砖或其他砌块能很好的黏接。和易性不良的砂浆，施工困难，强度、密实度、耐久性能都较差。

（2）砂浆的强度：砂浆的强度以抗压强度为主要指标。修建农村沼气池的砌浆，其砂浆强度一般采用M5、M7.5；无模悬砌球盖1/4砖（漂砖起拱），其砌筑砂浆采用M10。各标号水泥砂浆的配合比例（重量比）见表5-8。

表5-8　重量酶合比

砂浆强度	强度等级		千克
M5	水泥（32.5）	1：中砂	7.93（即1水泥配7.93中砂）
M5	水泥（32.5）	1：细砂	6.87（即1水泥配6.87细砂）
M7.5	水泥（32.5）	1：中砂	5.68（即1水泥配5.68中砂）
M7.5	水泥（32.5）	1：细砂	5.24（即1水泥配5.24细砂）
M10	水泥（32.5）	1：中砂	4.60（即1水泥配4.60中砂）
M10	水泥（32.5）	1：细砂	4.23（即1水泥配4.23细砂）

（3）砌筑砂浆施工质量要求：①用于拌制水泥砌筑砂浆的水泥，必须是同一生产厂、同一品种、同一编号的，不同生产厂，不同品种，不同编号的水泥不得混用；②砂浆用砂不得有有害物，其中，含泥量不超过5%；③凡在砂浆中掺入有机塑化剂、早强剂、缓凝剂、防冻剂等，应经检验或试配符合要求后方可使用；④砂浆应随拌随用，净水泥砂浆应在3小时内使用完毕：当施工期间的最高气温超过30℃时，应在拌和加水后2小时用完；⑤砂浆现场拌制时，各盘砂浆均应以材料的重量计。

2. 抹灰砂浆

（1）配合比例：用于沼气池内、外壁密封层施工的砂浆，叫抹灰砂浆，它的组成与砌筑砂浆相同。普通水泥抹灰砂浆按下列配合比选用（表5-9）。

表5-9　普通水泥抹灰砂浆配合重量比

名　称	重量配合比		水灰比	适用的部位
	水泥	中砂		
水泥素浆	1		0.60~0.65	各层刷素水泥浆
1：2 水泥砂浆	1	2	0.50~0.55	面层抹灰
1：2.5 水泥砂浆	1	2.5	0.56~0.60	中层抹灰
1：3 水泥砂浆	1	3	0.65~0.70	底层抹灰和外壁抹灰

（2）水泥砂浆防水层所用材料应符合下列规定：①水泥品种应按设计要求选用，具强度等级不应低于32.5级，不得使用过期或受潮结块的水泥；②砂宜采用中砂，粒径在3毫米以下，含泥量不得大于1%，硫化物或硫酸盐含量不得大于1%；③水应采用不含有毒物质的洁净水；④聚合物乳液的外观质量无颗粒、异物和凝固物。

（3）水泥浆防水层的基层质量应符合下列要求：①水泥砂浆铺抹前，基层的砼和砌筑砂浆强度应不低于设计值的80%；②基层表面应坚实、平整、粗糙、洁净，并充分湿润，无积水；③基层表面的孔洞、缝隙应用与防水层相同的砂浆填塞抹平。

（4）水泥砂浆防水层施工应符合下列要求：①分层铺抹或喷涂，铺抹时应压实、抹平和表面压光；②防水层各层应紧密贴合，每层宜连续施工，必须留施工缝时应采用阶梯坡形槎，但离阴、阳角处不得小于200毫米；③防水层的阴阳角处应做成圆弧形；④水泥砂浆终凝后应及时进行养护，养护温度不低于5℃，并保持湿润，养护时间不得少于14天；⑤若发现各层结合不牢实，有空鼓现象，应敲掉，按抹灰工序要求重来。

（四）密封材料

由于沼气池的特殊性，对水密性和气密性的要求都较高，单靠按防水砂浆的要求去作，加之养护时间较短，有的水灰比较大，仍然会有毛细孔道会造成沼气的漏损。因此，沼气技术员都希望有一些施工简便，气密好的密封涂料。

在沼气池建设密封材料的选择上，要认真了解材料性能和施工程序、施工方法，要综合分析材料的耐腐蚀性、韧性、黏接亲和性、耐久性，耐磨性和收缩性。同时还应考虑它的可施工性和成本。根据以上综合分析考虑，建议大家采用 UMP 高分子沼气专用涂料和氯丁胶乳沥青专用涂料等。

二、农村户用沼气池的施工顺序

为了保证农村沼气池的施工质量，必须要有一个严格的施工顺序。农村沼气池的施工顺序是：定点放线→土方开挖→修整成型→底板砼现浇→砌筑池墙（现浇砼池墙）→砼（铪）现浇圈梁→池盖 1/4 砖无模悬砌（或支模）→砼现浇球盖池盖→抹水泥砂浆→养护→刷涂料→检查→投料。

三、农村户用沼气池的施工

（一）定点放线

按照不同容积沼气池几何尺寸要求，以及猪圈、厕所的平面布置及出料（水压间）位置进行放线。沼气池开挖基坑的放线尺寸如下。

1. 平面放线几何尺寸

设计内净尺寸＋壁厚设计尺寸＋壁外回填土方厚度，若土质疏松，应加放坡尺寸。

2. 基坑深度放线尺寸

池面砼现浇厚度＋球盖顶端复土厚度＋球盖（1/4 砖无模悬砌厚度＋砖面现浇砼厚度）厚度＋池球盖矢高＋池墙（含池墙和交接处圈梁所占池墙高度）高度＋削球底矢高＋池现浇底板厚度。

3. 考虑附属设施放线尺寸

在沼气池平面放线时，要同时考虑猪圈、厕所及室内过道的布置，以及出料间取肥方便等因素。

（二）土方开挖

1. 复核

在实施土方开挖前，应复核定位放线是否准确，是否有造成不安全的隐患，若发现问题应及时调整和处理。

2. 放坡

放坡是保证施工安全的重要措施。开挖土方的放坡值视基坑土质、水情况而确定，其放坡值应符合下列规定（表 5 - 10）。

表 5 - 10　临时性挖方边坡值

土的类别		边坡值（高：宽）
沙土（不包括细沙、粉沙）		1：1.25 ~ 1：1.50
一般性黏土	硬	1：0.75 ~ 1：1.00
	硬、塑	1：1.00 ~ 1：1.25
	软	1：1.15 或更缓
碎石类土	充填坚硬、硬塑黏性土	1：0.50 ~ 1：1.00
	充填沙土	1：1.00 ~ 1：1.50

注：1. 设计有要求时，应符合设计标准；2. 如采用降水或其他加固措施，可不受本表限制，但应计算复查；3. 开挖深度：软土不越过 4 米；硬土不应越过 8 米

3. 开挖

（1）淤泥或淤泥质土：该类土质的特点是含水量大，在挖掘土方时，会有不同程度的回淤，使池坑不易按设计尺寸成形，甚至会使人没法施工，就是勉强建成，会使沼气池发酵间下沉，造成进、出料管与池身连接处发生拉裂事故。如果坑壁侧淤，宜用加支撑或用沉井法做池身，如坑底升淤，发生回淤量过大时，挖到设计标高后，以用卵石、块石加连砂、碎石换填加固处理。

（2）流沙土：在地下水位以下的亚沙土和粉沙土，在开挖池坑时会造成流沙土，如有相当的排水设备，使地下水位降至挖掘基坑的底标高，则不会流沙土。

在实际工作中，若遇降不低地下水位，而流沙土已经造成时，则会增加土方量，而且还会出现把池底下及池坑四周的土掏松，影响建池和池旁建筑物的稳定问题。故不宜再挖，可采取改变池身的高度，修正矢跨比来降低沼气池的埋置深度。

4. 地下水处理

地下水位较高的地区建池，应尽量选择在枯水季节施工，并采取有效措施进行排水。建池期间，发现有地下水渗出，一般采取"排、降"的方法。池体基本建成后，若有渗漏，可采用"排、引、堵"的方法进行综合处理。

（1）盲沟及集水坑排水：当池坑大开挖，池坑壁渗水时，池坑适当放大，在池坑墙外侧做环形盲沟，将水引向低处，用人工或泵提出。盲沟内填碎石瓦片，防止泥土淤塞，待池墙砌筑完成后，池墙与坑壁间用黏土回填夯实，起防水层作用。当池坑开挖后，池底浸水，池底可做十字形盲沟，在池底削球体中心设集水坑或在出料口处设集水坑，使浸水集中排出，待池底建成，砼已达设计强度并做好抹灰后，最后用黏土和高标号砼填坑堵水。

（2）深井排水：若地下流量较大，宜在池坑2米以外设排提水深井，使集水井井底比池底低 $600 \sim 800$ 毫米，由池壁盲沟或池底十字形盲沟将水引至深井，用人工或泵抽出深井集水，使水位降至操作面以下，待沼气池建成投料后，停止抽水，回填排水深井。

（3）沉井排水：沉井排水是高水位地区，特别是有流砂的地区建池采用的一种方法，若严格按沉井要求作，建池农户可能在经济上承受不起，所以，在沼气建池时、若遇这种情况，可用竹篾加木桩作护壁，挡住坑壁土方不垮即可。

（三）砼底板现浇

砼底板，是沼气池的基础，因此必须从材料，配合比和施工方法上严格把关。

1. 砼材料要求

（1）所用的水泥应该是同一厂家，同一等级、同一品种、同一批次的出厂期应在三个月以内，未受潮的水泥，用于现浇池底板的水泥，强度应大于32.5级。

（2）砼配制的细骨料、粗骨料的质量应符合有关规定，其中，粗骨料的最大颗粒粒径不得超过构件截面厚度的1/4。

（3）拌制砼的水应采用洁净水。

2. 配合比设计

按照国家建设部制定的 JGJ 55 规定，应根据砼强度等级、耐久性和工作性等要求进行配合比设计，鉴于农村修建沼气池砼用量很小，故一般都采用定额配合比。为了便于大家使用、特将四川省建设厅颁布的《四川省建筑工程计价定额》附录中几项常用砼配合比介绍给大家（表5-11）。

表 5 - 11 不同强度砼 1 立方米材料用量表

粗骨料种类	最大粒径（毫米）	砼标号	32.5 水泥（千克）	中砂（立方米）	5～20 砂石（立方米）	水（千克）	水灰比
砾	5～20	C10	247.00	0.63	0.81	190	0.77
		C15	288.00	0.57	0.83	190	0.66
		C20	328.00	0.51	0.85	190	0.58
石	5～40	C10	220.00	0.64	0.82	190	0.86
		C15	256.00	0.58	0.85	190	0.74
		C20	292.00	0.52	0.87	190	0.65
碎	5～20	C10	255.00	0.65	0.86	200	0.78
		C15	299.00	0.59	0.88	200	0.67
		C20	344.00	0.55	0.89	200	0.58
石	5～40	C10	228.00	0.67	0.88	200	0.87
		C15	268.00	0.61	0.90	200	0.75
		C20	308.00	0.56	0.92	200	0.65

3. 混凝土施工

（1）对沼气池底板土层几何尺寸按设计要求进行校核作修整。

（2）严格按照配合比设计的要求，足额备齐本分部所需材料，并对材料按前条要求进行质量检查。

（3）不管采用机械搅拌或人工搅拌，一定要拌和均匀。

（4）按照池几何尺寸和厚度，从外到中心依次浇捣，从拌料加水到振捣结束，不能超过混凝的初凝时间。

（5）浇筑完毕后，要按规定进行有效的保湿、保温养护，养护应符合下列规定：

①应在浇筑完毕后的 12 小时以内对混凝土加以覆盖并保湿养护。②砼浇水养护的时间：对采用硅酸盐水泥、普通硅酸盐水泥或矿渣硅酸盐水泥拌制的混凝土，不得少于 7 天；对掺有缓凝剂或有抗渗要求的混凝土不得少于 14 天。③浇水次数应能保持混凝土湿润状态，砼养护用水应与拌制用水相同。④采用塑料布覆盖养护的混凝土，其敞露的全部表面应覆盖严密，并保持塑料布内有凝结水。⑤混凝土强度达到 1.2 牛/平方毫米前，不得在其上踩踏或安装模板及支架。⑥当日平均气温低于 5℃时，不得浇水。

（四）沼气池池墙施工

农村沼气池池墙有两种施工方法：一是砼整体浇筑法施工；二是砌块（含钢筋混凝土预制大板和砖砌体）砌筑施工。分别介绍如下。

1. 砼现浇池墙施工

（1）浇筑前应做好清理土坑壁浮渣，若基坑挖好后被水浸泡潮湿的松土也必须清铲掉，方可支模。

（2）按照该项工程所需材料的数量，质量要求，备足材料。

（3）检查模板的数量和支撑是否备足，几何尺寸是否符合要求，否则应进行更换或维修，在支模前，应在模板表面刷隔离剂。

（4）按照砼施工的规定拌制混凝土。

（5）池壁砼浇筑应对称，一层一层地均匀施工，否则会发生模板移位，造成池墙砼的厚度不均匀。

（6）在使用棒式振动时，棒体不应向土壁，避免土壁泥土混入砼内，影响现浇砼池壁的质量。

（7）侧模拆除时的混凝土强度应能够保证其表面及棱角不受损伤。

（8）模板拆除后，应立即对砼进行外观检查，若发现有严重的尺寸偏差或蜂窝、孔洞、夹渣、疏松、裂缝等质量缺陷，应进行修补。

（9）按要求进行保潮养护。

2. 砌块（含砖砌块、混凝预制大板）池墙施工

（1）用于砌筑沼气池池墙的砖、砼大板、砌筑砂浆等应符合设计规定。

（2）砖砌筑施工顺序是由低处砌起始，由高处向低处塔砌。

（3）砖砌体砌筑时，砖应提前 1～2 天浇水湿润。

（4）砌砖工程当采用铺浆法砌筑时，铺浆长度不得超过 750 毫米，施工期间气温超过 30℃时，铺浆长度不得超过 500 毫米。

（5）砖砌平拱过梁的灰缝应砌成不楔形缝，灰缝的宽度在过梁的底面不应小于 5 毫米，过梁的顶面不应大于 15 毫米；拱脚下面应伸入墙内不小于 20 毫米，拱底应有 1% 的起拱。

（6）砖砌体的灰缝应横平竖直，厚薄均匀。水平缝厚度宜为 10 毫米，但不应小于 8 毫米，也不应大于 12 毫米。

（7）砌体水平灰缝的砂浆饱满度不得小于 80%，竖向灰缝不得出现透明缝、瞎缝和假缝。

（8）砖砌体的转角处和交接处应同时砌筑，严禁无可靠措施的内外墙分砌施工，对不能同时砌筑而又必须留置的临时间断处，应砌成斜槎，斜槎水平投影长度不应小于高度的 2/3。

（9）非抗震设防及抗震设防裂度为 6°、7°地区的临时间断处，当不能留斜槎时，除转角处外，可留直槎，但直槎必须做成凸槎；留直槎处应加设拉结钢筋，拉结钢筋的数量为每 120 毫米墙厚放置 1 根 Φ6 拉结钢筋（120 毫米厚墙放置 2 根 Φ6 拉结钢筋），间距沿墙高不应超过 500 毫米，埋入长度从留槎处算起每边均不应小于 500 毫米，对抗震设防裂度 6°、7°的地区，不应小于 1 000 毫米，末端应有 90°弯钩。

（10）池墙外的回填。池墙和原土坑壁间的回填，可以就地取材，一般采用三种材料回填方式，一是素土回填；二是灰土回填；三是低标号混凝土回填。少数地方土壁坚实，又能挖成较规范形状的，砌砖后可以采用水泥砂浆回填或贴灰砌砖。

①素土回填：素土回填是指用一般砂质土、黏性砂土回填。采用素土回填的沼气池池墙砖砌，要达到砌筑砂浆强度 75% 以上方可进行，用于回填的砂质土、黏性砂质土的含水率不能大于 25%（即手捏成团、落地开花为宜），土块颗粒要小于 40 毫米；要按 250～300 毫米一层进行夯实，回填土方倾倒和夯实，要做到对称，均匀用力；素土回填适用于无地下水、坑壁坚硬、成形较好的地方。②灰土回填：灰土回填是指用黏性砂质土加一定数量的石灰粉混合均匀后分层夯填；灰土分层回填的厚度为 250～300 毫米，夯填方法同素土回填；灰土回填，适用于有少量地下水，土质比较疏松的地方。③低标号混凝土回填：低标号砼回

填，是指用 C10 标号的塑性混凝土在砖池壁砌好后进行现场浇筑，这种方式回填构成了砖砼组合池壁有利于提高池墙的强度、耐久性和气密性，建议普遍采用。用低标号砼回填，要求在挖土坑时，注意校正几何尺寸，以便节约材料，若个别部位间隙较大，可加入回填厚度 1/2 以下的大块卵石或强度较高的片石，使之成为包石砼。④砂浆回填或黏灰砌砖：是指砖砌体与坑壁之间间距小于 20 毫米，在砌砖时，就用砌筑砂浆边砌回填，这种方式消耗材料不多，施工也比较方便，但是对基坑开挖和修整的要求较高。

3. 钢筋混凝土大板砌筑施工

（1）沼气池池墙、池球盖的预制大板生产，必须符合混凝土结构工程施工质量验收规范》（GB 50204—2002）9. 2 和《预制混凝土板装配沼气池》（GB/T 4750—2002）的要求施工。

（2）预制混凝土板装配沼气池施工，按图纸尺寸放线，并挖去全部土方，先浇池底，然后按池墙、池拱预制板编号和进、出料管位置方向组装，关键要注意各部位的垂直度、水平度符合要求，并特别注意各接头处黏结牢固、密实。尤其要注意以下几点，否则会造成质量事故：

①预制大板的质量一定要符合要求。②预制大板一定要安放在现浇好的砼底板上，有些地方把大板安装好后再来作池底，其作法是极其错误的。③预制大板安装完后，要仔细检查各预留铁丝是否完全不漏地连接。④待检查大板安装垂直度、水平度符合要求，预留铁丝接头连接牢固后，在池底和预制板交接处应现浇 100 毫米×120 毫米的 C10 砼。⑤在用素土回填时，两块板的交接处应用直径不小于 120 毫米的半圆筒紧靠接缝，然后夯填土层，夯填时注意分层对称，均匀回填和夯实。⑥素土夯填结束后，抽出半圆竹筒，用细石砼对接缝进行浇筑，直至板缝有灰浆泄出为止。⑦在素土回填到据池墙顶 100 毫米时，即可安砌池盖，池盖安装完成后，应在池盖与池墙交接处现浇 C15 砼。⑧池拱盖板外，现抹 1∶3 水泥砂浆。

（五）带边球盖施工

带边球盖包括池墙与削球盖之间的圈梁和削球盖。若按简支连接，圈梁可与池墙同时施工；若按固定支座连接，则应与池盖同时施工，农村户用沼气池，因为跨度仅为 3 米以内，所以可以按简易支座考虑，为了表达方便，我们将圈梁和球盖一并介绍。

1. 模板施工

带边圈梁和球盖的模板，可以是钢模，木模、也可以是砖模，过去有的地方也曾采用土胎模，由于木材耗用量大，施工比较麻烦，而且施工间隙长，故现在已很少采用。

（1）若采用钢（木）模板，模板安装应满足下列要求：①模板的接缝应不漏浆，在浇筑混凝土前，木模板应浇水湿润，但模板内不应有积水；②模板与混凝土的接触面应清理干净，并涂刷隔离剂，但不得采用影响结构性能或妨碍装饰工程施工的隔离剂；③浇筑混凝土前，模板内的杂物应清理干净。

（2）模板拆除：①底模拆除时的混凝土强度应符合设计要求，当设计无具体要求时，池球盖的混凝土强度应达到设计的混凝土立方体抗压强度标准值的 75%；②球盖底模的拆除顺序。球盖底模是异形弧形模，所以拆除时，必须按顺序对称松扣，依次轻取，否则会造成不规则垮塌；若遇漏浆使模板黏合太紧，应轻轻剁去浆耳，均匀撬动模板，用力过猛，会造成模板变形甚至损坏；③模板拆除后，要及时对模板进行清洁和维护保养，及时入库存放。

（3）若采用1/4砖作模，施工时要注意以下几点：用于球盖的砖模，原则上都不拆除，待砖模作好后，即可进入现浇混凝土工序。

球盖砖模是采用的无模悬砌工艺技术，无模悬砌1/4砖时、应注意以下内容：①用于无模悬砌的砖，用普通黏土砖或页岩砖；②所用的砖必须符合砖质量要求，表面无裂纹、破损、无弯曲；③在砌筑前，砖应提前浇水，做到内湿外干；④砌筑砂浆要和易性能好，黏结力要强；⑤砌筑施工时，要控制好曲率半径标尺，以免改变矢跨比和弧度，影响池盖上的抗压强度要求；⑥砌筑时，砖的前角要靠牢，灰浆要饱满，砌筑一整圈后，应用扁石子或碎砖嵌紧，然后再错缝砌下一圈，直至顶部。

2. 混凝土施工

无论是钢模、木模或砖模，都要在搭好后进行认真检查，是否牢固，是否符合尺寸要求，然后才可浇筑混凝土。

（1）用于浇筑球盖和球盖边圈梁的砼材料，（水、水泥、细骨料、粗骨料）的质量必须符合相应的要求（在现浇池底部分已作介绍）。

（2）浇筑球盖及球盖边圈梁的混凝土标号不能低于C15，所以要求照前面介绍的定额配合比要求并结合施工季节和当地粗、细骨料的质量进行试配。

（3）混凝土的浇筑应从圈梁向池盖顶、一圈一圈地按顺序浇筑，避免因倾倒混凝土不均匀对称而造成池盖模板的垮塌。

（4）混凝土倾倒满一圈后，就应立即用板式或棒式振动器进行捣固。

（5）池盖边圈梁和池盖削球体都因混凝土用量较小，故应采取连续施工，不要留接口。

（6）混凝土球盖浇筑完毕后，为提高其密封性能，应原浆收光，若原浆收光有困难，应在捣固密实后用1∶2.5水泥砂浆（中砂）抹10毫米厚，并压实收光。

（7）待混凝土终凝后，应立即进行保潮养护。

（8）待混凝土强度达到设计强度75%以上，方可拆模或复土回填。

（六）密封层施工

农村户用沼气池的密封层施工，包括以下两个方面。

1. 水泥砂浆密封层施工

按照农村家用沼气池施工规范的规定，沼气池内壁应采用七层抹灰作法进行施工，七层作法的步骤如下。

（1）检查所用的水泥、细骨料（砂）是否符合质量要求，若不符合要求，应进行调整。如另换水泥，洗去砂中含泥量，筛去砂中的有机物和杂质，直到符合要求方可使用。

（2）清除砼、砖砌体表面的尘土、污垢、油渍和多余的灰耳等，并应提前洒水湿润。

（3）七层抹灰作法抹池内壁。七层抹灰作法的顺序要求如下：

第一层：在抹灰基础面刷纯水泥浆一次，要求水灰比不大于0.5。

第二层：用1∶3.0水泥砂浆抹底层灰，厚度10毫米，要求压实收平。

第三层：待水泥抹灰层终凝后，均刷纯水泥浆一次。

第四层：用1∶2.5水泥砂浆进行中层抹灰，厚度5毫米，要求压实收平。

第五层：待中层抹灰层终凝后，均刷纯水泥浆一次。

第六层：用1∶2.0水泥砂浆进行面层抹灰，厚度5毫米，要求压实收光。

第七层：全池（发酵间）遍刷纯水泥浆一次，水灰比不大于0.5。

（4）抹灰层施工应符合下列要求：

①每层抹灰厚度不得小于 5 毫米。②抹灰层尽量不留施工缝隙。③层与层之间要用纯水泥浆过渡，一是加强连结；二是增加层次，截断因排出水泥砂浆中多余水分形成的通道，提高抹灰层的气密性。④池内的所有转角处，都必须抹成圆角。⑤对抹灰层进行质量检验，层与层之间无脱层、空鼓、表面无裂缝和砂眼。⑥进行保潮养护。

2. 密封涂料层施工

在水泥砂浆密封层外表面刷卜相关密封涂料，有利于提高防渗能力和提高池内壁的防腐蚀能力，提高并延长沼气池的使用周期。

（1）用于沼气池的密封涂料，必须有产品合格证书和性能检测报告，材料的品种、规格、性能等应符合现行国家产品标准和设计要求。

（2）涂料防水层的施工，应符合下列规定：

①涂料涂刷前，应对基层进行清洁处理。②涂膜应多遍完成，涂刷应待前遍涂层干燥成膜后进行。③每遍涂刷时，应交替改变涂层的涂刷方向，同层涂膜的先后搭茬宽度宜为30 ~ 50 毫米。④涂刷顺序应先涂转角处，使涂层加厚，然后再进行大面积涂刷。⑤涂刷层应与基层黏结牢固，表面平整，涂刷均匀，不得流淌、皱折、鼓泡和翘边等缺陷。

由于目前各地都在大力推广玻璃钢拱盖沼气池，因此，简单介绍一下玻璃钢拱盖沼气池的施工技术要点。

放线、开挖、砖砌、现浇施工应符合 GB/T 4752 的规定。

玻璃钢拱盖及圈梁的施工：池墙砌筑、浇筑完成之后，先在砌好的池墙上端做好砂浆找平，然后支模，安放玻璃钢拱盖，再利用圈梁将其固定；圈梁施工时，浇灌混凝土后压实抹光，圈梁高度 20 厘米，宽度 12 厘米，玻璃钢拱盖深入圈梁的锚固长度为 5 厘米，浇筑混凝土时应振捣密实。

密封层施工：玻璃钢拱盖沼气池非气箱部分密封工程施工应符合 GB/T 4752 12 的要求；沼气池配套设备安装：在玻璃钢拱盖顶部钻孔，孔径等于导气管外径的孔，将导气管插入，对结合部位应进行密封处理。沼气池的其他配套设备安装应符合 GB/T 7636 的规定。

回填土：确认检查合格后，即可向池体外围回填土。回填土应以细土为主，并注意对称均匀回填，分层夯实。不得用大石块或大硬土块回填，防止损坏玻璃钢拱盖或造成局部冲击。

四、设施安装

四川省技术监督局 1997 年 12 月颁布了《四川省农村家用沼气池配套安装规范》DB 51/271.4—1997，结合规范的有关规定和近几年农村家用沼气池配套安装新材料的应用，现就导气管和输气管的安装施工技术介绍如下。

（一）沼气导气管和输气管材料的选择

一是选购沼气池导气管时，宜采用耐腐蚀、与混凝土结合性好、便于安装施工的材料，如铜管，铝管、无底玻璃瓶或硬质塑料管等，管内口径不得小于 10 毫米。

二是输气管可采用质轻、抗老化性好，便于连结和固定，并且价格不宜太高的管材，如软质 PVC 阻燃软管、带纱橡胶软管、聚氯乙烯塑料软管或硬质 UPVC 塑料专用管或给水管，不允许用再生塑料管或 PVC 穿线管；输气管的内径不小于 8 毫米。

三是采用硬质 UPVC 输气管用的直接、弯头、三通、阀门等要与输气管内径相配套，质量要符合使用要求。

四是各管件与管道的连结要紧密，若采用 UPVC 硬质管，黏结剂宜采用溶角型黏合剂，以增加黏结能力，提高耐久性。

（二）导气管和输气管安装注意事项

第一是管路安装应做到稳固、耐久、气密性可靠，操作方便，使用安全。

第二是输气管的安装位置要远离火源，和低压电线并行，间距不能少于 100 毫米。

第三是导气管应向输气管方向倾斜，其倾角以 75°~80°为宜，输气管应向导气管方向倾斜，倾斜坡向不大于 1%。

第四是输气的距离应尽量短，尤其是管内径小于 10 毫米的软管。

第五是输气管应固定牢固，软管转弯应成弧形，若用软质输气管，最好选用硬质材质的接件。

（三）输气管路漏损检查

1. 气密性检查

输气管路安装完毕后，应进行气密性检查，检查内容应包括两个方面。

（1）用空气作介质检查：将安装好的输气系统一端封死，用气枪向管内打气，将压力增加到 8 千帕，气压稳定 5 分钟后记录读数、再经过 10 分钟，读数不变，视为合格，若压力变化较大，应查找原因，进行修复，再按上述方法进行检查，直到合格为止。

（2）压力降检查法：利用压力降的速度快慢、均匀程度，既可检查输气系统是否漏气，又可检查选择的输气管路管径是否合适，还可检查安装是否规范。使用压力降检查法，必须在对建成的沼气池气箱是否符合密封要求的基础上进行。检查方法是：关闭灶（灯）前阀门，向沼气池内加水，使气箱压力增至 8 千帕，记录气压表读数，观察 20 分钟，若压力表读数保持不变，说明管路系统不漏气；若打开灶（灯）前阀门，压力表读数缓缓下降，说明安装合理，管路系统无变径堵塞；若压力表突然快速下降，说明输气管路有堵塞现象或者是管路内径太小，管路安装距离太长，发现这种现象，应分别查找原因，进行更换，否则会影响沼气池的使用效果。

2. 仪表检查

用作沼气池或输气管路漏损检查的压力表，最好使用水柱式压力表（如直管套式压力表或"U"形压力表)，它的灵敏度比盒式压力表要高些，并且容易观察和记录。

第三节　沼气池的使用维护与管理

一、沼气池使用

（一）启动投料

沼气池建成经试水试气确定合格后，就要开始投料启动。常温下投料可以全部使用人畜粪便，一次性投入 2~3 立方米，也可以用牲畜粪便和秸秆及青草类混合投入，粪草比例 2：1，不能低于 1：1。原料入池前，要经过一周的堆沤发酵，以便产生沼气菌种，也可以用占原料总量的 10%~30% 以上的正常发酵沼气池的污泥、发酵料液以及陈年老粪坑底部粪便作为接种物一并投入，然后加水补充料液。

以秸秆原料投料，要注意不要用新喷洒过农药的秸秆，粪便原料要注意两点：第一是不要用含抗生素的粪便；第二是不要用新近消过毒的粪便。沼气池的投料最多达到沼气池容积的 85%，其他的 15% 留作贮存沼气。投料后要经常进行搅拌，并且搞好活动盖的密封，一般 2~7 天就可以产出沼气。

（二）沼气使用步骤

调整压力，打开沼气开关，调节炉具风门、沼气灯。沼气含有 60% 的甲烷，39% 的二氧化碳，0.3% 的硫化氢及其他气体。甲烷与空气结合燃烧，将脱硫压力表的压力调整为 3~4 千帕，因为第一次使用池内含有大量的空气，甲烷含量很低，通常不能正常燃烧，需要放出废气增加甲烷含量，经过几次放气后，产生的沼气就可点燃使用。沼气专用炉灶在使用时要进行风门的调节，如果风门过小，火苗发飘，会导致沼气燃烧不充分，当把火苗调整为由一颗颗绿豆大小火苗组成时为最佳的燃烧状态。沼气灯安装时应距离房顶 0.5 米，使用时先打开沼气开关，用电子打火器点燃安全方便。

二、沼气池维护

（一）日常维护

第一是定期检查脱硫器。脱硫器一般使用三个月后，脱硫剂会变黑，失去活性，也可能板结，使脱硫效果降低，增加沼气输送阻力。对失效的脱硫剂要及时进行晾晒或更换，以防引发沼气中毒（在晾晒脱硫剂时，选择阴凉通风的场所将脱硫剂放在铁片或水泥地面上经常翻动待脱硫剂发红后再装回脱硫瓶内）。

第二是要经常观察压力表水柱的变化。当沼气池产气旺盛时，池内压力过大时，要立即用气、放气或从出料间抽出部分料液，以防胀坏气箱冲开池盖，造成事故。

第三是要经常保持活动盖的养护水不干涸，以免活动盖的密封黏土破裂漏气，毒害人畜。

（二）沼气池常见故障及处理方法

1. 漏气的主要部位及维修方法

（1）沼气池漏水、漏气的主要部位：

①沼气池漏水的主要部位：A. 有地下水的地方建池时预留的抽（舀水）水孔；B. 池底板与池墙交接处；C. 进料管的下部。②沼气池漏气的主要部位：A. 球形拱盖与池墙交接处；B. 安装导气管（瓶）的地方；C. 球形拱盖。

（2）沼气池漏水、漏气部位的维修：

①沼气池漏水部位的维修：A. 抽、舀水预留孔漏水维修，若发现堵水孔边缘漏水，可用钻子将漏水缝钻大，深度应至土层，先用黏黄泥加旧棉花拌和均匀，以手捣成团，落地开发的泥团，用力扎紧，再用配制的膨胀细石混凝土浇筑，砼上面盖上砂、泥加压，漏水现象可以解决，有条件的地方可以用商品堵漏剂（粉剂）堵漏，更快、更好；B. 砼底板与池墙交接处漏水维修，方法同前；C. 进料管下部漏水维修，方法同前。②沼气池漏气部位的维修：A. 球形盖与池墙交接处漏气，洗刷干净后，刷素水泥浆一次，若发现明显的砂眼和裂缝应用水泥砂浆装填，然后再刷素水泥浆和涂料；B. 安装导气管部位漏气，目前，农村沼气池的导气管大多采用无底玻璃瓶、Φ20UPVC 给水管或者金属管三种材料，无底玻璃瓶光滑、Φ20UPVC 给水管光滑并且密封面积小、金属管极易锈蚀，容易发生漏气，但又没有其他材料代替。无底玻璃瓶四周漏气处理，若玻璃瓶已破损，应该重新更换，新安装的玻璃瓶

应外部清洁干净，最好用砂轮磨砂，内外均用水泥砂浆抹光；Φ20UPVC 硬质塑料管四周漏气，应将砼或砖拱凿一圈，洗净后再重新用高标号砂浆（注意水灰比不宜过大）重新填补，有条件的可在补水泥砂浆前用沥青麻丝扎一圈，效果更好；C. 球形拱盖漏气。将球形拱盖洗净，检查是否有大面积灰浆层翘壳，若有此现象发生，应剃掉，重新粉刷，若无翘壳而发生散漏，则将表面洗净后，重新刷素水泥浆和涂料。特别提醒，刷素水泥浆必须要严格控制水灰比。

2. 发酵原料和发酵工艺病态及处理方法

（1）发酵原料和发酵工艺常见病态：①新池子加料很久不产气或产生沼气点不着火；②发酵原料很多，但产气不足；③原来产气很好，突然不产气了，检查沼气池又不漏气；④沼气压力表上的压力很大，但是沼气火力不足。

（2）故障原因及处理方法：

①发生新池子加料很久了，但是不产气或产生的沼气点不着火的主要原因是：投料季节气温太低，加入沼气池的水过凉，造成发酵温度很低；发酵料液缺乏产甲烷菌；发酵原料酸性物质太多，pH 值太低；加料时混进了有害物质等。处理方法是：除去一部分发酵液，重新加入水温较高的污水；增加接种物数量；若确定是被有害物质破坏，必须重新投料；若发酵液太浓，应除去一部分发酵原料，加入污水和接种物。②发生发酵原料很多，但产气不足的主要原因是：浮渣太厚，沼气从进、出料口跑了，缺乏分解菌和产甲烷菌；发酵浓度超过了工艺的负荷要求，抑制微生物流动。处理办法是：打开活动盖，取出浮渣；停止进料，降低发酵浓度；补充接种物。③发生原来产气很好，突然不产气了，但经检查沼气池又不漏气，其主要原因是：由于进料太多，带进了大量的氧气；进料时混入了农药等杀菌、杀虫剂或刚打过农药的原料。处理办法是：若是因为进料过多，带进了大量的氧气，过一段时间会自动恢复，期间应该暂停进料；加入接种物，让发酵过程重新启动；若确定为杀菌、杀虫剂或农药破坏造成的，唯一的办法是全部更换发酵原料，甚至还要对沼气池内壁进行清洗，然后进行重新投料启动。④发生沼气压力表上的压力很大，但沼气火力不足的现象，其原因是沼气中甲烷含量太低，所产沼气中 CO_2 含量过高。处理办法是：暂停短时间的进料，尽快补充甲烷菌比较丰富的接种物，并适当的进行搅拌。

3. 配套安装不规范造成的故障及维修办法

（1）常见的因配套安装不规范造成的故障：①关闭阀门时，压力表上反映压力很高，但打开阀门，突然下降很多；②用气时，压力表压力忽高忽低，很不稳定。

（2）故障原因及处理方法：

①发生关闭阀门时，压力表上反映压力很高，但打开阀门，突然下降很多的现象，其主要原因是输气管内径过小；转角处弯曲造成变径趋小；输气管路过长；导气管或输气管道有异物堵塞等。由于这些原因，造成供气不畅，因此出现了打开阀门，压力突然下降很多的现象。解决办法是：对导气管、输气管进行检查，若导气管过小，应更换，若导气管更换后仍然不见好转，说明是输气管路太长，内径太小所致，建议对过小的输气管进行更换。②用气时，压力表压力忽高忽低，很不稳定。其主要原因是输气管内最低处有积水堵塞。解决办法是：当沼气用尽后，用气枪在灶前输气管处打气，使凝积水排出；也可用负压法排水，即当池内沼气用尽后，用粪桶在出料间打出发酵液，使池内产生负压，让凝集在输气管内的水被吸入池内，输气管通畅，压力表上忽高忽低的现象即可排除。

三、沼气池管理

（一）日常管理

1 勤进料

就是坚持每天将猪圈的猪粪定时加入沼气池。勤进料才能保证沼气池产生沼气的有机物原料，若进料间隙时间太长，沼气池的产气量会下降，若长期不进料而一次又进得较多，既可能造成发酵液酸化，产生沼气中甲烷含量低、热值不高，同时又造成原料不能被充分利用。

2. 勤搅拌

要使沼气池正常发酵产生量多质优的沼气，就必须做到入池原料与产甲烷微生物混合均匀，沼气池要搅拌就是满足新进料与产甲烷微生物混合均匀的条件，大型沼气工程均设置有搅拌设备，但农村户用沼气池因受投资的限制，没安装搅拌设备，在通常情况下，农村沼气池的搅拌靠出料间挑发酵往进料口迅速倒入的方法只要坚持经常这样做，可以达到搅拌的目的，搅拌可以较好地提高原料利用率和沼气中甲烷的含量。

3. 勤出料

"三结合"沼气池，天天有人畜粪便和猪圈清洁用水进入，若不定期出料，既会占据沼气池的气箱，还会造成发酵后的沉渣堆积，使沼气池有效容积变小，缩短新进料在沼气池内的停留时间，降低沼气的产气效果；农村户用沼气池平时出料每月约 1 立方米左右，每年大出料一次为宜。

4. 勤检查

经常检查沼气池发酵是否正常，经常检查输气管路和接件是否漏气；经常检查沼气阀门是否完好；经常检查灶具是否清洁，孔眼是否堵塞等。若发现问题，及时进行处理，以保证正常使用。

（二）安全管理

（1）沼气池出料口、进料口必须加防护盖，防止人、畜掉进池内。严禁随意揭开护盖。

（2）严禁在沼气池周围吸烟或使用明火。

（3）试火必须在灶具上进行。严禁在沼气池导气管和输气管路上试火。

（4）压力表压力过大时，要注意安全放气。严禁在室内放气，以防爆炸。

（5）出料数量较大时，必须关闭调控器前进气阀门，打开室外排空阀门。

（6）严禁在沼气灯、灶具和输气管路旁堆放柴草等易燃物。一旦发生火灾，立即关闭气源总开关，及时把火扑灭。

（7）使用沼气时，若没有电子点火器，需要引火物时应先点烧引火物，再开开关，以防引起火灾。

（8）室内闻到臭鸡蛋味时，迅速关闭气源总开关，然后打开门窗通风。严禁使用明火，以防引起火灾。

（9）经常用蘸有洗衣粉或肥皂水的小毛刷检测输气开关，管道和接口处有气泡的地方就是漏气的地方。维修更换时必须关闭气源总开关。

（10）输气管发生老化时，必须更换专用输气管，不得使用不合格的输气管。

（11）沼气池安全出料和维修必须在持证技工的现场指导下实施。

（12）大出料和维修一定要做好安全防护措施，敞开活动顶盖几小时后，先出掉浮渣，用污泥泵抽掉池内料液，用清水冲洗沼气并将水抽出。

（13）用鼓风设备从进料口向池内鼓风，使进、出料口和活动顶盖三口通风，排除池内残留沼气。

（14）下池前将小动物吊入池内进行试验，20分钟无不良反应方可下池。

（15）下池时系好安全带，池外必须有两名以上成人守护。

（16）下池人员在池内工作时感到头昏、发闷，要马上到池外休息。

（17）对停用多年的沼气进行维修时要注意，严格按照操作规程办事。

（18）进池出料和维修必须使用防爆灯具，严禁用油灯、蜡烛等明火，严禁在池内吸烟。

第六章 农产品贮藏加工与流通

农产品贮藏加工与流通既是农产品从生产者到消费者的必经环节，也是农产品变成食品所必需的技术措施。农产品的基础性、季节性及地域性，决定了农产品从生产者到消费者必须经过贮存、加工和流通过程。以小麦为例，小麦是我国的主要粮食作物之一，但消费者所食用的是面粉而不是整粒小麦，因此，在成为食品之前，小麦必须经过加工环节。小麦的收获日期在我国不同地区有较大差异，一般为5~9月，其他时间无法从田间收获小麦，不论是家庭农户还是大型加工企业，必须采取一定的贮藏技术确保小麦的周年供应。不同产地的小麦品质不同用途不同，只有通过流通才能满足市场对小麦品质的需求。

据联合国粮农组织测算，我国目前农产品加工贮存水平与发达国家相比仍存在很大差距。发达国家农产品加工产值与农业产值之比大多在（2.0~3.7）:1以上，而我国只有0.45:1；发达国家的加工食品约占饮食消费总值目前已提高到90%，而中国仅占25%左右；发达国家食品工业产值约是农业产值的2~3倍，而中国还不及农业产值的1/3；据专家测算，价值1元的初级农产品，经加工处理后，在美国可增值3.72元，日本为2.20元、中国只有0.38元。另外，发达国家农产品的损失率控制在1%以下，而我国的农产品产后损失率占到了总产量的12%~15%。近十年，我国农产品生产年增幅几乎都低于贮存损耗率。随着我国工业化和城镇化的推进，粮食生产虽逐步恢复，但继续稳定增产的难度加大；粮食供求将长期处于紧平衡状态。因此，提高农产品的贮存加工和流通效率，在我国具有非常重要的意义。

第一节 主要粮油产品贮藏与加工

一、主要粮食产品的贮藏与加工

（一）小麦及面粉的贮藏与加工

1. 小麦的贮藏

小麦的贮藏原则与稻谷相同，也是"干燥、低温、密闭"。按照这一原则可确保小麦安全贮藏，通常采用的方法有常规贮藏、热密闭贮藏、低温贮藏和气调贮藏等。

（1）常规贮藏：小麦常规贮藏方法与稻谷一样，其主要技术措施也是控制水分、清除杂质、提高入库粮质，贮藏时做到"四分开"，加强虫害防治并做好贮藏期间的密闭工作，具体的方法与操作详见"稻谷的贮藏"。

（2）热密闭贮藏：利用夏季高温暴晒小麦，晒麦时要掌握迟出早收，薄摊勤翻的原则，上午晒场晒热以后，将小麦薄摊于晒场上，使麦温达到42℃以上，最好是50~52℃，保温2小时。为提高杀虫效果，有的地方采取两步打堆和聚热杀虫的方法，即在15时左右趁气温尚高时，先把上层粮食收拢（第一步打堆），使粮温较低的低层粮食再经过暴晒，然后再把这部分粮食收拢（第二步打堆）。聚热杀虫是把达到杀虫温度的粮食收拢，堆成2 000~

2 500千克一堆，热闷半小时至一小时，在17时以前趁热入仓。入仓小麦水分必须降到12.5%以下。入仓后立即平整粮面，用晒热的席子、草帘等覆盖粮面，密闭门窗保温，要求有足够的温度及密闭时间。入库麦温如在46℃左右则需密闭2～3周，才能达到杀虫的目的。然后可以揭去覆盖物降温，但要注意防潮、防虫。也可不去掉覆盖物，到秋后再揭。热密闭最好一次入满仓，以免麦温散失，使仓虫复苏。在进行热入仓时，应预先做好入仓消毒工作，仓内铺垫和压盖物料也要同时晒热，沥青地坪一定要铺垫以免结露或融软，黏着麦粒。一般由于保温不好，而使热密闭失效，如囤存的多在靠近席子处发生虫害，散存的多在门、窗附近易发生虫害，对于这些部位应特别注意做好保温工作。

（3）低温贮藏：低温贮藏是小麦长期安全贮藏的基本途径。小麦虽然耐温性强，但在高温下持续贮藏，会降低品质，陈麦低温贮藏可相对保持小麦品质，这是因为低温贮藏能够防虫、防霉，降低粮食的呼吸消耗及其他分解作用所引起的成分损失，以保持小麦的生活力。据国外报道，干燥小麦在低温、低氧条件下贮藏16年之久，品质变化甚微，制成面包后，品质良好。低温贮藏的技术措施主要掌握好降温和保持低温两个环节，特别是低温的保持是低温贮藏的关键。降温主要通过自然通风和机械通风来降低粮温，保持低温就是要对仓房进行适当改造，增强仓房的隔热性能或者建设低温仓库，这是发展低温贮藏的基础。

（4）气调贮藏：因小麦是主要的夏粮，收获时气温高，干燥及时，水分降低到12.5%以下，这时粮温甚高，而且小麦具有明显的后熟期，在进行后熟作用时，小麦生理活动旺盛，呼吸强度大，极有利于粮堆自然降氧。小麦降氧速率的快慢，与密封后空气渗漏的程度，小麦不同品种生理后熟期长短、粮质、水分、粮温、微生物、害虫活动等有直接关系。只要管理得当，小麦收获后趁热入仓，及时密封，粮温平均在34℃以上，均能取得较好的效果。如果是隔年的陈麦，其生理后熟期早已完成，而且进入深休眠状态，它的呼吸能力就减弱到非常微弱的水平，所以不宜进行自然缺氧。这时可采用微生物辅助降氧或充二氧化碳、充氮等气调方法以达到防治害虫的目的。

2. 小麦的加工

小麦的初次加工品为小麦粉，也叫面粉。小麦制粉工艺分为麦路和粉路两部分，麦路即小麦磨粉前去除杂质的清理过程，一般由毛麦清理、水分调节和光麦清理组成，其中，还包括小麦搭配等内容。毛麦的清理是根据杂质与小麦在大小、比重等方面的不同，经过筛理、打麦、去石、精选、磁选等工序，将大杂、小杂、异种粮、虫蚀粮、未熟粮、石子、金属等去掉，使小麦达到净麦的要求。水分调节就是在经过初步清理的小麦中加入适量的水，并使水均匀地分布到每粒小麦的表面，静止一段时间后，麦粒表面的水分渗透到麦粒的内部，使麦粒内部的水分重新调整以改善小麦的制粉性能的工序，通过调节小麦的水分，降低胚乳的强度，增加皮层的韧性，使皮层与胚乳容易分离，一定程度上改善面粉的食用品质，保证面粉的水分含量。水分调节过程包括加水、水分分散、静置（润麦）三个环节，一般硬麦的最佳入磨水分为15.5%～17.5%，软麦的最佳入磨水分为14.0%～15.0%，硬麦吃水量大，渗透速度慢，实际润麦时间一般为24～30小时，软麦则为16～20小时。粉路有研磨、筛理、清粉、打麸等工序，不同的粉路工艺有不同的提粉方法，大部分都有心磨系统和皮磨系统，完善的还有清粉和渣磨系统，磨粉原理是根据小麦不同部位胚乳的特性，利用机械的方法将麦粒粉碎，再把粉碎后的物料分级、分类，分别研磨、筛理，提取面粉。粉路越长，物料被分得越细，出粉率和面粉加工精度就越高（图6-1）。

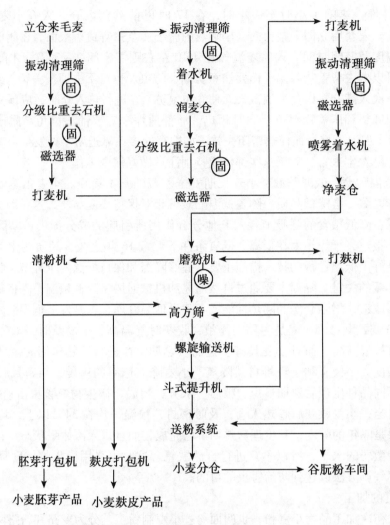

图 6-1 小麦加工工艺流程

3. 面粉的贮藏

（1）常规贮藏：面粉是直接食用的粮食，存放面粉的仓库必须清洁干燥、无虫。最好选择能保持低温的仓库。一般采用实垛或通风垛贮存，可根据面粉水分大小，采取不同的贮藏方法，水分在13%以下，可用实垛贮藏，水分在13%~15%的采用通风垛贮存。码垛时均应保持面袋内面粉松软，袋口朝内，避免浮面吸湿，生霉和害虫潜伏，实垛堆高12~20包，尽量排列紧密减小垛间空隙，限制气体交换和吸湿，高水分面粉及新出机的面粉均宜码成"井字形"或"半非字形"的通风垛，每月应搬捣、搓揉面袋，防止发热、结块。在夜间相对湿度较小时进行通风。水分小的面粉在入春后采取密闭、保持低温，能够有效延长贮藏期。

面粉的贮藏期限取决于水分、温度，水分为13%~14%，温度在25℃以下，通常可贮藏3~5个月，水分再高，贮藏期就应短些。贮藏期还应与加工季节有关，秋凉后加工的面粉，水分在13%左右，可以贮藏到次年4月，冬季加工的可贮藏到次年5月，夏季加工的新麦，一般只能贮藏1个月。

（2）密闭贮藏：根据面粉吸湿性与导热性不良的特性，可采用低温入库、密闭保管的办法，以延长面粉的安全贮藏期。一般是将水分13%左右的面粉，利用自然低温，在3月上旬以前入仓密闭。密闭方法可根据不同情况，采用仓库密闭，亦可采用塑料薄膜密闭，既可解决防潮、防霉，又能防止空气进入面粉引起氧化变质，同时，也减少害虫感染的机会。

（3）低温、准低温贮藏：低温贮藏是防止面粉生虫、霉变、品质劣变陈化的最有效途径，经低温贮藏后的面粉，能保持良好的品质和口味，效果明显优于其他贮藏方法。准低温贮藏一般是通过空调机来实现的，投资少，安装、运行管理方便，是近年来面粉贮藏的一个发展方向。

（二）稻谷与大米的贮藏与加工

1. 稻谷的贮藏

（1）常规贮藏：一种基本适用于各粮种的贮藏方法，从粮食入库到出库，在一个贮藏周期内，通过提高入库质量，加强粮情调查，根据季节变化采用适当的管理措施和防治虫害，基本上能够做到安全保管。稻谷常规贮藏的主要内容包括以下几方面。①控制水分：入仓稻谷水分高低，是稻谷是否能安全贮藏的关键，一般早、中籼稻收获期气温高，收获后易及时干燥，所以入库时的水分低，可达到或低于安全水分，易于保管。但晚粳稻收获是低温季节，不易干燥，入库时水分一般偏高，应注意采取不同方法进行干燥降水处理，如有烘干设备的应在春暖前处理完毕，如无干燥设备，可利用冬、春季节的有利时机进行晾晒降水，或利用通风系统通风降水，把水分降至夏季安全水分标准以下。②清除杂质：稻谷中的杂质在入库时，由于自动分级现象聚积在粮堆的某一部位，形成明显的杂质区。杂质区的有机杂质含水量高，吸湿性强，带菌量大，呼吸强度高，贮藏稳定性差。糠灰等细小杂质可降低粮堆孔隙度，使粮堆内湿热不易散发，也是贮藏的不安全因素。因此，在入库前应尽可能降低杂质含量，确保贮粮的稳定，通常将杂质含量降至0.5%以下，入库时要坚持做到"四分开"，提高贮粮的稳定性。③通风降温：稻谷入库后，特别是早中稻入库时粮温高，生理活性强，堆内易积热，并会导致发热、结露、生霉、发芽等现象。因此，稻谷入库后，应根据气候特点适时通风，缩小粮温与外温及仓温的温差，防止发热、结露。稻谷在通风降温后，再辅以春季密闭措施便可有效防止夏季稻谷的发热。④防治害虫：稻谷入库后，特别是早中稻易感染害虫，造成较大的损失。因此，稻谷入库后应及时采取有效措施防治害虫。通常防治害虫多采用防护剂或熏蒸剂，以防止感染，杜绝害虫为害或将为害程度降低到最低限度，减少贮粮损失。⑤低温密闭：在完成通风降温、防治害虫之后，冬末春初气温回升以前粮温最低时，因地制宜采取有效的方法，压盖粮面密闭粮堆，以长期保持粮堆的低温或准低温状态，延缓最高粮温出现的时间及降低夏季粮温。这种方法不仅可以减少害虫和霉菌的为害，而且可保持粮食的新鲜度，没有药物的污染，保证了粮食的卫生。尤其对稻谷来说，低温是延缓陈化的最有效方法。

（2）气调贮藏：稻谷的自然密闭贮藏和人工气调贮藏在长期的实践中均取得了较好的效果。自然密闭缺氧贮藏成败的关键在于粮堆的密闭效果。缺氧的速度主要取决于贮藏温度、水分及粮食本身的质量，一般水分大、粮温高、新粮、有虫缺氧快。根据实践经验，对于新粮粮温在20~25℃，粳稻水分在16%左右，籼稻水分在12.5%左右可进行自然缺氧贮藏，但不同的温度、水分，达到低氧的时间是不同的。对于隔年的陈稻谷，降氧速度较慢，此时可通过选择密闭时机及延长密闭时间的措施，提高降氧速度，尽快使粮堆达到低氧要求。一般可在春暖后，粮温达到15℃以上密封，经过一个月左右可使堆内氧浓度逐渐降低。但由于早稻收获后易干燥脱水，含水量低，同时，又无明显后熟期，因此要想取得理想的自然缺氧效果，必须严格密封粮堆或辅以其他脱氧措施。采用人工气调贮藏能有效地延缓稻谷陈化，同时，解决了稻谷后熟期短、呼吸强度低、难以自然降氧的难题。目前，国内外应用较为广泛的人工气调是充二氧化碳和充氮气调，特别是充二氧化碳应用较为普遍，大量的实践证明充二氧化碳气调对于低水分稻谷的生活力影响不大，如水分低于13%的稻谷在高二氧化碳中贮藏4年以上，生活力略有降低。但如果稻谷水分偏高，则高二氧化碳对生活力的影响将是明显的。

（3）高水分稻谷的贮藏：在稻谷产区，收获季节如遇阴雨和低温天气，大批的稻谷往往来不及晾晒和干燥，而造成新粮发热霉烂，损失严重。高水分粮堆难以贮藏，这也是近段时间内，广大粮食工作者致力于研究的一个课题，也是粮食行业急需解决的一个难题。多年来，许多地区经过试验与实践的结合，摸索出一些贮藏高水分稻谷的有效方法，主要有以下几种。

①通风贮藏：高水分稻谷的通风主要有两种形式，一种是散装仓内进行地上笼和地下槽通风，此时注意稻谷入仓后要平整粮面，且堆高不能超过3米；另一种形式在包装仓内利用离心式风机间歇地强力通风，粮垛堆成小垛或通风垛，堆高不超过10~12包，利用有利的仓外空气（仓温为20~30℃，相对湿度低于60%~65%）反复置换仓内及堆内湿热空气，达到降水降温、安全贮藏的目的。采用以上通风方法贮藏高水分稻谷，可使其水分由16.5%，逐步降至14%左右，保证其安全度夏。经大量实验证明，采用通风方式贮藏高水分稻谷，与人工晾晒或烘干比较，不仅节省大量人力、物力和费用，减少粮食损耗，而且能更好地保持稻谷的工艺品质，保证加工品的质量，是安全贮藏稻谷的有效技术措施。②准低温贮藏：将高水分稻谷包装贮存于空调仓内，使仓温控制在20℃以下，进行准低温贮藏，可以达到抑制稻谷的呼吸作用，控制虫霉危害，不仅能安全度夏，而且可最大限度地保持其品质和新鲜度。如水分为15.9%的晚粳稻，在空调仓内贮存11个月，水分由15.9%下降至15%，发芽率由91%下至87.5%，脂肪酸值由5.51毫克/100克增加到7.35毫克/100克，保持了良好的品质。但此贮藏技术由于投资和运行费用都较高，故在我国目前还没有得到推广。③短期应急处理：在不具备通风及低温贮藏的条件时，对于收获后的湿谷（含水为23%~25%）和潮粮（含水量为18%左右），在无法及时干燥的情况下，可在晒场上或空仓内堆成高约80厘米，底宽1米的梯形长条垛，用塑料薄膜密闭，进行缺氧贮藏，薄膜四周压严，使粮堆尽快绝氧。采用此方法，可以在数天内使稻谷不发芽，不霉变，干燥后加工成大米，略有异味，但基本不影响食用。但必须注意，这种方法适用于处理少量的高水分稻谷且仅能作短期贮藏。

2. 稻谷的加工

（1）稻谷加工工艺流程（图6-2）

（2）操作要点：

①清理：稻谷中混有砂石、泥土、煤屑、铁钉、稻秆和杂草种子等多种杂质。加工过程中清除不净，不仅影响安全生产，降低稻米质量，而且有害人体健康。清除方法有筛选、精选、风选、磁选、比重分选等。②砻谷：剥除稻谷的外壳使之成为糙米的过程。砻谷用的机械称砻谷机，常用的有胶辊砻谷机和砂盘砻谷机两种。调节砻谷机两胶辊或砂盘间的轧距，可获得合宜的脱壳效率，减少米粒损伤。稻谷经砻谷后仍有约20%的未脱壳，因此，需将砻谷后的物料（糙米、稻谷与谷壳的混合物）先经风选将谷壳分离，再用谷糙分离设备将稻谷与糙米分开。并将未脱壳的稻谷重新回入砻谷机加工。常用的谷糙分离设备有选糙溜筛

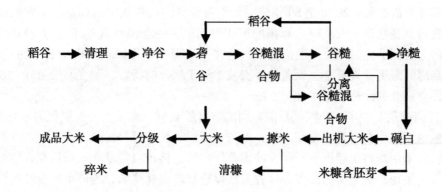

图 6 - 2　稻谷制米加工工艺

和选糙平转筛等。③碾米：稻谷经脱壳和谷糙分离而成的净糙米，表面的皮层含纤维较多，影响食用品质。碾米即将糙米的皮层碾除，从而成为大米的过程。利用机械作用碾除皮层的称机械碾米；用化学溶剂浸泡糙米，使皮层软化，并将皮层与胚内所含脂肪溶于溶剂内，再经较轻的机械作用碾除皮层的，称化学碾米。但后者在实际生产中应用不多。

稻谷碾米制成大米，精度愈高，糊粉层和胚被碾除愈多，保留部分愈接近纯胚乳，则脂肪、蛋白质、维生素和矿物质的损失也愈多。因此，高精度大米食用口味和消化性能虽佳，但营养价值降低。为保留和强化大米的营养成分，采用特殊方法可加工成各种特制米，如蒸谷米、胚芽米、强化米、涂层大米等。

3. 大米的贮藏

（1）常规贮藏：常规贮藏是指大米在常温常湿条件下，适时进行通风或密闭的方法。常温贮藏必须采取防潮、隔热的技术措施，这也是其他贮藏技术的基础措施。常规贮藏的大米最好是冬季进仓，通过低温季节的寒风进行干燥降温，以提高大米贮藏的稳定性。在春季气温上升前，对门窗和大米囤垛进行密闭和粮食囤垛的防潮压盖，防止大米吸湿和延缓粮温上升。在常规贮藏大米时应注意采取干燥、自然低温、密闭的方法，将加工出机的大米必须冷却到仓温后，才能堆垛保管；高水分大米，应码垛通风降水后进行短期保管，或通风降水后再密闭贮藏。

（2）低温贮藏：采用低温贮藏是大米保鲜的有效途径。霉菌在 20℃ 以下大为减少；10℃ 以下可以完全抑制害虫繁殖，霉菌停止活动，大米呼吸及酶的活性均极微弱，可以保持大米的新鲜程度。低温贮藏主要包括：自然低温贮藏、机械制冷贮藏和空调准低温贮藏等。

①自然低温贮藏：我国冬米贮藏即为自然低温贮藏的很好方式，将低水分大米，在冬季加工，利用当时寒冷条件，降低粮温后再入库贮藏，并同时采取相应的防潮隔热措施。使粮食长期处于低温状态，相对延长粮温回升时间，是大米安全度夏的一种有效方法。大米自然低温贮藏技术在生产实践中运用很广，其方法形式也很多，如倒散通风、包围压盖和撤压通风等。②机械制冷贮藏：这是低温贮粮技术中贮藏效果最好的一种，它是利用制冷机组的运行，产生冷量，使粮食冷却降温，具有粮温低、稳定、保鲜效果显著等特点。但由于此项贮藏技术投资及运行费用均较高，在我国目前还难以推广使用。我国自 20 世纪 70 年代中后期，在一些大中城市相继建造了一批低温粮库，主要解决大米度夏贮藏的问题。根据多年的实践证明，低温贮藏是大米过夏的最有效途径，可达到防虫、防霉，防止大米发热并可最大限度地保持大米的品质和色、香、味。

③空调准低温贮藏：20 世纪 80 年代中后期随着空调机在我国的普及，空调贮藏大米也变得较为普遍。在仓房中安装一定数量的窗式空调机，使仓温在夏季不超过 20℃或略高于 20℃，基本上达到准低温贮藏的温度范围，这在一定程度上可以达到机械制冷的贮藏效果，并较机械制冷贮藏更具投资小、设备易于安装、易于操作的特点，很受基层粮库欢迎，所以近几年来，空调仓的建造明显增加。

（3）气调贮藏：大米气调贮藏目前常用的有自然缺氧、充氮、充二氧化碳等几种。

①自然缺氧：用塑料薄膜密闭米堆，可防止吸湿和虫害感染。②充氮：生产性试验贮藏大米，是将大米用塑料薄膜严密封闭，抽出幕内空气，接近真空状态。而后充入适量氮，保持幕内外气压平衡，避免幕布漏气。这种方法促进粮堆迅速绝氧，能降低粮食呼吸强度，抑制微生物繁殖，并杀死全部仓虫，基本上控制了粮堆内部产生热量的来源，从而得到大米安全度夏的效果。③充二氧化碳：生产性试验气调贮藏大米，每万千克粮充入 10 千克二氧化碳，用塑料薄膜密封贮藏，有抑制虫、霉、发热、脱糖、保持米质正常过夏的效果。采用小包装"冬眠贮藏"保鲜，每袋装大米 3~5 千克，充二氧化碳保鲜贮藏，常温下可安全贮藏 1 年以上。大米小包装充二氧化碳后密封，经 36~48 小时后，由于大米吸附了袋中的 CO_2，袋内呈一种真空的胶实状，利于携带、运输和销售，是大米贮藏中较有前途的一种，特别是有利于市场销售和家庭用粮。

（4）化学贮藏：大米化学贮藏使用的化学药剂主要为磷化铝。以往也曾用过氯化苦和环氧乙烷等药剂。化学贮藏是应用化学药剂抑制大米本身和微生物的生命活动，防止大米发热的措施，进仓或贮藏中的大米发热，采取化学贮藏可达到降温作用，使大米在一定时间内处于相对的稳定。气控贮藏的大米在绝氧前后，投入适量的磷化铝，还可达到抑霉防止异味的作用。在生产中多应用磷化氢气体贮藏高水分大米，不仅可以预防大米发热霉变，而且对已经发热生霉的大米也有抑制作用。

发热大米贮藏期间以每立方米施用磷化铝 3 片（每片重 3 克，产生 1 克磷化氢气体），杀菌效果可达 90%~97%，大米呼吸强度减弱，粮温、粮质均趋于稳定。但当粮堆磷化氢浓度低于 0.2 毫克/升时，不能抑制微生物活动，大粮呼吸强度增加会使大米发热。如需继续贮藏则要补充施药，如粮堆氧浓度降到 0.2%以下也可继续贮藏。

（三）玉米的贮藏与加工

1. 玉米的贮藏

玉米的贮藏原则与稻谷、小麦相同，也是"干燥、低温、密闭"。但由于我国玉米主产区北方玉米收获季节气温低，干燥困难，难以实现"干燥、降水"的原则，同时，玉米耐储性差，易于虫蚀霉烂，故玉米的贮藏比稻谷、小麦更难，贮藏方法也有其特色。玉米的贮藏无论穗藏或是粒藏均以降水为主，穗藏、粒藏等方法也有不同。

（1）玉米降水：由于降低玉米水分对安全贮藏关系十分密切，而且又不完全与降低稻谷、小麦水分相同，为了叙述方便，特将降水列为贮藏方法一并介绍。常用的降水方法有：田间扒皮晒穗、通风栅降水和脱粒晾晒、烘干降水等。

（2）粒藏：粒藏即已脱粒玉米的贮藏，又称籽粒贮藏，常用的方法有以下几种。

①常规贮藏：常规贮藏玉米的方法与稻谷、小麦一样，其主要措施也是控制水分、清除杂质、提高入库质量、坚持做到"五分开"贮藏，加强虫害防治与做好密闭贮藏等。"五分开"贮藏为水分高低分开，质量好次分开，虫粮与无虫粮分开，新粮与陈粮分开，色泽不同分开。②干燥密闭贮藏：玉米粒经过日晒筛选去杂水分降至 12%左右，进行散装密闭贮

藏，一般可安全度夏。洛阳伊川县吕店粮管所用半地下仓贮藏玉米，入库玉米水分13.11%，在冬季粮温降至最低时入库，入库前做好仓房、器材、工具的清理、消毒，入库后及时进行粮面草苫覆盖，席子压面，四周用麦糠压边防潮，冬季适当通风，春暖做好防虫隔离工作，经3年贮藏基本上无虫、无霉。③低温贮藏：低温贮藏是我国北方玉米产区主要贮藏玉米的方法。通常是将水分在14%左右（或16%以下）的玉米在入库后充分利用自然低温通风冷冻，即采用仓外薄摊冷冻、皮带输送机转仓冷冻、仓内机械通风或敞开门窗翻扒粮面通风等方法，使粮温降到0℃以下，然后用干沙、麦糠、稻壳、席子、草袋或麻袋片等物覆盖粮面进行密闭贮藏，长时间保持玉米处于低温或准低温状态，可以确保安全贮藏。河北省试验证明，仓内贮藏与露天堆放，压盖密闭与不压盖密闭，玉米贮藏效果差别很大。在低温贮藏技术中尽量使原始粮温低，以保证有一段较长时间的低温延续期，有利于保持粮食的品质和新鲜度。另外经过出仓冷冻，利用零下低温可将害虫冻死，有些害虫没有立即死亡的，在低温入仓后压盖密闭，保持较长时间低温的情况下，可使害虫致死。冷冻处理后的玉米，最好进行压盖密闭，压盖的材料，有用异种粮（豆类）压盖的，也有用席、干沙、土坯、草垫压盖的，可根据各地条件而定。④通风贮藏：通风贮藏是贮藏半安全水分玉米的有效方法，能够在贮藏期使玉米的温度与水分不断降低，确保安全贮藏。其操作方法有以下两种。A. 包装自然通风：将包装玉米堆成"非"字形、半"非"字形或"井"字形长条堆垛，垛宽3～4包，垛间留一宽40～50厘米的风道，选择气温较高（20～30℃）、湿度较低（相对湿度低于60%）的有利时机打开门窗大力通风，即可使玉米水分逐渐下降，安全贮藏。如在堆垛间的走道中设置排风扇吹风，加快玉米堆垛内气体交换速度，则降水效果更好。陕西省临潼县粮食局试验证明，散装玉米机械通风贮藏，每天开机8小时，从3月30日至4月12日，通风13天，即使玉米水分由15.47%下降到14.07%，降低了1.4%。然后在气温升高前及时做好隔热保冷工作，使玉米长时间保持低温或准低温，实现了安全贮藏。B. 散装机械通风：将玉米散装贮存在已设置通风地槽、通风竹笼或用粮包堆成通风道的仓房，堆高2米。入库结束立即扒平粮面，然后选择气温较高（20～30℃）、湿度较低（相对湿度60%以下）的有利时机，采用离心式风机进行强力通风，每天通风约8小时，通风时结合翻扒粮面1～2次，以加快粮堆表上层水分散发的速度，可以迅速降低玉米的水分，提高玉米的贮藏稳定性，确保安全贮藏。⑤综合贮藏：综合贮藏的操作方法是玉米入库前，先在墙壁上挂一圈塑料薄膜（宽约1.6米），同时，在仓内设置并固定好数量足够的通风竹篓（下口直径20厘米，上口直径17厘米，高约2.8米）。入库后，用粮食压住薄膜的一半（约0.8米），将薄膜另一半折向粮堆表面，与覆盖在粮堆表层的塑料薄膜卷在一起用夹子夹紧（应先留下一些薄膜暂不夹紧，以便施药熏蒸），也可将塑料薄膜覆盖在粮堆表面，薄膜四周紧压在仓房墙壁上的塑料槽内使粮堆严格密封。为了防止结露，塑料薄膜上下均应铺一层草袋帘，门窗与通风口也同时用塑料薄膜密封。然后将磷化铝药包绑扎成串（每包装药5片，每串长2米）悬挂于通风竹笼内，施药后随即密封塑料薄膜进行熏蒸（磷化铝剂量为2.5～5片/立方米）。熏蒸20天后，揭开塑料薄膜，充分利用冬季自然低温通风冷冻，至翌年2月再在粮堆表面覆盖塑料薄膜与麦糠等隔热材料，同时，密闭仓房门窗与通风口，保持玉米长时间处于低温状态。翌年4月中旬出库晾晒，降低水分，即可继续安全贮藏。

（3）穗藏：穗藏即带穗玉米的贮藏，又称果穗贮藏，是我国农民普遍应用的比较经济有效的贮藏小宗玉米的方法。玉米穗藏一般贮藏于一种简易穗仓中，这种仓一般以枕木、秫秸垫底、架空，以秫秸打围而成，建于空旷的场院。采用果穗贮藏，当籽粒水分降至安全水分时即可转入粒藏，据报道，收获时籽粒水分 20% ~23%，经过 150 ~170 天穗藏，水分可降至 14.5% ~15%，即可脱粒，如继续穗藏，水分降至 8% ~9%，将增加脱粒困难和破损，故应适时脱粒，防止过干。果穗贮藏期间须加强温度、水分检查，注意不同部位有无果穗生霉现象，因为某些耐低温霉菌能在果穗的个别部位生长发育导致果穗生霉、变质，而这种霉变往往并不反映在温度的升高，当发现堆温上升时，霉变已很严重。另外，玉米在过低温度下贮藏会影响其发芽率，如水分为 18% ~20% 的玉米在 -21℃ 时即受冻害失去种用价值。

2. 玉米加工

（1）玉米干法加工：

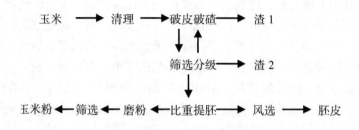

图 6-3　干法玉米加工工艺流程

①工艺流程（图 6-3）。②操作要点：A. 水分控制：原粮水分基本控制在 14% ~15%，为自然晾干或陈化的角质率高的玉米，这样可减少筛理步骤；B. 脱皮：脱皮工段选用三道立式金刚砂脱皮机或是两道卧式金刚砂脱皮机；C. 破糁：破糁脱胚机采用双辊卧式破糁脱胚机，提胚机使用国内品牌即可；D. 筛理：筛理部分采用双仓平筛，处理量大时使用高方平筛。

（2）玉米湿法加工：

①工艺流程（图 6-4）。②操作要点：A. 清理：常用设备为振动筛、比重去石机和磁选机；主要目的是去除砂石、金属杂质和其他杂质；B. 浸泡：一般采用亚硫酸溶液（浓度通常为 0.20% ~0.25%）作为浸泡溶液，采用静止法或扩散法进行浸泡，其中，扩散法是目前采用较多的方法；C. 胚芽分离：胚芽分离过程是在胚芽旋流器中完成的，一般胚芽的分离需要分两次进行，第一次分离时淀粉乳的浓度应为 11% ~13%，第二次为 13% ~15%；D. 纤维分离：纤维分离是通过压力曲筛来完成的。压力曲筛的工作压力一般为 2.5 ~3.0 千克/平方厘米，通常使用的筛缝宽度为 50、75 和 100 微米；E. 蛋白分离及淀粉分离：通常采用沉淀法、离心法或浮选法进行分离，其常用分离设备是沉淀池（槽）、离心分离机和气浮槽。其中，沉淀法常被小型生产企业采用，离心分离法和浮选法常被大型现代企业采用。

二、油料的贮藏与加工

我国主要植物油料有草本油料和木本油料两种。草本油料有大豆、花生、棉籽、油菜籽、芝麻、葵花籽等；木本油料则有椰子、核桃、油橄榄、油桐等。

（一）主要油料的贮藏

1. 油菜籽的贮藏

（1）常规贮藏：常规贮藏是油菜籽在正常情况下的常用贮藏方法。新收获的菜籽，应根据其含水量及当时当地的气候情况，分别采取不同的措施予以处理，以保证油菜籽的安全

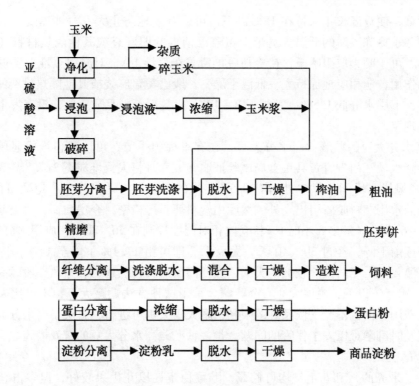

图6-4 玉米湿法加工工艺流程

贮藏。在菜籽的常规贮藏中应注意干燥降水、分批堆垛和分级贮藏等环节。

（2）高水分油菜籽的应急贮存：油菜籽每年大都在5月底6月初收获，由于时间紧（收获太迟则角果开裂，种子散落，造成损失，并影响下茬插秧），数量大，又正值梅雨季节，因此，有时不得不在雨中抢收。抢收的油菜籽，水分大都在20%以上，如果不能立即干燥降水，必须采取应急措施处理。贮藏高水分油菜籽唯一有效的措施就是密闭，常用密闭方法有两种，一种称磷化氢化学密闭，另一种是自然缺氧密闭。实践证明，采用两种密闭方法处理高水分油菜籽，虽然品质略有下降，但可以保持油菜籽在2~3周不发热、不生芽、不霉烂，从而能赢得时间，等待时机，出仓暴晒。因此，这种方法是连续阴雨时的一种临时性的紧急抢救措施。

2. 大豆的贮藏

（1）常规贮藏：大豆贮藏是以常规贮藏为主，但在管理期间必须注意干燥除杂，及时通风散热。在压盖防潮及防止虫害感染等方面，加强检查，发现问题及时处理。充分干燥是贮藏好大豆的关键，因为含水量是影响大豆贮藏品质及安全贮藏期限的直接因素。芽用或种用的大豆水分应控制在12%以下，通常认为大豆水分在12.5%以下为安全，12.5%~13.5%为半安全，13.5%以下为不安全。

（2）低温密闭贮藏：长期贮藏的大豆，应在冬季把大豆转仓或出仓冷冻，待豆温降低后，再入仓压盖，低温密闭贮藏。低温密闭贮藏对防止大豆浸油赤变，保持大豆原始品质甚为有效。试验证明，安全水分的大豆，在20℃条件下，能安全贮藏2年或2年以上；在25℃条件下，能安全贮藏18个月左右；在30℃条件下，只能安全贮藏8~10个月；在35℃条件下，则只能贮藏4~8个月。据江西省经验，在冬季将干燥低温大豆装入隔热保冷低温仓内密闭贮藏，使豆温长年保持在 15℃ 以下，可以有效地防止大豆浸油赤变，保持其原始品质；如在冬季冷冻入库的低温大豆堆上覆盖已消毒的旧麻袋或其他隔热材料（雨季覆盖材料返潮时，可于晴天取出晒干，待冷却后再覆盖在豆堆上），对减缓豆堆上层返潮与升温都有一定的作用，能相应地保持大豆低温干燥，一般已覆盖麻袋或其他隔热材料的豆堆比未覆盖的豆堆，上层水分低 1.5%，豆温低 2~4℃，过夏后豆粒品质正常，没有发生红眼、浸油和赤变的现象。

（3）高水分大豆的贮藏：高水分大豆，在春季梅雨季节，可以装包堆成通风垛，采用去湿机吸湿降水。江西省宜黄县粮食局试验证明，五六月将大豆堆成宽 2 米、高 3 米的长条"非"字形通风垛，垛间及靠墙处留有 0.5~1 米的走道，走道上设置一定数量的去湿机，去湿机凝结的水用塑料胶管引出仓外，然后用塑料薄膜严格密封仓房门窗，每天间歇性地开启去湿机 4~6 小时（最多 8 小时），将仓内相对湿度控制在 56~70%，应用水分平衡原理，使大豆水分逐渐下降，经过 30~40 天，大豆水分即可由 17.4% 下降至 14%，待气温上升后，选择气温较高、相对湿度较低的天气，敞开门窗进行自然通风，通风一段时间，水分可由 14% 降至 13.5% 以下，确保大豆安全贮藏。采用这种方法贮藏大豆，不仅比人工翻晒降水贮藏节约费用，而且不受气候条件的限制，晴天雨天都可进行，解决了高水分大豆在多水的春季不能及时翻晒难以安全保管的问题，是一种贮藏高水分大豆的有效措施。

3. 花生的贮藏

花生果（带壳的）和花生仁均可贮藏，贮藏稳定性以花生果较好，但多占仓容 2 倍以上，而贮藏花生仁，只要保管合理，也能安全度夏。

（1）花生果的贮藏：花生产地广阔，品种类型繁多，应根据地区气候和品种成熟特点，适时收获。以早花生为例，江南地区多在 8 月中旬至 9 月上旬收获，华北地区应在 9 月上中旬收获，要做到成熟一片，收获一片，对于种用花生，在保证成熟适度的前提下，尽可能做到适时早收，以免受冻，影响花生品质及贮藏稳定性。

花生收获后及时进行干燥，是迅速降低水分、防止花生受冻的有效方法，而且利于养分的转移积累，促进后熟，保持品质，确保安全贮藏，同时，也可避免发生机械损伤、变色裂果、降低出油率等不良现象。花生摘后再晾晒 5~6 天，堆积 1~2 天，使其内部的水分进一步向外扩散，就可以达到安全水分的要求。此外，采用烘干机干燥花生，效果也很好。这对霜期早临或收获时多雨地区，进行商品花生果的干燥很有价值。花生干燥后，要及时清除破碎粒、杂质和泥沙，以利安全贮藏。

花生果在仓内或露天散存均可，只要水分控制在 9%~10%，就能较长期贮存。在冬季水分较大但不超过 15% 的花生果可以露天小囤贮存，经过冬季通风降水后，到第二年春暖前再转入仓内保管。水分超过 15% 的花生果，温度过低时，会遭受冻害，必须抓紧处理，降低水分后才能保管。花生果仓内散装密闭，水分 9% 以下，粮温不超过 28℃ 者，一般可做为较长时期的保管。花生果的安全水分标准也可根据季节灵活掌握，一般在冬季为 12%，春秋季为 11%，夏季为 10%。

花生果和花生仁都会遭受储粮害虫的危害。危害花生的害虫主要有印度谷蛾、赤拟谷盗、锯谷盗和玉米象等，其中，以印度谷蛾危害最严重，常发生在堆垛的表层。由于印度谷蛾有吐丝结网的特性，有时在堆垛表面会出现"封顶"现象。因此，在春暖后害虫繁殖季节，要及时采取悬挂长效敌虫块或磷化铝熏蒸等有效的防治措施进行处理，防止害虫危害。花生特别容易招致老鼠侵害，在贮藏期间要注意做好防鼠工作，避免老鼠危害。

（2）花生仁的贮藏：花生仁安全水分标准，一般在冬季为 10%，春秋季为 10%、夏季为 9%。若长期贮藏，水分应控制在 8% 以内，水分在 9% 以内为基本安全，水分在 10% 以上，冬季虽然加强通风，也只能作短期贮藏。花生仁失去外壳的保护，不宜采用烈日暴晒，如必须进行日晒降水，日光直射温度不宜超过 25℃，否则会出现脱皮浸油现象，并影响出油率，在日照温度过高时，可采用隔阳晾晒法进行暴晒，用席片隔离阳光进行暴晒，此外，还可在冬季进行仓内通风干燥，仓内摊晾干燥或露天包装通风干燥，这些方法均可起到降水效果。

低温密闭不仅可以提高贮藏稳定性，还可起到防虫作用，是安全贮藏花生仁的重要技术措施。长期保管的花生仁，经过冬季通风干燥，水分降至 8% 以下，在春暖前，应及时进行密闭贮藏。水分安全、长期贮藏的花生仁，在贮藏过程中，最高温度不宜超过 25℃，过此界限，脂肪酸值就会显著增高，易引起败坏。

密闭贮藏可以防止虫害感染，隔绝外界空气的影响，既能保持低温，又能防止脂肪氧化，增进花生仁贮藏的稳定性。但长期密闭，对种用花生的发芽有一定的影响。密闭的方式可因地制宜，如仓内套囤覆盖密闭，散堆覆盖密闭均可。

花生仁也可采用气控贮藏，如抽真空充氮保管，真空度抽至 53 328.8 帕（真空度过高花生仁易变形出油），充以适量氮气，会很快缺氧，从而能抑制花生仁的呼吸强度与霉菌活动，消灭害虫，防止吸潮。从 3 月贮藏到 9 月，浸油现象不明显，酸价只有微量增加，基本上保持了原有的色泽和品质。广东省的经验证明，花生果进行密闭自然缺氧贮藏，在 5% ~ 7.2% 低氧条件下，不仅可以保持果色，有效地防治害虫，还利于保持发芽率，贮藏 7 个月后发芽率仍保持 93% ~ 97%，而对照组（常规贮藏）的发芽率只有 80%。

（二）油料的加工

一般将含油率高于 10% 的植物性原料称为油料，油料加工是指将油脂从油料中的提取过程和进一步深加工过程。一般来讲，油料加工过程包括油料预处理、油脂提取、油脂精炼与改性等过程。

1. 工艺流程

油料预处理（油料清理、剥壳、制坯）→油脂提取→油脂精炼→油脂改性

2. 操作要点

（1）油料预处理：油料预处理的主要目的是为油脂和油料的分离提供必要准备条件，其过程一般包括油料清理、油料的剥壳及脱皮和油料生坯制备等。

①油料清理：油料清理的目的是减少油分损失，提高出油率，提高油脂、饼粕和副产物的质量，提高设备的处理量，减轻对设备的磨损，延长设备使用寿命，避免产生事故，保证生产安全，减少和消除车间的尘土飞扬，改善操作环境等。

一般根据油料与杂质在粒度、比重、形状、表面形态、硬度、磁性、气体动力学等物理性质上的差异，采用筛选、磁选、风选、比重去石等方法和设备，将油料中的杂质去除。

油料不同清理的要求不同，一般而言各种油料经过清选后，不得含有石块、铁杂、麻绳等大型杂质。净料中含杂质最高限额为花生仁 0.1%，大豆、棉籽、油菜籽、芝麻为 0.5%。杂质中含油料最高限额为大豆、棉籽、花生仁为 0.5%，油菜籽、芝麻为 1.5%。②油料的剥壳或脱皮：油料剥壳（或脱皮）的目的是提高出油率，提高毛油和饼粕的质量，减轻对设备的磨损，增加设备的有效生产量，利于轧坯等后续工序的进行及皮壳的综合利用等。经常采用的剥壳方法包括：利用粗糙面的碾锉作用使油料皮壳破碎进行剥壳；利用打板的撞击

作用使油料皮壳破碎进行剥壳；利用锐利面的期剪切作用使油料皮壳破碎进行剥壳；利用轧辊的挤压作用使油料皮壳破碎剥壳。

油料经剥壳后成为整仁、壳、碎仁、碎壳及未剥壳的整粒混的混合物。必须将这些混合物有效的分成仁、壳及整籽3部分。仁和仁屑进入下道制油工序，壳和壳屑送入仓房打包，整籽返回剥壳设备继续剥壳。经过仁壳分离后一般要求仁中含壳率：棉籽不超过10%，花生仁不超过1%，葵花籽不超过15%。③油料的生坯制备：在提取油脂前，油料必须先制备成适合于提取油脂的料坯。料坯的制备通常包括油料的破碎、油料的软化、油料的轧坯、生坯的干燥、生坯的挤压膨化等过程。

（2）油脂提取：将油脂和油料分离并收集油脂的过程称为油脂提取，依据分离方法的不同，油脂的提取可以分为压榨法取油和浸出法取油。

①压榨法取油：借助机械外力的作用，将油脂从油料中挤压出来的取油方法称为压榨法取油。典型压榨法取油包括蒸炒、压榨、毛油除杂等过程。压榨取油设备主要有液压榨油机和动力螺旋榨油机两类。压榨法取油与其他取油方法相比具有工艺简单、配套设备少、对油料品种适应性强、生产灵活、油品质量好、色泽浅、风味纯正等优点，但压榨后饼残油量较高，动力消耗大，设备零件易损耗。②浸出法取油：浸出法取油是应用固—液萃取的原理，选用某种能够溶解油脂的有机溶剂，经过对油料的喷淋和浸泡作用，使油料中的油脂被萃取出来的一种取油方法。浸出取油的基本过程是把油料料坯、预榨饼或膨化料坯浸于选定溶剂中，使油脂溶解在溶剂中形成混合油，然后将混合油与浸出后的固体饼粕分离。对混合油进行蒸发和汽提，使溶剂汽化与油脂分离，从而获得浸出毛油。浸出后的固体粕含有一定量的溶剂，经蒸脱处理后得到成品粕。浸出法取油的有点是：出油效率高，粕残油低，粕的质量好；生产过程可以控制在较低温度下进行，得到蛋白质变性程度很小的饼粕，利于油料蛋白的提取和利用；容易实现大规模和自动化生产；与压榨法相比，其生产环境较好，动力消耗小。

（3）油脂精炼与改性：油脂精炼的目的是根据甘三酯和各种杂质性质的差别，利用一定的工艺和设备，出去油脂中的杂质，并尽量减少精炼过程中中性油和有益成分的损失。油脂精炼主要包括：悬浮杂质的去除、脱胶、脱酸、脱色、脱臭、脱蜡等过程。油脂改性的目的是通过改变甘油三酸酯的组成和机构，使油脂的物理性质和化学性质发生改变，进而适应某种用途。分提、氢化和酯交换是油脂改性的3种主要方法。

第二节　果品、蔬菜贮藏与加工

一、果蔬的贮藏

果蔬的贮藏是做到"旺季不烂，淡季不淡"的重要措施之一。目前，我国水果和蔬菜的贮藏方式多种多样，有不少行之有效的贮藏方式。依据贮藏过程中的温度控制措施可以将果蔬贮藏技术分为自然降温贮藏技术和人工降温贮藏技术。

（一）自然降温贮藏

常用的自然降温贮藏主要有堆藏（垛藏）、沟藏（埋藏）、冻藏、假植贮藏和通风窖藏（窑窖、井窖），它们都是利用外界自然低温（气温或土温）来调节贮藏环境温湿度。使用时受地区和季节限制，而且不能将贮藏温度控制到理想水平。但是，因其设施结构简单，有些是临时性的设施（如堆藏、垛藏、沟藏），所需建筑材料少，费用低廉，在缓解产品供需上又能起到一定的作用，所以这种简易贮藏方式在我国许多水果和蔬菜产区使用非常普遍，在水果和蔬菜的总贮藏量上占有较大的比重。虽然降温贮藏产品的贮藏寿命不太长，然而对于某些种类的水果和蔬菜，却有其特殊的应用价值，如沟藏适合于贮藏萝卜；冻藏适用于菠菜；假植贮藏适用于芹菜、离笋、菜花；大白菜、苹果、梨等可以窖藏；白菜、洋葱可以堆藏或垛藏。它们多在北方有外界低温的冬季和早春使用，适用产品的贮藏温度0℃左右。我国其他地区也可以，如南通地区柑橘的地窖贮藏。

（二）人工降温贮藏

人工降温贮藏是利用机械制冷和调节贮藏环境温度的贮藏方式，使用时不受季节和地区的限制，可以比较精确地控制贮藏温度，适用于各种水果和蔬菜，如果管理得当可以达到满意的贮藏效果。尽管低温能够最有效地减缓代谢速度，但是冷藏也不能无限制地延长贮藏寿命。由于机械冷藏的应用，使许多水果和蔬菜如猕猴桃，早、中熟苹果，桃，荔枝，番茄等在常温下难以贮藏的产品得以较长期贮藏或远途运输。气调贮藏对于一些水果和蔬菜采用气调冷藏比冷藏的效果更好，如冷藏苹果只可贮6个月，但气调冷藏却可以贮10个月，仍然保持很好的硬度。这种人为地控制或改变贮藏环境中的气体成分（降低氧气浓度相提高二氧化碳浓度）的贮藏方式称为气调贮藏。这是发达国家大量贮藏和保证长期供应苹果和西洋梨的主要手段之一。但是并非所有的水果和蔬菜都适合于气调贮藏，有的产品气调贮藏效果并不明显，甚至有副作用。一般情况下，呼吸跃变型果实气调贮藏的效果较好，而非跃变型果实气调贮藏对保持产品品质作用不大。

1. 冷藏

果蔬冷藏可分为冰藏和机械冷藏。冰藏是利用天然冰来维持贮藏低温的贮藏方法，有直接冷却和间接冷却两种方法。直接冷却即将冰块直接装在贮藏库内，使其吸热融化而使产品降温，具有制冷效率高、贮藏成本低特点，但贮藏环境中的湿度不易控制。间接冷却法为用盐水作为中间冷却介质的方法，此法的温度调节较为方便，但热效率低、投资高、维持费用也较高。机械冷藏是通过机械制冷系统的作用，控制库内的温度与湿度，使产品延长贮藏寿命的一种果蔬贮藏方式，具有不受地区气候条件的限制，可根据不同的果蔬要求，可精确控制贮藏温度、湿度。

2. 气调贮藏

依照气调贮藏过程中，气体来源不同可分为人工气调贮藏和自发气调贮藏。人工气调贮藏（CA）是指在相对密闭的环境中（比如库房）和冷藏的基础上，根据产品的需要，采用机械气调设备，人工调节贮藏环境中气体成分的浓度并保持稳定的一种贮藏方法，由于氧气和二氧化碳的比例能够严格控制，而且能做到与贮藏温度密切配合，因而贮藏效果好，但气调库建筑投资大，运行成本高，制约了其在果蔬在贮藏中的应用和普及。自发气调贮藏（MA）。自发气调贮藏又称简易气调或限气贮藏，是在相对密闭的环境中（如塑料薄膜密闭），依靠贮藏产品自身的呼吸作用和塑料膜具有一定程度的透气性，自发调节贮藏环境中的氧气和二氧化碳浓度的一种气调贮藏方法。塑料薄膜密闭气调法，使用方便，成本较低，可设置在普通冷库内或常温贮藏库内，还可以在运输中使用，是气调贮藏中的一种简便形式。可用于果蔬密闭贮藏保鲜的薄膜种类很多，目前，广泛应用的材料有低密度聚乙烯（LDPE）、高密度聚乙烯（HDPE）、聚氯乙烯（PVC）、聚丙烯（PP）、聚乙烯醇（PVA）等，它们与硅橡胶模黏合可制成硅窗气调袋（帐）。

二、果蔬预处理

虽然果蔬制品加工方法很多，但加工前一般都要经过预处理。果蔬加工原料的预处理包括选别、分级、洗涤、去皮、修整、切分、烫漂（预煮）、护色、半成品保存等。尽管果蔬种类和品种、组织特性各异，加工的方法不同，但加工前的预处理过程基本相同。

（一）原料的选别

果蔬原料进厂后首先要进行粗选，即要剔除霉烂、病虫害及不新鲜果实，除去肉眼可见的土石、草木屑等有形物，对残、次果蔬和损伤不严重的则先进行修整后再应用。

（二）原料的分级

原料的分级包括按大小、成熟度和色泽分级，其中，色泽和成熟度分级常用目视估测进行。大小分级是分级的主要内容，几乎所有的加工类型都需要按大小分级。

（三）原料的清洗

除蜜饯、果脯可用硬水外，其余加工原料的洗涤都必须用软水。水温一般采用常温，有时为增加洗涤效果，也可用温水（硬度：通常是指水中钙、镁盐类含量的多少。1升水中含有 $1/2CaO$ 的物质的量毫摩尔为硬度的国际制单位，硬度在 $0 \sim 1.4$ 毫摩尔/升为软水，$3.3 \sim 4.3$ 毫摩尔/升为普通软水，$4.6 \sim 6.4$ 毫摩尔/升为中等硬水，$6.8 \sim 10.7$ 毫摩尔/升为硬水）。

（四）原料的去皮

原料的去皮主要采用手工去皮、机械去皮、碱液去皮、热力去皮、冷冻去皮等方法进行。其中，碱液去皮是果蔬原料去皮中应用最广的方法。采用碱性化学物质，如氢氧化钠、氢氧化钾或两者的混合液去皮。利用碱的腐蚀性，将果蔬表皮与肉质间的果胶物质腐蚀溶解，皮肉之间的细胞松脱，使表皮与肉质发生分离而去皮。碱液去皮时碱液的浓度、处理的时间和碱液温度为三个重要参数。碱液去皮后的果蔬原料应立即投入流动的水中进行彻底漂洗，擦去皮渣，漂洗时可用 $0.1\% \sim 0.2\%$ 盐酸或 $0.25\% \sim 0.5\%$ 的柠檬酸水溶液中和碱液并防止变色。

（五）原料的切分、去心（核）、修整

原料的切分目的首先是满足产品形态的要求，要求片状、丝状等都需要切分；其次出于工艺考虑，如糖制时切分后容易渗糖等。有一些专用机械供加工不同的制品使用。去心（核）时，可以人工使用简单的工具或由机械来完成。修整则是除去去皮后芽眼窝处杂质、肉质部分残存的黑点、腐烂点等，在人工去心（核）时，修整同时进行。

（六）原料的烫漂

果蔬烫漂的程度常以果蔬中最耐热的过氧化物酶的钝化做标准。过氧化物酶活性的检查可用 0.1% 的愈创木酚酒精溶液（或 0.3% 的联苯胺溶液）及 0.3% 的过氧化氢作试剂。方法是将试样切片后随即浸入愈创木酚或联苯胺中也可以在切面上滴几滴上述溶液，再滴上 0.3% 的过氧化氢数滴，数分钟后，遇愈创木酚变褐色、遇联苯胺变蓝色则说明酶未被破坏，烫漂程度不够，如果不变色，表示酶被钝化，已达到烫漂要求。烫漂后的果蔬，必须用冷风或冷水迅速冷却，以停止高温对果蔬的作用，保持果蔬的脆性。

（七）工序间的护色

去皮、切分后的果蔬变色主要是酶促褐变。常用的护色方法有以下几种。

1. 烫漂护色

钝化酶活性，防止酶褐变，稳定或改进色泽。

2. 食盐溶液护色

食盐对酶的活力有一定的抑制和破坏作用。另外，氧气在盐水中的溶解度比空气中小，也起到一定的护色效果。果蔬加工中常用1%～2%的食盐水护色。

3. 亚硫酸盐溶液护色

亚硫酸盐既可抑制酶褐变又可抑制非酶褐变，抑制酶褐变的机制尚无定论，有学者认为是SO_2抑制了酶活性，有的认为是由于SO_2把醌还原为酚，还有的认为是SO_2和醌加合而防止了醌的聚合作用，很可能这三种机制都是存在的。

4. 有机酸溶液护色

大多数情况下，多酚氧化酶的最适pH值在4～7，所以，有机酸溶液可以降低pH值，抑制多酚氧化酶的活性，同时，它又可以降低氧气的溶解度而兼有抗氧化的作用。

（八）原料的硬化

硬化又称保脆，是大多数果蔬加工都必须进行的一道预处理工序。硬化的目的是使果蔬耐煮制、不软烂；改善制品品质，如硬化后的果蔬制品食之有生脆之感等。原料的硬化一般要使用硬化剂，常用的硬化剂有氯化钙、亚硫酸氢钙等。硬化剂的浓度、硬化时间因果蔬原料种类、加工制品的要求不同而异。硬化后的原料加工前应进行漂洗。

（九）半成品的保存

1. 盐腌处理

食盐溶液的高渗透压和降低水分活性的作用使微生物难以滋生。盐腌方法有干腌和湿腌，干腌食盐用量为原料的14%～15%；湿腌一般配制10%的食盐溶液使用。

2. 硫处理

亚硫酸和SO_2对人体有毒，注意按允许剂量添加；亚硫酸可解离成SO_2与马口铁发生作用，生成硫化铁，对金属罐装的果蔬制品，硫处理后应脱硫或尽量不用硫处理保存半成品；亚硫酸在应用时应严格掌握质量标准，特别是重金属含量；加工前应脱硫，残留量应达到规定值以下，脱硫方法有加热、搅动、充气、抽空等。

三、果蔬的加工

果蔬加工是指以新鲜果蔬为原料，经过一定的加工工艺处理，消灭或抑制果蔬中的有害微生物，保持或改进果蔬的食用品质，制成不同于新鲜果蔬产品的过程。目前，常见的果蔬加工方法包括：果蔬灌装、果蔬榨汁、果蔬速冻、果蔬干制、蔬菜腌制、果蔬糖制、果酒与果醋等。

（一）果蔬的灌装

1. 工艺流程（图6-5）

2. 操作要点

（1）预处理：原料的选择、分级、洗涤、去皮、切分、去核或心以及烫漂等工艺过程的操作参照果蔬预处理相关内容。

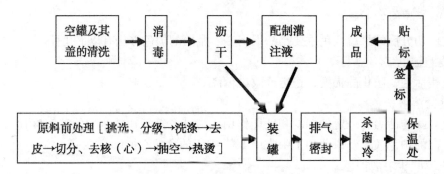

图 6 - 5　果蔬灌装工艺流程

（2）抽空：抽空处理可排除果蔬组织内的氧气，钝化某些酶的活性，抑制了酶促褐变。抽空条件与抽空效果主要取决于真空度、抽空的时间、温度与抽空液四个方面。一般要求真空度大于 79 千帕以上。

（3）装罐：装罐的方法有人工装罐和机械装罐两种方法。装罐时注意合理搭配，力求做到大小、色泽、形态、成熟度等均匀一致，排列式样美观，如此操作，可以提高原料的利用率，降低成本。

（4）排气：排气后封罐，使罐头内形成一定的真空度，可有效抑制好气性微生物的生长和繁殖，延长产品的保质期。排气方法有加热排气和抽空排气两种，其中，加热排气法又包括两种，即先加热后装罐法和先装罐后加热法。

（5）密封：通常采用半自动封罐机或全自动封罐机，个别小厂采用手扳封罐机，手扳式封罐机通常不配抽空装置，所以加热排气后方可封罐。封罐前，在罐盖上打印代号，即用字母和数字来代表产品生产的年月日、班组、产品类别及生产厂家，以便于成品质量检查。

（6）杀菌冷却：在加热的条件下，杀灭绝大多数对罐内食品起腐败作用和产毒致病的微生物，使罐头食品在保质期内具有良好的品质和食用的安全性。目前，罐头食品的杀菌方法通常采用常压杀菌法和加压杀菌法。

（7）保温检查与贴标签：将杀菌冷却后的罐头放入保温室内，中性或低酸性罐头在 37℃ 下保温一周，酸性罐头在 25℃ 下保温 7～10 天。未发现胀罐或其他腐败现象，即检验合格，贴标签。标签要求贴得紧实、端正、无皱折。

（二）果蔬的榨汁

1. 工艺流程（图 6 - 6）

2. 操作要点

（1）原料选择：加工果蔬汁的原料应具有良好的风味和香气，无异味，色泽美观而稳定，糖酸比合适；尽量选择出汁率高、取汁容易的品种，用来榨汁的果蔬原料对大小和形状无要求，但对成熟度的要求较严，未成熟或过度成熟的果蔬均不适合制作果蔬汁。

（2）清洗：清洗的目的是去除果蔬原料中一切不符合作业要求的物质，尤其是微生物，正常的果蔬原料表面的微生物数量在 10^4～10^8 个/克。一般采用喷水冲洗或者流动水冲洗，对于农药残余量较多的果实，可以用稀酸溶液或洗涤剂处理后再冲洗。

（3）破碎：果蔬原料的破碎要适度，不同的果蔬种类破碎程度不同。要依据果蔬的种类确定破碎的程度，如苹果和梨破碎到 3～5 毫米为宜，番茄可用打浆机破碎后取汁。

（4）取汁或打浆：果蔬取汁有打浆、压榨和浸提 3 种方式，采用何种方式取决于果蔬

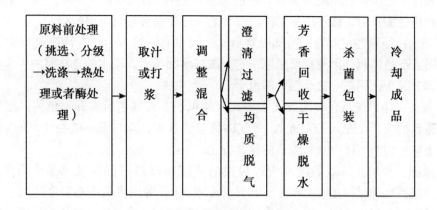

图 6 - 6　果蔬榨汁工艺流程

原料的质地、组织结果和生产的果汁类型。

（5）过滤：浑浊果汁要去除分散于果蔬汁中的粗大颗粒和悬浮物等，澄清果汁，粗滤后还要进行精滤，务必除去全部悬浮颗粒。

（6）成分调整：果蔬调配既要实现产品的标准化，使不同批次产品的品质保持一致，又要提高果蔬汁的风味、色泽和口感等。

（7）均质：均质的目的是提高果肉微粒的均匀性、细度和口感，防止果肉与汁液分离影响产品外观。常用设备包括高压均质机和超声波均质机等。

（8）脱气：脱气的目的是除去果蔬汁中的空气。常用方法包括真空脱气法、气体置换法、化学脱气法和酶法脱气法等。

（9）杀菌：杀灭果蔬中存在的微生物的操作过程为果汁杀菌，同时，果汁杀菌也有钝化酶活性的作用。常用杀菌方法包括高温短时杀菌、超高压杀菌、辐射杀菌、高压脉冲电场杀菌和欧姆杀菌等。

（三）果蔬的速冻

1. 工艺流程

原料选择→预冷→清洗→去皮→切分→漂烫→冷却→沥水→包装→速冻→冻藏→解冻使用。

2. 操作要点

（1）原料的选择：用于速冻的果蔬原料必须耐冻藏，冷冻后严重变味的原料一般不宜采用。食用前需要煮制的蔬菜适宜速冻，对于需要保持其生食风味的品种不作为速冻原料。

（2）原料的预冷：原料在采收之后，速冻之前需要进行降温处理，这个过程称预冷，通过预冷处理降低果蔬的田间热和各种生理代谢，防止腐败衰老。预冷的方法包括冷水冷却、冷空气冷却和真空冷却。

（3）原料的漂烫和冷却：通过漂烫可以全部或部分地破坏原料中氧化酶的活性，起到一定杀菌作用。对于含纤维较多的蔬菜和适于炖炒的种类，一般进行漂烫。漂烫的时间和温度根据原料的性质、切分程度确定，通常是 95～100℃，几秒至数分钟。而对于含纤维较少的蔬菜，适宜鲜食的，一般要保持脆嫩质地，通常不进行漂烫。

（4）浸糖：水果浸糖处理还可以减轻结晶对水果内部组织的破坏作用，防止芳香成分的挥发，保持水果的原有品质及风味。糖的浓度一般控制在30%～50%，因水果种类不同而异，一般用量配比为2份水果加1份糖液，加入超量糖会造成果肉收缩。

（5）沥水：原料经过漂烫、冷却处理后，表面带有较多水分，在冷冻过程中很容易形成冰块，增大产品体积，因此，要采取一定方法将水分甩干，沥水的方法有两种，可将原料置平面载体上晾干；用离心机或振动筛甩干。

（6）包装：速冻果蔬包装的方式主要有普通包装、充气包装和真空包装。充气包装首先对包装进行抽气，在充入 CO_2 或 N_2 等气体的包装方式，充气量一般在0.5%以内。真空包装，抽去包装袋内气体，立刻封口的包装方式。

（7）速冻：要求在最短的时间内以最快的速度通过果蔬的最大冰晶生成带（-5～-1℃），一般控制冻结温度在-40～-28℃，要求30分钟内果蔬中心温度达到-18℃。生产上一般采取冻前充分冷却、沥水，增加果蔬的比表面积，降低冷冻介质的温度，提高冷气的对流速度等方法来提高冻结速度。目前，流态化单体速冻装置在果蔬速冻加工中应用最为广泛。

（8）冻藏：要保证优质的速冻果蔬在贮藏中不发生劣变，库温要求控制在-（20±2）℃，这是国际上公认的最经济的冻藏温度。冻藏中要防止产生大的温度变动，否则会引起冰晶重排、结霜、表面风干、褐变、变味、组织损伤等品质劣变，还应确保商品的密封，如发现破袋应立即换袋，以免商品的脱水和氧化。

（四）果蔬的干制

1. 工艺流程

果蔬原料→拣选→清洗→分级→去皮、去核、切分→漂烫→硫处理→干制→包装。

2. 操作要点

（1）原料选择：为了得到高品质的果蔬干制品，对不同的果蔬原料必须选择其最佳的成熟期进行采收，而且有些原料需要尽快地仔细地进行加工。

（2）清洗：水果通常是整个地浸泡在冷水中以去除表面的尘土和残留农药。蔬菜通常需要采用高压喷淋或旋转式清洗机进行清洗。

（3）去皮和切分：根茎类蔬菜，苹果和其他一些水果干制前需要去皮，去皮后，根茎类蔬菜要切分为丁、条或丝；甘蓝切为丝；马铃薯被切为片，或进行切丁等其他处理，以利于制粉；李子、葡萄、樱桃、草莓则直接进行全果干制；苹果要去皮、去核，然后切片进行干燥。切分通常是靠快速旋转的刀具完成的。

（4）浸泡：有些果蔬在干制前需要对原料进行浸泡处理，包括碱液浸泡和酸液浸泡。碱液浸泡主要用于一些整果干制的果蔬，酸液浸泡是在硫处理前采用酸液浸泡，酸浸泡的目的是为了稳定制品的色泽，防止硫处理时褪色的发生。

（5）硫处理：切分的水果和葡萄（为了得到浅黄色的葡萄干）在干制之前需要进行熏二氧化硫处理，苹果可以采用亚硫酸及其盐的水溶液或二氧化硫的水溶液浸泡处理。甘蓝、马铃薯和胡萝卜在干制前通常要进行硫处理。用量最高的为甘蓝，一般为750～1 500毫克/千克；马铃薯和胡萝卜为200～500毫克/千克。

（6）干制：干制是果蔬干制中最关键的工序。干制的方法有多种，简单分可以分为自然干制和人工干制两种，详细来分，可分为太阳晒干、逆流干燥、顺流干燥、转鼓式干燥、喷雾干燥等。

（五）果蔬的糖制

1. 工艺流程（图6-7）

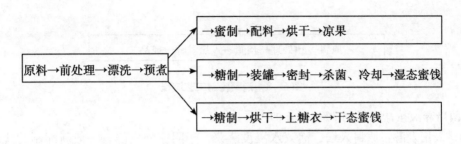

图6-7　果蔬糖制工艺流程

2. 操作要点

（1）原料选择：选择优质原料是制成优质产品的关键所在，而原料质量优劣主要在于品种、成熟度和新鲜度等几个方面。蜜饯类因需保持果实或果块形态，要求原料肉质紧密、耐煮性强。在绿熟—坚熟时采收为宜。

（2）前处理：前处理包括分级、清洗、去皮、去核、切分、切缝、刺孔等工序，还应根据原料特性差异、加工制品的不同进行腌制、硬化、硫处理、染色等。

（3）糖制：糖制是蜜饯类加工的主要工艺。糖制过程是果蔬原料排水吸糖过程糖液中糖分依赖扩散作用进入组织细胞间隙，再通过渗透作用进入细胞内，最终达到要求的含糖量。糖制方法有蜜制（冷制、糖浸）和煮制（糖煮、糖渍）两种。蜜制多用于皮薄多汁、质地柔软的原料，如杨梅、樱桃、青杏枇杷等；煮制适用于质地紧密、耐煮性强的原料。

（4）干燥与上糖衣：干态蜜饯在糖制后需除去多余的水分，使表面不黏手，因此，需要干燥，一般是烘烤或晾晒，烘烤温度在50~60℃，干燥后的蜜饯要求完整、饱满、不皱缩、不结晶、质地柔软，含水量为18%~22%。所谓上糖衣是用过饱和糖液处理干态蜜饯，当糖液干燥后会在表面形成一层透明的糖质薄膜的操作。上糖衣用的过饱和糖液，常以3份蔗糖、1份淀粉糖浆和2份水配合而成，将混合浆液加热到113~114.5℃，冷却到93℃即可使用。

在干燥快结束的蜜饯表面撒上一层白砂糖或结晶糖粉，拌匀，筛去多余糖粉，即得糖霜蜜饯。

（5）整理包装：干燥后的蜜饯应及时整理或整形，使产品外观一致，再行包装。干态蜜饯的包装主要是防止吸湿返潮，湿态蜜饯以罐头工艺进行装罐，糖液量45%~55%。密封后，90℃杀菌20~40分钟，冷却；不杀菌，则糖分不低于65%。

（六）蔬菜的腌制

1. 工艺流程（以泡菜为例）（图6-8）

2. 操作要点

（1）预腌：按晾干原料量用3%~4%的食盐与之拌和，称预腌。为增强硬度，常同时加入0.05%~0.1%的氯化钙。预腌24~48小时，有大量菜水渗出时，取出沥干，称出坯。

（2）泡菜水的配制：井水和泉水是含矿物质较多的硬水，用以配制泡菜盐水，效果较好，也可在普通水中加入0.05%~0.1%的氯化钙或用0.3%的澄清石灰水浸原料，然后用此水来配制盐水。配制时，按水量加入食盐6%~8%。按需要加入调味料。老泡菜水或人

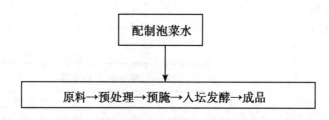

图6-8 泡菜腌制工艺流程

工乳酸菌培养液按盐水量的 3% ~ 5% 加入。

（3）入坛发酵：原料入坛，泡菜水浸没蔬菜，于阴凉处发酵。一般新配制的盐水在夏天泡制时需 5 ~ 7 天成熟，冬天需 12 ~ 16 天成熟。

（4）包装：成熟泡菜应及时包装。可以先整形、配调味液，然后包装，真空封口，杀菌、冷却。

第三节　农产品运销

一、农产品的运销

农产品运销是一种农产品从产地输送到消费地，并满足消费者需求的各种活动的总和，主要包括农产品收购商、运输商、批发商、零批商、零售商、拍卖商等主体所从事的农产品运销过程，研究农产品运销之前必须详细了解这些行为主体的种类及其在农产品运销过程的职能。

（一）收购商

农产品收购商在各国有不同的叫法，例如，西方国家称之为农产品采购商，日本叫农产品集货商。农产品收购商（Assemblers）的职能是从分散的农民手中收集农产品，经过短期贮存或初步加工、整理，然后转运给加工企业或批发企业。目前，我国从事农产品收购的商人主要有两种类型，一种是批发商的合伙人，他们在各大产地寻求最低价格最适质量的产品，并直接从农户手中收购、运输并销售，通过赚取地区差价获取利润；另外一种叫客户代表，多是在生产基地与批发商熟识的当地人，他们按照批发商的要求寻找合适的产品并收购，按照收购金额向批发商收取佣金。

（二）运输商

运输商（Shipper）是从事产品运输业务的商人。它的主要职责就是依照客户指令，将产品从一个市场运送到另一个市场，也可能是从市场运送到最终消费者手中。他的服务对象可能是集货商、批发商或者零售商。不管谁有需求，都可以直接与之联系，双方谈妥运输价格、交货时间和风险承担方式后，运输商就开始运送货物。

（三）批发商

批发商（Wholesaler）是指向生产者购买农产品并转售给加工厂商、零批商、零售商的流通主体。在不同的交易场合分别被称作批发商、分销商或配售商。农产品批发商不同于农产品生产者和最终消费者，它不直接从事农产品的生产和消费活动，而是在农产品流通领域，在生产和消费之间起集中、平衡和扩散的功能。它也不同于农产品零售商，其交易对象是商业顾客而不是最终消费者，其交易数量通常大于零售。按性质分类，批发商可以分为：商人批发、经纪人和代理商、制造商的分销机构以及零售商的采购办事处；按地理位置和作用分类，批发商可以分为产地批发商、中转地批发商、消费地批发商。批发商的主要任务包括组织货源、储备商品、进行分级、加工、包装等和商品分销。

（四）零批商

零批商（Jobber）也可称为次级批发商（Secondary Wholesaler），他们是向批发商购进农产品并转售给零售商或大消费户（Institutional Consumer）的商人。这里所说的大消费户主要是指机构消费户，其特点是一次进货量较大且数量相对固定，所以通常直接向零批商或批发商购买，如大饭店、工厂、军队、机关学校的餐厅等。

（五）零售商

零售商（Retailer）是出售农产品给最终消费者的商贩，处于农产品营销渠道的终端，是运销过程的最后一道环节。农产品经由零售商销售后即为消费品而不再流通。零售商的基本任务是直接为最终消费者服务，它的职能包括购、销、调、存、加工、折零、分包、传递信息、提供销售服务等。依据经营范围，零售商可以分为专业店和百货店；依据有无店铺，零售商可以分为无店铺零售店和有店铺零售店；依据是否连锁，零售商可以分为无连锁零售店和连锁店。

（六）拍卖商

拍卖是在规定的时间和地点，按照一定的规章，通过公开或密封出价竞购的办法，把货物逐批或逐件卖给出价最高的人的一种交易方式，拍卖商（Auctioneer）就是从事拍卖活动的商人。大宗农产品如羊毛、茶叶、水果、蔬菜、粮食、棉花、花卉等需要看货成交的都可以采取拍卖的方式。

二、农产品运销组织

（一）农产品运销组织的概念

农产品运销组织（Market Organization）是指农产品从生产者转移到消费者的过程中，参与农产品流通的各类组织。它不仅仅指专门从事农产品流通活动的各类专职流通组织，而且包括从事农产品加工的流通导向型组织以及为农产品流通提供服务的各种流通中介组织。

（二）农产品运销组织的作用

农产品运销组织根据各自设立的宗旨和目标，分别执行不同职能，体现不同作用。大体上说，它的存在对带动农户发展生产，减少农户收入的不确定性，保证农民增加收入，推动农业产业化经营，促进农业向第二、第三产业延伸起了极大推动作用。

（三）农产品运销组织的类型

1. 国合农产品流通组织

计划经济时期，国合农产品流通组织是我国商品流通的主体。国合农产品流通组织主要包括粮食企业、商业企业和供销合作社等。粮食部门负责经营粮食、油料、油脂的收购、加工、储运、供应，商业系统负责经营烟、酒、糖、茶、食品（肉、禽、蛋等）、蔬菜、果品等农副产品，这两个系统经营的商品最多，流转额最大，它们的网点遍布全国各地，并设有各种专业公司，如牛奶公司、果品公司、畜产品公司、烟草公司、丝绸公司、中药材公司等，还有一些农产品分属于轻工业部门、外贸部门、林业部门、农垦部门以及水产部门。供销合作社曾是我国农村市场商品流通的主渠道，供销合作社系统负责经营棉花、麻类、茶叶、蚕茧、土副产品等的购销业务，以及部分农业生产资料和农村生活资料的供应。

2. 农民合作经济组织

合作组织是人们自愿联合，通过共同所有和民主管理的企业，来满足共同的经济和社会需求的自治组织。目前，世界上很多国家和地区都拥有强有力的农民合作组织，它们不但代表联合起来的农民集体采购农业生产资料，对农业生产进行技术指导，还在农产品加工和销售，产品品牌形成维护及促销等方面发挥重要作用。在各种合作组织中，农产品销售合作社是最重要的农业合作组织形式。

3. 商业性农产品运销企业

商业性农产品运销企业主要包括农产品批发企业、农产品零售企业和农工商一体化企业。

三、农产品运销渠道

（一）农产品运销渠道的概念

农产品运销渠道（Marketing Channels）可以定义为由各种旨在促进农产品和服务的实体流转以及实现其所有权，由生产者向消费者或企业用户转移的各种营销机构及其相互关系构成的一种有组织的系统。或者说是指参与将原始农产品变成可以使用或者消费的活动的一系列相互依赖的组织。

（二）农产品运销渠道的作用

促进生产，引导消费；吞吐商品，平衡供求；加速商品流通，节省流通费用；扩大销售范围，提高产品竞争力。

（三）农产品运销渠道的基本类型

（1）生产者→消费者。

（2）生产者→零售商→消费者。

（3）生产者→批发商→零售商→消费者。

（4）生产者→收购商→批发商→零售商→消费者。

（5）生产者→加工商→批发商→零售商→消费者。

（6）生产者→收购商→加工商→批发商→零售商→消费者。

（7）生产者→代理商→收购商→加工商→批发商→零售商→消费者。

四、粮食市场与运销

（一）粮食市场结构与功能

产地市场的主要功能是收购和集中粮食，然后运往批发（消费）市场；或兼营当地零售和批发。产地市场是农民出售粮食和粮食初次集中起运的场所。通常在本乡镇的范围内，规模较小，农民可自运至产地市场，或出售给上门收购者。

批发市场是粮食的集散地，形成的批发价格既影响收购价格和零售价格规模大小不一，功能有所区别，形成一定的网络层次。并不是所有的粮食产品都要经过批发市场才能达到消费者，一般而言，粮食从产地到达消费市场，可能不经过或经过一个或数个批发市场。

消费市场是粮食出售给最终消费者的地点，通常是市镇所在地和农村集市所在地（和产地市场重叠），大城市或规模较大的消费市场往往也是最后一级批发市场。普通城镇居民和缺粮的农民通常在专门经营粮食零售业务的商店、农贸市场或超市购买口粮。以粮食为原料的加工企业和餐饮业通常从批发市场购买粮食。

（二）粮食运销组织形式的演变

1. 粮食运销组织

开放前，我国的粮食运销主要是单轨制即仅有政府粮食部门参与。开放后，主要是施行双轨制即私营和集体粮食运销组织。当前，主要是原国有粮食部门及其下属运销机构转变成为商业性的市场经营主体。

2. 粮食储备组织

储备粮的收储、投放和推陈储新也构成粮食流通的一部分，它可以由专门的储备机构经营，也可以委托一般的粮食流通机构经营。20 世纪 90 年代以后国家建立了粮食专项储备制度，并成立了专门的管理机构——国家粮食储备局，作为储备粮的专职经营管理机构，同时，也委托国有粮食流通组织代管部分储备粮。连年丰收以后农民手中的余粮不断增加，超出年度正常消费以外的剩余不断积累，成为农户掌握的储备粮。

（三）粮食贸易组织

20 世纪 80 年代前，我国的粮食贸易首先由政府高层决策，然后由中国粮食品进出口总公司及其在各地的分支机构负责执行。20 世纪 80 年代以后，各省市自治区的粮油食品进出口公司成为独立经营者。加入世贸后，过渡期内主要粮食的进口实行关税配额制，允许私营和中外合营的粮食运销组织从事粮食贸易并可获得一定比例的进口配额，国营贸易部门获得但未使用的配额应当通过一定程序转归私营或合营粮食贸易机构使用。

（四）粮食的运输

粮食运输传统的方法是包粮运输，这种运输方式以麻袋、面粉袋和塑料编织袋等为包装物，以麻袋片、塑料编织片等为铺垫物对粮食进行运输。这种运输方式成本高、损耗大（3‰）、效率低。现代粮食运输方法多采用散装运输（集装箱运输），这种粮食运输方式是我国目前正在推广的粮食运输方式。与包粮运输相比，散装运输的粮食损耗接近 0，周转费用减少了 70% 左右。2013 年 7 月 2 日，国家发展改革委正式批准在成都市（成都粮油储备有限责任公司）开展"北粮南运"铁路集装箱散粮运输试点工作。这意味着从包粮运输迈向集装箱散粮运输在四川已经迈出了关键一步。

五、果蔬市场与运销

（一）果蔬市场的结构特征

1. 商品特性

果蔬品种多样，标准化困难；多数蔬菜易腐败，不耐贮藏；需求价格弹性低，购买频度高。

2. 生产供给特征

果蔬产品多数生产者为主的蔬菜供给方面呈现纯粹竞争的结构，供给量变动的不确定性比较大。

3. 消费需求特征

果蔬消费者购买次数多而每次购买量少，呈现出非常零散的结构特征。

4. 流通政策与流通制度特征

渠道多，购销自由，定价市场化。当前我国大中城市的果蔬产销基本遵循了"城郊为主，农区为辅，外埠调剂"的原则，以批发市场为中心，以产地集中化为背景，逐步形成了全国性广域流通格局。

（二）果蔬的运销组织与渠道

总体而言我国的果蔬的运销组织主要包括：集货商、运输商、批发商和零售商，这些果蔬运销主体在进行果蔬运销过程中逐渐形成了生产直供型（P→C）、生产直销型（P→R→C）、收集重视型（P→Wp→R→C）、分配重视型（P→Wc→R→C）、完全型（P→Wp→Wc→R→C）等果蔬组织运销形式，其中，P 为蔬果生产商，Wp 为产地收购商，Wc 为消地批发商，R 为零售商，C 为消费者。

（三）果蔬的运输

（1）从温度要求看，果蔬的运输可以分为常温运输和低温运输两种：

常温运输中的货箱温度和产品温度易受外界气温的影响，特别是盛夏和严冬时，这种影响更大。南菜北运，外界温度不断降低，应注意做好保温工作，防止产品受冻；北果南运，温度不断升高，应做好降温工作，防止产品的大量腐烂。

低温运输受环境温度的影响较小，温度的控制受冷藏车或冷藏箱的结构及冷却能力的影响，而且也与空气排出口的位置和冷气循环状况密切相关。一般空气排出口设在上部时，货物就从上部开始冷却。如果堆垛不当，冷气循环不好，会影响下部货物冷却的速度。若冷气循环良好，能使下部货物的冷却效果与上部货物趋于一致。

（2）按照运输路线和运输工具的不同，可把新鲜果蔬的运输分为陆路、水路、空运等不同的运输方式：

陆路运输包括公路和铁路运输；水路运输又包括河运和海运。在新鲜果蔬运输中，要选择最经济合理的运输。

长途运输，过去一般用加冰车厢、机冷车厢或冷藏船等。近年来国外采用冷藏集装箱或气调集装箱运输，国内大多采用汽车和火车运输。

低温冷链运输是目前世界上最先进也是最可靠的果蔬运输方式，即从果蔬的采收、分级、包装、预冷、贮藏、运输、销售等环节上建立和完善一套完整的低温冷链运输系统，使果品从生产到销售之间始终维持一定的低温，延长货架期，其间任何一个环节的缺失，都会破坏冷链保藏系统的完整性和实施。

六、畜禽市场与运销

改革开放以后，我国畜禽产品的运销随着流通政策的变化，经历了 3 次改革，一是1979 年 11 月，猪肉等主要副食品零售价格的提高（平均提高 22%）。城乡集贸市场开放，农民可以出售完成派购任务后的剩余畜禽产品；二是 1985 年的农产品统购统销制度的废止。同时，取消生猪、肉牛、羊、鲜蛋和羊毛的派购任务，实行自由上市、自由交易、随行就市、按质论价；三是 1988 年起的以批发市场建设为中心的流通制度的全面改革。当前，我国畜禽产品运销主要有"市场流通"方式（批发市场主导型流通交易方式）和"市场外流通"方式（产销直挂以及产加销一体化的流通交易方式）两种类型。

（一）市场内流通方式

（1）由专业经纪人向畜禽公司收购，经过屠宰厂加工后，销往批发市场：以上海南汇的畜禽流通情况为例，祥欣畜禽有限公司作为南汇最大的畜禽饲养场，其畜禽产品由专业经纪人收购，经由久盛肉类厂屠宰加工后销向郊区的大塘镇批发市场、奉贤四团批发市场。市区的批发市场则根据各自的地理位置状况从郊区的各个批发市场进货。

（2）由经纪人向规模养殖厂收购，经过屠宰厂加工后，一部分销向批发市场，一部分销向规模养殖厂的指定直销点。

（二）市场外流通方式

1. 产销直挂型

由配送中心向规模养殖厂订购，经过屠宰厂加工后，由配送中心销往各个配送点。配送中心的类型主要有专业化公司、政府部门牵头和超市自建3种类型。

2. 产加销一体化型

由公司组建自己的产加销一体化体系。收购畜禽产品环节主要通过两种形式，有的建立自己的直属养殖场，有的通过与基地采取签订合同形式收购畜禽产品；收购畜禽初级产品后，委托屠宰加工企业进行屠宰加工；在屠宰加工后，畜禽产品经由公司自己的加工体系和市场体系进入销售环节。

（三）畜禽运输

1. 检疫

根据《中华人民共和国动物防疫法》有关规定，畜禽在运输前必须经当地动物防疫监督机构动检人员依法实施产地检疫。检疫人员在确认畜禽无病、弱、严重外伤，且免疫在有效期内的情况下，办理产地检疫证明后，方能运输。

运输途中，押运员应认真观察畜禽健康情况，发现可疑畜禽时，应及时救治及消毒，情况严重的应与当地动物防疫监督机构联系，在当地检疫人员的指导下妥善处理。必要时应将车、船开到指定的地点进行检查、清扫及消毒，在注射相应的疫苗血清，待确定正常、无散播危险时，方可继续运输。

2. 运输工具选择

由于我国各地的自然、地理、交通路程等条件的不同以及畜禽种类、大小、习性、季节的差异，常采用各种不同的运输方式。不论采用何种方式，都应备足途中所需的常用药品、器具等，并携带好检疫证明和有关单据。

铁路运输畜禽是比较安全、快速的运输方法。在温热季节，运输路程不超过一昼夜，可用高帮敞车，天气较热时，应搭凉棚，并在车站上钉上栅栏。寒冷季节必须使用篷车，并根据气温情况及时开关车窗，以便通风和保暖，装大牲畜的车厢应设栓系铁环或木架。同时，大牲畜在车厢内必须用短绳拴牢，以防互斗，最好使头向中央纵向排列，以便于喂养照料和检查，还可以减少疲劳、紧张和体重损失。

汽车运输适用于短距离和偏僻地区，运输的汽车必须装有高的车厢板，车底部须严密不漏水。装载牲畜应设格木，若装猪羊应备有网罩，以防猪羊窜出。炎热天气，车上应设凉棚，以免畜禽中暑。

对于珍贵的品种畜禽进行远距离运输可采用空运的方法，空运中主要注意畜禽所占的空间、重量和起落途中影响温度的通风能力，其装载密度应按航空部门有关规定进行。

第七章 农用生产资料使用常识

农药、化肥、种子作为重要的农业生产资料和农业投入品，为农业增产和农民增收发挥了巨大作用。安全使用农药、肥料，保障农产品质量安全是一件事关全局、牵动民生的大事。尽管近年来政府一直高度关注农药、肥料市场管理，取得了显著的成效，但对照规范管理、生态农业的发展要求，对照基层群众的期望，还有很大差距，不少经营人员对农药、植保知识一无所知，甚至误导农民滥用药、乱配药，损害农民利益的农药、肥料、种子事件仍时有发生。只有教会农民朋友正确识别、保管、使用农业投入品，才能确保农业持续增产，农民持续增收，农村安全稳定。

第一节 农作物种子

一、农作物种子的概念及类别

（一）农作物种子概念

农作物种子是指农作物的种植材料或者繁殖材料，包括籽粒、果实和根、茎、苗、芽、叶等。农作物包括粮食、棉花、油料、麻类、糖料、蔬菜、果树（核桃、板栗等干果除外）、茶树、花卉（野生珍贵花卉除外）、桑树、烟草、中药材、草类、绿肥、食用菌等作物以及橡胶等热带作物。

四川的主要农作物为水稻、小麦、玉米、棉花、大豆、油菜、马铃薯和甘薯。

（二）种子的类别

根据种子繁育技术的不同，可将种子分为常规种子和杂交种子。

1. 常规种子

常规种子是指遗传性状确定的常规品种的种子，保持了本物种的原有特性，制种时只要做好提纯复壮和防杂保纯工作，可以重复多代使用。

2. 杂交种子

杂交种子是指利用两个强优势亲本杂交而成的杂种第一代种子，它在生长势、生活力、繁殖力、抗逆性、产量和品质上比其亲本优越，但只能使用一代，不能2次做种。

二、种子的合理选购与使用

不同作物品种的生育期、产量、抗性、品质、适应性等特性是不一样的，因此，选购推广品种时要考虑以下因素。

（一）品种审定

国家规定主要农作物品种应当审定后才能推广，涉及主要农作物品种时，首先要看该品种是否审定，审定的适宜种植区域是否包括拟推广地区。

（二）市场因素

市场需求较多的品种应作为首选品种，在引进新品种和奇特品种的时候，要注意搞好市场调查，了解和掌握市场的需求和发展趋势，避免盲目引进造成经济损失。在引进新品种前应完善品种引进、试验、示范和推广环节，先进行小面积试验，待试验成功后再示范和推广。

（三）地理环境

不同的地理纬度和海拔高度所形成的气候条件有很大差异。因此，在选择品种时，应弄清所选品种来源的地理纬度和海拔高度，尽量选择地理纬度相近的品种。

（四）生态条件

农作物生长的环境条件包括水源条件、热量资源、土壤质地、土壤肥力、地理形态等，所选作物和品种的生理特征应尽可能适应当地的生态条件。

（五）农作物发病情况

作物的发病程度受当地气候条件、土壤环境和作物品种本身的抗病性影响。生产中，可根据上年度或近几年的病害发生情况选择适宜的品种。

三、种子质量与检验

（一）种子质量

种子是最基本的农业生产资料，其价值主要表现在农业生产上，所以种子的质量是以能否满足农业生产需要和满足的程度作为衡量尺度。商品种子的质量特性包括以下几种。

1. 适用性

是指品种能在一定的区域使用，并能根据当地的自然条件、经济条件，充分发挥自己的增产优势。

2. 可靠性

是指种子在规定的生长期内，规定的自然条件下，完成规定产量的可靠程度。

3. 经济性

是指种子价格合理、费用低、效益高。衡量种子质量优劣的主要标志是种子的品质。种子品质包括品种品质和播种品质两方面的内容。品种品质也叫内在品质，是与遗传特性有关的品质，可用"真"、"纯"两个字概括；播种品质也叫外在品质，是与播种后田间出苗有关的品质，可用"净"、"壮"、"饱"、"健"、"干"5个字概括。所以，种子质量的内容应包括以下方面。

（1）真：是指种子真实可靠的程度，可用真实性表示。如果种子失去真实性，不是原来的优良品种，就会造成严重的减产。

（2）纯：是指品种典型一致的程度，可用品种纯度来表示。品种纯度高的种子因具有该品种的优良特性而可获得丰收，相反品种纯度低的种子由于混杂退化缺乏整齐一致性而明显减产。

（3）净：是指种子清洁干净的程度，可用净度表示。种子净度高，表明种子中杂质含量少，净种子数量多，利于贮藏和田间出苗整齐。

（4）壮：是指种子发芽出苗齐壮的程度，可用生活力、活力、发芽率表示。生活力、发芽率高的种子发芽出苗整齐，活力高的种子则田间出苗率高，幼苗健壮，同时，可以适当减少单位面积的播种量。

（5）饱：是指种子充实饱满的程度，可用千粒重（或容重）表示。种子充实饱满表明种子中贮藏物质丰富，有利于种子发芽和幼苗生长。

（6）健：是指种子的健康程度，可用病虫感染率来表示。种子病虫害直接影响种子发芽率和田间出苗率。

（7）干：是指种子干燥耐藏的程度，可用种子水分表示。种子水分低，有利于种子安全贮藏和保持种子的发芽率和活力。

《中华人民共和国种子法》规定种子质量管理实行国家、行业标准基础上的标签真实制，企业在开展种子检验判定种子质量合格与否时，首先必须符合国家和行业标准的需要（没有国家或行业标准的除外），其次再考虑地方标准，最后再考虑企业标准。

（二）种子检验

种子检验是采用科学的技术和方法，按照一定的标准，运用先进的仪器和设备，对种子样品的品质指标进行分析测定，判断其品质的优劣，评定其种用价值的一门实用的科学技术。种子检验是保证种子质量的重要手段，也是大田用种生产技术的主要环节，它对选种、留种、播种种子的加工、运输、贮藏、销售的分析、定价等工作都起着重要作用。

我国目前执行的是《农作物种子检验规程》（GB/T 3543.1～3543.7—1995），具体规定了种子检验的内容和方法。检验的项目分为必检项目和非必检项目，必检项目包括种子的净度分析、发芽试验、真实性和品种纯度鉴定、水分测定；非必检项目包括生活力的生化测定、重量测定、健康测定和包衣种子检验。

1. 净度分析

是测定供检样品不同成分的重量百分率和样品混合物特性，并据此推测种子批的组成。

分析时将试验样品分成 3 种成分：净种子、其他植物种子和杂质，并测定各成分的重量百分率。样品中的所有植物种子和各种杂质，尽可能加以鉴定。

种子净度（%）= 本作物净种子重量/样品种子总重量×100

2. 发芽试验

是测定种子批的最大发芽潜力，据此可比较不同种子批的质量，也可估测田间播种价值。

发芽试验须用经净度分析后的净种子，在适宜水分和规定的发芽技术条件下进行试验，到幼苗适宜评价阶段后，按结果报告要求检查每个重复，并计数不同类型的幼苗，计算百分率。

需要指出的是，新规程在种子发芽标准上与原规程明显不同，原规程规定发芽的种子幼根达种子长，幼芽达种子1/2长，幼根或幼芽达种子直径长度均为正常发芽的种子；而新规程规定发芽种子必须长成具有根系、幼苗中轴、顶芽、子叶和芽鞘完整构造的正常幼苗。发芽试验结果可用发芽势和发芽率来表示。

（1）发芽势：发芽势（%）= 发芽试验初期（规定条件和日期内）长成正常幼苗数/供检种子数量×100

（2）发芽率：发芽率（%）= 发芽试验终期（规定条件和日期内）长成正常幼苗数/供检种子数量×100

3. 真实性和品种纯度鉴定

测定送验样品的种子真实性和品种纯度，据此推测种子批的种子真实性和品种纯度。

种子真实性是指一批种子所属品种、种或属与文件记录（如标签等）是否相符；品种纯度是指一批种子个体与个体之间的特征特性方面典型一致程度。

真实性和品种纯度鉴定可用种子、幼苗或植株。通常把种子与标准样品的种子进行比较，或将幼苗和植株与同期邻近种植在同一环境条件下的同一发育阶段的标准样品的幼苗和植株进行比较。当品种的鉴定性状比较一致时（如自花授粉作物），则对异作物、异品种的种子、幼苗或植株进行计数；当品种的鉴定性状一致性较差时（如异花授粉作物），则对明显的变异株进行计数并作出总体评价。

品种纯度（%）＝本品种种子数/供检本作物样品种子数×100

4. 水分测定

测定送验样品的种子水分，为种子安全贮藏、运输提供依据。种子水分测定必须使种子水分中自由水和束缚水全部除去，同时，要尽最大可能减少氧化、分解或其他挥发物质的损失。

水分测定的标准法是烘干法测定。具体程序是：称取 20～40 克试验样品，进行烘前处理（磨碎、切片等）。然后，称取处理样品 4.5～5.0 克两份，放入预先烘干和称重过的样品盒内，摊平预先预热的烘箱上层，在（103±2）℃烘干 8 小时（低恒温烘干法），或在130～133℃烘干 1 小时（高温烘干法），最后取出盒盖，放在干燥器中冷却，称重计算。

$$种子水分（%）＝\frac{样品盒和盖及样品烘前重－样品盒和盖及样品烘后重}{样品盒和盖及样品烘前重－样品盒和盖的重量}×100$$

5. 生活力的生化测定

在短期内急需了解种子发芽情况或当某些样品在发芽末期尚有较多的休眠种子时，可采用生活力的生化法快速估测种子生活力。

生活力测定是用 2，3，5－三苯基氯化四氮唑（简称四唑，TTC）无色溶液作为指示剂，这种指示剂被种子活组织吸收后，接受活细胞脱氢酶中的氢，被还原成一种红色的、稳定的、不会扩散的和不溶于水的三苯基甲䐶。据此，可依据胚和胚乳组织的染色反应来区别有生活力和无生活力的种子。除完全染色的有生活力种子和完全不染色的无生活力的种子外，部分染色种子有无生活力，主要根据胚和胚乳坏死组织的部位和面积大小来决定，染色颜色深浅可判别组织是健全的，还是衰弱的或死亡的。

6. 重量测定

测定送验样品每 1 000 粒种子的重量。方法是从净种子中数取一定数量的种子，称其重量，计算其 1 000 粒种子的重量，并换算成国家种子质量标准规定水分条件下的重量。

$$千粒重（规定水分克）＝\frac{实测千粒重（克）×[1－实测水分（%）]}{1－规定水分（%）}$$

7. 种子健康测定

主要是对种子病害和虫害进行检验。种子病害是指在病害侵染循环中的某一阶段和种子联系在一起，主要通过种子携带而传播的一类植物病害；种子虫害是指在种子田间生长和贮藏期间，感染和为害种子的害虫。通过种子样品的健康测定，可推知种子批的健康状况，从而比较不同种子批的使用价值，同时，可采取措施弥补发芽试验的不足。

根据送验者的要求，测定样品是否存在病原体、害虫，尽可能选用适宜的方法，估计受感染的种子数。结果以供检的样品重量中感染种子数的百分率或病原体数目表示。

（1）感染病害（%）＝$\frac{病粒或病原体重量（克）}{试样重量（克）}$×100

$$（2）感染病害（\%）=\frac{被虫蛀食或损伤的种子数}{供检种子粒数}\times100$$

$$（3）感染虫害（头/千克）=\frac{分拣出害虫头数}{供检试样重量（千克）}$$

8. 包衣种子检验

包衣种子是泛指采用某种方法将其他非种子材料包裹在种子外面的各种处理的种子，包括丸化种子、包膜种子、种子带和种子毯等。包衣种子检验包括净度分析、发芽试验、丸化种子的重量测定和大小分级。

（三）种子质量鉴别

1. 合格种子

凡是在种子净度、纯度、出芽率和水分四项重要指标上均达到《中华人民共和国农作物种子质量标准》且不低于标签标注指标的种子均视为合格种子，否则为不合格种子。

2. 假、劣种子

（1）假种子：以非种子冒充种子或者以此种品种种子冒充它种品种种子的；种子种类、品种、产地与标签标注的内容不符的。

（2）劣种子：质量低于国家规定的种用标准的；质量低于标签标注指标的；因变质不能作种子使用的；杂草种子的比例超过规定的；带有国家规定检疫对象的有害生物的。

3. 种子质量鉴别

（1）从种子标签识别真假：标签是鉴别种子质量简单又直观的方法。通过种子标签查看种子质量特别注意以下几点。

①标签内容的完整性，应当标注的内容不能缺。

标签应当标注种子类型、品种名称、产地、质量指标、检疫证明编号、种子生产及经营许可证编号或者进出口审批文号，标签标注的内容应当与销售的种子相符，缺少上述任何一项内容，则应提出疑问。②种子性状描述是实事求是，还是夸大其词。③种子质量指标是否达到国家标准和标注指标。④种子企业的合法性，种子生产、经营许可证的编号是否真实。⑤主要农作物种子是否通过审定，有无品种审定编号。

（2）种子质量好坏的鉴别：可从"纯度、净度、水分、饱满度和籽粒均匀性"等几个方面进行判别。

①视觉鉴别：在判断种子的质量时，对种子籽粒的饱满度、大小、形状的均匀度，杂质含量情况和破碎籽粒的多少，色泽是否正常，有无鼠害、虫害、菌瘿或霉变等情况，可采取视觉鉴别。凡不符合国际二级标准或与品种介绍不符的都视为劣质种子。②嗅觉鉴别：用嗅觉判断种子有无霉烂、变质或异味，如发过芽的种子一般带有甜味，发霉的种子带有酸味或酒味，这些异味在刚打开的包装袋里一般都比较明显。凡出现不正常的味道一般都视为劣质种子。③触觉鉴别：这是对种子水分高低的一种简单判断方法。一般情况下，将手插入种子袋内感觉种子干燥、松散、阻力小并有响声，则水分较低。另外，也可以用牙咬，在咬碎种子籽粒时，费力，声音清脆，碎块整齐，则水分含量低，否则种子含水量较高。

四、种子包装与安全贮藏

（一）种子包装

经过清选干燥和精选等加工的种子，加以合理的包装，可防止种子混杂、病虫害感染、吸湿回潮，减缓种子劣变，提高种子商品特性，保持种子旺盛活力，保证安全贮藏运输，便于销售。

1. 种子包装要求

防湿包装的种子必须达到包装要求的种子含水量和净度等标准。确保在种子包装容器内，在贮藏和运输过程中不变质，保持原有质量和活力。包装容器必须防湿、清洁、无毒、不易破裂、重量轻等。种子是一个活的生物有机体，如不防湿包装，在高温条件下种子会吸湿回潮，有毒气体会伤害种子，导致种子丧失生活力。按不同要求确定包装数量。潮湿温暖地区若要保存时间长，包装条件要求则更为严格。包装容器外面应加印或粘贴标签纸，写明作物和品种名称、采种年月、种子质量指标资料和高产栽培技术要点等，并最好印上醒目的作物或种子图案，引起种植者的兴趣，以使良种能得到较好的销售。

2. 包装材料和容器选择

包装材料的种类有麻袋、多层纸袋、铁皮罐、聚乙烯铝箔复合袋及聚乙烯袋等。多孔袋或针织袋通常用于通气性好的种子种类（如豆类），或数量大、贮存在干燥低温场所、保存期限短的批发种子的包装。小纸袋、聚乙烯袋、铝箔复合袋、铁皮罐等通常用于零售种子的包装。铁皮罐、铝盒、塑料盒、玻璃瓶和聚乙烯铝箔复合袋等容器可用于价高或少量种子长期保存或品种资源保存的包装。

（二）种子安全贮藏

种子贮藏就是采用合理的贮藏设备和先进科学的贮藏技术，人为地控制贮藏条件，使种子劣变降低到最低限度，最有效地保持和提高种子发芽力和生活力，从而确保种子的播种价值。种子贮藏期限的长短，因作物种类、贮藏条件等而不同。

种子在贮藏期间应当保持原有的使用价值，至少不应低于国家规定的最低质量指标。因此，通过对仓库内人力和物力的有效组织，充分发挥职工的积极性，不断提高科学贮藏工作水平，组织好种子验收、保管、病虫防治、出库等各项工作，来确保种子质量。下面介绍几种主要作物种子贮藏技术。

1. 小麦种子贮藏技术

分为干燥密闭贮藏法、密闭压盖防虫贮藏法、热进仓贮藏法。

（1）干燥密闭贮藏法：种子水分控制在12%以下，密闭贮藏，防吸湿回潮，可延长贮存期限。

（2）密闭压盖防虫贮藏法：适于全仓散装种子情况。压盖时间：入库后压盖注意防后熟期种子"出汗"发生结顶，秋冬季交替时，应揭去覆盖物降温，防表层种子结露。开春前压盖，能使种子保持低温状态，防虫效果好。

（3）热进仓贮藏法：对于杀虫和促进种子后熟作用有很好效果。

主要技术要点有以下几种。

①暴晒种子：选择晴天，将小麦种子暴晒降水至12%以下（一般为10.5%~11.5%），种温控制在46℃以上，不超过52℃，种温如果在50℃以上时，可将麦种摊成2 000~2 500千克的大堆，保温2小时以上然后再入库。②仓库增温：在暴晒种子的同时，将仓库门窗打开，使地坪增温，或铺垫经暴晒过的麻袋和砻糠。如果是用容器贮藏种子，应将容器与麦种一同暴晒。③种子入库与管理：趁热迅速将麦种一次入库堆放，并加盖麻袋2~3层保温，将种温保持在44~46℃密闭仓库。如果是用容器贮藏种子的，容器也应密闭。一般种温在46℃密闭7天，在44℃密闭10天。之后抓住时机揭去覆盖物迅速通风降温，直至种温与气

温相同后，密闭贮藏即可（注意：严格控制水分与温度，水分掌握在 10.5% ~ 11.5%，温度掌握在 44 ~ 46℃，低于 42℃ 无杀虫效果，温度过高持续时越长，对发芽率有影响；入库后防结露；抓住有利时机迅速降温；通过后熟的麦种不宜采用热进仓贮藏法）。

2. 水稻种子贮藏技术

主要要点为适时收获、及时干燥、冷却入库、防止混杂。

（1）及时收获：过早收获，种子成熟度差，瘦瘪粒多不耐贮藏；过晚收获，在田间日晒夜露呼吸消耗多，有时还会出现穗芽现象，不耐贮藏。

（2）干燥：未经干燥的稻谷不宜久堆，否则容易引起发热或萌动甚至发芽，影响种子贮藏品质。干燥方法：日晒（勤翻动）、机械烘干（种温不超过 43℃）和药剂拌种（5 000 千克稻种 +4 千克丙酸；500 千克稻种 +0.5 千克漂白粉，在通气条件下，可保存 6 天）。稻谷冷却入库防结露，规范操作防混杂。

（3）控制种子水分和温度：种子水分 6%，温度 0℃，可以长期贮藏，种子发芽力不受影响；种子水分 12%，保存 3 年，发芽率仍有 80%；种子水分 13%，可以安全度夏；种子水分超过 14%，来年 6 月种子发芽率会下降，到 9 月则降至 40%；种子水分 15% 以上，来年 8 月种子发芽率几乎为 0；20℃、水分 10% 的稻种保存 5 年，发芽率仍在 90% 以上；28℃、水分为 15.6% ~ 16.5% 的稻种，贮存 1 个月便会生霉；30 ~ 35℃、稻种水分应控制在 13% 以下；20 ~ 25℃、水分控制在 14% 以下；10 ~ 15℃，水分控制在 15% ~ 15%；5℃、水分控制在 17% 以下（只做短期贮藏）。

（4）治虫防霉：我国产稻区的特点是高温多湿，仓虫孳生。仓虫通常在入库前已经感染种子。如贮藏期间条件适宜，就迅速大量繁殖，造成极大损害。仓内害虫可用药剂熏杀。目前，常用的杀虫剂有磷化铝，另外，还可用防虫磷防护。种子上寄附的微生物种类较多，为害种子的主要是真菌中的曲霉和青霉。温度降至 18℃ 时，大多数霉菌才会受到抑制；只有当相对湿度低于 65%，种子水分低于 13.5% 时，霉菌才会受到抑制。所以，密闭贮藏必须是稻谷充分干燥、空气相对湿度较低的前提下，才能起到抑制霉菌的作用。

3. 玉米种子贮藏技术

（1）果穗贮藏：穗轴的营养继续向籽粒运送，使种子充分成熟，且在穗轴上继续进行后熟。穗藏孔隙度大，通风散湿快。籽粒在穗轴上着生紧密，虫霉为害轻。

果穗贮藏同样要控制水分，以防发热和受冻，一般过冬的果穗水分应控制在 14% 以下为宜。水分大于 16% 果穗易受霉菌为害；水分高于 17% 在 -5℃ 轻度冻害，-10℃ 以下便会失去发芽率；水分高于 20% 在 -5℃ 便受冻害而失去发芽率。烘干果穗温度应控制在 40℃ 以下，高于 50℃ 对种子有害。果穗贮藏有挂藏和推放两种。

（2）籽粒贮藏：粒藏法可提高仓容，是玉米种子越夏贮藏的主要方法。种子水分不超过 13%，南方不超过 12%，才能安全过夏。

北方玉米种子越冬贮藏管理技术：晒种降水，使种子水分降低到受冻害的临界水分以下，才能安全越冬。站秆扒皮，收前降水；适期早收，高茬晾晒；玉米果穗通风贮藏。

（3）低温密闭贮藏：来年春季 3 ~ 4 月，将玉米种子含水量降至 13% 左右，及时脱粒，然后趁自然低温密闭贮藏，以保持种子干燥低温状态。

（4）玉米种子越夏贮藏：低温，仓温不高于 25℃，种温 22 ~ 25℃。干燥在整个贮藏期间，应将种子水分控制在 11.5% 的条件下密闭，尽量减少外界不利温湿度的影响。

4. 油菜种子贮藏技术

（1）适时收获，及时干燥：油菜种子收获以在花薹上角果有 70% ~80% 呈现黄色时为宜。太早嫩籽多，水分高，不易脱落，内容欠充实，较难贮藏；太迟则角果容易爆裂，籽粒散落，造成损失。脱粒后要及时干燥，晒干后须经摊晾冷却才可进仓，以防种子堆内部温度过高，发生干热现象（即油菜种子因闷热而引起脂肪分解，增加酸度，降低出油率）。

（2）清除杂质：油菜种子入库前，应进行风选 1 次，以清除尘芥杂质及病菌之类，可增强贮藏期间的稳定性。此外对水分及发芽率进行 1 次检验，以掌握油菜种子在入库前的情况。

（3）严格控制入库水分：油菜种子入库的安全水分标准不宜机械规定，应视当地气候特点和贮藏条件而有一定的灵活性。就大多数地区一般贮藏条件而言，油菜种子水分控制在 9% ~10% 以内，可保证安全，但如果当地特别高温多湿以及仓库条件较差，最好能将水分控制在 8% ~9%。

（4）低温贮藏：贮藏期间除水分须加控制外，种温也是一个重要因素，必须按季节严加控制，在夏季一般不宜超过 28 ~30℃，春秋季不宜超过 13 ~15℃，冬季不宜超过 6 ~8℃，种温与仓温相差如超过 3 ~5℃ 就应采取措施，进行通风降温。

（5）合理堆放：油菜种子散装的高度应随水分多少而增减，水分在 7% ~9% 时，堆高可达 1.5 ~2.0 米；水分在 9% ~10% 时，堆高只能 1 ~1.5 米；水分在 10% ~12% 时，堆高只能 1 米左右；水分超过 12% 时，应进行晾晒后再进仓。散装的种子可将表面耙成波浪形或锅底形，使油菜种子与空气接触面加大，有利于堆内湿热的散发。油菜种子如采用袋装贮藏法应尽可能堆成各种形式的通风桩，如工字形，井字形等。油菜种子水分在 9% 以下时，可堆高 10 包；9% ~10% 的可堆 8 ~9 包；10% ~12% 的可堆 6 ~7 包；12% 以上的高度不宜超过 5 包。

（6）加强管理：油菜种子进仓时即使水分低，杂质少，仓库条件合乎要求，在贮藏期间仍须遵守一定的严格检查制度，一般在 4 ~10 月，对水分在 9% ~12% 的油菜种子，应每天检查 2 次，水分在 9% 以下应每天检查 1 次。在 11 月至来年 3 月，对水分为 9% ~12% 的油菜种子应每天检查 1 次，水分在 9% 以下的，可隔天检查 1 次。

第二节　肥　料

一、肥料概念

用于提供、保持或改善植物营养和土壤物理、化学性能以及生物活性，能提高农产品产量，或改善农产品品质，或增强植物抗逆性的有机、无机、微生物及其混合物料称为肥料。

二、肥料的种类及其作用

肥料种类及作用见表 7 -1。

表 7 - 1　肥料种类及其作用

种类		主要品种	作　用
化肥	磷肥	水溶性磷肥：普通过磷酸钙、重过磷酸钙和磷酸铵 混溶性磷肥：硝酸磷肥，枸溶性磷肥（弱酸溶性磷肥）、钙镁磷肥、磷酸氢钙、沉淀磷酸钙和钢渣磷肥等 难溶性磷肥（酸溶性磷肥）：磷矿粉、骨粉等	可增加作物产量，改善产品品质，加快谷类作物分蘖，促进幼穗分化、灌浆和籽粒饱满，促使早熟；还能促使棉花、瓜类、茄果类蔬菜及果树等作物花芽分化和开花结实，提高结果率；还可增加浆果、甜菜以及西瓜等的糖分、薯类作物薯块中的淀粉量、油菜作物籽粒含油量以及豆科作物种子蛋白质含量；在栽培豆科绿肥时，施用适量的磷肥能明显提高绿肥鲜草产量，使根瘤菌固氮增多，达到"以磷增氮"的目的；还能增强作物抗旱、抗寒和抗盐碱等抗逆性
	钾肥	氯化钾、硫酸钾、草木灰等	在植物体内呈离子态，具有高度的渗透性、流动性和再利用特点；钾在植物体中对 60 多种酶体系的活化起着关键作用
	复混肥料	复合肥：磷酸一铵、磷酸二铵、磷酸二氢钾等； 复混肥； 掺混肥（配方肥、BB 肥）	具有多种营养元素，养分配比比较合理，肥效和利用率都比较高；具有一定的抗压强度和粒度，物理性好；养分齐全，可促进土壤养分平衡
	中量元素肥料	钙肥：石灰、石膏； 镁肥：硫酸镁、氯化镁、碳酸镁等； 硫肥：普通过磷酸钙、硫酸钾等	这些元素在土壤中的贮存较多，一般情况下可满足作物的需求
	微量元素肥料	硼肥：硼酸、硼砂； 锌肥：硫酸锌、氯化锌； 钼肥：钼酸铵、氧化钼； 铜肥：五水硫酸铜； 铁肥：硫酸亚铁； 锰肥：硫酸锰	只有在植物确实缺少这些微量元素的时候施用才有效果
有机肥料		人畜粪尿与厩肥； 沼渣沼液； 草木灰	含养分全面；含大量有机质；肥效稳定长久；种类多、数量大、来源广、成本低；养分含量低，施用量大，积造、施用方便
新型肥料		有机—无机复混肥料	兼具有机肥和复合肥作用
	缓控释肥料	有机合成微溶型缓释氮肥； 包膜类缓控释肥； 胶结型有机 - 无机缓释肥	提高化肥利用率，减少使用量和施用次数，降低生产成本，减少环境污染，提高农产品品质等作用
	作物专用配方肥	水稻专用配方肥； 玉米专用配方肥； 小麦专用配方肥	有效调节和解决作物需肥与土壤供肥之间矛盾，并有针对性地补充作物所需的营养元素，将化肥用量控制在科学合理的范围内
	水溶性肥料	大量水溶性肥料； 中量水溶性肥料； 微量水溶性肥料； 含氨基酸水溶性肥料； 含腐殖酸水溶性肥料	安全溶于水，含多种养分，易被作物吸收，且吸收利用率相对较高
	生物肥料	农用微生物菌剂肥料； 生物有机肥； 复合微生物肥料	施用土壤后，其中，菌类或者其他微生物依靠土壤中养分、水分等大量生长繁殖，通过合成和分泌某些植物或土壤所需的特效性物质活化养分，改善土壤，增强植物抗性，促进植物生长，提高植物品质

三、常用化学肥料使用技术

(一) 氮肥的使用技术

1. 根据各种氮肥特性区别对待

碳酸氢铵和氨水易挥发跑氨，宜作基肥深施；硝态氮肥在土壤中移动性强，肥效快，是旱田的良好追肥；一般水田追肥可用铵态氮肥或尿素；尿素、碳酸氢铵、氨水、石灰氮等肥料对种子有毒害，不宜做种肥；硫酸铵等尽管可作种肥，但用量不宜过多，并且肥料与种子间最好有土壤隔离；在雨量偏少的干旱地区，硝态氮肥的淋失问题不突出，因此，以施用硝态氮肥较适合，在多雨地区或降雨季节，以施用铵态氮肥和尿素较好。

2. 氮肥宜深施

氮肥深施可以减少肥料的直接挥发、随水流失、硝化脱氮等方面的损失。深层施肥还有利于根系发育，使根系深扎，扩大营养面积。

3. 合理配施其他肥料

氮肥与有机肥配合施用对夺取作物高产、稳产、降低成本具有重要作用，这样做不仅可以更好地满足作物对养分的需要，而且还可以培肥地力。氮肥与磷肥配合施用，可提高氮、磷两种养分的利用效果，尤其在土壤肥力较低的土壤上，氮、磷肥配合施用效果更好。在有效钾含量不足的土壤上，氮肥与钾肥配合使用，也能提高氮肥的效果。

4. 合理确定用量

根据作物的目标产量和土壤的供氮能力，合理掌握底肥、追肥比例及施用时期及用量。要因具体作物而定，并与灌溉、耕作等农艺措施相结合考虑。

(二) 磷肥的使用技术

1. 根据土壤供磷能力，掌握合理的磷肥用量

土壤有效磷的含量是决定磷肥肥效的主要因素。一般土壤有效磷（P_2O_5）小于 5 毫克/千克时，为严重缺磷，氮、磷肥施用比例应为 1：1 左右；有效磷（P_2O_5）含量在 5～10 毫克/千克时，为缺磷，氮、磷肥施用比例在 1：0.5 左右；有效磷（P_2O_5）含量在 10～15 毫克/千克时，为轻度缺磷，可以少施或隔年施用磷肥。当有效磷（P_2O_5）含量大于 15 毫克/千克时，视为暂不缺磷，可以暂不施用磷肥。

2. 掌握磷肥在作物轮作中的合理分配

在水田轮作时，如稻稻连作，在较缺磷的水田，早、晚稻磷肥的分配比例以 2：1 为宜。在不太缺磷的水田，磷肥可全部施在早稻上。在水、旱轮作时，磷肥应首先施于旱作。在旱地轮作时，由于冬、秋季温度低，土壤磷素释放少，而夏季温度高，土壤磷素释放多，故磷肥应重点用于秋播作物上；如小麦、玉米轮作时，磷肥主要投入在小麦上作基肥，玉米利用其后效；豆科作物与粮食作物轮作时，磷肥重施于豆科作物上，以促进其固氮作用，达到"以磷增氮"的目的。

3. 注意施用方法

旱地可用开沟条施、穴施；水田可用蘸秧根、塞秧蔸等集中施用的方法。同时，注意在作基肥时上下分层施用，以满足作物苗期和中后期对磷的需求。

4. 配合施用有机肥、氮肥、钾肥等

与有机肥堆沤后再施用，能显著地提高磷肥的肥效，但与氮肥、钾肥等配合施用时，应掌握合理的配比，具体比例要根据对土壤中氮、磷、钾等养分的化验结果及作物的种类确定。

5. 了解磷肥特性

（1）使用过磷酸钙和重过磷酸钙时，由于游离酸含量较多，作种肥时应先与草木灰中和酸性后再施用，否则会发生烂种，影响全苗；不宜与碱性肥料混用，以免降低磷肥的有效性。

（2）沉淀磷酸钙的施用，由于在土壤中的移动性小，施用时尽量接近作物根系，便于作物吸收。

（3）磷矿粉与有机肥料共同堆腐沤制后施用，可提高磷矿粉的肥效；磷矿粉与生理酸性肥料配合施用，能提高磷矿粉的溶解度，增进肥效。

（4）钙镁磷肥在土中的移动性小，应施用到根系分布最广的土层，以利于作物吸收。

（5）钢渣磷肥含有10%的游离氧化钙，在贮存和施用时不能与铵态氮、硝石、氯化镁混合。

（三）钾肥的使用技术

1. 因土施用

沙质土速效钾含量往往较低，应增施钾肥；黏质土速效钾含量往往较高，可少施或不施。缺钾又缺硫的土壤可施硫酸钾，盐碱地不能施氯化钾。

2. 因作物施用

施于喜钾作用，如豆科作物、薯类作物、甘蔗、甜菜、棉麻、烟等经济作物，以及禾谷类的玉米、杂交稻等。在多雨地区或具有灌溉条件、排水状况良好的地区，大多数作物都可施用氯化钾，少数经济作物为改善品质，不宜施用氯化钾。

3. 注意轮作施钾

在稻—稻轮作中，因早稻施有机肥多，晚稻一般不施有机肥，故钾肥应在晚稻上施用。在冬小麦、夏玉米轮作中，钾肥应优先施在玉米上。

4. 注意钾肥品种间的合理搭配

对于烟草、糖类作物、果树应选用硫酸钾为好；对于纤维作物，氯化钾则比较适宜。由于硫酸钾成本偏高，在高效经济作物上可以选用硫酸钾；而对于一般的大田作物除少数对氯敏感的作物外，则宜施用氯化钾。

5. 注意与其他肥料的搭配

（1）硫酸钾必须与氮、磷化学肥料配合施用，才能充分发挥肥效；在酸性土壤上施用硫酸钾时，须适当施用石灰或与磷矿粉混合施用。

（2）沙性强的土壤上施用氯化钾时，应配合施用有机肥料，以提高肥效。

（四）常用化学肥料施用时注意的问题

1. 碳酸氢铵宜深施

因为碳酸氢铵很不稳定，最容易分解为氨气而挥发，且温度越高，挥发损失就越大，所以不宜在温室大棚内使用，也不能撒施于表土，应进行沟施或穴施。

2. 尿素施后不宜立即浇水

尿素施入土壤后，会很快转为酰铵，很易随水流失，因而施用后不宜马上浇水，也不要在大雨前施用。尿素可作为根外追肥施用，能有效地防止作物中、后期因植株缺氮出现早衰现象发生，但要注意避免发生肥害烧苗。尿素还要忌作种肥。

3. 硫酸铵忌长期使用

硫酸铵属生理酸性化肥，若在地里长期施用，会增加土壤酸性，破坏土壤团粒结构，使土壤板结而降低理化性能，不利于培肥地力。

4. 硝态氮化肥勿在稻田和菜地施用

硝酸铵、硝酸钠等硝态氮化肥施入稻田后易产生反硝化作用而损失氮素。硝态氮肥料施入菜地后，会使蔬菜硝酸盐含量成倍增加，并能在人体内还原成亚硝酸盐，对人体危害极大。含氯化肥忌施于盐碱地和忌氯作物上，氯化铵、氯化钾等含氯化肥施入土壤中分解后日积月累会导致土壤酸化，在盐碱地上使用，会加重盐害。对忌氯作物如薯类、西瓜、葡萄等施用含氯化肥，可使其产品淀粉和糖分下降，影响产品的产量和质量。

5. 磷肥不宜分散施用

磷肥的活动性小而难以被作物吸收，因而在施用磷肥时，应作基肥施用，并较集中施于播放沟或窝内，最好是与有机渣肥混合堆沤一段时间再施用。

6. 钾肥不宜在作物生长后期追施

农作物下部茎叶中的钾元素，能转移到顶部细嫩部分再利用，因而钾肥应提前在作物苗期进入生殖生长初期追施，或一次性作为基肥施用。

四、常用化肥肥料的识别和质量鉴别

（一）真假化肥的简易识别方法

1. 看

一看肥料包装。正规厂家生产的肥料，其外包装规范、结实。一般注有商标、产品名称、养分含量（等级）、净重、厂名、厂址等；假冒伪劣肥料的包装一般较粗糙，包装袋上信息标示不清，质量差，易破漏；二看肥料的粒度（或结晶状态）。氮肥（除石灰氮外）和钾肥多为结晶体；磷肥多为块状或粉末状的非晶体，如钙镁磷肥为粉末状，过磷酸钙则多为多孔、块状；优质复合肥粒度和比重较均一、表面光滑、不易吸湿和结块。而假劣肥料恰恰相反，肥料颗粒大小不均、粗糙、湿度大、易结块；三看肥料的颜色。不同肥料有其特有的颜色，氮肥除石灰氮外几乎全为白色，有些略带黄褐色或浅蓝色（添加其他成分的除外）；钾肥白色或略带红色，如磷酸二氢钾呈白色；磷肥多为暗灰色，如过磷酸钙、钙镁磷肥是灰色，磷酸二铵为褐色等，农民朋友可依此做大致的区分。

2. 摸

将肥料放在手心，用力握住或按压转动，根据手感来判断肥料。利用这种方法，判别美国二铵较为有效，抓一把肥料用力握几次，有"油湿"感的即为正品；而干燥如初的则很可能是用倒装复合肥冒充的。此外，用粉煤灰冒充的磷肥，也可以通过"手感"，进行简易判断。

3. 嗅

通过肥料的特殊气味来简单判断。如碳酸氢铵有强烈氨臭味；硫酸铵略有酸味；过磷酸钙有酸味。而假冒伪劣肥料则气味不明显。

4. 烧

将化肥样品加热或燃烧，从火焰颜色、熔融情况、烟味、残留物情况等识别肥料。

（1）氮肥：碳酸氢铵，直接分解，发生大量白烟，有强烈的氨味，无残留物；氯化铵，直接分解或升华发生大量白烟，有强烈的氨味和酸味，无残留物；尿素，能迅速熔化，冒白烟，投入炭火中能燃烧，或取一玻璃片接触白烟时，能见玻璃片上附有一层白色结晶物；硝酸铵，不燃烧但熔化并出现沸腾状，冒出有氨味的烟。

（2）磷肥：过磷酸钙、钙镁磷肥、磷矿粉等在红木炭上无变化；骨粉则迅速变黑，放出焦臭味。

（3）钾肥：硫酸钾、氯化钾、硫酸钾镁等在红木炭上无变化，发出噼啪声。

（4）复混肥：复混肥料燃烧与其构成原料密切相关，当其原料中有氨态氮或酰胺态氮时，会放出强烈氨味，并有大量残渣。

5. 湿

如果外表观察不易区别化肥品种，也可根据在水中溶解状况加以区别。将肥料颗粒撒于潮湿地面或用少量水湿润，过一段时间后，可根据肥料的溶解情况加以区别。如硝铵、二铵、硫酸钾、氯化钾等可以完全溶解（化），过磷酸钙、重过磷酸钙、硝酸铵钙等部分溶解；复合肥颗粒会发散、溶解或有少许残留物，而假劣肥料溶解性很差或根本不溶解（除磷肥）。

当然，以上仅为最直观和最简单的识别方法，还不能对肥料做出精确的判断。如想准确地了解肥料中养分含量，区分真假化肥，最好将肥料送到当地的土肥站化肥室进行化验鉴定。

（二）购买肥料应注意问题

1. 检查标志

按国家有关部门规定，化肥包装上必须用汉字注明产品名称、养分含量、净重、生产厂名、生产厂地址、监制单位、生产许可证号码等标志。如果上述标志没有或者不完整，可能是假化肥或劣质化肥。

2. 检查包装袋封口

对包装袋封口有明显拆封痕迹的化肥要特别注意，这种化肥有可能已掺假。

3. 检查来路

对于非农资部门和非化肥厂销售的化肥，最好不要买，以免上当受骗。

4. 检查证照

经销商的营业执照、税务登记证是否齐全，营业执照中的经营范围是否包括肥料产品，经销肥料生产企业的相关手续是否齐备。

5. 索取发票

购买肥料时一定要求经销商开具发票，注明肥料品种、名称、数量和单价，以便在发生问题时维护自己的合法权益。

五、肥料的贮存

肥料贮存时应做到"六防"。

（一）防止混放

化肥混放在一起，容易使理化性状变差。如过磷酸钙遇到硝酸铵，会增加吸湿性，造成施用不便。

（二）防标志名不副实

有的农户使用复混肥袋装尿素，有的用尿素袋装复混肥或硫酸铵，还有的用进口复合肥袋装专用肥，这样在使用过程中很容易出现差错。

（三）防破袋包装

如硝态氮肥料吸湿性强，吸水后会化为浆状物，甚至呈液体，应密封贮存，一般用缸或坛等陶瓷容器存放，严密加盖。

（四）防火

特别是硝酸铵、硝酸钾等硝态氮肥，遇高温（200℃）会分解出氧，遇明火就会发生燃烧或爆炸。

（五）防腐蚀

过磷酸钙中含有游离酸，碳酸氢铵则呈碱性，这类化肥不要与金属容器或磅秤等接触，以免受到腐蚀。

（六）防肥料与种子、食物混存

特别是挥发性强的碳酸氢铵、氨水与种子混放会影响发芽，应予以充分注意。

第三节　农　药

农药是指用于预防、消灭或者控制危害农业、林业的病、虫、草和其他有害生物以及有目的地调节植物、昆虫生长的化学合成或者来源于生物、其他天然物质的一种物质或者几种物质的混合物及其制剂。农药是重要的农业生产资料之一，是常备的救灾性物质。在防治病原物、害虫、杂草、鼠类等引起的农业生物灾害，促进农业增产方面发挥着重要的作用。根据目前我国经营和使用的情况，农药的主要作用有以下5个方面。

第一，杀死或控制为害农作物、林果、蔬菜、仓储农产品的害虫及城市卫生害虫等。我国农药在这方面的应用最广、用量最大，居世界第一。

第二，杀死、抑制或预防引起植物病害的病原物。目前，我国用于这方面的农药品种和销量正在不断扩大。

第三，防除农田杂草。在国外化学除草剂占农药的比重较大，如今我国除草剂的发展也较快。

第四，杀死鼠类等有害生物，防止或减少疫病的发生。目前，杀鼠剂和杀软体动物剂的生产和应用在我国仍然具有较大的市场。

第五，控制调节植物或昆虫的生长、成熟、繁殖等。植物生长调节剂的应用，已成为我国科学种植、促进增产增收不可缺少的农业技术措施。

一、农药的分类

农药品种众多，世界上各国注册登记的农药有1 500多种，其中，常用的达700多种，为便于研究和使用，需将它们归纳为不同的类别。主要有以下几种。

（一）按农药的成分及来源分类

1. 无机农药

主要由天然矿物原料加工、配制而成的农药，又称矿物性农药，如硫黄、砷酸钙等。

2. 有机农药

主要由碳氢元素构成的一类农药，且大多数可用有机合成方法制得。目前所用农药大多数属于这一类，通常又根据其来源及性质分为：植物性农药（除虫菊、烟草、印楝等）；矿物油农药（石油乳剂等）；微生物农药（苏云金杆菌、农用抗菌素等）及人工化学合成的有机农药（敌百虫、氟乐灵等）。

（二）按防治对象分类

1. 杀虫剂

指能够防治农、林、牧、卫生及贮粮等害虫的药剂，如敌百虫、抗蚜威、辛硫磷等。

2. 杀螨剂

可以防除植食性有害螨类的药剂，如哒螨酮、单甲脒等。

3. 杀菌剂

能够对病原生物（包括真菌、细菌、类菌质体、螺旋质体、病毒、立克次氏体）具有抑制和毒杀作用，从而防治植物病害的药剂，如多菌灵、百菌清、三唑酮等。

4. 杀线虫剂

用于防治危害各种农作物线虫病的药剂，如丙线磷等。有些杀虫剂兼有杀线虫的作用，如呋喃丹、易卫杀等。

5. 除草剂

能够毒杀农作物田里生长的杂草，而又不影响农作物的正常生长和人畜安全的药剂，如敌稗、丁草胺、苯磺隆等。

6. 杀鼠剂

用来毒杀多种场合中各种有害鼠类的药剂，如敌鼠钠盐、溴敌隆等。

7. 植物生长调节剂

对植物生长发育有控制、促进或调节作用的药剂，如乙烯利、萘乙酸等。

（三）按作用方式分类

这种分类方法常指对防治对象起作用的方式，常用的分类方法如下。

1. 杀虫剂

按作用方式可大致分为杀生性和非杀生性两大类。

（1）杀生性杀虫剂：以杀死害虫个体为目标的杀虫剂。

按作用分为：①胃毒剂。经昆虫取食进入体内引起中毒的杀虫剂；②触杀剂。经昆虫体壁进入体内引起中毒的杀虫剂；③内吸剂。杀虫剂通过植物的叶、茎、根部或萌发前后的种子吸收进入植物体内，并在植物体内输导、扩散、存留或产生有生物活性的其他代谢物，昆虫在取食植物组织或刺吸式口器昆虫在吸食植物汁液时，杀虫剂进入昆虫体内引起中毒；有些杀虫剂能被植物吸收进入植物组织，但难于输导、扩散，仅在施药的局部点发挥作用，称为渗透作用；④熏蒸剂。杀虫剂施用后，呈气态或气溶胶态的生物活性成分，经昆虫气门进入体内引起中毒。

（2）非杀生性杀虫剂：对害虫的生理行为产生较长期的影响，使其不能继续繁衍危害的杀虫剂，也称特异性杀虫剂。它们一般对人、畜低毒，不杀伤天敌，有的品种生物活性很高。

种类有：①引诱剂。能将一定范围内的昆虫引诱到药剂所在处的杀虫剂。通常分为食物引诱剂、性引诱剂、产卵引诱剂：②驱避剂。能使昆虫忌避而远离药剂所在处的杀虫剂。目前，主要用于驱避卫生害虫以保护人、畜；③拒食剂。能使昆虫产生拒食反应的杀虫剂。它不使昆虫忌避，但昆虫取食了药剂处理的植物后，短时间内即停止取食；产生拒食反应的昆虫通常也拒绝取食未经拒食剂处理的宿主植物，直至饿死；④不育剂。昆虫摄入药剂后，生殖机能被破坏，不产卵，或产出不能孵化的卵，或孵化的子代不能正常发育；⑤昆虫生长调节剂。通过扰乱昆虫正常生长发育，使昆虫个体生活能力降低、死亡或种群灭绝的杀虫剂。包括保幼激素、抗保幼激素、脱皮激素、几丁质合成抑制剂等。有的也将不育剂包括在内。

2. 杀菌剂

（1）保护性杀菌剂：杀菌剂在病原菌侵染之前喷施在植物体表面，起保护作用，即使病菌再来也侵染不了植物。较老的杀菌剂品种多以保护作用为主。如波尔多液、福美类和代森类有机硫杀菌剂等。

（2）治疗性杀菌剂：杀菌剂在病原菌侵入植株以后施用，可以抑制病菌生长发育甚至致死，可以缓解植株受害程度甚至恢复健康。有的内渗性杀菌剂具有治疗作用，如代森铵。

（3）铲除性杀菌剂：杀菌剂直接接触植物病原并杀伤病菌使它们不能侵染植株。铲除剂因作用强烈，植物在生长期不能忍受，故一般多用于播前土壤处理、植物休眠期或种苗处理。石硫合剂药液浓度高时具有铲除作用，如在桃树萌芽前施药，可杀死枝干上的桃缩叶病菌。

3. 除草剂

（1）触杀性除草剂：药剂施用后杀死直接接触到药剂的杂草该部位活组织。这类除草剂施药时要求均匀周到，但只能杀死杂草的地上部分，而对接触不到药剂的地下部分无效。因此，它们一般只能防除由种子萌发的杂草，而不能很好防除多年生杂草的地下根、地下茎，如敌稗、百草枯。

（2）内吸性除草剂：药剂施用于植物体或土壤，通过植物的根、茎、叶吸收，并在植物体内传导，最终杀死杂草植株，如莠去津、草甘膦等。

二、农药名称和标签

（一）农药名称

一般来说，一种农药的名称有化学名称和通用名称，为突出品牌效应，农药还有商标。

1. 化学名称

是按照有效成分的化学结构，根据化学命名原则定出化合物的名称。化学名称的优点是明确表达了化合物的结构，根据名称可以写出该化合物的结构式。但是，化学名称专业性太强，文字太长，非一般农药用户所能掌握。农药标签上不必列出农药的化学名称。

2. 通用名称

即农药名称的"学名"，是农药产品中起药效作用的有效成分的名称。农药的英文通用名由国际标准化组织（ISO）制定并推荐使用，中文通用名由国家质量技术监督局发布实施，我国农药管理条例规定，任何农药标签或说明书上都必须标注农药的中文和英文通用名称，以免混乱。

根据国家法律，在标签的醒目位置应标注农药产品中含有的各有效成分通用名称的全称、含量以及相应的国际通用名称等，假如在农药标签上不能找到相应信息，农户应拒绝购买此类农药。

（二）农药标签

农药标签是农药使用的说明书，是购买和使用农药的最重要参考。在我国农药的标签必须在农药登记时予以审查备案，农药标签　经批准，不得擅自修改。通过对标签的阅读，可以了解农药的合法性和农药的使用方法、注意事项等。根据我国农药管理条例的规定，在农药包装上、农药外包装或运输集装箱或纸箱上，都要粘贴标签，这是农药生产企业的法律义务。典型的农药标签样式如下。

农药登记证号

注册商标

生产许可证（或生产批　　　产品名称（商品名）

准文件）号

产品标准号

产品说明

有效成分中文通用名　　　有效成分英文通用名

含量

使用范围和作物防治对象

净含量　　　　　　　　　剂型　　　　　　　　（或用途）

用药量

施用方法

质量保质期　　　　　　　生产日期（或批号）

注意事项

中毒急救

毒性标志　　　　　　　　贮存运输

生产厂家

地址　　　　　　　　　　邮编　　　传真　　　电话

象形图

色带

三、农药安全使用与防护

（一）农药的识别

1. 假、劣农药的概念

《中华人民共和国农药管理条例》第六章明确规定："禁止生产、经营和使用假农药"有下列情形之一的为假农药：以非农药冒充农药或者以此种农药冒充他种农药的；所含有效成分的种类、名称与产品标签或者说明书上注明的农药有效成分的种类、名称不符的；假冒、伪劣、转让农药登记证或农药标签；国家正式公布禁止生产或因不能作为农药使用而撤销登记的农药。

《中华人民共和国农药管理条例》同时明确规定："禁止生产、经营和使用劣质农药。"有下列情况之一的为劣质农药：不符合农药产品质量标准的；已超过质量保证期并失去使用效能的；混有导致药害等有害成分的；包装或标签严重缺损的。

2. 农药真假的识别技术

（1）从产品标签识别：一个合格的农药标签必须包括以下八方面的内容。

①农药名称：包括有效成分的中文通用名（标签上的产品名称应当是中文通用名或合法商品名，农药购买者应先仔细看农药标签，凡是不能肯定产品中所含农药成分名称的产品不要轻易购买），百分含量和剂型，进口农药要有商品名。②"三证"齐全：每一种农药的标签上都应该有该产品的农药登记证号或农药临时登记证号、农药生产许可证号及农药生产批准文件号，如果标签上没有"三证"或"三证"不齐全，尤其是没有登记证号的农药可以判断该产品即为不合格的产品。③有效成分、含量、重量：农药有效成分、含量、重量与产品的价格是息息相关，比如农药标识体积为 250 毫升，实测只有 180 毫升，比规定体积少了 28%。不管它的质量如何也是不合格的产品。④农药类别：不同类别的农药采用在标签最下方有一条标明农药类别的色带：除草剂—绿色；杀虫剂—红色；杀菌剂—黑色；杀鼠剂—蓝色；植物生长调节剂—深黄色。农药种类的描述应镶嵌在标志带上，颜色与其形成明显的反差。⑤使用说明书：产品特点、登记作物及防治对象，使用日期、用药量和使用方法；限用范围；与其他农药或物质混用禁忌；净重（克或千克）或净容量（毫升或升）。⑥毒性标志及注意事项：毒性标志；中毒主要症状和急救措施；安全警句；安全间隔期（即最后一次施药至收获前的时间）；贮存的特殊要求。⑦质量保证期：有效期限是农药从生产分装时开始计算有效期的最长年限，超过有效期限，药效就达不到原来的质量标准。⑧生产日期和批号："生产批号"是指农药生产的年、月、日和当日的批次号，由生产日期即可计算该农药是否在有效期之内。

国家农药登记管理部门对农药产品标签内容有明确规定，缺少任何一项，都应对其质量表示怀疑。商标有两部分：一是"注册商标"；二是"商标图案"，二者缺一不可。进口农药标签上的"注册商标"通常用符号"R"代替，而假冒农药一般无注册商标或商标图案。

（2）从产品包装识别：农药产品标准中除对产品的技术指标、检验方法进行规定外，还对产品的标志、包装等提出了具体要求，所以当发现农药产品包装破损、渗漏或包装表面残旧、字体模糊，都应对其产品质量表示怀疑。

国家对各种农药的包装及标志都作了规定。根据国家标准 GB 3796—1983《农药包装通则》规定：

①农药的外包装箱，应采用带防潮层的瓦楞纸板，应保证产品在正常的贮存、运输中不破损。②农药的外包装材料，应坚固耐用，保证内部物质不受破坏。③农药的内包装材料应坚固耐用，不与农药发生化学反应，不溶胀，不渗漏，不影响产品的质量。

（3）标志识别：①标志方法：直接印刷、标打；②标志部位：农药包装容器如果是箱、袋或小包，标志部位在其正面或侧面；如果是金属桶或瓶，则在其圆形面上；③标志内容：农药外包装窗口中，必须有合格证、说明书。农药制剂内包装上，必须牢固粘贴标签，或者直接印刷、标示在包装上。

（4）从产品外观形态识别：①粉剂、可湿性粉剂：应为疏松粉末，无团块，颜色均匀。若药粉已结团、成块或用手捏成团，就说明已经失效或部分失效；②乳油：应为均匀液体，无沉淀或悬浮物。如出现分层和混浊现象，或者加水稀释后的乳状液不均匀或有乳油、沉淀物，都说明产品质量可能有问题；③悬浮剂、悬乳剂：应为可流动的悬浮液，无结块，长期存放，可能存在少量分层现象，但经摇晃后应能恢复原状。如果经摇晃后，产品不能恢复原状或仍有结块，说明产品存在质量问题；④熏蒸用的片剂：如呈粉末状，表明已失效；⑤水剂：应为均匀液体，无沉淀或悬浮物，加水稀释后一般也不出现混浊沉淀。如发现水剂分层、沉淀或瓶内浑浊不清，或有絮状物质或沉淀出现，也可认为是劣质产品；⑥颗粒剂：产品应粗细均匀，不应含有许多粉末。

如该药剂防治效果甚差或对农作物造成药害，其质量也可能存在问题。当然，判断农药产品真假的依据应以质检部门的检验结果为准。广大农民朋友在购买或使用农药的过程中，如发现有质量问题时，应及时向农业行政主管部门反映情况，以便及时查处。

（5）从农药产品的价格识别：同一种规格的同品种，销售价格人体相同。假劣产品或不合格产品一般为过低价格，使用后效果不好或施用后易对作物产生药害。

另外，提醒农民朋友，在购买农药的时候，最好到固定的农药经营场所，信誉好、并且持有《农业投入产品经营许可证》的单位或门市去购买，购买时要索取发票（发票要盖好经营企业的公章）、信誉卡等，并询问使用方法，科学合理使用农药。购买农药切记不要贪图便宜而造成损失，要学会识别了解农药的真假优劣，如发现了假劣农药，请及时举报到当地农药监督管理站或省农药检定所。

（二）科学使用农药

1. 对症用药

每一种农药都有一定的杀虫、防病、除草范围。因此，在用药之前首先要弄清楚需要防治什么。田间发生的病、虫、草种类多种多样，每一种类对不同药剂的反应都不一样，即使是同一种类的不周种群之间也可能有很大的差别，在弄清防治对象之后，再经综合评价选择出适宜的农药品种。如要防除小麦田杂草，首先要清楚地知道田间发生的杂草以哪些种类为主，如果以燕麦、看麦娘等禾本科杂草为主，其他阔叶杂草较少时，就应该选择骠马等以防除禾本科杂草为主的除草剂品种；如果田间以播娘蒿、荠菜、藜等阔叶草为主，就应选择二甲四氯、苯磺隆等以防除阔叶杂草为主的除草剂品种；田间禾本科杂草和阔叶杂草都较多时，可选择防除单、双子叶杂草的除草剂品种合理混用。

2. 安全用药

农作物病虫害防治应遵循"预防为主，综合防治"的方针，尽可能减少化学农药的使用次数和用量，以减轻对环境、农产品质量安全的影响。

（1）按照防治指标施药：每种病虫草害的发生数量达到一定的程度后，才会对农作物产生为害并造成经济损失。因此，各地植保部门制定了当地病、虫、草的防治指标。如果没有达到防治指标就施药防治，就会造成人力和农药的浪费；如果超过了防治指标再施药防治，就会造成经济上的损失。

（2）选用适当的施药方法：施药方法很多，各种施药方法各有利弊，应根据病虫草害的发生规律、为害特点、发生环境等情况确定适宜的施药方法。如防治地下害虫，可用拌种、毒土、土壤处理等方法；防治种子带菌的病害，可用药剂处理种子或温汤浸种等方法。由于病虫草为害的特点不同，施药的具体部位也不同，如防治棉化苗期蚜虫，喷药重点部位在棉花生长点和叶背；防治黄瓜霜霉病着重喷叶背；防治瓜类炭疽病，叶正面是喷雾重点。

（3）掌握合理的用药量和用药次数：把握好用药量、用水量。一些农民朋友在使用农药时，为减少工作量，往往多加药少用水。其实，在农药有效浓度内，效果好坏取决于药液的覆盖度，如喷施土壤封闭除草剂地乐胺时，土壤墒情差，必须加大对水量，以便形成封闭膜，否则药液只呈点状分布，达不到封闭除草的效果。在喷施杀虫、杀菌剂时，充足的用水量十分必要，因为虫卵、病菌多集中于叶背面、邻近根系的土壤中，如果施药时用水量少，就很难做到整株喷透，死角中的残卵、残菌很容易再次暴发。一味加大农药使用浓度会强化病菌、害虫的耐药性，超过安全浓度还会发生药害。因此，单纯提高药液浓度，往往适得其反。用药量应根据药剂的性能、不同的作物、不同的生育期、不同的施药方法确定。如棉田用药量一般比稻田高，作物苗期用药量比生长后期少。施药次数要根据病虫害发生时期的长短、药剂的持效期及上次施药后防治效果来确定。

3. 适时、适量用药

所谓适时用药，就是要根据病、虫、草害的发生规律及所选用农药的特点，在能以最少用量而取得较好防治效果时施用农药。因此，适时用药是有效、经济防治病、虫、草害的重要一环。把握好用药时期。绝大多数病害在发病初期，症状很轻，如棉花枯萎病，病害初期用杀菌剂灌根效果好，大面积暴发后，即使多次用药，损失也很难挽回。菜青虫在三龄以前容易防治。因此，多数杀菌、杀虫剂并非效果不好，而是错过了最佳使用时间。

使用农药时应严格按照说明书推荐用量施用，不能随意增减，否则，将造成农作物药害或影响防治效果。

4. 合理轮换用药

再好的农药品种也不能长期连续使用。因为，在一个地区，长期单一使用某一种农药，必然会引起效果下降，导致防治对象产生抗药性，正确的做法是轮换、交替使用时防治对象作用机制不同的农药，以防抗性的产生。

5. 合理混用

目前，随着农药品种的增多，不少农民朋友在防治农作物病虫草害过程中，为了方便、节省人工和提高药效，经常会将几种农药混在一起施用。但如果盲目混用、乱用、滥用农药，不仅起不到应有的效果，还极易使农作物产生药害、增加用药成本、造成人畜伤亡等事故。因此，应该合理混用农药。

（1）不能起化学变化：有机磷类、氨基甲酸酯类、菊酯类杀虫剂和部分微生物农药如春雷霉素、井冈霉素等和二硫化氨基甲酸衍生物杀菌剂（福美双、代森锌、代森锰锌等）等农药碱性条件下会分解，不能与碱性农药混用。农作物撒施石灰或草木灰时，也不能喷洒上述农药。

大多数有机磷杀菌剂对酸性反应比较敏感，混用时要谨慎。如氨基酸铜（双效灵），遇酸就会分解出铜离子，很容易产生药害。

一些农药不能和含金属离子的药物混用。如甲基硫菌灵、二硫化氨基甲酸盐类杀菌剂、2，4-D 盐类等不宜与铜制剂混用。其他含有金属离子的制剂如铁、锌、锰等制剂，混用时要谨慎。

化学变化会对作物造成药害的不能混用，如石硫合剂与波尔多液混用，二硫代氨基甲酸盐类杀菌剂与铜制剂混用，福美双、代森类杀菌剂和碱性药物混用，会生成对作物产生严重药害的物质。

杀菌剂类农药不能与微生物农药混用。

（2）物理性状不变：混合后产生分层、絮结和沉淀的农药不能混用；出现乳剂破坏，悬浮率降低甚至有结晶析出的不能混用。乳油和水剂混用时，可先配水剂药液，再用水剂药液配制乳油药液。一些酸性且含有大量无机盐的水剂农药与乳油混用时会有破乳的现象，禁止混用。有机磷可湿性粉剂宜与其他可湿性粉剂混用。含钙的农药如石硫合剂等，一般不能同乳剂农药混用，也不能加入肥皂。

（3）不能提高毒性：农药混合后，不增加毒性，保证对人、畜安全。农药混用可能比单一用药的效果好，但是，它们的毒性也可能会增加，因此，不能混用。

（4）注意拮抗作用：如灭草松（苯达松）与烯禾啶（拿捕净）混用因拮抗作用而降低对禾本科杂草的防效。禾草灵与 2 甲 4 氯或地乐酚等混用，会降低禾草灵对野燕麦的防除效果。

（5）药肥混用要当心：碱性肥料氨水、石灰氮、草木灰等不能与敌百虫、乐果、速灭威、井冈霉素、多菌灵、异内威、硫菌灵（托布津）、菊酯类杀虫剂等农药混用；碱性农药石硫合剂、波尔多液、松脂合剂等，不能与碳酸氢铵、硫酸铵、氯化铵等铵态氮肥和过磷酸钙等化肥混用；化学肥料不能与微生物农药混用。

总之，农药能否混合使用，除与农药本身的理化性质有关外，还与其剂型等因素有关。对于还未有资料介绍的农药混用，应先试验后再应用，切不可随意混用。

（三）农药施用安全防护

农药的使用过程是操作有毒物的过程，若不加防护，赤膊上阵，马马虎虎，很可能造成人员中毒事故，给家庭带来不幸。在农药喷洒过程中发生的操作人员中毒事故非常令人痛心，据不完全统计，全国每年在农药喷洒过程中发生中毒死亡的人数达数百人，这固然与农药本身的毒性有关，但更与操作者在喷洒农药过程中不注意自身安全防护有直接关系。

在发达国家，使用农药是一项专业性很强的工作，须由受过专门培训且取得合格证的人员实施。在施药过程中，防毒面具、防护帽（不透水）、护目镜、长筒靴、防护手套、防护服等须装备齐全。

对农药安全性问题的研究，实际上已经包含在农药的研究开发过程之中，并已落实在农药的产品说明书中。在农药的说明书中已经包含了如何安全使用农药的各种注意事项和意外事故的处置方法。因此，用户所要做的事情就是如何正确地执行农药说明书中的各项规定，以避免意外事故的发生。大量事例证明，农药中毒事故的发生绝大部分是由于施药人员操作不符合操作规程要求所致。其中，取药、配药中发生中毒的比例最大，进行喷洒作业时发生的比例也比较大。总的来说，事故的发生都是由于事先未做好准备以及施药作业中缺少必要的防护措施所致。

联合国粮农组织（FAO）推荐的防护服有正规的专用服装，也有因地制宜的简易防护服。正规的专用服装虽然安全性好，但配置太高，目前，很难被我国广大农村的农民采用。农户可以购买国产或自行缝制的"多用途防护服"，此种防护服可以由塑料薄膜、橡胶材料或布料制成。可做成整体式，也可做成组合式。也可参考采用联合国粮农组织根据非洲地区的特点所推荐的简易防护服。

关于防护服，世界粮农组织提出了以下几点原则性要求：穿着舒适，但必须充分保护操作人员的身体；防护服的最低要求是，在从事施药作业时，防护服必须是轻便而能覆盖住身体的裸露部分；施药作业人员不得穿短袖衣和短裤，在进行施药作业时身体不得有暴露部分；不论由何种材料制作的防护服，必须在穿戴舒适的前提下尽可能厚实，以利于有效地阻止农药的穿透，厚实的防护服能吸收较多的药雾而不至于很快进入衣服的内侧，厚实的棉质衣服通气性好，优于塑料服；施药作业结束后，必须迅速把防护服清洗干净；防护服要保持完好无损，在进行作业时防护服不得有任何破损；使用背负式手动喷雾器时，应在防护服外再加一个改制的塑料套（用大塑料袋，袋底中央剪出一口，足以通过头部；袋底的两侧各剪出一口，可穿过两臂），以防止喷雾器渗漏的药水渗入防护服而侵入人体。

（四）禁止和限制使用的农药

为确保农产品质量安全，农业部陆续公布了一批国家明令禁止使用或限制使用的农药。

1. 国家明令禁止使用的农药（23 种）

六六六，滴滴涕，毒杀芬，二溴氯丙烷，杀虫脒，二溴乙烷，除草醚，艾氏剂，狄氏剂，汞制剂，砷、铅类，敌枯双，氟乙酰胺，甘氟，毒鼠强，氟乙酸钠，毒鼠硅，甲胺磷，甲基对硫磷，对硫磷，久效磷和磷胺。

2. 在蔬菜、果树、茶叶、中草药上不得使用和限制使用的农药（19 种）

禁止氧乐果在甘蓝上使用；禁止三氯杀螨醇和氰戊菊酯在茶树上使用；禁止丁酰肼在花生上使用；禁止特丁硫磷在甘蔗上使用；禁止甲拌磷、甲基异硫磷，特丁硫磷，甲基硫环磷，治螟磷、内吸磷、克百威、涕灭威、灭线磷、硫环磷、蝇毒磷、地虫硫磷、氯唑磷、苯线磷在蔬菜、果树、茶叶、中草药材上使用。

按照农药管理条例规定，任何农药产品都不得超出登记批准的使用范围使用。

3. 加强对氟虫腈的管理

氟虫腈对甲壳类水生生物和蜜蜂具有高风险，在水和土壤中降解慢，按照农药管理条例的规定，根据我国农业生产实际，为保护农业生产安全、生态环境安全和农民利益，经全国农药登记评审委员会审议，公布了下列加强氟虫腈管理的有关事项。

（1）自公告发布之日起，除卫生用、玉米等部分旱田种子包衣剂和专供出口产品外，停止受理和批准用于其他方面含氟虫腈成分农药制剂的田间试验、农药登记（包括正式登记、临时登记、分装登记）和生产批准证书。

（2）自 2009 年 4 月 1 日起，除卫生用、玉米等部分旱田种子包衣剂和专供出口产品外，撤销已批准的用于其他方面含氟虫腈成分农药制剂的登记和（或）生产批准证书。同时农药生产企业应当停止生产已撤销登记和生产批准证书的农药制剂。

（3）自 2009 年 10 月 1 日起，除卫生用、玉米等部分旱田种子包衣剂外，在我国境内停止销售和使用用于其他方面的含氟虫腈成分的农药制剂。农药生产企业和销售单位应当确保所销售的相关农药制剂使用安全，并妥善处置市场上剩余的相关农药制剂。

（4）专供出口含氟虫腈成分的农药制剂只能由氟虫腈原药生产企业生产。生产企业应当办理生产批准证书和专供出口的农药登记证或农药临时登记证。

（5）在我国境内生产氟虫腈原药的生产企业，其建设项目环境影响评价文件依法获得有审批权的环境保护行政主管部门同意后，方可申请办理农药登记和生产批准证书。已取得农药登记和生产批准证书的生产企业，要建立可追溯的氟虫腈生产、销售记录，不得将含有氟虫腈的产品销售给未在我国取得卫生用、玉米等部分旱田种子包衣剂农药登记和生产批准证书的生产企业。

四、农药的运输与保管

（一）农药的运输

在运输农药过程中，由于装药的容器破裂、包装不好而泄漏或预防措施不佳，就有可能造成环境污染甚至农药中毒事件的发生。我国有关部门和联合国粮农组织（FAO）对此都作出了相应的规定。在运输农药时，应注意如下事项。

1. 按规定运输

要严格遵守我国有关管理部门制定的化学危险品的运输规定，采用专车、专船运输，不与食品、饲料、种子和生活用品等混装。确保农药运输远离乘客、牲畜和食品。

2. 了解运输事项

运输农药前要了解运送的什么农药，毒性如何，应该注意的事项以及中毒防治知识等，做到会防毒，发生事故会处理。

3. 加强运输前的检查

运输农药前要检查包装，如发生破损，要及时改换包装或修补，防止农药泄漏。损坏的药瓶、纸袋要集中保管，统一处理，不能随意丢弃，以免引起中毒。

4. 安全装卸

装卸农药时要轻拿轻放，不得倒置，严防碰撞、外溢和破损。装车时堆放整齐，重不压轻，标记向外，箱口向上，放稳扎妥。要防止农药从高处摔落。装车前，锤平运送车上凸出的钉子、铁皮、木楔等，以免戳破农药包装而引起泄漏。汽车运输时，后面要适当固定，要加盖苫布或绳网，避免运输中滑落。水运时，包装件在仓内堆积高度不得超过 6 米。

5. 做好防中毒保护

装卸和运输人员在工作时要做好安全防护，戴口罩、手套，穿长衣裤。工作期间不抽烟、不喝水、不吃东西。

6. 注意运输安全

运输必须安全、及时准确。要正确选择运输路线，运输时的速度不宜过快，防止翻车、沉船事故。运输途中休息停靠在阴凉处以免暴晒，并离居民区 200 米以外。运输时也要经常检查包装情况，防止散包、破包、破瓶出现。雨天车船上要有防雨设施，避免雨淋。

7. 清洗消毒

搬运完毕，运输工具要及时清洗消毒，搬运人员要及时洗澡、换衣。

8. 防止遗漏、散落

如果农药在运输过程中发生渗漏或散落，应该让人畜远离现场；转移包装损坏的农药货物，将它们放在远离耕地、住宅和水源的地方；用干土或锯木屑吸附撒落的农药液体，在仔细清扫后将废渣埋在对水源不会造成污染的地方；在远离水源的地方，彻底清洗运输车；在清洁过程中应穿戴防护服。

9. 及时处置污染与中毒

如果操作人员沾染农药，要立即脱下被污染的衣服；用肥皂和清水彻底清洗沾染农药的皮肤；如在清洗后仍感不适，应尽快向医生咨询。

10. 正确处理污染食物

如果食物被农药污染，应将被污染的食物深埋在地下或烧毁，这是一个安全易行的处理办法。

（二）农药的保管

正确保管农药是安全合理使用农药的重要环节，保管不当，会使农药变质失效，造成经济损失，一些易燃、易爆的农药还可能引起火灾、爆炸事故。保管混乱，会导致错用农药这样不但达不到防治效果，甚至会引起严重的药害或其他为害，带来重大的经济损失。我国历年由农药中毒引起的死亡人数中，服用农药死亡占很大比例。因此，对农药必须妥善保管。

1. 仓库保管

仓库保管是农药保管最基本、最重要的保障方式，其贮存量大，贮存品种多，贮存期比较长。但这种贮存须遵循以下几点。

（1）保管人员，应是具备初中以上文化程度，并经过专业培训，掌握农药专业知识，持有上岗证的健康成年人。

（2）每种产品必须有合适的包装，包装要符合规定的要求及有关包装标准。

（3）农药需贮存在凉爽、干燥、通风、避光且坚固的仓库中。

（4）食品、粮食、饲料、种子以及其他与农药无关的物品，不应存放在贮存农药的仓库中。

（5）贮存农药的仓库，不允许儿童、动物以及无关人员随意进入。

（6）不允许在贮存农药的仓库中吸烟，吃东西，喝水。

（7）仓库中的农药要按杀虫剂、杀菌剂、除草剂、杀鼠剂、植物生长调节剂和固体、液体、易燃、易爆及不同生产日期等不同种类分开贮存。

（8）贮存的农药包装上应有完整、牢固、清晰的标签。

（9）仓库的农药要远离火源，并备有灭火装置。

2. 分散保管

分散保管是一种少量、短期保管形式，应注意以下几项。

（1）应根据实际需要，尽量减少保存量和保存时间，避免积压变质。

（2）应贮放在儿童和动物接触不到且干燥、阴凉、通风的专用橱或专用柜中，并要关严上锁。

（3）不要与食品、饲料混放。

（4）贮存的农药包装上应有完整、牢固、清晰的标签。

经营者、生产使用者须知：

与农用生产资料经营相关的管理法规主要有《中华人民共和国产品质量法》《中华人民共和国农药管理条例》《中华人民共和国消费者权益保护法》《中华人民共和国种子法》等，农资经营者和农业生产者都应学习了解国家制定的这些规章制度，做到按要求合法经营和正确使用种子、肥料及农药等农用物资，以免造成不必要的损失和人身安全事故。

参考文献

[1] 新型农民培训教材编委会. 新型农民科学素质读本. 北京：中国农业科技出版社，2011

[2] 杨普云，赵中华. 农作物病虫害绿色防控技术指南. 北京：中国农业出版社，2012

[3] 许志刚. 普通植物病理学（第三版）. 北京：中国农业出版社，2003

[4] 阳淑. 基层农技推广人员专业知识. 成都：电子科技大学出版社，2013

[5] 农业部关于加快推进现代植物保护体系建设的意见. （农农发［2013］5号）

[6] 国务院. 国务院关于支持农业产业化龙头企业发展的意见（国发［2012］10号）

[7] 农业部国家发展和改革委员会财政部、商务部、中国人民银行、国家税务总局、中国证券监督管理委员会、中华全国供销合作总社. 关于印发《农业产业化国家重点龙头企业认定和运行监测管理办法》的通知（川农产令［2010］2号）

[8] 四川省农业产业化工作领导小组. 关于印发《四川省农业产业化经营龙头企业管理暂行办法》的通知（川农产令［2001］2号）

[9] 韩忠成，雷俊忠，袁波. 四川农业产业化龙头企业发展对策研究. 软科学，2003，17（1）：57～59

[10] 朱海霞，张雪阳，张宇. 基于应对WTO规则的农业产业化龙头企业发展管理创新——以陕西省为例. 西北大学学报（哲学社会科学版），2004，34（6）：54～58

[11] 王效明. 农业产业化龙头企业发展问题研究——以苏州市为例. 南京：南京农业大学，硕士学位论文，2006

[12] 孙海岗. 农业产业化龙头企业发展战略问题研究——以福建圣农集团有限公司为例. 福州：福建农林大学，硕士学位论文，2004

[13] 邵喜武. 农业产业化龙头企业畜产品品牌建设研究. 中国畜牧杂志，2012，48（24）：51～55

[14] 余涤非. 我国农业产业化龙头企业战略研究. 青岛：中国海洋大学，博士学位论文，2012

[15] 毛哲山，刘珍玉. 对我国农业产业化现状的分析与反思. 长春师范学院学报（人文社会科学版），2008，27（6）：16～19

[16] 贾晋，蒲明. 购买还是生产：农业产业化经营中龙头企业的契约选择. 农业技术经济，2010（11）：57～65

[17] 揭筱纹. 龙头企业带动农业产业化发展的实证研究—四川省资阳市农业产业化发展的经验及启示. 农村经济，2006（7）：5～8

[18] 宋茂华. 农业产业化龙头企业的作用及培育. 襄樊学院学报，2010，31（1）：45～48

[19] 杨印生，刘海存，马琨. 农业产业化龙头企业技术创新环境影响要素辨识及系统分析. 税务与经济，2008（1）：19～22

[20] 牛艳红. 湖北农业产业化龙头企业战略人力资源管理研究. 武汉：武汉工业学院，硕士学位论文，2011

[21] 徐大佑，孙永菊. 贵州省农业产业化龙头企业经营发展调查报告. 三农探索，2010（1）：46～48

[22] 吴尚清. 新型农机驾驶员培训读本. 北京：中国农业科学技术出版社，2009

[23] 中央电视台《农广天地》栏目. 农机具使用与维护. 上海：上海科学技术文献出版社，2009

[24] 姜大伟，宫翔. 常用农业机械使用与维修. 北京：中国农业科学技术出版社，2010